Renascimento de florestas
regeneração na era do desmatamento

Robin L. Chazdon

tradução | Nino Amazonas e Ricardo Cesar

Copyright © 2016 Oficina de Textos
Copyright original © 2014 The University of Chicago. Todos os direitos reservados.

Grafia atualizada conforme o Acordo Ortográfico da Língua Portuguesa de 1990, em vigor no Brasil desde 2009.

CONSELHO EDITORIAL   Arthur Pinto Chaves; Cylon Gonçalves da Silva; Doris C. C. K. Kowaltowski; José Galizia Tundisi; Luis Enrique Sánchez; Paulo Helene; Rozely Ferreira dos Santos; Teresa Gallotti Florenzano
CAPA   Malu Vallim
PROJETO GRÁFICO E DIAGRAMAÇÃO   Alexandre Babadobulos
PREPARAÇÃO DE FIGURAS   Letícia Schneiater
PREPARAÇÃO DE TEXTO   Hélio Hideki Iraha
REVISÃO DE TEXTO   Pâmela de Moura Falarara
TRADUÇÃO   Nino Amazonas e Ricardo Cesar
IMPRESSÃO E ACABAMENTO   Rettec artes gráficas

Dados Internacionais de Catalogação na Publicação (CIP)
(Câmara Brasileira do Livro, SP, Brasil)

Chazdon, Robin L.
  Renascimento de florestas : regeneração na era do desmatamento / Robin L. Chazdon ; [tradução Nino Amazonas, Ricardo Cesar]. -- São Paulo : Oficina de Textos, 2016.

  Título original: Second growth : the promise of tropical forest regeneration in an age of deforestation.
  Bibliografia
  ISBN 978-85-7975-217-9

  1. Biodiversidade 2. Degradação ambiental 3. Meio ambiente 4. Desmatamento 5. Ecologia florestal 6. Florestas - Conservação 7. Florestas - Regeneração - Brasil 8. Reflorestamento I. Título.

16-03754   CDD-634.956

Índices para catálogo sistemático:
1. Restauração florestal : Ciências florestais
   634.956

A tradução da obra *Second Growth: The promise of tropical Forest regeneration in an age of deforestation* foi licenciada pela The University of Chicago Press, Chicago, Illinois, EUA.

Todos os direitos reservados à OFICINA DE TEXTOS
Rua Cubatão, 798
 CEP 04013-003   São Paulo-SP – Brasil
tel. (11) 3085 7933
site: www.ofitexto.com.br
e-mail: atend@ofitexto.com.br

AGRADECIMENTOS

Em uma manhã fria de dezembro, eu acordei com uma visão deste livro na minha cabeça, rapidamente digitei um rascunho no meu computador, convenci-me de que não estava louca e enviei uma versão um pouco mais refinada para Christie Henry, que me forneceu encorajamento e conselhos muito valiosos. Agora que essa visão cresceu vários *megabytes*, eu tenho muitas pessoas a quem agradecer. Primeiramente, quero agradecer às agências financiadoras que apoiaram minha pesquisa sobre regeneração de florestas tropicais nos últimos 22 anos: Andrew W. Mellon Foundation, AAUP Travel Awards, Blue Moon Fund, Fulbright Foundation, Nasa, National Science Foundation, Organização para Estudos Tropicais e Fundação de Pesquisa da Universidade de Connecticut. O financiamento dessas agências permitiu que eu visitasse florestas tropicais, parceiros de trabalho e proprietários de florestas ao redor do globo. Essas agências também apoiaram o trabalho de paraflorestais e parataxonomistas que se embrenharam nas áreas de pesquisa da Costa Rica dia após dia, sob chuva ou sol, para documentar a ascensão e a queda de árvores, arvoretas e plântulas. Em segundo lugar, agradeço ao Comitê de Apoio a Livros Científicos da Escola de Artes Liberais e Ciência e ao Departamento de Ecologia e Biologia Evolutiva da Universidade de Connecticut por patrocinarem generosamente as páginas coloridas da edição original. Agradeço profundamente a Jeanette Paniagua, Marcos Molina, Bernal Paniagua, Enrique Salicetti e Juan Romero – vocês são demais! Um agradecimento especial a Orlando Vargas por tudo que ele fez ensinando a mim, meus alunos e minha equipe a identificar plantas no campo.

Meus estudantes de pós-graduação colaboraram muito para essas pesquisas nos últimos 20 anos: Pablo Arroyo, Vanessa Boukili, Catherine Cardelús, Alexander DeFrancesco, Juan Dupuy, Zbigniew Grabowski, Silvia Iriarte, Susan Letcher, Rebecca Montgomery, Adrienne Nicotra, Manette Sandor, Uzay Sezen e Amanda Wendt. Também agradeço sinceramente àqueles que foram meus colaboradores e colegas de trabalho ao longo dos anos, que expandiram e aprofundaram minha pesquisa sobre a regeneração de florestas tropicais ao redor do globo: Patricia Balvanera, Frans Bongers, Anne Chao, David Clark, Deborah Clark, Robert Colwell, Julie

Denslow, Bryan Finegan, Manuel Guariguata, Deborah Lawrence, Miguel Martínez-Ramos, Rita Mesquita, Natalia Norden, Edgar Ortiz, Sassan Saatchi, Nate Swenson, Maria Uriarte, Braulio Vilchez, Bruce Williamson, Mike Willig e Jess Zimmerman. Muitas das ideias que surgiram durante nossas conversas estão contidas neste livro.

Partes deste livro foram escritas durante meu ano sabático no Centro de Pesquisas Ecossistêmicas (Ecosystems Research Center, Cieco) da Universidade Nacional do México em Morelia e no Centro de Macroecologia, Evolução e Clima (Center for Macroecology, Evolution and Climate, CMEC) da Universidade de Copenhague, na Dinamarca. O CMEC financiou minha estadia de três meses, e o inverno com a maior quantidade de neve dos últimos 20 anos me deu um bom motivo para ficar abrigada, olhando pela janela e escrevendo sobre florestas tropicais. Parafraseando o *slogan* da cerveja de Carlsberg: CMEC é provavelmente o melhor lugar da cidade. Agradeço especialmente a Carsten Rahbek pelo apoio e amizade. Também agradeço à biblioteca da Universidade de Connecticut e ao departamento de empréstimo interunidades por fornecerem um serviço ágil e profissional onde quer que eu estivesse. Eu não poderia ter escrito este livro sem acesso ao Virtual Personal Network (VPN). Echo Valley Ranch forneceu a solidão, o espaço e o cenário necessários para completar a versão final e as revisões deste livro.

Diversas pessoas revisaram as versões preliminares dos capítulos e boxes, ajudando-me a apresentar informações precisas de forma clara e organizada. Agradeço muito a Ellen Andresen, Patricia Balvanera, Warren Brockelman, David Clark, Deborah Clark, Patrick Dugan, Giselda Durigan, Ren Hai, Rhett Harrison, Henry Howe, David Lamb, Carlos Peres, Tom Rudel, Michael Swaine, Lawrence Walker, Robert Whittaker e Bruce Williamson. Agradeço especialmente a Eduardo van den Berg, Manette Sandor, Susan Letcher e Vanessa Boukili pelas revisões de diversos capítulos. Vários colegas de trabalho forneceram informações valiosas, artigos no prelo e fotografias. Agradeço muito a Mitch Aide, Doug Boucher, Mark Bush, Jeffrey Chambers, Charles Clement, David Douterlungne, James Fairhead, John Hoopes, Dennis Knight, Richard Lucas, Akane Nishimura, Stephanie Paladino, Steward Pickett, Dolores Piperno, Michael Poffenberger, Ferry Slik, Michael Swaine, Christopher Uhl, John Vandermeer, Lawrence Walker, Joe Wright e Jianguo Wu. Tenho uma gratidão especial a dois revisores astutos e meticulosos que leram a versão preliminar inteira do livro e forneceram diversas sugestões valiosas que melhoraram muito a versão final.

Agradeço profundamente o suporte da minha família durante todos esses anos. Carol Chazdon e Bob Amend compartilharam suas casas comigo em diversas ocasiões enquanto escrevia este livro e me ajudaram a manter o foco em tempos difíceis. Meus filhos, Rachel e Charles, estavam com a idade e a bagagem acadêmica ideais para ler alguns dos capítulos e fornecer sugestões e encorajamento. Discutir questões antropológicas com a Rachel foi particularmente enriquecedor. Rob Colwell, meu marido, amigo e colega de trabalho, sempre esteve por perto para trocar ideias, alimentar-me (intelectual, emocional e literalmente) e ouvir pacientemente meus desabafos, apesar de ele também ter seus próprios prazos bem apertados. Por ele acreditar em mim, eu continuei trabalhando neste livro.

PREFÁCIO

O mais perto que eu cheguei de uma selva durante a minha infância foi quando visitei o parquinho para crianças em Jeffrey Park, na zona sul de Chicago. Somente no segundo ano de faculdade tive a oportunidade de visitar uma floresta tropical de verdade. Naquele semestre em que permaneci na Costa Rica, manter as florestas tropicais vivas e saudáveis tornou-se a paixão da minha vida, paixão essa que continuou crescendo conforme avançavam meus trabalhos de graduação e as pesquisas de pós-doutorado e nos 25 anos como professora universitária. Retornei para a Estação Biológica La Selva (a qual pertence à Organização para Estudos Tropicais, OTS, e é por ela administrada) quase todos os anos desde 1980, primeiramente para estudar as condições de luz e a ecologia de palmeiras de sub-bosque, em seguida para estudar a resposta de arbustos às variações de luz. E então eu finalmente vi a luz. As florestas estavam regenerando naturalmente dentro e fora dos limites da estação, ocupando pastagens que anteriormente haviam ocupado áreas de florestas maduras. Em 1992, dei os primeiros passos, juntamente com Julie Denslow, no que se tornou a jornada de uma vida para entender como as florestas tropicais se regeneram após o desmatamento.

Minha pesquisa sobre a regeneração de florestas tropicais tornou-se uma busca interdisciplinar, tendendo principalmente para os campos da Antropologia e da Geografia. Conforme eu me familiarizava com a fauna e a flora dessas florestas jovens, percebi que aquelas em processo de regeneração são a ligação entre as pessoas e a natureza. As espécies que se estabelecem em pastagens ou plantios abandonados são provenientes da paisagem local, onde as pessoas vivem e trabalham na terra, ou seja, as florestas em regeneração constituem o "quintal" coletivo das comunidades locais, considerando que as pessoas fazem parte do ecossistema florestal, seja auxiliando, seja prejudicando a regeneração natural. Florestas em processo de regeneração natural e restauração também são a ligação entre conservação e desenvolvimento e entre as ciências sociais e ambientais. A regeneração florestal e o reflorestamento podem recuperar os bens e os serviços de paisagens que eram florestadas no passado, fornecendo recursos para as populações humanas e para uma vasta gama de fauna e flora. Dessa forma, florestas tropicais em regeneração são a base para um novo futuro para paisagens tropicais e comunidades rurais.

Reconhecer que as florestas tropicais são maleáveis fortalece o embasamento de ações de restauração e manejo florestal. Está na hora de usarmos esse conhecimento para auxiliar a regeneração de florestas tropicais onde e quando for possível. Escrevi este livro principalmente para transmitir a mensagem urgente de que a regeneração natural tem o potencial de gerar benefícios para os bilhões de pessoas que dependem das florestas para manter seu estilo de vida e bem-estar. A regeneração das florestas é essencial para sustentar as florestas tropicais, sua biodiversidade única e suas funções ecossistêmicas. Todos os seres da Terra dependem das florestas tropicais de alguma forma.

O Cap. 1 deste livro aborda diversos assuntos essenciais e introduz temas que serão aprofundados nos capítulos subsequentes. Eu apresento as diversas percepções de florestas tropicais, descrevo os processos de regeneração e demonstro a extensão das florestas em regeneração em regiões tropicais. Nesse capítulo, observo que ainda estamos começando a compreender como a atividade humana tem moldado as florestas e paisagens nos trópicos. Os Caps. 2 e 3 exploram o legado das ocupações humanas antigas e dos diferentes usos do solo nos trópicos, enquanto os Caps. 4 e 5 focam os regimes de perturbação em florestas tropicais e a natureza das trajetórias sucessionais que caracterizam a regeneração florestal. A dinâmica florestal descrita no Cap. 4 abrange distintos tipos de perturbação e análises em diferentes escalas espaciais. O Cap. 5 fornece um amplo panorama conceitual dos padrões e estágios sucessionais em florestas tropicais e discute as diferentes abordagens para os estudos da sucessão natural.

Os Caps. 6 a 9 fornecem um resumo da regeneração florestal após diversos tipos de perturbação, incluindo sucessão em substratos recém-criados (Cap. 6), depois de diferentes usos antrópicos do solo (Cap. 7), após furacões e incêndios (Cap. 8) e em seguida à exploração de madeira (Cap. 9). Os Caps. 10 a 12 aprofundam-se nos detalhes das mudanças em estrutura, composição de espécies e propriedades do ecossistema em florestas em regeneração. As características funcionais que afetam a comunidade vegetal são descritas no Cap. 10, enquanto o Cap. 11 foca a recuperação das taxas de acúmulo de carbono e de nutrientes, funções hidrológicas e outros processos ecossistêmicos essenciais no decorrer da sucessão florestal. O Cap. 12 compila informações sobre diversidade de fauna e interações planta-animal durante a regeneração florestal.

Os capítulos finais deste livro discutem o futuro das florestas em regeneração nos trópicos. O Cap. 13 examina os diferentes contextos de reflorestamento e restauração em florestas tropicais, ao passo que o Cap. 14 aborda aspectos socioecológicos das florestas em regeneração na escala de paisagem. O capítulo final apresenta uma síntese geral e retorna aos temas abordados no Cap. 1. Meu objetivo nessa jornada é mostrar que as florestas tropicais em processo de regeneração são e sempre foram um componente importante dos ecossistemas tropicais e que entender, promover e manejar a regeneração florestal é imprescindível para manter as florestas tropicais em todo o planeta.

As figuras com o símbolo ◪ são apresentadas em versão colorida entre as páginas 385 e 400.

SUMÁRIO

1. **Percepções sobre florestas tropicais e regeneração natural** 15
   - 1.1 Visão cíclica das florestas 15
   - 1.2 A resiliência das florestas tropicais 18
   - 1.3 Regeneração, sucessão, e degradação florestal 20
   - 1.4 A extensão geográfica do desmatamento e da regeneração florestal nos trópicos 22
   - 1.5 As florestas tropicais do futuro 25

2. **Legados humanos antigos em paisagens de florestas tropicais** 27
   - 2.1 A colonização dos trópicos 29
   - 2.2 Impactos das primeiras sociedades caçadoras-coletoras 32
   - 2.3 O desenvolvimento da agricultura 38
   - 2.4 Variabilidade climática do Holoceno, alterações florestais e expansão agrícola 43
   - 2.5 Conclusão 48

3. **Transformação da paisagem e regeneração das florestas tropicais durante a Pré-História** 51
   - 3.1 Aterros e transformações da paisagem 51
   - 3.2 Incêndios pré-históricos: sinergia entre causas naturais e humanas 60
   - 3.3 Modificações antigas do solo 63
   - 3.4 A escala dos impactos humanos pré-históricos nos Neotrópicos 67
   - 3.5 A reconstrução paleoecológica da regeneração natural da floresta 69
   - 3.6 Conclusão 73

4. **Dinâmica e regime de distúrbios das florestas tropicais** 75
   - 4.1 Regime de distúrbios nas florestas tropicais 76
   - 4.2 Dinâmica de clareiras e o ciclo de crescimento florestal 82
   - 4.3 Detectando distúrbios históricos em florestas tropicais 86

	4.4	As florestas tropicais maduras são estáveis? 91
	4.5	Conclusão 94

5. Trajetórias sucessionais e transformações florestais 97
	5.1	Variabilidade das trajetórias sucessionais 98
	5.2	Estágios sucessionais e classificação de espécies 101
	5.3	Definições e conceitos de floresta 114
	5.4	Abordagens para o estudo da sucessão de florestas tropicais 118
	5.5	Conclusão 122

6. Sucessão de florestas tropicais em substratos criados recentemente 125
	6.1	Legados biológicos e disponibilidade local de recursos 129
	6.2	Colonização e sucessão em deslizamentos de terra 132
	6.3	Sucessão após erupções vulcânicas 135
	6.4	A sucessão na beira de rios 137
	6.5	Conclusão 141

7. Regeneração florestal após usos agrícolas do solo 143
	7.1	Os efeitos do uso da terra e dos legados biológicos sobre a disponibilidade de propágulos e as formas de regeneração 145
	7.2	Os efeitos do uso do solo sobre a qualidade do sítio e a disponibilidade de recursos 154
	7.3	Conclusão 160

8. Regeneração florestal após furacões e incêndios 163
	8.1	Danos e regeneração após furacões 167
	8.2	Regeneração de florestas tropicais após incêndios isolados ou frequentes 175
	8.3	Conclusão 185

9. Sinergias da extração seletiva de madeira e do uso do solo na regeneração florestal 187
	9.1	Intensidade de extração, distúrbios florestais, e regeneração florestal após a retirada de madeira 189

	9.2	O efeito da exploração madeireira sobre a abundância e a diversidade animal	197
	9.3	Consequências das sinergias de uso do solo para a regeneração florestal	203
	9.4	Conclusão	209

10. Atributos funcionais e montagem de comunidades durante a sucessão secundária 211

	10.1	Gradientes ambientais durante a sucessão	215
	10.2	Alterações sucessionais na composição de formas de vida	216
	10.3	Atributos funcionais de espécies iniciais e tardias da sucessão	219
	10.4	Filtros ambientais, diversidade funcional e composição da comunidade durante a sucessão	230
	10.5	A montagem da comunidade durante a sucessão secundária	238
	10.6	Conclusão	241

11. Recuperação de funções ecossistêmicas durante a regeneração florestal 243

	11.1	Perda de nutrientes e carbono durante a conversão de floresta para agricultura	245
	11.2	Acumulação de carbono e nutrientes durante a regeneração florestal	254
	11.3	Ciclagem de nutrientes e limitação nutricional	263
	11.4	Hidrologia e balanço hídrico	267
	11.5	Conclusão	268

12. Diversidade animal e interações planta-animal nas florestas em regeneração 271

	12.1	Diversidade animal em florestas em regeneração	277
	12.2	Interações entre plantas e herbívoros durante a regeneração florestal	286
	12.3	Dispersão de sementes e predação durante a regeneração florestal	288
	12.4	A polinização nas florestas em regeneração	296
	12.5	Conclusão	299

13. Recuperação das florestas tropicais 301

	13.1	Objetivos e decisões na restauração	303
	13.2	Restauração por meio do manejo de áreas de pousio	314

13.3	A restauração ecológica de florestas nos trópicos	321
13.4	A recuperação da biodiversidade durante a restauração florestal	328
13.5	A recuperação das propriedades do ecossistema durante a restauração florestal	331
13.6	Conclusão	334

14. Regeneração florestal nas paisagens tropicais 337

14.1	Transições de uso do solo e transições florestais	340
14.2	A regeneração florestal no contexto da paisagem	342
14.3	Causas socioecológicas do aumento da cobertura florestal nos trópicos	348
14.4	Melhorando a regeneração florestal e as condições de vida na matriz da paisagem	358
14.5	Conclusão	368

15. Renascimento de florestas: regeneração na era do desmatamento (síntese) 369

15.1	O poder de regeneração da floresta	369
15.2	As mudanças e a resiliência da floresta tropical	371
15.3	O valor atual e futuro da regeneração das florestas tropicais	374
15.4	Novas abordagens para promover a regeneração das florestas	380

Índice remissivo 401

Referências bibliográficas

As referências bibliográficas podem ser encontradas na página do livro na internet (http://goo.gl/Doskhs)

PERCEPÇÕES SOBRE FLORESTAS TROPICAIS E REGENERAÇÃO NATURAL

1

O conhecimento tradicional realmente contém informações valiosas sobre o papel das espécies em sistemas ecologicamente sustentáveis. Tal conhecimento é de grande importância para aprimorar o uso dos recursos naturais e dos serviços ecológicos e poderia fornecer compreensões e apontamentos inestimáveis sobre como redirecionar o comportamento do mundo industrial para um caminho de sinergia com os sistemas que mantêm a vida na Terra, dos quais ele depende. (Gadgil; Berkes; Folke, 1993, p. 156).

1.1 Visão cíclica das florestas

Na visão holística de mundo dos indígenas que manejam seus recursos, a floresta não tem fim nem começo; ela é um ciclo que é manejado para prover as necessidades das pessoas. Os Dayak são tribos que vivem nas florestas de Bornéu e que possuem um conhecimento profundo da regeneração e do manejo florestal. Por mais de 4.000 anos, a vida dos membros dessa tribo vem sendo baseada em um sistema de agricultura itinerante em sintonia com a capacidade de regeneração dos ecossistemas florestais tropicais. O ciclo de vida deles está completamente entrelaçado com o ciclo de regeneração da floresta. Os Benuaq Dayak, de Datarban, na província de Kalimantan Oriental (Indonésia), reconhecem que diversos fatores afetam a regeneração natural, incluindo as condições do solo, a precipitação, a temperatura, a declividade e a direção cardeal de uma área íngreme. Eles definem cinco fases da regeneração florestal após um período curto (1-2 anos) de agricultura itinerante (*ladang*) dentro da floresta madura. Cerca de 1-3 anos depois do abandono da área, uma densa formação de arbustos jovens (*kurat uraq*) cobre o antigo roçado (Poffenberger; McGean, 1993). Essa fase pode durar 3-5 anos, se o solo estiver compactado, erodido ou altamente lixiviado e se a comunidade vegetal estiver dominada por gramíneas intolerantes à sombra, arbustos perenes, herbáceas e árvores de crescimento rápido que alcançam alturas de 3-4 m.

A segunda fase (*kurat tuha*) ocorre 2-5 anos após o abandono do roçado. Nessa fase, as árvores alcançam 5 cm ou mais de diâmetro e alturas de 5-6 m. Embaixo dessas árvores encontra-se uma densa cobertura de arbustos, lianas (trepadeiras lenhosas) e espécies herbáceas que crescem rapidamente sob elevados níveis de luminosidade. Se o solo apresentar boa qualidade, a terceira fase começa (*kurat batang muda*): as árvores pioneiras agora atingem 10-15 cm de diâmetro, o dossel superior começa a fechar, reduzindo a entrada de luz no sub-bosque e causando a morte das gramíneas e herbáceas. Após 9-16 anos, dependendo da qualidade do solo, a quarta (e mais longa) fase começa (*kurat batang tuha*): árvores jovens de espécies tolerantes à sombra preenchem o espaço deixado no sub-bosque pelos arbustos, ervas e gramíneas. O dossel florestal está virtualmente fechado por árvores com diâmetro muito acima de 10 cm. Pelos próximos 100-180 anos, a estrutura, a composição e a complexidade estrutural da floresta mudarão gradualmente até que ela retorne ao estado de floresta madura (*hutan bengkar*; Fig. 1.1).

O conhecimento Dayak sobre a regeneração natural assemelha-se muito ao dos ecólogos e silvicultores. Esse conhecimento faz parte da tradição cultural desse grupo desde o início de sua existência (Sardjono; Samsoedin, 2001; Setyawan, 2010). Fazendeiros Dayak possuem procedimentos minuciosos para determinar se um local é apropriado para a abertura de um novo roçado. Um dos testes envolve cortar o caule de uma espécie de gengibre selvagem e enterrá-lo no solo da floresta. Se o ramo brotar em 3-5 dias, as condições de umidade e disponibilidade de nutrientes do solo são consideradas adequadas para cultivo. Certas espécies da família Dipterocarpaceae e certas ervas de sub-bosque são indicadoras adicionais de que o solo apresenta as condições desejadas. Quando a futura área de roçado é cortada para o primeiro cultivo, árvores grandes e valiosas são poupadas para fornecer madeira e mel em anos futuros. Os tocos das árvores cortadas são deixados para rebrotar de maneira semelhante a um sistema de talhadia, acelerando a regeneração e reduzindo o crescimento de plantas daninhas.

A compreensão sofisticada que os Dayak possuem da regeneração florestal pode ser observada em outros povos que vivem na floresta e vêm praticando a agricultura itinerante e a colheita de produtos florestais por milênios (Wiersum, 1997). A mais de 16.000 km de distância, os maias iucateques praticaram agricultura itinerante por mais de 3.000 anos nas terras maias baixas do norte da Mesoamérica. O estilo de vida dos maias também dependia da compreensão e do manejo da regeneração florestal, tanto que o vocabulário deles possui seis termos para os estágios sucessionais da floresta e mais de 80 termos para as características do solo (Fig. 1.2; Gómez-Pompa, 1987; Barrera-Bassols; Toledo, 2005). Os Soligas, que vivem nos Ghats Ocidentais, na Índia, desenvolveram um conhecimento tradicional similar para manter seu estilo de vida de agricultura itinerante (Madegowda, 2009). Populações indígenas aprenderam como as florestas respondem aos diferentes tipos de perturbação e quais espécies de plantas e animais surgem e se proliferam em diferentes fases da regeneração florestal. Elas reconhecem determinadas espécies como indicadores de condições do solo, e seu conhecimento ecológico tradicional permite que pratiquem o manejo adaptativo, ajustando o impacto na floresta de forma a manter a regeneração, mesmo após diversos ciclos de cultivo no mesmo local.

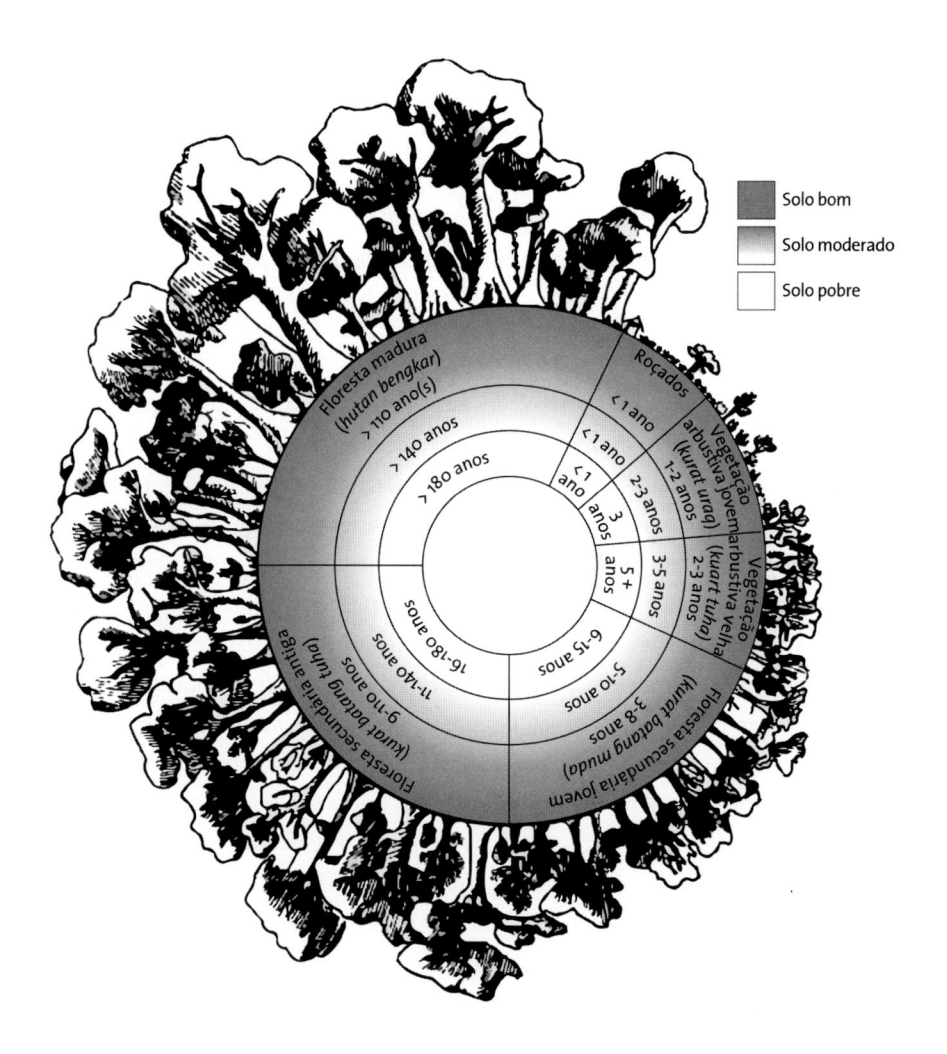

Fig. 1.1 *Fases da regeneração natural definidas pelos Benuaq Dayak. O tempo necessário para cada fase depende da qualidade do solo, com solos de melhor qualidade acelerando a regeneração natural*
Fonte: Poffenberger e McGean (1993, Fig. 6), redesenhado com permissão.

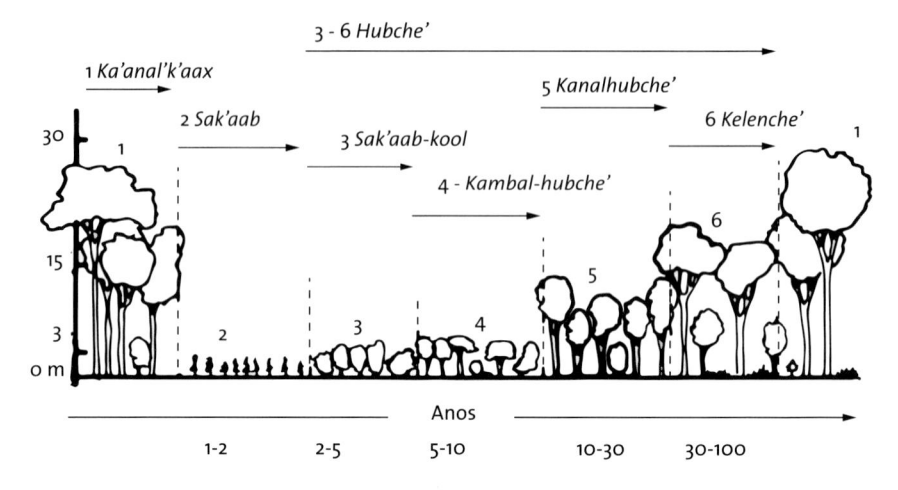

FIG. 1.2 Os seis estágios da regeneração natural conforme definido pelos povos maias
Fonte: Gómez-Pompa (1987, Fig. 1).

1.2 A resiliência das florestas tropicais

Agricultores itinerantes tradicionais desenvolveram técnicas de manejo adaptativo para sustentar o ciclo de regeneração da floresta, já que suas vidas e o futuro de suas áreas florestais dependem dessa relação. Quando esse ciclo é quebrado, as florestas perdem sua capacidade intrínseca de regeneração, pois há um limite para a resiliência das florestas tropicais, para a sua capacidade de se recuperar e reorganizar todas as suas partes após um distúrbio. As práticas tradicionais dos Dayak de Datarban não são mais viáveis, uma vez que a área florestal disponível para roçado não é mais suficiente para permitir longos ciclos de rotação (Poffenberger; McGean, 1993). No sistema tradicional desses povos, a floresta não seria derrubada até que tivesse atingido o quarto estágio (*kurat batang tuha*), mas o aumento populacional gerou tamanha pressão sobre as limitadas áreas florestais que muitos agricultores se viram forçados a reduzir seus períodos de rotação para 5-10 anos. Agora, áreas com pouco tempo de pousio são desmatadas para cultivo antes de terem recuperado completamente os teores de matéria orgânica e nutrientes do solo e antes que plantas daninhas tenham sido controladas pela regeneração florestal. Incêndios são frequentes na vegetação arbustiva jovem, o que prejudica a regeneração de espécies lenhosas e favorece plantas daninhas e espécies invasoras, como *Imperata cylindrica*. Esse novo regime de perturbação reduz a capacidade de regeneração da floresta. O sistema de agricultura itinerante, que foi sustentável por mais de 4.000 anos, é agora insustentável (Coomes; Grimard; Burt, 2000; Lawrence et al., 2010).

As florestas tropicais são frequentemente vistas como ecossistemas altamente frágeis e vulneráveis devido à sua complexa estrutura vertical, alta diversidade de espécies e intrincada rede de interações entre espécies (Chazdon; Arroyo, 2013). A devastação de uma área de floresta após um grande distúrbio parece ser irreversível, no entanto, o que torna um ecossistema florestal frágil não é a sua destruição momentânea, mas sim a interferência na sua resiliência intrínseca (ver Figs. 1.1 e 1.2). Assim como todos os ecossistemas, as florestas tropicais estão naturalmente submetidas a distúrbios de intensidade, duração e frequência variáveis, fazendo com que esses ecossistemas estejam sempre em fluxo. Forças da natureza (como furacões, enchentes ou erupções vulcânicas) causam grandes distúrbios. Da mesma forma, atividades antrópicas (como agricultura itinerante, agricultura fixa, pastoreio e retirada de madeira) também o fazem ao remover e fragmentar a vegetação e degradar o solo. Distúrbios naturais e antrópicos geralmente agem em conjunto para influenciar a dinâmica florestal, como o aumento da suscetibilidade da floresta a incêndios devido à retirada de madeira.

A resiliência é uma característica de sistemas adaptativos complexos que possibilita que esses sistemas se reorganizem após um distúrbio, ou seja, é a capacidade de retornar, com o tempo, a um estado semelhante ao encontrado antes do distúrbio (Holling, 1973; Levin, 1998). No caso dos ecossistemas, essa reorganização está incorporada no conceito de sucessão e no ciclo da regeneração natural (ver Fig. 1.1; Messier; Puettmann; Coates, 2013). O processo de reorganização é gradual e pode levar mais de um século, especialmente para ecossistemas compostos por centenas de espécies de árvores de vida longa. Adicionalmente, cada fase do processo de sucessão pode ser afetada por fatores internos e externos ao ecossistema (Bengtsson et al., 2003; Chazdon; Arroyo, 2013). A regeneração de florestas tropicais é influenciada pelo uso anterior do solo, pela composição inicial das espécies colonizadoras, pelo clima, pelo solo e pela dispersão de sementes das florestas do entorno. Quando os obstáculos para a regeneração prevalecem, a sucessão estagna e um novo tipo de ecossistema desenvolve-se, como ecossistemas dominados por gramíneas ou samambaias (ver Boxe 7.1, p. 151). Nesses casos, intervenção humana cuidadosa é necessária para retomar os processos sucessionais do ecossistema. Avaliar a resiliência das florestas tropicais envolve mais do que apenas entender os processos ecológicos da regeneração florestal; os humanos são agentes ativos tanto na perturbação quanto na recuperação dos sistemas naturais, e a separação entre sistemas ecológicos e sociais é artificial e arbitrária (Berkes; Folke, 1998). A resiliência é uma característica do sistema socioecológico como um todo, englobando tanto os componentes ecológicos como os humanos.

1.3 Regeneração, sucessão, e degradação florestal

A regeneração florestal espontânea ocorre dentro da matriz florestal após um distúrbio pequeno e localizado. A regeneração de clareiras faz parte da dinâmica florestal (ver Boxe 4.1, p. 82). Durante a sucessão florestal, toda a floresta é a unidade espacial em regeneração (Chokkalingam; De Jong, 2001). *Regeneração* é um termo comumente usado para descrever a recuperação após um distúrbio florestal em qualquer escala, de forma análoga à regeneração, recuperação ou reconstituição de tecidos ou órgãos após danos ou perdas. A regeneração natural pode referir-se a uma única árvore ou uma população, uma espécie arbórea, um remanescente florestal, um talhão, uma comunidade ou um ecossistema, e significa a recuperação ou restabelecimento dessas entidades.

A sucessão é um processo ligado à comunidade de espécies que compõem um determinado ecossistema. A regeneração natural de populações, espécies e comunidades ocorre em todos os estágios da sucessão: árvores que regeneram nas fases iniciais da sucessão pertencem a um grupo diferente daquelas regenerantes em fases posteriores (ver Boxe 5.1, p. 104). Após o distúrbio causado pela extração seletiva de madeira, as árvores podem ter recebido danos consideráveis. Nessas florestas, os processos sucessionais desencadeiam diferenças estruturais e de composição a partir de um ponto diferente do que ocorre em áreas agrícolas abandonadas.

A definição de *florestas em regeneração natural*[1] utilizada na Avaliação dos Recursos Florestais Mundiais (Global Forest Resources Assessment, FRA), da Organização das Nações Unidas para a Alimentação e a Agricultura (Food and Agriculture Organization, FAO), pode ser aplicada a florestas em processo de regeneração após a extração seletiva de madeira *ou* àquelas que foram totalmente desmatadas e estão em regeneração em áreas agrícolas abandonadas (FAO, 2010). Uma *floresta primária* é relativamente estável em sua estrutura e composição, enquanto uma *floresta secundária* é aquela que regenera espontaneamente após o desmatamento da floresta original. O termo *floresta secundária* também se refere às florestas onde houve extração seletiva de madeira, criando muita ambiguidade (Chokkalingam; De Jong, 2001). Ao longo deste livro, foi feita uma distinção entre florestas com extração seletiva de madeira e florestas secundárias em áreas desmatadas.

Em 2011, foi publicado na FRA um artigo em desenvolvimento intitulado "*Assessing forest degradation: towards the development of globally applicable guidelines*" (FAO, 2011). Mais de 50 definições para *degradação florestal* foram formuladas para diferentes situações (Lund, 2009). A degradação florestal é causada por humanos e geralmente pode ser

---

[1] No original, *naturally regenerating forests* (N.T.).

atribuída ao manejo ruim ou inadequado e ao mau uso das florestas. Em 2002, a Organização Internacional de Madeiras Tropicais (International Tropical Timber Organization, ITTO) estimou que até 850 milhões de hectares de florestas tropicais e áreas de florestas estavam degradadas (ITTO, 2002). A União Internacional para a Conservação da Natureza (International Union for the Conservation of Nature, IUCN) e a Parceria Global para a Restauração de Paisagem Florestal (Global Partnership for Forest Landscape Restoration, GPFLR) iniciaram um esforço global para restaurar 150 milhões de hectares de áreas degradadas e desmatadas até 2020, uma fração dos 2 bilhões de hectares ao redor do mundo que fornecem oportunidades para a restauração em escala de paisagem (GPFLR, 2012). De acordo com a ITTO (2002, 2005), uma floresta degradada oferece menos bens e serviços ecossistêmicos e abriga menos diversidade biológica. A Convenção sobre Diversidade Biológica (Convention on Biological Diversity, CBD) declarou que "uma floresta degradada é uma floresta secundária que perdeu, por meio da ação humana, a estrutura, função, composição de espécies ou produtividade normalmente associadas à formação florestal natural esperada naquele local" (Secretariado da Convenção sobre Diversidade Biológica, 2002, p. 154). Caso fosse aplicada uma nota às florestas como é feito nas universidades dos Estados Unidos, uma floresta degradada receberia uma nota menor que A (94%-100%), mas poderia estar com qualquer nota entre A e F (reprovada).

Essas definições implicam que qualquer floresta em processo de regeneração em pastagens ou áreas agrícolas abandonadas é uma floresta degradada, pois sua estrutura, função, composição, produtividade e serviços são menores que os observados nas florestas originais ou "naturais". Essa abordagem inclusiva está implícita na definição da CBD, e seus fundamentos se confundem com a definição de *floresta secundária*. Putz e Redford (2010) propuseram que as florestas secundárias que se desenvolvem após o desmatamento total de uma área deveriam ser diferenciadas das degradadas, as quais provêm de florestas maduras e ainda apresentam aspectos da estrutura e composição da floresta original. Florestas secundárias são florestas jovens em regeneração que necessitam de tempo para desenvolver as características das florestas maduras da mesma região e zona climática. Mesmo assim, as florestas jovens são rotuladas de *degradadas* simplesmente por serem jovens. São geralmente vistas como "defeituosas", sem considerar seu potencial de recuperação. De fato, o termo *secundária* implica que essas florestas são secundárias em qualidade e valor. Por essa razão, preferiu-se usar o termo *florestas em regeneração* neste livro[2].

---

[2] Na versão em português, não foi possível evitar o uso do termo *florestas secundárias* em alguns casos (N.T.).

Como se pode escapar desse labirinto de termos? O caminho é ver as florestas como entidades dinâmicas. A atual aplicação do rótulo *floresta degradada* para qualquer floresta que foi impactada pela ação humana (caça, retirada de madeira, fragmentação, pastoreio ou cultivo) reflete uma visão estática da floresta, que é falha por não considerar o potencial da regeneração natural para recuperar atributos "perdidos". As florestas devem ser vistas como sistemas resilientes, com a capacidade intrínseca de se reorganizar e se recuperar. Se a silvicultura, a indústria de biocombustíveis e as políticas de mitigação do clima jogarem todas as florestas afetadas por humanos na mesma categoria de *floresta degradada*, estará sendo ignorada uma das maiores oportunidades de conservação da história da humanidade. Na Índia, ecossistemas que sofreram distúrbios moderados ou pesados são classificados como áreas estéreis (Ravindranath; Gadgil; Campbell, 1996). Deve-se superar os rótulos de *degradação*, *desmatamento* e *devastação* para promover a regeneração e a restauração florestal em escalas massivas. É possível trabalhar para recriar ciclos sustentáveis de regeneração florestal e reconstruir ecossistemas resilientes. Não se deveria simplesmente condenar todas as florestas afetadas pelas atividades humanas e vendê-las pela melhor oferta. Se as florestas podem se regenerar como aconteceu na ilha de Rakata, em 1883, após esterilização total, nossas esperanças também podem ser restauradas (ver Boxe 6.1, p. 127).

1.4 A extensão geográfica do desmatamento e da regeneração florestal nos trópicos

O desmatamento nos trópicos é uma grande questão ambiental do nosso tempo, com amplas consequências para a biodiversidade, o clima e os sistemas mantenedores da vida no planeta (MEA, 2005). Nos últimos cem anos, florestas tropicais maduras foram derrubadas e substituídas por agricultura, pastagens, plantações e florestas jovens em regeneração em uma velocidade sem precedentes. No período de 1990 a 2000, 8,6 milhões de hectares foram desmatados nos trópicos, tanto em zonas secas quanto úmidas (ver Fig. 1.3 para os *hotspots* do desmatamento; Mayaux et al., 2005). Aproximadamente 42% das florestas tropicais do mundo são estacionais secas, as quais apresentaram taxas de desmatamento ainda mais altas do que as florestas tropicais úmidas. Restaram apenas 16% das florestas secas do sul e sudeste da Ásia em 2001, em comparação a 40% na América Latina (Miles et al., 2006).

Em 2005, aproximadamente metade do bioma das florestas tropicais úmidas apresentou cobertura florestal menor que 50%. A América do Sul (noroeste da bacia amazônica) e a região leste da bacia do Congo exibiram as maiores áreas de floresta tropical úmida intacta, enquanto a Ásia/Oceania e a América Central tiveram as menores áreas. Atividades de extração de madeira afetaram 3,9 milhões de quilômetros quadrados, ou 20,3% da área mundial de florestas tropicais úmidas (Fig. 1.4; Asner et al., 2009).

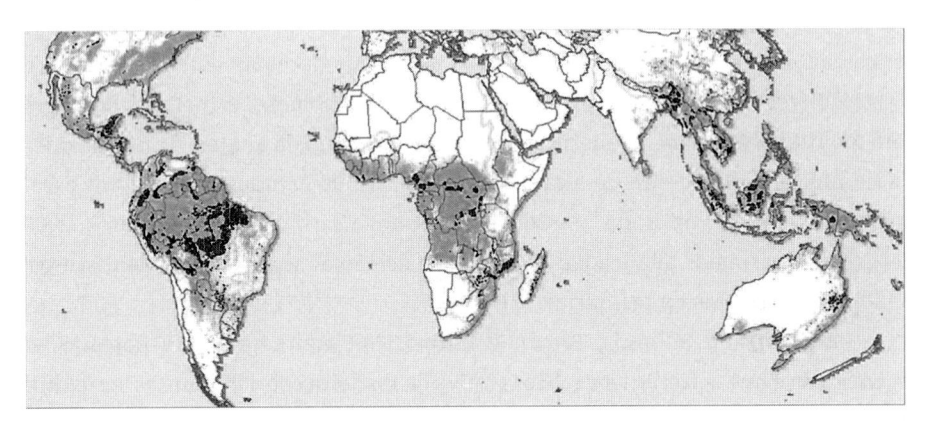

Fig. 1.3 *Principais frentes de desmatamento nos anos 1980 e 1990 dentro dos hotspots de desmatamento nos trópicos identificadas por três análises diferentes de cobertura florestal. A cor vermelha indica áreas com altas taxas de desmatamento, enquanto a cor verde indica florestas tropicais existentes*
Fonte: Mayaux et al. (2005, Fig. 3).

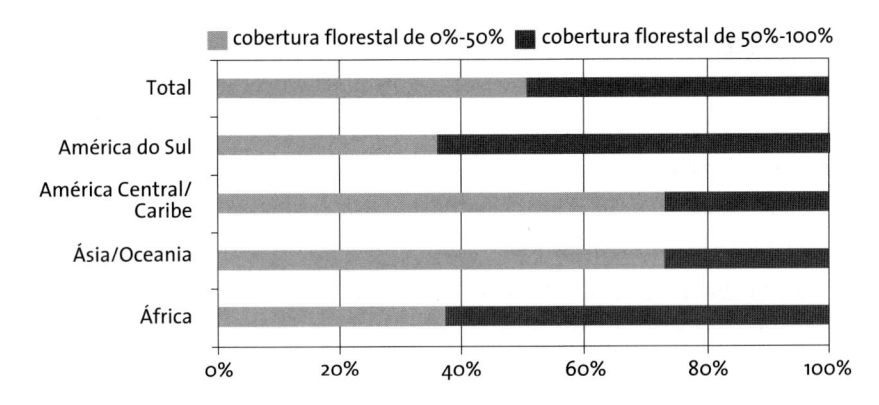

Fig. 1.4 *Distribuição geográfica das áreas de florestas tropicais úmidas com cobertura florestal de 0% a 50% e de 50% a 100% em 2005*
Fonte: Asner et al. (2009, Tab. 1).

Qual é a quantidade de florestas tropicais em processo de regeneração neste momento? Estimar a extensão das florestas tropicais em regeneração é uma tarefa muito mais difícil do que estimar taxas de desmatamento por diversos motivos

(Asner et al., 2009). Primeiro, é difícil detectar a regeneração da vegetação utilizando observações tradicionais de satélite, pois não é possível diferenciar florestas maduras de secundárias em estágios sucessionais avançados (Lucas et al., 2000). Segundo, mesmo que seja possível identificar áreas de florestas jovens em regeneração, elas podem constituir áreas de pousio de roçados que serão derrubadas após poucos anos. Terceiro, há dificuldade em distinguir florestas em regeneração de plantios florestais por imagens de satélite de baixa resolução. A melhor abordagem para monitorar áreas de regeneração florestal é por meio da análise de uma sequência de imagens de satélite de alta resolução, mas tais estudos apresentam escala espacial e temporal limitada (Da Conceição Prates-Clark; Lucas; Dos Santos, 2009). Florestas em estágios avançados de regeneração são as mais difíceis de distinguir de florestas maduras ou primárias.

Há mais de 30 anos, Brown e Lugo (1990) estimaram que florestas em regeneração e que sofreram extração seletiva de madeira cobriam, juntas, aproximadamente 26% da área florestal nos trópicos. Asner et al. (2009) estimaram a extensão geográfica do desmatamento, da extração seletiva de madeira e da regeneração nas florestas tropicais úmidas ao redor do mundo. Baseando-se em 23 estudos regionais, esses autores concluíram que pelo menos 1,2% das florestas tropicais úmidas do planeta estava em sucessão secundária por pelo menos dez anos no ano 2000. Wright (2010) corrigiu esses resultados, utilizando a área realmente mapeada em vez da área total do bioma para calcular as taxas de regeneração florestal. Esses cálculos mais precisos indicaram que 11,8% das áreas de floresta tropical avaliadas estavam em regeneração. No entanto, essa estimativa não pode ser extrapolada para além das áreas mapeadas, pois os 23 estudos regionais não foram amostrados ao acaso.

Em 2010, começaram a ser relatadas na FRA estatísticas do reflorestamento, assim como do desmatamento. Entretanto, o relatório aponta discrepâncias ainda não resolvidas na qualidade dos dados fornecidos por diferentes países. Com base nos dados de 2010 da FRA, as florestas primárias foram reduzidas para menos de 30% da cobertura florestal mundial (FAO, 2010). Nos trópicos, a América do Sul possui a maior proporção de florestas primárias remanescentes (79%), enquanto as porções orientais e ocidentais da África e o Caribe apresentam as menores proporções (< 6%). A maior parte da cobertura florestal nas regiões tropicais, excluindo a América do Sul, consiste de florestas em regeneração (Fig. 1.5). Esse panorama florestal é muito diferente dos estudos regionais apresentados por Wright (2010), os quais abrangeram todos os usos da terra na paisagem, incluindo a agricultura. Adicionalmente, a categoria *regeneração natural* da FRA é dominada por florestas com extração seletiva de madeira, com uma contribuição relativamente pequena das florestas regenerando em áreas desmatadas (FAO, 2010).

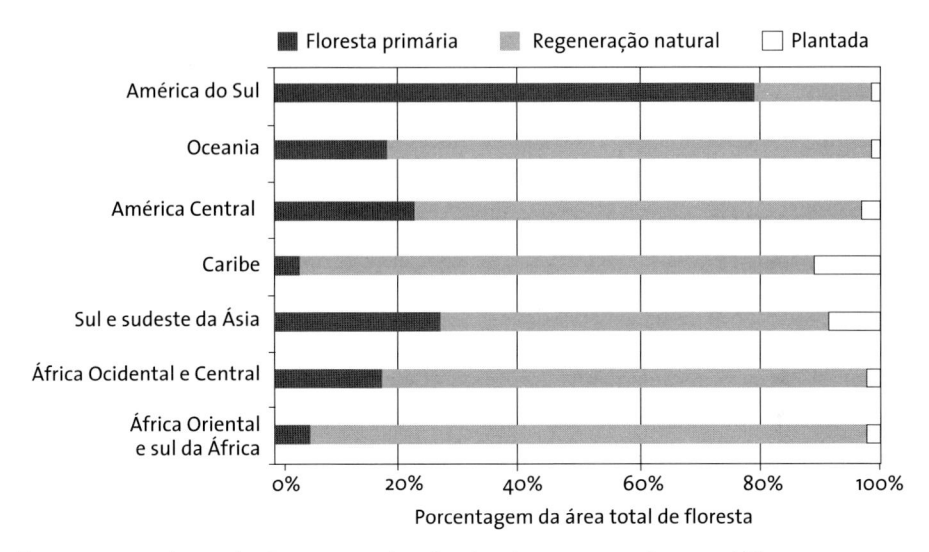

Fig. 1.5 *Distribuição das florestas primárias (maduras), em regeneração natural (florestas com extração seletiva e sucessionais) e plantadas em diferentes regiões geográficas de acordo com a FRA, da FAO*
Fonte: FAO (2010, Tab. 7).

A verdade é que não há um levantamento preciso da extensão global das florestas em regeneração hoje, dez anos atrás ou 30 anos atrás. Diversos problemas sabotam um levantamento global preciso da cobertura florestal tropical e a classificação dessas florestas em suas distintas formas. Um grande problema é a definição de *cobertura florestal* em si, além dos desafios de distinguir florestas em regeneração de plantios florestais, florestas maduras ou com extração seletiva de madeira nas diferentes regiões tropicais. Não foi dada atenção sistemática à construção de conhecimento global sobre a área, à biodiversidade e aos serviços ecossistêmicos das florestas tropicais. Infelizmente, as instituições formais necessárias para garantir a qualidade e a consistência dos levantamentos em florestas tropicais nas escalas regionais e sub-regionais ainda não foram estabelecidas (Grainger, 2010).

1.5 As florestas tropicais do futuro

Se as florestas tropicais primárias são mais essenciais para a conservação da biodiversidade no planeta (Gibson et al., 2011), por que deveria ser dada importância para as florestas em regeneração? Primeiramente, as florestas em regeneração são o tipo mais comum nos trópicos em todo o planeta. Somente 19 das 106 nações tropicais (18%) que forneceram dados para a FRA de 2010 declararam ter mais área de floresta primária do que em regeneração (FAO, 2010). Para 51 países (48%), as florestas em regeneração ocupavam uma área maior do que as primárias, enquanto 36 países (34%) declararam que as únicas florestas que restam em seu território são aquelas em regeneração. Por mais grosseiros e inconsistentes que sejam, esses relatos realçam a importância das florestas em regeneração para mais de 80% das nações tropicais. Sem elas nas paisagens tropicais, corre-se o risco de perder a maioria dos estoques globais de carbono e uma fração significativa das espécies e serviços ecossistêmicos do planeta. Há muita coisa em jogo.

Décadas de pesquisa meticulosa revelaram muito sobre a regeneração das florestas tropicais. Este livro sintetiza os resultados de centenas de estudos de regeneração florestal após distúrbios de diferentes tipos e intensidades e em diferentes regiões e formações florestais. O entendimento das trajetórias da regeneração florestal é essencial para manejar e restaurar florestas e para prever as mudanças florestais decorrentes das alterações climáticas. Estudos de regeneração florestal informam como diferentes tipos e intensidades de uso do solo influenciam a estrutura, a composição de espécies e a acumulação de carbono e nutrientes nas trajetórias sucessionais dos ecossistemas florestais. As florestas em regeneração fornecem *habitat* para uma vasta gama de espécies animais que dispersam sementes, polinizam flores e realizam interações tróficas. Ao entender as trajetórias sucessionais, pode-se diagnosticar melhor as causas da sucessão estagnada e prescrever ações para superar as barreiras que impedem a regeneração natural. É possível aprender com agricultores tradicionais de roçado como enriquecer florestas em regeneração com produtos para uso doméstico ou comercial. Por fim, pode-se aprender como fatores geográficos e socioeconômicos influenciam o desmatamento e a regeneração florestal nas mais diversas escalas espaciais e temporais.

Ao entender a regeneração florestal, aprende-se também sobre os impactos das atividades humanas nos ecossistemas florestais, hoje e no passado. Baseando-se nas características da vegetação em sucessão, é possível identificar períodos de intervenção humana seguidos por regeneração em florestas tropicais nos últimos 2.000-45.000 anos. As florestas primárias de hoje já foram florestas secundárias, e, se tiverem uma segunda chance, as florestas secundárias de hoje serão as florestas primárias do futuro.

LEGADOS HUMANOS ANTIGOS EM PAISAGENS DE FLORESTAS TROPICAIS

2

Hoje, é evidente que o que se chamava de floresta tropical "primária" foi cultivado em algum passado distante e que, na verdade, esse termo vem sendo usado para distinguir essas florestas "secundárias", compostas dos primeiros colonizadores de áreas abertas, de florestas onde esses pioneiros já se foram e que não apresentam nenhum sinal de distúrbio recente, mas que não necessariamente atingiram o clímax. (Jones, 1955, p. 564).

Em meados de 1950, Eustace W. Jones, do Instituto Florestal Imperial de Oxford, publicou uma descrição detalhada, dividida em duas partes, da floresta de planalto da Reserva Florestal de Okomu, localizada no sudoeste da Nigéria (Jones, 1955, 1956). Um relato mais recente de Richards (1939) descreveu a floresta em estudo como floresta primária, baseando-se em diversos critérios, como a ausência de tocos de árvores cortadas, remanescentes de plantas cultivadas, e outros sinais óbvios de interferência. No entanto, durante a amostragem de solos, Jones (1955) diversas vezes encontrou restos de cerâmica, fragmentos queimados de sementes de palmeira-de-óleo, e carvão nas trincheiras de solo, o que o levou a questionar quão primária era essa floresta. Ele observou que espécies dominantes emergentes da reserva, como *Alstonia boonei* e *Lophira alata*, são típicas da vegetação de florestas em regeneração mais antigas e não apresentavam indivíduos de pequeno porte na floresta (Jones, 1956). Com base na idade das árvores do dossel, ele estimou que aquela era uma floresta que começou a se regenerar há pelo menos 200 anos, em áreas que foram intensamente cultivadas e densamente povoadas.

Jones estava certo quanto à natureza secundária da floresta, mas errado quanto à sua idade. White e Oates (1999) obtiveram leituras de radiocarbono para o carvão e a cerâmica nas mesmas parcelas e trincheiras de solo utilizadas por Jones. Amostras de carvão apresentaram 760 ± 50 cal AP (idade calibrada em anos civis antes do presente, baseada na datação do radiocarbono), datando entre 1177 e 1378 d.C., no fim da Idade do Ferro. White e Oates especularam que 700 anos atrás havia plantações de palmeira-de-óleo associadas à cidade antiga de Udo onde hoje é a floresta Okomu. Por motivos que não são bem conhecidos, as plantações foram abandonadas e deram origem a uma floresta de mogno, dominada por diversos gêneros da família Meliaceae. Das palmeiras-de-óleo só restam as sementes chamuscadas no solo.

A floresta Okomu não é um caso isolado na África (White, 2001a). Baseando-se na abundância das sementes de palmeira-de-óleo, Fay (1997) sugeriu que parte significativa do norte do Congo, sudeste de Camarões e sudoeste da República Centro-Africana foi cultivada até cerca de 1.600 anos atrás. Vestígios da Idade do Ferro são abundantes no centro-oeste africano (Oslisly, 2001). Por toda a África Central, antigos povoamentos da Idade do Ferro podem ser identificados pela presença de árvores de uso econômico (Oslisly; White, 2007). Na região central do Gabão, Oslisly e White (2003) encontraram 50 fornalhas para derreter ferro em 2 ha de floresta tropical pluvial aparentemente madura. Agricultura itinerante realizada 300-400 anos atrás deixou legados evidentes na composição de espécies arbóreas e na distribuição das classes de tamanho em florestas úmidas de terras baixas na região sul de Camarões (Van Gemerden et al., 2003). Após aprender mais sobre a história antiga das florestas úmidas da África Ocidental, Richards (1963, p. 125) revisou seus conceitos: ao encontrar restos de cerâmica e carvão em amostras de solo de florestas "primárias" na Reserva Florestal de Bakundu, na região sul de Camarões, ele afirmou que "parece muito improvável que se tenha qualquer conhecimento real de florestas 'virgens' nessa parte de Camarões".

Legados de impactos humanos antigos se estendem muito além dos trópicos da África. William Denevan (1992b, p. 370) escreveu que:

> Até 1492, as atividades indígenas nas Américas modificaram a extensão e a composição das florestas, criaram e expandiram campos e alteraram o microrrelevo por meio de incontáveis aterros. Campos agrícolas eram comuns, assim como casas e cidades e ruas e trilhas.

Sobre as ilhas do Pacífico, Kirch (1997, p. 3) escreveu que:

> Realmente, está ficando cada vez mais claro que quase nenhuma ilha do Pacífico – mesmo aquelas que não possuíam populações humanas quando os europeus chegaram – deixou de receber intervenções humanas em algum momento da Pré-História.

Independentemente de se considerar o passado, o presente ou o futuro, a dinâmica das florestas tropicais está intimamente ligada às atividades humanas.

Apesar de algumas regiões tropicais aparentemente não terem sido colonizadas pelos povos antigos, o trabalho de arqueologistas, paleoecólogos, paleoclimatologistas e ecólogos historiadores revelou legados de longo prazo deixados pela ocupação humana pré-histórica na estrutura, composição e distribuição geográfica das florestas tropicais (Stahl, 1996; Willis; Gillison; Brncic, 2004; Willis et al., 2007). Impactos humanos pré-históricos variam muito na mesma região e entre regiões tropicais, de forma qualitativa e quantitativa, pois padrões humanos de povoamento, ocupação e uso da terra enfrentavam diversas dificuldades. A maior parte do que se sabe sobre os impactos humanos pré-históricos nas florestas tropicais foi descoberta nos últimos 20 anos, e novas descobertas estão surgindo rapidamente. Alguns estudos demonstram claramente padrões de derrubada da floresta seguida por regeneração ocorrendo repetidamente no mesmo local ao longo de milênios (e.g., em La Yeguada, no Panamá; ver Piperno, 2007). Em outros casos, as florestas tropicais nunca se restabeleceram devido à ocupação e transformação da paisagem por humanos nos últimos 10.000 anos (e.g., no pantâno Kuk, na Nova Guiné; ver Denham et al., 2003; Haberle, 2003). Diversos estudos paleoecológicos demonstram pouca ou nenhuma evidência de ocupação humana em algumas regiões tropicais da América do Sul (e.g., ver Piperno; Becker, 1996; Bush; Silman, 2008; Barlow et al., 2012; McMichael et al., 2012a).

A história dos impactos humanos em florestas tropicais é complexa e pode ser reconstruída por meio do histórico da colonização e ocupação humana nos trópicos (Hayashida, 2005; Williams, 2008). Neste livro, foram sintetizadas as informações sobre o efeito das ocupações humanas pré-históricas na estrutura e composição das florestas tropicais ao redor do mundo, começando no Pleistoceno tardio e continuando até o Holoceno tardio (Quadro 2.1). Antes da expansão da agricultura, os primeiros caçadores-coletores já começaram a alterar as florestas, dispersando sementes de plantas comestíveis importantes e caçando algumas espécies até a extinção. O surgimento e a expansão da agricultura durante o Holoceno levaram a um aumento das populações humanas e a demandas crescentes por comida, causando desmatamento e queima de biomassa em vastas áreas em muitas regiões tropicais. Os impactos antrópicos nas florestas tropicais se intensificaram nos últimos 5.000 anos devido a amplas alterações na paisagem. Esses impactos antigos deixaram marcas permanentes na extensão e composição das florestas, as quais persistem até hoje.

2.1   A colonização dos trópicos

As formações florestais tropicais formaram-se da maneira como são conhecidas hoje apenas 8.000-11.000 anos atrás, após os humanos terem se dispersado por todas as regiões tropicais (Colinvaux; Oliveira, 2000; Van der Hammen, 2001; Piperno, 2006). No começo do Holoceno, cerca de 10.000 anos atrás, o clima se tornou mais quente e úmido em todo o planeta, criando condições adequadas para o crescimento e expansão das florestas. Durante os primeiros 2.000 anos do Holoceno, as florestas tropicais perenifólias substituíram as florestas decíduas e as semidecíduas em Petén (Guatemala), muitas das terras baixas do Pacífico na América Central, e partes do norte da América do Sul (Piperno, 2007). Na região peninsular sul da Tailândia, o Holoceno inicial foi um período de baixa sazonalidade e elevada precipitação, o que levou à expansão dos *taxa* de florestas tropicais úmidas (Kealhofer, 2003). Em toda a África tropical, florestas perenifólias expandiram-se sob condições quentes e úmidas entre 10.000 e 7.000 cal AP (Livingstone, 1975). A extensão florestal máxima de Camarões ocorreu cerca de 9.500 anos atrás (Maley; Brenac, 1998). Há 9.000 cal AP, as florestas tropicais alcançaram sua maior extensão na América do Sul e na África (Servant et al., 1993). Portanto, a formação das florestas tropicais modernas coincidiu com o desenvolvimento de sociedades humanas mais complexas, migrações e transformações culturais.

QUADRO 2.1   Períodos geológicos do Quaternário tardio descritos neste livro

Período	Intervalo de tempo aproximado (cal AP)
Pleistoceno tardio	126.000-18.000
Pleistoceno terminal	18.000-11.700
Holoceno inicial	11.700-7.800
Holoceno médio	7.800-4.000
Holoceno tardio	4.000-presente

Nota: as unidades de tempo estão calibradas em anos antes do presente (cal AP), baseando-se em datações de radiocarbono.

Os humanos com a anatomia encontrada hoje evoluíram na África equatorial há aproximadamente 150.000 cal AP (Mellars, 2006). As populações humanas expandiram-se primeiro dentro da África e migraram para fora dela após um período de seca intensa entre 135.000 e 70.000 cal AP (Fig. 2.1; Cohen et al., 2007; Carto et al., 2009). Um grupo viajou subindo o corredor do rio Nilo ou atravessando a boca do Mar Vermelho até a Arábia, para depois seguir uma rota costeira pelo sul da Ásia e chegar ao continente de Sahul (continente do Pleistoceno que era formado pelas atuais Nova Guiné, Austrália e Tasmânia) utilizando pontes terrestres formadas durante as glaciações. Humanos modernos migraram para o subcontinente indiano apenas em 80.000-50.000 cal AP, mas faltam evidências arqueológicas para a migração de humanos modernos para o sul da Ásia (Pope; Terrell, 2008; Oppenheimer, 2009). Muitas das informações arqueológicas das populações do Pleistoceno continuam enterradas sob o oceano em áreas que eram costeiras durante as migrações humanas transcontinentais.

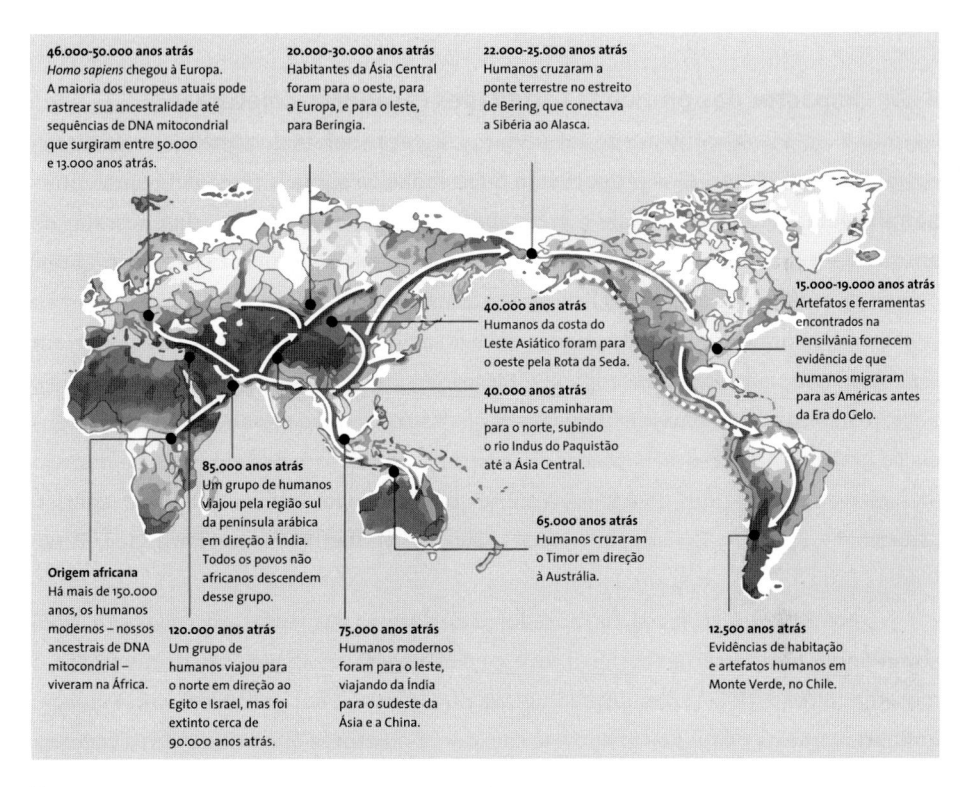

FIG. 2.1 *Ocupação humana moderna a partir da África, conforme reconstruída por Oppenheimer (2009, Fig. 1)*

Em cerca de 40.000 cal AP, os humanos modernos encontraram, atravessaram e se estabeleceram em florestas tropicais de todos os tipos durante sua expansão sobre vastas áreas de terra que ligavam a África e a Austrália (Mercader, 2003; Pope; Terrell, 2008). Escavações recentes em diversos locais do Vale Ivane, na Nova Guiné, confirmaram que as primeiras ocupações humanas datavam de 49.000-43.000 cal AP (Summerhayes et al., 2010). As populações humanas começaram a ocupar as florestas tropicais como caçadores e coletores na Guiné Equatorial, em Camarões e no Zaire entre 40.000 e 23.000 cal AP. No sudoeste do Sri Lanka, caçadores-coletores habitaram as florestas tropicais pluviais apenas 40.000 anos atrás (Kourampas et al., 2009). O primeiro registro de presença humana na Malásia peninsular data de 38.000 AP (Kealhofer, 2003). A colonização humana mais antiga na Austrália apresenta data semelhante (50.000-45.000 cal AP; Bowler et al., 2003). Mais tarde, os humanos chegaram à América do Sul, alcançando Monte Verde, no Chile, em 13.000 cal AP, completando, assim, o povoamento das florestas tropicais continentais (Dillehay, 1997).

2.2 Impactos das primeiras sociedades caçadoras-coletoras

Os povos do Pleistoceno terminal viviam da caça, coleta e colheita de recursos costeiros abundantes. Eles provocavam queimadas de baixa intensidade para eliminar a vegetação de sub-bosque e criar aberturas na floresta, a fim de encorajar os animais a forragearem onde poderiam ser caçados facilmente. Existe uma abundância de evidências arqueológicas que refutam as ideias propostas por Bailey et al. (1989) de que as primeiras sociedades caçadoras-coletoras humanas não poderiam ter sobrevivido em florestas tropicais (Mercader, 2003). Das primeiras colonizações de florestas tropicais pluviais de terras baixas surgiram sociedades cuja subsistência se baseava na floresta, começando, assim, uma era sem precedentes no manejo da paisagem em regiões da África, América do Sul, Nova Guiné e Sudoeste Asiático (Gnecco; Mora, 1997; Roosevelt, 1999a, 1999b; Kealhofer, 2003; Premathilake, 2006; Bayliss-Smith, 2007; Rostain, 2013).

Ao redor dos trópicos, os moradores da floresta aumentaram a concentração, abundância e extensão geográfica de espécies vegetais usadas para alimentação e moradia (Boxe 2.1). Estudos arqueológicos na Caverna Niah, em Sarawak, Malásia, indicaram que os pequenos grupos de caçadores-coletores que utilizavam a caverna e as florestas tropicais úmidas de terras baixas 45.000 anos atrás possuíam métodos sofisticados de aproveitar os carboidratos fornecidos pelas plantas de que se alimentavam. Essas fontes de alimento incluíam tubérculos de inhame (*Dioscorea*), rizomas aéreos (*Colocasia, Alocasia* e *Cyrtosperma*), fruta-pão (*Artocarpus altilis*), jaca (*Artocarpus heterophyllus*), castanhas de *Pangium edule* e *Eugeissona* spp. Muitas dessas espécies apresentam elevadas concentrações de toxinas naturais e requerem um processamento demorado antes de poderem ser consumidas com segurança (Barker et al., 2007; Barton; Paz, 2007).

Caçadores-coletores hoabinhianos ocuparam as florestas pluviais da península da Malásia durante o Holoceno inicial e foram pioneiros no cultivo de tubérculos e árvores frutíferas da floresta (Bellwood, 1997; Kealhofer, 2003). O testemunho sedimentar de Nong Thalee Song Hong, no sul da Tailândia, apresentou evidências de depósitos de pólen fossilizado e sílica microscópica de tecidos vegetais (fitólitos), oriundos de distúrbios, queima e cultivo de espécies de interesse econômico na floresta – especialmente de *taxa* arbóreos – durante o Holoceno (Kealhofer, 2003). Esses *taxa* incluem *Areca* (palmeira da noz-de-areca, ou bétel), *Caryota* (palmeira rabo-de-peixe), espécies dipterocarpáceas, *Artocarpus* e *Garcinia* (Maloney, 1999). Na Índia, as sociedades caçadoras-coletoras persistiram em áreas ocidentais da costa e nos Ghats Ocidentais até o ferro ser introduzido na região, o que ocorreu há somente 3.000 anos atrás. Muitas tradições das primeiras sociedades caçadoras-coletoras ainda existem hoje, incluindo a proteção de bosques sagrados, o manejo florestal e a conservação de árvores *Ficus* (Gadgil; Chandran, 1988).

> **Boxe 2.1 Arboricultura, jardinagem florestal e florestas antrópicas**
>
> A arboricultura pré-histórica aumentou a abundância e a extensão geográfica de muitas espécies arbóreas úteis nas florestas tropicais (Yen, 1974; Balée, 1989; Peters, 2000). Muitas dessas espécies de rápido crescimento que gostam de sol apresentam maior abundância em florestas secundárias e em áreas de pousio. O conhecimento dos usos antigos e da semidomesticação dessas espécies aumenta o entendimento de sua ecologia atual. Apesar de muitas das espécies utilizadas não serem totalmente domesticadas, as paisagens em que elas ocorriam certamente eram (Terrell et al., 2003).
>
> Florestas antrópicas são definidas como florestas dominadas por espécies (ou oligarquias de espécies) claramente associadas a humanos. As populações indígenas da Mesoamérica cultivaram árvores e manejaram manchas da floresta por mais de 3.000 anos. Quando os europeus chegaram à Amazônia, 138 espécies de plantas estavam sendo cultivadas ou manejadas, das quais 68% eram árvores ou plantas perenes lenhosas (Clement, 1999). As evidências mais claras de práticas silviculturais antigas vêm dos maias, que cultivavam hortas domésticas e manejavam roçados e florestas. As agregações de alta densidade de espécies arbóreas úteis nos arredores de sítios arqueológicos atuais fornecem fortes evidências do manejo silvicultural realizado pelos povos antigos (Gómez-Pompa, 1987; Rico-Gray; García-Franco, 1991; Fedick, 1995; Campbell et al., 2006; Ford, 2008; Ross, 2011).
>
> Jardins florestais eram tão comuns durante o período pré-clássico maia que as florestas atuais do sudeste de Petén, leste da Guatemala e oeste de Belize são consideradas de origem antrópica (Gómez-Pompa; Kaus, 1999; Peters, 2000; Campbell et al., 2006; Ford, 2008). *Manilkara zapota* e *Brosimum alicastrum*, duas árvores abundantes e de ampla distribuição na região, eram fontes importantes de comida e madeira para os maias antigos. Outras espécies arbóreas importantes para a subsistência dos maias, como *Protium copal*, *Ceiba pentandra*, *Dialium guianense*, *Haematoxylon campechianum* e *Swietenia macrophylla*, são elementos dominantes da flora local (Peters, 2000).

Áreas de pousio de roçado ou florestas secundárias pós-agricultura apresentam maior abundância de espécies utilizadas por humanos quando comparadas às florestas maduras e, portanto, podem ser consideradas florestas antrópicas (Chazdon; Coe, 1999; Voeks, 2004). O manejo de áreas de pousio pode ser direto, como no caso de silvicultura e manejo ativo, ou indireto, como com espécies associadas ao manejo de pousio dos índios Ka'apor. Neste caso, as áreas de pousio são dominadas por babaçu (*Attalea phalerata*), cajá-mirim (*Spondias mombin*), tucumã (*Astrocaryum vulgare*) e inajá (*Maximiliana maripa*). Tais espécies ocorrem nas áreas de pousio devido à dispersão por pacas das sementes descartadas nas florestas, em vez do plantio direto pelas pessoas (Balée, 1993). Muitas florestas de palmeiras na Amazônia são antrópicas (Balée, 1988; Balée; Campbell, 1990; Erickson; Balée, 2006). Evidências arqueológicas apontam que *Acrocomia aculeata* (bocaiuva) foi dispersada por humanos da América do Sul até a Central, enquanto *Oenocarpus batua* e *Elaeis oleifera* foram amplamente dispersadas por diversas regiões da América do Sul (Morcote-Ríos; Bernal, 2001). Guix (2009) vai além, sugerindo que os humanos substituíram a megafauna extinta do Pleistoceno como os principais dispersores de diversas espécies frutíferas de sementes grandes na bacia amazônica, incluindo a castanha-do-pará (*Bertholletia excelsa*), a qual ocorre em diversas regiões (Shepard; Ramirez, 2011).

A colonização austronesiana das ilhas da Oceania, de 1.600 a 500 a.C., está associada a um sistema complexo de arboricultura. Nas ilhas de São Matias*, mais de 20 espécies arbóreas eram cultivadas, incluindo *Canarium indicum*, *Spondias dulcis*, *Pometia pinnata*, *Aleurites molucana* (noz-da-índia) e *Burckella obovata* (Kirch, 1989), enquanto frutos de *Cocos nucifera* (coqueiro) eram amplamente consumidos por humanos e porcos. Essas espécies distribuem-se amplamente pelas regiões tropicais do Pacífico e foram provavelmente dispersas por humanos. Esses frutos atraem raposas-voadoras, galinhas nativas, pombos, frangos-d'água e outros animais selvagens, os quais eram caçados para alimentação (Bayliss-Smith; Hviding; Whitmore, 2003; Yen, 1974).

Legados de sistemas de arboricultura antigos ainda são evidentes na vegetação atual das ilhas Salomão e em toda a Melanésia e Oceania. *Pometia pinnata* é uma espécie arbórea comum nas ilhas Salomão, frequentemente ocorrendo como dominante em florestas maduras e secundárias e em áreas de pousio de agricultura itinerante (Yen, 1974). Árvores do gênero *Canarium* formam bosques em florestas secundárias em estágios avançados de sucessão, enquanto manchas de *Terminalia brassii* ocupam áreas úmidas onde foi cultivado taro (Bayliss-Smith; Hviding; Whitmore, 2003).

---

* Também conhecidas como ilhas Mussau (N.T.).

As primeiras estratégias de subsistência na Melanésia geralmente combinavam elementos de caça e coleta com silvicultura e manejo de plantas silvestres

(Bayliss-Smith, 2007). Durante o Pleistoceno tardio, os colonizadores do Vale Ivane, nas terras altas da Nova Guiné, usaram machados de pedra com fendas laterais para a entrada de um cabo de madeira. Esses machados eram utilizados para derrubar árvores e possivelmente para capinar ou cavar, facilitando a obtenção de sementes de *Pandanus*, um alimento essencial para essas comunidades (Summerhayes et al., 2010). Essas ocupações pré-históricas também estão associadas ao aumento na frequência de incêndios na bacia Ivane (Hope, 2009; Summerhayes et al., 2010).

Nos Neotrópicos, paleoindígenas caçaram, pescaram e coletaram frutos ao longo de ricas planícies alagáveis e de margens de rios e ao longo da costa (Denevan, 1996; Roosevelt, 1999a, 1999b; Oliver, 2008; Rostain, 2013). Montes de conchas de moluscos são encontrados em diversos locais ao longo da costa atlântica da América do Sul (Heckenberger; Neves, 2009). Milhares de montes de conchas, chamados de *sambaquis*, estão espalhados pela costa atlântica sul do Brasil, vestígios de caçadores e coletores pré-históricos que ocuparam a região da Mata Atlântica em cerca de 7.000 cal AP (Fairbridge, 1976). Entre 11.200 e 9.800 cal AP, caçadores-coletores ocuparam campos sazonais no rio Tapajós, nas proximidades de onde, hoje, encontram-se as cidades brasileiras de Monte Alegre e Santarém (Roosevelt, 2000; Roosevelt et al., 2009). A subsistência desses grupos dependia quase que totalmente de tartarugas, peixes e moluscos, sendo suplementada com frutas e sementes (Roosevelt, 1998). As populações humanas estenderam-se para áreas mais elevadas, onde caçaram e coletaram de forma generalizada em áreas distantes dos cursos d'água (Roosevelt, 1999b). Escavações arqueológicas no meio do rio Caquetá, na Amazônia colombiana, revelaram uma ampla variedade de sementes de palmeiras e frutos preservados, instrumentos de pedra lascada e pedra polida, e grandes quantidades de carvão datando de 9.250 a 8.100 cal AP. Além de caça e coleta, esses pioneiros praticavam jardinagem em pequena escala (Oliver, 2008), havendo, entre os implementos encontrados, "ferramentas de pedra" (Fig. 2.2). Dados arqueológicos e paleoecológicos indicam que os humanos colonizaram a bacia hidrográfica do lago Yeguada, no Panamá, em cerca de 12.900 AP e eliminaram vastas áreas de floresta na bacia até 7.000 AP (Piperno; Bush; Colinvaux, 1990; Bush et al., 1992).

Os povos aborígenes começaram a ocupar as florestas pluviais do nordeste da Austrália 8.000 anos atrás, logo após essas florestas terem se expandido devido a um período mais úmido. Eventos intensos de El Niño/La Niña Oscilação Sul (Enos) de 2.500 a 1.700 cal AP coincidiram com o aumento da atividade dos aborígenes nas florestas, pois esses povos foram forçados a ocupar as florestas pluviais permanentemente (Cosgrove; Field; Ferrier, 2007). No sudeste da região de Cape York, o uso de cavernas e abrigos naturais triplicou do Holoceno médio para o tardio, particularmente após 4.500-3.500 cal AP (Haberle; David, 2004).

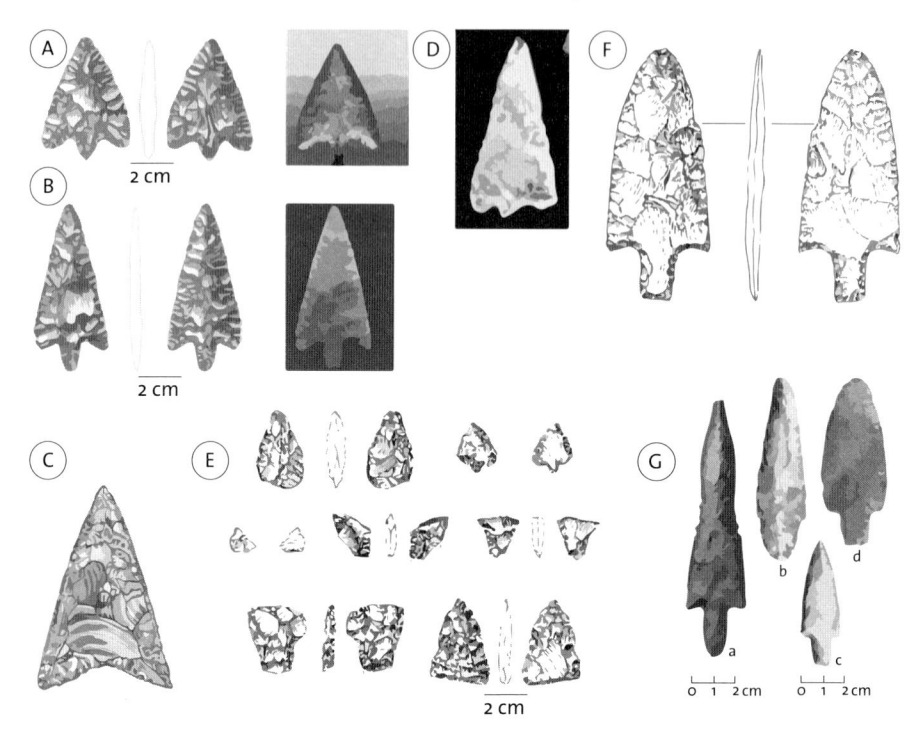

Fig. 2.2 Fotografias e desenhos de pontas de projéteis de diversos locais de floresta de terra firme na bacia amazônica: (A) ponta larga de quartzo hialino de terras baixas do rio Tapajós, 6,4 cm; (B) ponta longa de calcedônia marrom-rubra, parte média do rio Tapajós, 8,5 cm; (C) desenho de ponta triangular finamente lascada de Santarém, 12 cm; (D) ponta triangular em Monte Alegre, 8 cm; (E) desenhos das duas faces da caverna da Pedra Pintada, Monte Alegre; (F) pontas subtriangulares da parte superior do rio Negro, Brasil, 15 cm; (G) pontas subtriangulares encontradas na Guiana
Fonte: Roosevelt et al. (2009, Fig. 1).

O impacto mais irreversível das populações humanas do Pleistoceno tardio em florestas tropicais foi a caça. Como muitas espécies da megafauna do Pleistoceno eram herbívoras e habitavam bosques abertos e savanas, a extinção dessas espécies levou a um aumento na quantidade de combustível em ecossistemas tropicais suscetíveis ao fogo (Rule et al., 2012). Apesar de ainda existir um debate saudável sobre o papel da caça humana e das mudanças climáticas nessas extinções (Wroe; Field; Grayson, 2006), há evidências consistentes mostrando que extinções de animais de grande porte em ilhas e continentes insulares no Pleistoceno tardio (Austrália),

Pleistoceno terminal (Américas), Holoceno inicial e médio (Índias Ocidentais, ilhas do Mediterrâneo) e Holoceno tardio (Madagascar, Nova Zelândia e ilhas do Pacífico) sempre coincidiram com a colonização humana (Boxe 2.2). Em toda a região tropical, as sociedades caçadoras-coletoras antigas deixaram sua marca nas florestas e bosques, alterando a fauna e flora e aumentando o uso de fogo, mesmo antes do desenvolvimento da agricultura itinerante ou intensiva.

> **Boxe 2.2** Relação entre a extinção de espécies e a colonização humana pré-histórica
>
> Casos claros da relação da extinção de espécies com as primeiras ocupações humanas vieram de ilhas tropicais, onde a "ameaça tripla" de predação, introduções bióticas e alteração da vegetação não deixaram refúgios para espécies vulneráveis (Grayson, 2001). As primeiras evidências ligando a extinção da megafauna com a ocupação humana na Nova Guiné foram observadas em diversos locais no vale Balim (Fairbairn; Hope; Summerhayes, 2006). O desaparecimento de um grande morcego frugívoro (*Aproteles bulmerae*), durante o Holoceno inicial, nas terras altas de Kiowa, na Nova Guiné, é atribuído à sobrecaça por humanos (Sutton et al., 2009). Em Madagascar e nas ilhas do Pacífico Sul, a cronologia dos eventos de extinção aponta que as megafaunas entraram em declínio depois da colonização humana (Burney; Flannery, 2005). Nas Índias Ocidentais, a extinção da megafauna ocorreu logo após a colonização humana e as transformações da paisagem, há cerca de 5.500-6.500 anos (MacPhee, 2008).
>
> A colonização austronesiana na Polinésia, por volta de 3.500 anos atrás (Hurles et al., 2003), teve um impacto devastador sobre as aves nativas (Steadman, 1995, 1997) e a herpetofauna de grande porte (Pregill; Dye, 1989; Steadman; Pregill; Burley, 2002). Na Polinésia Ocidental (São Matias – Mussau –, Nova Caledônia, Tikopia, Anuta, Fiji, Tonga, Futuna e Samoa), muitas espécies de aves não sobreviveram ao primeiro milênio de ocupação humana. A extinção de frugívoros grandes impacta especialmente a dispersão e o recrutamento de espécies arbóreas de sementes grandes (McConkey; Drake, 2002; Fall; Drezner, 2011). Extinções de aves marinhas na Polinésia foram particularmente severas para petréis e cagarras, enquanto as perdas de aves terrestres foram maiores para saracuras, pombos e papagaios. Nenhuma família de aves, terrestre ou marinha, foi poupada. Polinésios pré-históricos eram muito habilidosos em capturar aves, muitas vezes utilizando apenas as próprias mãos. Eles também coletavam ovos e frequentemente visitavam ilhas pequenas e desabitadas para capturar aves marinhas e seus ovos (Steadman, 1997).
>
> Após a chegada dos humanos nas ilhas do Havaí – há 1.500-2.000 anos –, 60 espécies endêmicas de aves terrestres foram extintas. De forma semelhante, 44 espécies endêmicas de aves terrestres foram perdidas no último milênio na Nova Zelândia. A ilha de Páscoa parece ter perdido mais biota nativa do que qualquer outra ilha de tama-

nho semelhante na Oceania: das 30 espécies de aves marinhas que utilizavam a ilha para procriação antes da ocupação humana, restou apenas uma espécie (Steadman, 1995).

Introduções pré-históricas de espécies vegetais e animais em ilhas, sejam elas intencionais ou acidentais, geralmente levam a consequências desastrosas. A introdução de animais selvagens da Nova Guiné nas ilhas da Melanésia, durante o Pleistoceno, teve um impacto pequeno, porém significante. A filandra-do-oriente (*Phalanger orientalis*) foi introduzida na Nova Irlanda durante o Pleistoceno tardio. Pademelon (*Thylogale browni*) e ratazanas (*Rattus praetor*) foram introduzidas no Holoceno inicial e, mesmo assim, apenas uma única espécie de mamífero (*Rattus mordax*) foi extinta localmente na Nova Irlanda. A introdução do dingo na Austrália, há 4.000 anos, causou o desaparecimento do tigre-da-tasmânia (*Thylacinus cynocephalus*) e do demônio-da-tasmânia (*Sarcophilus harrisii*) da região continental australiana (Allen, 1997). Mamíferos introduzidos durante a pré-história na Polinésia, especialmente cachorros, porcos e ratos, predavam aves nativas. Ratos eram, de longe, os maiores predadores de ovos, filhotes e adultos de aves nativas. *Rattus exulans*, o rato-da-polinésia (ou rato-do-pacífico), foi introduzido por toda a Oceania durante a pré-história, intencionalmente ou como passageiro clandestino em canoas (Steadman, 1997).

A colonização da Oceania Remota foi devastadora para a flora, assim como para a fauna (Prebble; Wilmshurst, 2009). Registros paleoecológicos do Holoceno tardio de diversas ilhas fornecem evidências sólidas do declínio e da extinção de espécies de palmeiras do gênero *Pritchardia*, os quais foram causados por humanos, já que essas espécies ocorriam em solos altamente favoráveis para o cultivo de taro (Prebble; Dowe, 2008). O *Rattus exulans* está intimamente envolvido com o declínio e a perda de espécies de palmeiras nas ilhas do Havaí, tendo contribuído (e talvez causado) a extinção da palmeira *Paschalococcus disperta* na ilha de Páscoa (Athens et al., 2002; Hunt, 2007; para um contraponto, ver Mann et al., 2008; Diamond, 2007).

Em contraste aos diversos casos de extinção associados à ocupação humana nas ilhas tropicais, são escassas as evidências arqueológicas que apontam que sociedades pequenas tenham causado extinções em regiões continentais dos trópicos (Grayson, 2001). Apesar de 4.000 anos de caça, derrubada de florestas e dominância da paisagem, não há evidências arqueológicas de extinções de vegetais ou animais no Quaternário tardio associadas à ocupação humana na região maia (Gómez-Pompa; Kaus, 1999; Emery, 2007).

2.3 O desenvolvimento da agricultura

Juntamente com mudanças climáticas, houve uma grande mudança nas sociedades humanas no período do Holoceno inicial ao tardio, com o desenvolvimento independente da agricultura em pelo menos oito regiões do Velho e Novo Mundo, entre

10.000 e 5.000 cal AP (Piperno, 2006). O desenvolvimento e a expansão da agricultura impactaram profundamente a estrutura e a composição de florestas tropicais exatamente quando elas estavam formando sua composição atual de espécies (Piperno, 2007, 2011). Os povos coletores expandiram-se juntamente com a floresta e se tornaram horticultores.

Os cultivares de terras baixas mais importantes da América Central e do Sul foram primeiramente cultivados e domesticados em florestas tropicais estacionais (Piperno; Pearsall, 1998; Piperno, 2006; Piperno et al., 2009). A domesticação de plantas começou independentemente no México e no Peru. Milho e algodão (México) e mandioca e batata (Peru) foram domesticados provavelmente apenas uma vez, enquanto abobrinha, feijão e girassol foram domesticados mais que uma vez (Iriarte, 2007). Evidências genéticas sugerem que a mandioca (*Manihot esculenta*) foi domesticada na Amazônia, muito provavelmente na região sudoeste (Arroyo-Kalin, 2012). Sementes de abobrinha e fitólitos de *Zea mays* e *Cucurbita* sp. datam de 8.700 cal AP no vale central do rio Balsas, no México, onde foram encontrados antepassados selvagens dessas espécies (Piperno et al., 2009). Cerca de 6.300 anos atrás, o milho foi dispersa da América do Sul até o vale do rio Balsas, no México (Piperno, 2007). Estudos paleoecológicos indicam que *habitat* à beira de lagos, ricos em recursos, foram preferidos para o cultivo sazonal durante a estação seca, quando as margens do lago ficavam expostas, o que também facilitava o uso do fogo para limpar a terra para o plantio (Ranere et al., 2009). O mais antigo registro paleontológico de agricultura na bacia amazônica é de Ayauch, nas terras baixas ao leste do Equador, onde pólen de *Zea* sp. foi datado em 2.850 AP (Bush; Colinvaux, 1988).

Na Mesoamérica, os perfis de pólen, carvão e fitólitos vegetais em sedimentos de lagos e pântanos de diversos sítios em Belize, Costa Rica, El Salvador, Guatemala, México e Panamá mostram ocorrências de incêndios coincidentes com evidências de cultivos agrícolas (principalmente milho) e redução no pólen de árvores durante o Holoceno inicial e médio (10.000-7.000 cal AP; Piperno, 2006, 2007). A variação sazonal na precipitação favoreceu o desmatamento e o cultivo nessas áreas. Esses dados corroboram as evidências arqueológicas e moleculares, demonstrando o papel fundamental das florestas tropicais estacionais do México ao Brasil na origem e na disseminação dos cultivares domesticados do Novo Mundo (Ranere et al., 2009). Na bacia do lago Yeguada, na região central do Panamá, a agricultura de corte e queima surgiu por volta de 7.000 AP (Bush et al., 1992). Registros de pólen e fitólitos apontaram uma redução nos *taxa* arbóreos florestais, um aumento dos *taxa* lenhosos de florestas em regeneração e altos níveis de carvão (Piperno, 2006).

A agricultura costeira surgiu de forma independente no Equador há apenas 10.000 cal AP (Piperno; Stothert, 2003). Os povos pré-cerâmicos Las Vegas viveram consumindo recursos marinhos e estuarinos e começaram a cultivar tanto sementes (*Cucurbita* sp. e *Lagenaria siceraria*, a calabaça) quanto raízes (*Calathea allouia*, a ariá) em hortas há cerca de 9.000 cal AP (Stothert; Piperno; Andres, 2003). Esse mesmo grupo de espécies domesticadas é encontrado juntamente com restos abundantes de frutos de palmeiras em Peña Roja, localizada em um terraço na parte média do rio Caquetá, na Colômbia Ocidental, datando de 8.090 cal AP (Gnecco; Mora, 1997; Piperno; Pearsall, 1998).

Outra origem independente da agricultura ocorreu nas terras altas da Nova Guiné. Em vez de ter sido originada nas terras baixas, a agricultura surgiu de práticas de exploração da vegetação nas terras altas, o que permitiu a ocupação permanente do interior da Nova Guiné durante o Pleistoceno tardio. No vale do Wahgi superior, o pântano Kuk forneceu um rico registro das primeiras ocupações e derrubadas de florestas no Holoceno inicial, antes de 7.800 cal AP. Fitólitos, pólen, e grãos de amido indicam que *Colocasia* (taro) e bananas do gênero *Eumusa* foram cultivados no local, juntamente com *Castanopsis* spp., bananas *Musa* e *Pandanus* spp. (Fig. 2.3). A paisagem do vale do Wahgi superior era um mosaico em constante mudança de florestas maduras e em regeneração, campos e diversos ambientes ripários e pantanosos degradados durante o Holoceno inicial (Denham et al., 2003; Denham; Haberle; Lentfer, 2004).

Baseando-se em afinidades fitogeográficas e genéticas, *Colocasia*, bananas *Eumusa*, *Artocarpus altilis* (fruta-pão), *Metroxylon sagu* (saguzeiro), *Saccharum* spp. (cana-de-açúcar) e *Dioscorea* spp. (inhame) são consideradas nativas da Nova Guiné e Melanésia, tendo sido domesticadas nessas regiões (Denham; Haberle; Lentfer, 2004). As terras baixas do norte da Nova Guiné eram ricas em árvores frutíferas, castanhas e amido, como *Artocarpus altilis*, *Barringtonia* spp., *Canarium* spp., *Cocos nucifera*, *Pandanus* spp., *Terminalia* spp. e *Metroxylon sagu*, tendo sido intensamente utilizadas pelas populações costeiras durante o Pleistoceno tardio e o Holoceno (Yen, 1996). Essas espécies são típicas de sistemas arboriculturais desenvolvidos posteriormente no Sudeste Asiático, Melanésia e Oceania (ver Boxe 2.1, p. 33; Yen, 1974; Kirch, 1989).

No Sudeste Asiático (província Jiangxi, China), fitólitos de arroz (*Oryza sativa*) recuperados de cerâmica datam de 14.000 a 9.000 cal AP (Premathilake, 2006). *Hordeum* sp. e *Avena* sp. foram cultivados na região central do Sri Lanka de 10.000 até 8.700 cal AP. Os progenitores selvagens desses cereais cresciam naturalmente na região antes do último máximo glacial, no entanto, durante o Holoceno inicial e médio, os cultivos de cereais e de arroz não eram adequados para as latitudes equatoriais nas ilhas da Indonésia, Melanésia e Oceania. Essas regiões testemunharam o melhoramento de tubérculos (inhame, taro), espécies de palmeiras com amido (*Metroxylon, Corypha, Arenga, Caryota, Eugeissona*), e árvores frutíferas (*Artocarpus, Pandanus*, rambutão, durian, entre outras). As tecnologias para cultivo de arroz alagado espalharam-se do norte do Vietnã e Tailândia para Java, Bali e Luzon cerca de 2.500 anos atrás, transformando drasticamente essas ilhas (Bellwood, 1997).

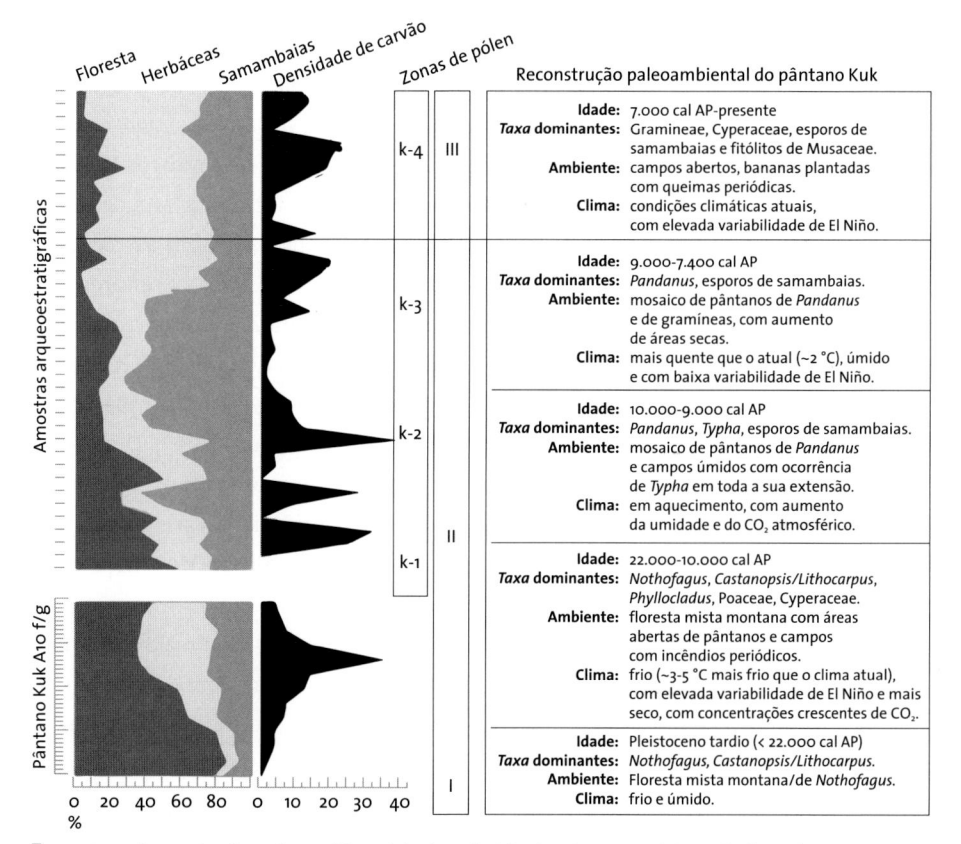

Fig. 2.3 *Reconstrução paleoambiental da área úmida do pântano Kuk, no vale do Wahgi superior, na Papua-Nova Guiné, baseada em um diagrama composto de pólen*
Fonte: Denham, Haberle e Lentfer (2004, Fig. 6).

Os agricultores da Austronésia emigraram de Taiwan e do sul da China 5.000-6.000 anos atrás, colonizando as Filipinas e as ilhas do sudeste da Ásia e Oceania Próxima (Bellwood, 1997; Spriggs, 1997). Em 1500 a.C., os austronésios chegaram à fronteira ocidental da Melanésia, trazendo suas técnicas de cultivo de cereais e tubérculos e de criação de animais, assim como galinhas, cães, porcos e, acidentalmente, ratos. A dispersão pela Austronésia continuou para o leste, pelas ilhas até então desabitadas da Oceania Remota, Polinésia e Micronésia, e para o oeste até Madagascar (Bellwood, 1995). O rápido desmatamento após a colonização das ilhas do Pacífico causou degradação ambiental, erosão e extinção de muitas espécies endêmicas (ver Boxe 2.2, p. 37; Kirch, 2005).

Na África, a agricultura surgiu muito depois em comparação a outras regiões tropicais, muito após a domesticação de animais. O gado foi domesticado provavelmente a partir de populações selvagens de auroque (*Bos primigenius*) por caçadores-coletores do Saara Oriental, na região da África do Norte, há 8.000-10.000 anos (Marshall; Hildebrand, 2002; Höhn et al., 2008). Logo depois, ovelhas e cabras foram domesticadas no Saara Oriental e nos morros do Mar Vermelho, provavelmente usando animais vindos da Ásia Ocidental. As diversas razões para a domesticação tardia dos cultivares africanos incluem as técnicas de colheita, os padrões imprevisíveis de chuva do Saara e seus arredores e a mobilidade dos pastores da época. Os primeiros cultivos na África ocorreram no vale do Nilo, por volta de 7.000 cal AP, utilizando cultivares do Sudoeste Asiático. A domesticação de cultivares nativos da África ocorreu de forma amplamente dispersa e sob as mais variadas condições (Marshall; Hildebrand, 2002). O milheto (*Pennisetum glaucum*) surgiu há cerca de 4.000 anos, após os grupos saarianos terem migrado para os campos da África Ocidental. Os primeiros agricultores das florestas pluviais combinavam o cultivo de milheto com a colheita de frutos ricos em óleos (Neumann et al., 2012).

Ao contrário do que ocorreu nas florestas tropicais pluviais do Novo Mundo, Nova Guiné e sudeste da Ásia, não há evidência de cultivo nas florestas da África Central durante o Holoceno inicial ou médio. Um período de mudanças climáticas em cerca de 2.500 cal AP levou a um aumento da sazonalidade das florestas tropicais pluviais da África Central, ao sul de Camarões, criando condições favoráveis para o cultivo de milheto (Neumann et al., 2012). Amostras de pólen do pântano de Nyabessan apontam uma rápida transição de pântano e florestas perenifólias de Caesalpiniaceae para uma vegetação dominada por espécies arbóreas de início de sucessão, como *Trema orientalis* e *Alchornea cordifolia* (Fig. 2.4; Ngomanda et al., 2009a). Adicionalmente, a abertura dessas florestas deu oportunidade para a expansão dos agricultores de língua bantu e de populações sedentárias produtoras de cerâmica (Schwartz, 1992).

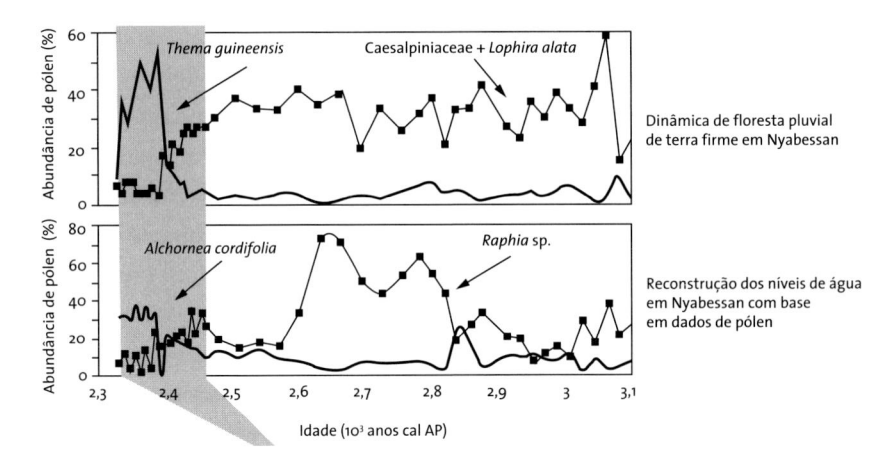

Fig. 2.4 *Dados de pólen do Holoceno tardio em Nyabessan, em Camarões, mostrando mudanças nas abundâncias relativas de pólen de* taxa *de florestas perenifólias maduras (Caesalpiniaceae, Lophira alata) e pioneiras (Trema orientalis, Alchornea cordifolia) e de florestas alagadas (Raphia). A área sombreada do gráfico indica evidências de cultivo de milheto em sítios arqueológicos*
Fonte: Ngomanda et al. (2009a, Fig. 5).

Apesar de os diversos cultivares e técnicas agrícolas terem sido desenvolvidos em regiões tropicais diferentes e em momentos distintos, as transformações da paisagem que acompanharam o desenvolvimento e a expansão da agricultura coincidiram com períodos de mudança climática e reorganização das florestas. A convergência desses fatores afetou intensamente as florestas tropicais em regiões onde se praticava a agricultura, levando ao aumento da densidade de povoados humanos e a mudanças no uso da terra, que hoje podem ser traçados utilizando-se perfis de pólen e de fitólitos de sedimentos lacustres. A conversão de florestas tropicais em áreas cultivadas começou há cerca de 8.000-10.000 anos e criou manchas de distúrbios e regeneração nas florestas em paisagens com ocupação humana, aumentando, assim, a abundância e a distribuição geográfica das espécies favorecidas por distúrbios e uso humano.

2.4 Variabilidade climática do Holoceno, alterações florestais e expansão agrícola

A variabilidade climática nas regiões tropicais durante o Holoceno inicial e médio relaciona-se fortemente às alterações na distribuição de florestas e savanas, aos padrões de ocupação humana e às práticas culturais (Haberle; David, 2004). Tais relações dificultam a separação dos efeitos das mudanças climáticas daqueles da ocupação humana e uso da terra na dinâmica e composição das florestas tropicais. A união de dados paleoecológicos e arqueológicos é necessária para entender as relações causais complexas entre a variabilidade climática e os impactos humanos na dinâmica e na composição florestal (Mayle; Iriarte, 2013). A derrubada e a regeneração das florestas foram fortemente influenciadas pela variabilidade climática, de maneira semelhante ao que ocorre até hoje.

2.4.1 Dinâmica de florestas e savanas no Holoceno

Em regiões tropicais da Austrália, África e América do Sul, a cobertura de florestas tropicais densas expandiu-se no fim do Pleistoceno e contraiu-se no período do Holoceno inicial ao médio (Bush et al., 2007; Servant et al., 1993). As secas do Holoceno criaram formações florestais abertas, florestas esclerófilas e vegetações savânicas, com um grande impacto nos regimes de incêndios por todo o norte da América do Sul (Servant et al., 1993; Bush et al., 2000; Mayle; Power, 2008). No período de aproximadamente 8.000 a 4.000 cal AP, o clima dos Andes tropicais era significativamente mais seco do que hoje, e a floresta de neblina foi substituída por taxa de florestas de terras baixas (Bush et al., 2004). Na porção oriental da Amazônia brasileira, em Carajás, no Estado do Pará, a redução da precipitação levou à substituição da floresta por savanas abertas. No entanto, a floresta retornou à região durante o Holoceno tardio (Mayle; Power, 2008). Florestas perenifólias úmidas na região de Alto Beni, na Bolívia, não foram substituídas por savanas, apesar dos incêndios frequentes durante os períodos de seca no Holoceno inicial e médio (Urrego et al., 2012).

Mudanças semelhantes ocorreram no norte da Amazônia, causando a expansão de florestas de galeria nas savanas dos Llanos da Colômbia (Behling; Hooghiemstra, 2000) e nos campos do sul do Brasil, onde florestas de *Araucaria* se expandiram durante o Holoceno tardio (Behling, 1997). Nos planaltos do sul do Brasil, o clima quente e úmido estava associado à expansão de florestas de *Araucaria angustifolia* para os planaltos, cerca de 4.000 anos atrás (Iriarte; Behling, 2007). Outra expansão da *Araucaria* ocorreu há 1.000-1.500 anos, nos Estados do Paraná, Rio Grande do Sul e Santa Catarina, em outro período de elevada umidade. Bitencourt e Krauspenhar (2006) sugerem que o manejo humano tenha auxiliado a dispersão dessa espécie dominante para os planaltos, já que as sementes de *Araucaria* eram um alimento essencial na dieta dos caçadores-coletores indígenas que ocupavam essa região. As florestas pluviais da Amazônia estendem-se mais ao sul hoje do que em qualquer outro período dos últimos 50.000 anos (Taylor et al., 2010).

A aridez do Holoceno foi mais severa e ocorreu na África 4.000 anos depois de acontecer na América do Sul (Morley, 2000). A região equatorial da África Ocidental e a África Central eram cobertas por florestas fechadas durante o Holoceno inicial e tardio, quando as florestas se expandiram após o recuo glacial. No entanto, em diversas regiões da África Central e Ocidental, elas tornaram-se mais abertas e houve um aumento das áreas de savanas e formações florestais pioneiras, começando em cerca de 4.500-4.000 cal AP. As formações florestais perenifólias permaneceram estáveis em algumas regiões de interior das florestas do Congo até 3.000-2.500 cal AP, quando houve o "colapso" das florestas devido a uma redução da precipitação ou a um aumento da estação seca. Florestas em regeneração dominadas por palmeira-de-óleo (*Elaeis guineensis*), espécies de *Macaranga*, e *Alchornea cordifolia* acompanharam o crescimento generalizado de campos savânicos durante esse período (Brncic et al., 2009; Ngomanda et al., 2009b).

As condições climáticas úmidas começaram a retornar para a África Central e Ocidental por volta de 2.000-1.400 cal AP, criando condições favoráveis para a expansão florestal; regiões de Camarões Ocidental e áreas costeiras do Gabão ainda estão em fase de expansão (Delegue et al., 2001; Maley, 2002; Brncic et al., 2009; Ngomanda et al., 2009b). Contudo, durante o último milênio, as mudanças na vegetação de terras baixas da bacia do Congo, associadas a um grande aumento de carvão sedimentar, claramente indicam a presença de impactos humanos e queima de biomassa, apesar do retorno das condições úmidas de 1.880 a 1.345 cal AP (Brncic et al., 2007, 2009). Em Lopé, no Gabão, as savanas que seriam colonizadas por florestas foram mantidas por meio de incêndios antrópicos (White; Oates, 1999). Espécies arbóreas pioneiras dominam os registros de pólen dos últimos 900 anos na bacia do Congo, e manchas de vegetação dominada pelas herbáceas heliófitas *Megaphrynium macrostachyum* (Marantaceae) estão associadas ao carvão do subsolo e provavelmente se relacionam às queimadas ocorridas no passado (Brncic et al., 2009). Associações de plantas de topo de morro no Parque Nacional Lopé, no Gabão, apresentam diversas espécies indicadoras de atividade humana, como *Aucoumea klaineana*, *Ceiba pentandra* e *Pentaclethra macrophylla*, que foram provavelmente manejadas para uso econômico, sagrado ou medicinal já na Idade da Pedra tardia, há mais de 4.000 anos (Oslisly; White, 2007).

Mudanças climáticas e incêndios causados por aborígenes em regiões tropicais úmidas durante o Holoceno também impactaram localmente a reexpansão das florestas pluviais em regiões tropicais úmidas da Austrália (Head, 1989; Hopkins et al., 1993; Bowman, 1998; Kershaw; Bretherton; Van der Kaars, 2007). Apesar de as mudanças climáticas terem sido a causa predominante de mudança da vegetação, os incêndios causados pelos aborígenes podem ter acelerado a expansão de formações vegetais esclerófilas mais abertas (Bowman, 2000; Kershaw; Bretherton; Van der Kaars, 2007). Quando os humanos entraram em cena na Austrália, a expansão das florestas de *Eucalyptus* sobre florestas pluviais dominadas por *Araucaria* já se encontrava em estágios bem avançados (Kershaw; Bretherton; Van der Kaars, 2007). Não existem evidências de que incêndios antrópicos impediram a propagação das florestas pluviais no Holoceno inicial (Bowman, 1998); em vez disso, os incêndios causados por aborígenes criavam mosaicos de *habitat* em pequenas escalas que favoreciam a abundância de algumas espécies vegetais e de mamíferos.

2.4.2 Expansão agrícola e mudanças climáticas

Nos trópicos do Novo Mundo e da Ásia, a agricultura ampliou-se muito durante o período do Holoceno médio ao tardio, expandindo os povoados humanos para ambientes mais úmidos e menos sazonais. Essa expansão ocorreu durante o máximo termal do Holoceno, um período de 5.000 anos de condições relativamente quentes e úmidas pelos trópicos do Novo Mundo. Evidências arqueológicas corroboram a visão de que os cultivos baseados no milho permitiram o estabelecimento humano em florestas tropicais perenifólias da bacia caribenha do Panamá há cerca de 7.000 anos (Neff et al., 2006). Conforme as populações cresciam, a intensificação da agricultura era necessária para suprir as demandas por comida, e, por toda a Mesoamérica, a abundância de fitólitos queimados de Poaceae e *Heliconia* indica incêndios ateados por humanos à vegetação nos estágios iniciais de sucessão, uma evidência de agricultura itinerante com curtos períodos de pousio (Piperno, 2007).

Aproximadamente 4.000 a 6.000 anos atrás, os horticultores expandiram-se pela Mesoamérica, da costa do golfo do México até a parte ocidental de El Salvador e Honduras (Neff et al., 2006). Há 5.000 anos, a derrubada de florestas para o cultivo de milho ocorreu em diversas áreas dos Neotrópicos, da Amazônia colombiana até o norte de Belize (Piperno; Pearsall, 1998). Populações de horticultores de pequena escala ocuparam uma boa porção do que mais tarde se tornou o império maia (Ford; Nigh, 2009). Nas florestas pluviais de Darién, no Panamá, a derrubada e a queima de florestas em larga escala começaram há mais de 4.000 anos, junto com o cultivo de milho (Bush; Colinvaux, 1994). Fragmentos de carvão são encontrados juntamente com pólen de milho e um declínio abrupto no pólen de espécies arbóreas em testemunhos sedimentares dos pântanos Kob e Cobweb, em Belize, e de outras áreas ao sul (Jones, 1994).

A derrubada e a queima da floresta para o cultivo de milho ocorreram de forma generalizada por virtualmente toda a costa pacífica da Mesoamérica durante o período do Holoceno médio ao tardio (Horn, 2007; Dull, 2008). No entanto, nas terras baixas maias da Guatemala, os estudos de fósseis de pólen indicam que a redução da floresta estava associada à tendência de seca em torno da região caribenha que começou há 4.500 anos e durou aproximadamente 1.500 anos (Fig. 2.5; Mueller et al., 2009). O declínio dos taxa de florestas tropicais e o aumento de Pinus, Quercus, gramíneas e taxa de florestas em regeneração precederam o aparecimento de pólen de Zea mays, indicando que períodos de seca eram uma das principais causas da mudança da vegetação nas terras baixas maias (Ford; Nigh, 2009).

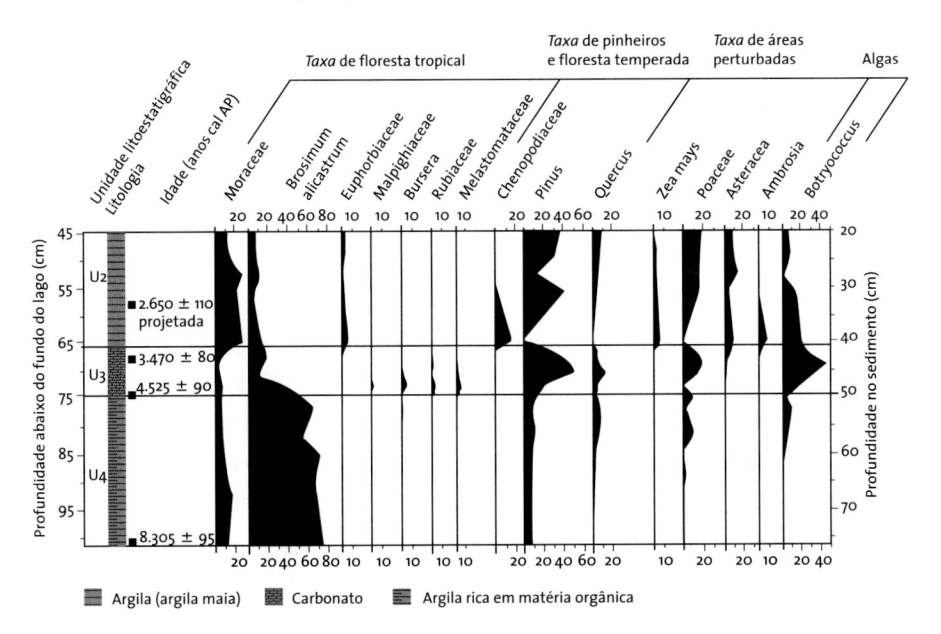

Fig. 2.5 *Diagrama das porcentagens de pólen para o lago Petén Itzá, na Guatemala, durante 8.305 anos calibrados. Os taxa do pólen estão agrupados em taxa de floresta tropical, de pinheiros e florestas temperadas, e de áreas perturbadas. Mudanças em composição litoestatigráfica estão denotadas no lado esquerdo do diagrama. Notar que o declínio dos taxa de florestas tropicais entre 4.525 e 3.470 cal AP ocorreu antes do aparecimento de pólen de Zea mays*
Fonte: Mueller et al. (2009, Fig. 6).

A instabilidade climática durante o Holoceno médio também estava associada à propagação da agricultura na África. Eventos de seca extrema em vastas extensões começaram há cerca de 4.000 anos, associados a um aumento da frequência de Enos. As secas do Holoceno e o aumento da sazonalidade começaram abruptamente há 4.000 AP e afetaram as florestas nas zonas equatoriais da África, desde Madagascar até a África Ocidental (Marchant; Hooghiemstra, 2004). Na África Central e Ocidental, as secas desse período encolheram as florestas pluviais e expandiram as savanas, favorecendo a migração de agricultores de língua bantu, conforme já mencionado (Ngomanda et al., 2009b). Grandes aumentos na quantidade de carvão podem ser observados nos solos da floresta Ituri após 4.000 AP (Hart et al., 1996).

Flutuações climáticas causadas por ocorrências de Enos tiveram forte influência nos padrões geográficos e temporais das ocupações humanas e do uso da terra do Pleistoceno tardio ao Holoceno médio. Entretanto, os humanos não estiveram sempre à mercê do seu ambiente: pesquisas arqueológicas, incluindo diversos estudos recentes, fornecem evidências de feitos de engenharia e desenvolvimento de tecnologias que permitiram que as populações humanas sobrevivessem através dos milênios em meio às mudanças climáticas e bióticas.

2.5 Conclusão

A aplicação do conhecimento de estudos ecológicos atuais pode ser particularmente útil para interpretar o impacto dos humanos do passado sobre a dinâmica das florestas tropicais. Com algumas ressalvas, os impactos pré-históricos podem ser interpretados com base no conhecimento que se tem dos legados dos usos dos solos de hoje na regeneração florestal (Clark, 1996; Foster, 2000; Sanford; Horn, 2000; Willis; Gillison, Brncic, 2004; Hayashida, 2005; Froyd; Willis, 2008; Williams, 2008). Os mesmos processos ecológicos que influenciam a regeneração florestal após desmatamentos em larga escala hoje moldaram a estrutura, composição e dinâmica das florestas tropicais nos últimos 10.000 anos. Estudos recentes de regeneração florestal podem elucidar a natureza dos impactos humanos do passado nas florestas tropicais.

O desmatamento, as transformações da paisagem e a regeneração florestal são processos que vêm ocorrendo nas regiões tropicais por mais de 30.000 anos. Apesar de as entidades genéticas que compõem o conjunto de espécies das florestas tropicais terem evoluído há milhões de anos, as florestas tropicais modernas reorganizaram-se e expandiram-se geograficamente devido à presença de uma nova espécie, o *Homo sapiens*, e não se pode ignorar esse fato inegável. As florestas que se regeneraram em períodos pré-históricos, em regiões de assentamentos humanos, carregam os impactos óbvios e sutis das atividades dos humanos que praticaram arboricultura, queimadas florestais, cultivos e caça. Pesquisas paleobotânicas fornecem fortes evidências de que a vegetação secundária e as florestas enriquecidas com espécies úteis predominaram em muitas regiões tropicais no último milênio, da mesma forma que predominam hoje. Os estudos paleoecológicos são complementados pelos estudos ecológicos que demonstram os legados de longo prazo dos usos do solo e da variabilidade climática na sucessão florestal após o abandono da terra (Chazdon, 2003). Entender os impactos de curto e longo prazo das culturas indígenas do passado e do presente pode fornecer modelos para estimar os efeitos das práticas atuais de uso do solo e das mudanças climáticas sobre a estrutura, a composição e a extensão geográfica das florestas do futuro (Gómez-Pompa, 1971; Roosevelt, 1999a, 1999b; Erickson, 2003; Heckenberger et al., 2007).

TRANSFORMAÇÃO DA PAISAGEM E REGENERAÇÃO DAS FLORESTAS TROPICAIS DURANTE A PRÉ-HISTÓRIA

3

Desde o Pleistoceno tardio, a ecologia florestal é parte da ecologia humana, e a história das florestas, parte da história humana. (Roosevelt, 1999b, p. 373).

Os humanos antigos não eram habitantes passivos das florestas tropicais, eles moldaram seus ambientes, desenvolveram a agricultura sedentária e estabeleceram sociedades e centros urbanos complexos. Apesar de todas as suas conquistas tecnológicas, as sociedades humanas estiveram e sempre estarão intimamente ligadas às mudanças climáticas. Durante o Holoceno tardio, as civilizações maias da Mesoamérica e os Khmer, do Camboja, não foram capazes de conter os impactos de secas e enchentes extremas (Haug et al., 2003; Diamond, 2009; Buckley et al., 2010).

Neste capítulo, serão sintetizadas as diversas formas pelas quais as atividades humanas – ou o fim delas – transformaram as paisagens das florestas tropicais por todo o mundo desde o fim do Pleistoceno. Estudos arqueológicos revelaram transformações generalizadas da paisagem nas regiões tropicais conforme a agricultura foi se intensificando no fim do Holoceno. Essas transformações incluem a construção de terraços para expandir a agricultura sobre *habitat* permanentemente ou periodicamente alagados ou sobre morros declivosos, a queima controlada para manejar florestas e facilitar a caça, e modificações no solo para melhorar a fertilidade e permitir a agricultura intensiva. Uma porção significativa das florestas tropicais de hoje reflete os legados de um passado de colonização, exploração, cultivo, abandono e regeneração que foi moldado pela ocupação humana, pelo crescimento e declínio populacional e por mudanças culturais e climáticas.

3.1 Aterros e transformações da paisagem

O primeiro caso evidente de transformação antrópica da paisagem nos trópicos foi identificado em um sítio da era do Pleistoceno, datando de 49.000 anos atrás, nas terras altas da Nova Guiné (Summerhayes et al., 2010). A acumulação de microcarvão indica que houve queimas das florestas montanas de *Nothofagus* e *Eleocarpus* antes de 36.000 cal AP (idade calibrada em anos civis antes do presente, baseando-se em datação de carbono; Fairbairn; Hope; Summerhayes, 2006). Os distúrbios na vegetação e os incêndios no vale do Wahgi superior criaram uma paisagem única durante o Holoceno, cerca de 20.000 anos atrás (ver Fig. 2.3, p. 41; Haberle, 2003). As práticas de colonização e exploração humanas variaram regionalmente no interior da Nova Guiné, Oceania Próxima e Austrália; por exemplo, a agricultura de roçado era praticada por toda a Nova Guiné, mas não se desenvolveu na Austrália (Yen, 1995; Denham; Fullagar; Head, 2009).

A derrubada de florestas durante o Holoceno médio ocorreu em diversos locais nas terras altas da Nova Guiné, transformando essa região em uma paisagem agrícola com fragmentos de florestas em regeneração, campos em encostas de terra firme e ambientes ripários (próximos a cursos d'água) e áreas alagadas perturbadas (Denham; Haberle; Lentfer, 2004). Os primeiros cultivos nas terras altas da Nova Guiné estavam concentrados nas margens das áreas úmidas, tendo se expandido sobre essas áreas durante o período do Holoceno médio ao tardio (Haberle, 2007). No sítio do pântano Kuk, no vale do Wahgi superior (Fig. 3.1), uma rede de canais e aterros foi criada há mais de 6.000 anos em meio a paleocanais mais antigos formados há 9.000 anos (Denham et al., 2003; Denham; Haberle; Lentfer, 2004; Golson, 1991). Evidências arqueológicas e paleobotânicas indicam que plantas agrícolas intolerantes ao encharcamento eram cultivadas em aterros (cana-de-açúcar, banana, inhame e gengibre), enquanto plantas tolerantes ao encharcamento, como o taro (*Colocasia*), eram cultivadas entre os aterros.

A colonização de ilhas remotas da Polinésia e da Oceania por povos navegantes da Austrália entre 1.600 e 2.500 anos atrás causou a extinção de muitas espécies de plantas e animais (ver Boxe 2.2, p. 37) e mudanças ambientais dramáticas (Kirch, 1996). Após cerca de 10.000 anos de agricultura itinerante em encostas, o que causou erosão intensa em muitas ilhas da Polinésia, os agricultores desenvolveram um sistema muito sofisticado de cultivo irrigado de taro, o qual transformou os vales aluviais da região em redes reticuladas de áreas de cultivo, irrigadas por rios e permanentemente alagadas (Kirch, 1997). A agricultura intensiva utilizando terraços irrigados de taro e montículos longos e altos para o cultivo seco do inhame ocorria de forma generalizada nas ilhas da Nova Caledônia e Oceania desde 1.000 anos atrás. Dezenas de milhares de terraços de taro transformaram a paisagem montanhosa da ilha La Grande Terre durante o milênio que precedeu o contato com os europeus, enquanto agricultura de terra firme extensiva cobria as planícies (Sand; Bole; Ouetcho, 2006; Kuhlken, 2002).

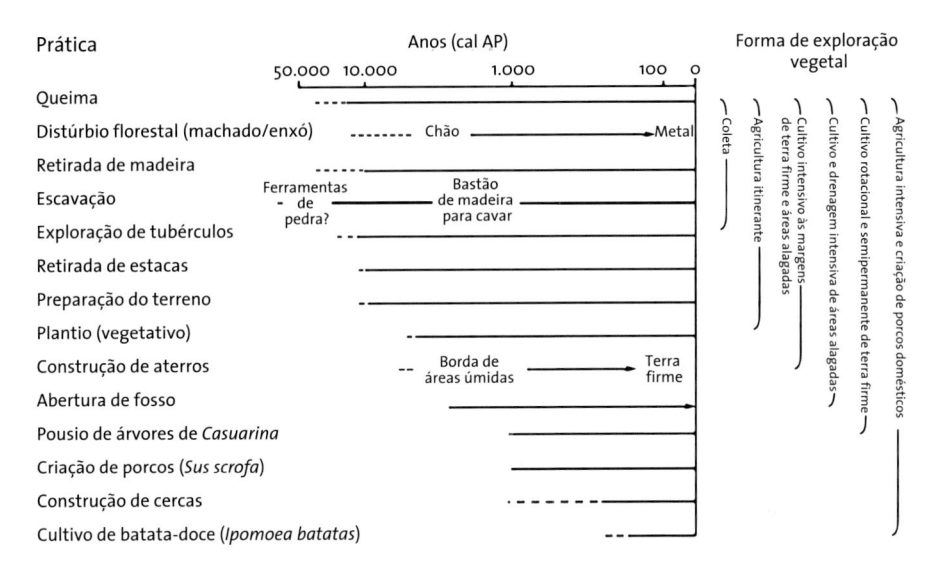

Fig. 3.1 *Cronologia das práticas e formas de exploração vegetal do vale do Wahgi superior, na Papua-Nova Guiné*
Fonte: Denham, Fullagar e Head (2009, Fig. 6).

Na Mesoamérica, conforme as populações cresceram durante o Holoceno tardio, a agricultura tornou-se mais intensa e extensa (Hammond, 1978). O cultivo anual ou semianual foi praticado na região das terras baixas maias, a qual inclui o sul do México e a península de Yucatán, Belize, Guatemala, El Salvador e norte de Honduras. Os períodos de pousio eram curtos, resultando na queima frequente de vegetação em estágios iniciais de sucessão (Turner, 1978). O aproveitamento de espécies arbóreas era uma fonte adicional de subsistência, já que somente a agricultura itinerante não era capaz de alimentar a crescente população (Rice, 1978).

A intensificação da agricultura transformou tanto áreas de terras altas como áreas de terras baixas da Mesoamérica. Durante o auge do período clássico (1.050-1.700 anos atrás), as terras baixas centrais do território maia (península de Yucatán e terras baixas adjacentes localizadas no México, em Belize e na Guatemala) foram transformadas de florestas tropicais estacionais secas, nas terras altas e nas terras periodicamente alagadas, em áreas abertas de pomares e em hortas domésticas, tendo permanecido fragmentos de floresta intacta (Whitmore; Turner, 2001). Espécies arbóreas úteis eram geralmente poupadas durante a abertura de novas áreas para roçados, e era comum que tais espécies fossem cultivadas em jardins domésticos (ver Boxe 2.1, p. 33). O manejo da cobertura arbórea nas paisagens maias provavelmente favoreceu a rápida regeneração florestal após o colapso dessa civilização ou, muitos séculos depois, após a conquista espanhola (Boxe 3.1).

> **BOXE 3.1 A regeneração florestal pós-contato contribuiu para a Pequena Era do Gelo?**
>
> O paleoclimatologista William Ruddiman (2003, 2005) apresentou a hipótese polêmica de que as emissões antrópicas de CO_2 e metano vêm afetando o clima global nos últimos 8.000 anos, muito antes da Revolução Industrial. Ruddiman sugeriu que essas emissões reverteram um declínio natural nos gases do efeito estufa que poderia ter iniciado um novo período de glaciação. Com a conquista europeia das Américas, no século XV, seguida pelo colapso demográfico das populações ameríndias, o abandono das áreas agrícolas e a interrupção dos incêndios florestais levaram a um processo de regeneração em larga escala das florestas por toda a América e a altas taxas de sequestro de carbono. Ruddiman afirmou, ainda, que esse sequestro repentino de carbono causou uma redução em 5-7 partes por milhão nas concentrações de CO_2 e alterou o sinal isotópico de carbono ($\delta\ ^{13}C$) do CO_2 atmosférico, o que contribuiu para a anomalia térmica global de $-0,1\ °C$ de 1500 a 1750 d.C., conhecida como a Pequena Era do Gelo no Hemisfério Norte.
>
> Esse argumento foi tanto criticado como apoiado (Brook, 2009). A extensão em que as populações humanas das Américas afetaram os regimes de incêndios florestais durante a Pré-História ainda é muito controversa (Barlow et al., 2012). Marlon et al. (2008) e Power et al. (2013) demonstraram que mudanças climáticas de escalas globais, e não alterações nas populações humanas, foram as principais causas dos padrões temporais de queima de biomassa na América Central e do Sul durante os últimos 2.000 anos. Os dados desses autores mostraram que as maiores reduções na queima de biomassa nos Neotrópicos precederam os declínios populacionais. Power et al. (2008) analisaram as alterações globais de queima de biomassa em carbono sedimentar nos últimos 21.000 anos. A análise desses autores demonstrou uma coerência nos regimes de incêndio e enfatizou o efeito do contexto climático em larga escala sobre as mudanças locais na vegetação e na quantidade de combustível. Power et al. (2013) concluíram que a redução na queima de biomassa já estava ocorrendo em escalas globais antes de 1.500 d.C., o que corrobora a mudança climática durante a Pequena Era do Gelo.
>
> Outras equipes interdisciplinares de cientistas apoiaram a hipótese de Ruddiman, fornecendo evidências da influência humana sobre os níveis atmosféricos de CO_2 antes da conquista europeia e sobre a regeneração natural após a conquista. Faust et al. (2006) argumentaram que o sequestro de carbono terrestre fornece a melhor explicação tanto para o rápido declínio nas concentrações de CO_2 atmosférico (5-8 ppm em 20-100 anos) quanto para o aumento em $\delta\ ^{13}C$. Nevle e Bird (2008) excluíram as manchas solares e a atividade vulcânica como causadoras do esfriamento global durante a Pequena Era do Gelo. Reconstruções do histórico de incêndios nas florestas

neotropicais baseadas em registros de carvão sedimentar e do solo de sítios por toda a América Central e do Sul demonstraram um longo período de redução na queima de biomassa a partir de aproximadamente 500 cal AP. Dados indiretos de radiação solar, ocorrência de Enos, precipitação e temperatura não podem explicar esse período de menos queima de biomassa (Nevle; Bird, 2008; Nevle et al., 2011).

O colapso das populações humanas das Américas durante as epidemias dos séculos XVI e XVII é bem documentado (Denevan, 1992a; Turner; Butzer, 1992; Denevan, 2001). Dull et al. (2010) estimaram que 19,4 milhões de pessoas viviam nas áreas florestais de terras baixas dos Neotrópicos pouco antes da chegada de Colombo (8,1 milhões na América do Sul e 11,3 milhões na Mesoamérica e Caribe). Aproximadamente 95% dos habitantes das terras baixas tropicais da América Central e do Sul pereceram, principalmente devido a doenças, mas também por causa da guerra, escravidão e fome. Dull et al. (2010) argumentaram que foram perdidos aproximadamente 20% dos habitantes humanos da Terra nesses dois séculos, mas os cálculos não levam em conta a grande quantidade de maias que morreram 500-600 anos antes devido ao colapso da civilização maia (Gill, 2001).

Dull et al. (2010) estimam que o potencial total de sequestro de carbono pela regeneração florestal pós-contato nos Neotrópicos foi de 2 Pg* a 5 Pg de carbono, assumindo que 0,9-1,5 ha por pessoa foi abandonado e regenerou. Essa quantidade de carbono sequestrado representa de 6% a 25% do sequestro terrestre de carbono necessário para causar a diminuição de cinco partes por milhão do CO_2 atmosférico que foi observada de 1500 a 1750 d.C. Essa é uma estimativa conservadora, pois não inclui áreas que foram queimadas por incêndios que "escaparam" ou a regeneração florestal na América do Norte.

A regeneração natural nas florestas neotropicais após o contato europeu pode ter contribuído substancialmente para a redução da concentração de CO_2 atmosférico e para a Pequena Era do Gelo de 1500-1750 d.C. Essas descobertas ressaltam o vasto potencial de sequestro de CO_2 pela regeneração natural em larga escala nos Neotrópicos (ver também Boxe 11.2, p. 249).

---

* Um petagrama equivale a 10^{15} g (N.T.).

As áreas úmidas (*bajos*) que circundavam uma porção significativa das terras baixas maias eram amplamente utilizadas para agricultura durante o período clássico (Beach et al., 2009). Canais de drenagem ocupavam uma área de mais de 12.000 km² no norte de Belize (Adams; Brown; Culbert, 1981). Muitos complexos de campos elevados podem ter sido construídos nas áreas planas de Quintana Roo, no nordeste de Petén (Guatemala) e no norte de Belize (Turner, 1978; Pohl; Bloom, 1996).

A agricultura intensiva de áreas alagadas usando o sistema de *chinampas* (campos elevados construídos pela escavação de canais e dragas) era amplamente praticada pelos astecas na bacia do México e na bacia Puebla-Tlaxcala durante o período clássico intermediário e tardio (400-900 d.C.). Esses campos cobriam aproximadamente 12.000 ha em torno da capital asteca de Tenochtitlán (Denevan, 1992b). Nesses campos, uma grande variedade de plantas eram cultivadas na terra, enquanto peixes eram criados nos canais (Frederick, 2007).

Durante o período clássico tardio (600-900 d.C.), conforme a produção agrícola se intensificava para atender a uma população crescente, as modificações da paisagem moviam-se morro acima. O terraceamento era implantado para evitar a erosão do solo nas encostas, para expandir a produção agrícola morro acima, para controlar a umidade do solo e para fornecer um solo de profundidade adequada para as culturas agrícolas (Turner, 1978; Dunning; Beach; Rue, 1997). Essa prática foi predominante por todas as terras altas da Mesoamérica, assim como na parte central da cordilheira dos Andes (Whitmore; Turner, 2001; Denevan, 1988; Turner; Butzer, 1992). Ruínas de terraços maias cobrem extensas áreas do sul do México e do norte da Guatemala, e a região de rio Brec apresenta centenas de ruínas de terraços e outras estruturas de pedra em uma área de 10.000 km². A grande quantidade de paredes de pedra provavelmente demarcava áreas agrícolas permanentes, o que indica um uso da terra intensivo (Turner, 1978).

Na América do Sul, grandes complexos de campos elevados foram construídos em áreas alagadas a fim de elevar o terreno para plantio nas savanas periodicamente alagadas da Bolívia, Suriname, Guiana Francesa, Equador, Venezuela e Colômbia (Rostain, 2013). Os campos elevados surgiram quase 3.000 anos atrás nas savanas alagadas de Llanos de Mojos, na Bolívia, onde mandioca, batatas-doces, amendoins, feijões, abobrinha e possivelmente milho eram cultivados (Fig. 3.2). Nesses locais, os povos amazônicos construíram uma paisagem semelhante a uma "enorme fazenda aquática" com aproximadamente 550 km² de barragens para a criação de peixes nos canais e agricultura intensiva nos campos elevados (Erickson, 2006). Esse sistema de produção cobriu 50.000 km² de savanas periodicamente alagadas (Mann, 2008). Milhares de ilhas de florestas espalhados pelas paisagens savânicas da Amazônia boliviana hoje talvez apresentem origem predominantemente antrópica (Mayle et al., 2007). Escavações revelaram que todas as ilhas de florestas continham escombros abandonados de povoamentos pré-colombianos fixos (Erickson, 2006). Os campos elevados, barragens para peixes, estradas e rede de canais que cercam essas ilhas florestais hoje estão cobertos por palmeirais da espécie *Mauritia flexuosa*. Somente áreas com terraplanagens pré-colombianas extensas possuem florestas altas, maduras e de dossel contínuo. Em outras áreas da Amazônia boliviana, as savanas abertas foram mantidas por incêndios frequentes causados tanto pelos povos nativos quanto pelas populações atuais e, hoje, não apresentam formações florestais (Mayle et al., 2007).

Fig. 3.2 *Reconstrução de uma paisagem com complexo de estradas, canais e campos elevados em Llanos de Mojos, na Bolívia*
Fonte: Erickson e Walker (2009, Fig. 11.5).

Lombardo e Prümers (2010) localizaram centenas de morros e ilhas de florestas e identificaram 957 km de canais e estradas em uma região de 4.500 km² em Llanos de Mojos, a leste da cidade boliviana de Trinidad. Os canais e as estradas permitiam a movimentação pela região durante todo o ano, enquanto os morros podem ter sido campos elevados construídos para permitir o cultivo durante enchentes periódicas (Lombardo et al., 2011; Rostain, 2013). Mais de 200 sítios com terraplanagens em padrões geométricos foram observados em uma área quase do tamanho da Inglaterra que se estende desde o norte da Bolívia até a porção oriental do Estado do Acre e o sul do Estado do Amazonas, no Brasil. Esses "geoglifos" encontram-se tanto em áreas elevadas (interflúvios) como em planícies alagadas (Fig. 3.3). Essas estruturas foram abandonadas há aproximadamente 500 anos e cobertas por regeneração florestal densa. Desmatamentos recentes revelaram as impressionantes estruturas e as extensões dessas construções, no entanto sua função ainda é desconhecida. As terraplanagens geométricas com valetas no Estado do Acre foram datadas de apenas 2.000 cal AP e podem ter sido usadas para celebrações religiosas.

A construção dessas estruturas requeria uma mão de obra imensa, indicando que uma população numerosa vivia na região. A estimativa de mão de obra para construir um único geoglifo era de 80 indivíduos durante cem dias (Pärssinen; Schaan; Ranzi, 2009; Schaan et al., 2012).

Fig. 3.3 *(A) Geoglifos na Fazenda Colorada, na região de Rio Branco, no Estado do Acre, Brasil Fonte: Sanna Saunaluoma (reproduzido com permissão).*

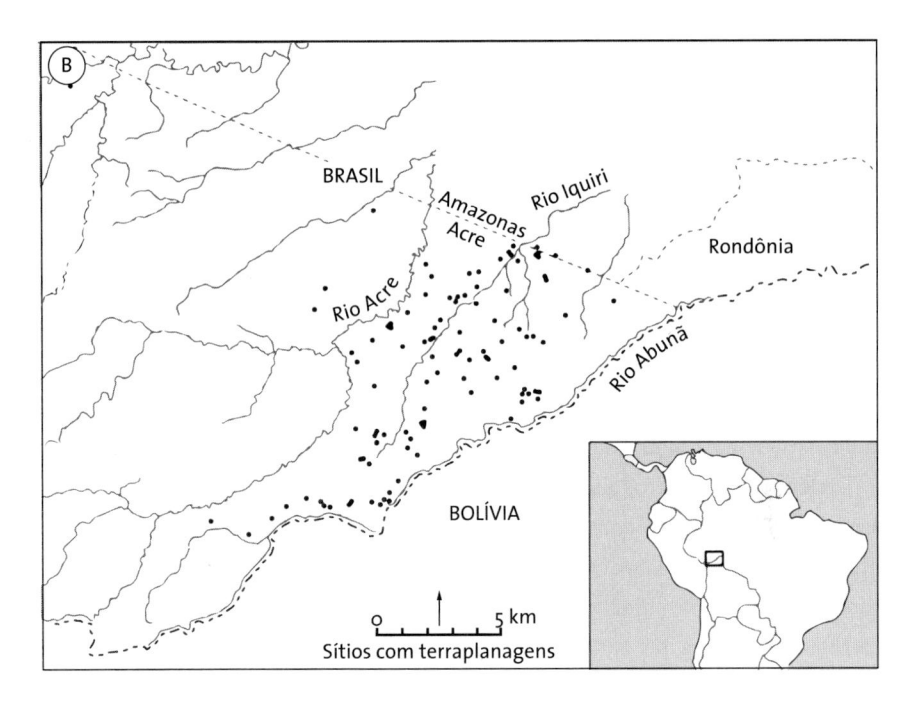

Fig. 3.3   *(B) Mapa de 281 terraplanagens no Estado do Acre, Brasil*
Fonte: Schaan et al. (2012, Fig. 1).

Na Amazônia, os povoados urbanos estiveram associados aos rios. Na região do alto rio Xingu, no Estado de Mato Grosso, Brasil, encontra-se outro sítio com extensas terraplanagens, onde os povoados datam de cerca de 1.500 cal AP. Em 750-350 cal AP, aglomerados densos de povoados "urbanos", conectados por uma rede de estradas e cercados por uma matriz agrícola, possivelmente cobriram uma área de 30.000 km². A área ao redor dessas vilas é rica em solos de *terra preta* (ver seção 3.3, p. 63). Ao longo do rio Amazonas, no Brasil, sistemas complexos de manejo de áreas úmidas eram praticados com morros e lagos, conforme foi observado em sítios arqueológicos na ilha de Marajó, em Santarém e na Amazônia Central. Em Marajó, diversos produtos ripários eram manejados, incluindo peixes e palmeiras de áreas úmidas, como o açaí (*Euterpe oleraceae*) e o *Euterpe edulis*, o qual é muito usado para a extração do palmito (Heckenberger et al., 2007, 2008; Heckenberger; Neves, 2009). Sítios arqueológicos dentro e no entorno de onde se situa a cidade de Santarém apontam que existiam povoados humanos relativamente extensos, com uma série complexa de morros, trincheiras e grandes depósitos de terra preta (Roosevelt, 1999a). A agricultura intensiva em planícies alagadas e terras altas sustentava esse grande povoamento, que se estendia por 25 km ao longo do rio Amazonas (Heckenberger; Neves, 2009).

Terraplanagens também caracterizaram povoados humanos antigos no Sudeste Asiático. A capital do império Khmer alcançou seu pico populacional em cerca de 912-712 AP (^{14}C anos) onde hoje é o Camboja. A cidade de Angkor estabeleceu-se no século IX d.C. e se tornou o maior complexo urbano pré-industrial do mundo. Uma extensa rede hidráulica de canais, diques e reservatórios com aproximadamente 1.000 km^2 foi construída até o fim do século XII para lidar com a alta sazonalidade das chuvas de monções. As modificações humanas nos cursos d'água naturais da região mudaram a hidrologia de formas que ainda podem ser observadas hoje (Evans et al., 2007; Kammu, 2009). Apesar desses e outros feitos de engenharia, secas de várias décadas e chuvas de monções intensas contribuíram para o colapso de Angkor no século XV d.C. (Buckley et al., 2010).

Além dos impactos diretos sobre erosão e sedimentação (Beach et al., 2006; Kammu, 2009), as transformações de paisagem nos trópicos causaram um impacto significativo nos ecossistemas aquáticos e nos processos de ciclagem de nutrientes do solo nas bacias hidrográficas próximas. No oeste de Uganda, a derrubada de florestas há cerca de 1.000 cal AP levou a alterações substanciais na bioquímica do lago Wandakara. Mesmo com a regeneração da floresta, há 300 anos, as concentrações de nitrogênio no lago continuam elevadas (Russell et al., 2009). O desmatamento no entorno do lago Zoncho, no sul da Costa Rica, no Holoceno tardio estava associado a alterações no ciclo do fósforo, mas essas alterações reverteram-se devido à redução na atividade agrícola após a conquista espanhola (Filippelli et al., 2010).

Para sustentar e expandir a produtividade agrícola nos trópicos foi necessário mais do que simplesmente cortar e derrubar as florestas tropicais. Paisagens inteiras foram transformadas, o que modificou padrões de drenagem, relevo e fertilidade do solo. Essas práticas deixaram suas marcas nas paisagens florestais dessas regiões. Em algumas delas, essas transformações favoreceram a regeneração florestal após o abandono, enquanto em outras as florestas nunca retornaram. Os exemplos apresentados aqui demonstram que a regeneração florestal é um processo socioecológico que reflete mudanças no uso da terra e na paisagem circundante ao longo de muitas décadas e séculos.

3.2 Incêndios pré-históricos: sinergia entre causas naturais e humanas

O fogo sempre foi uma ferramenta importante para os humanos alterarem seu ambiente e transformarem a paisagem. Processos naturais, como raios e erupções vulcânicas, também iniciam incêndios (Titiz; Sanford, 2007). A inflamabilidade da floresta aumenta com secas prolongadas, criando uma sinergia entre secas e derrubada e queima de florestas por humanos (ver Boxe 9.2, p. 207). Dada a tendência dos incêndios antrópicos de hoje em escaparem e se espalharem, é provável que eventos de incêndio acidental também tenham aumentado as taxas de queima de biomassa no passado (Dull et al., 2010).

Apesar da influência de forças climáticas regionais no regime de incêndios durante o Holoceno, houve variações espaciais e temporais na frequência e intensidade de incêndios (Mayle; Power, 2008). Métodos modernos de amostragem do carvão do solo fornecem evidências de incêndios associados a períodos de seca do Holoceno médio na Amazônia Ocidental, entre 4.000 e 1.000 cal AP (McMichael; Correa-Metrio; Bush, 2012). Os humanos eram os principais causadores dos distúrbios florestais do Holoceno em muitas regiões da bacia amazônica, principalmente na Amazônia Central e Oriental. Diversos sítios na Amazônia Oriental mostram picos de pólen de *Cecropia* que duraram vários milênios no período do Holoceno inicial ao médio, indicando que talvez as florestas fossem mantidas em estágios sucessionais iniciais por meio de queimas frequentes. A elevada heterogeneidade espacial dos sinais de carvão aponta que os incêndios estavam restritos a escalas espaciais relativamente pequenas (Bush et al., 2007; McMichael; Correa-Metrio; Bush, 2012). Há cerca de 1.200 anos, o pico dos incêndios na bacia amazônica coincidiu com o aumento das atividades de El Niño/La Niña Oscilação Sul (Enos) (Bush et al., 2008). O aumento repentino dos incêndios entre 1.800 e 1.500 cal AP na Amazônia coincidiu com a expansão agrícola e com a formação de solos de terra preta (ver seção 3.3). A porção norte da bacia amazônica (5°N a 5°S) apresentou a maior concentração de incêndios durante os últimos 2.000 anos, enquanto a porção sul teve dois picos de queima de biomassa: um há aproximadamente 7.500-6.000 cal AP e outro entre 3.000 e 500 cal AP (Carcaillet et al., 2002).

A queima de biomassa na América Central aumentou gradualmente durante o Holoceno inicial, alcançando níveis elevados de 7.000 a 3.000 cal AP, o que provavelmente está relacionado a um longo período de expansão agrícola (ver seção 2.4, p. 43). Registros de pólen e carvão mostram a derrubada e queima da floresta e o início da agricultura por volta de 4.000-3.000 cal AP ou antes nas terras baixas maias e na América Central (Horn, 2007). Esse período foi acompanhado por um declínio na queima de biomassa nos últimos 1.000 anos, devido ao abandono de terras depois do colapso maia e aos subsequentes declínios populacionais durante a conquista espanhola (ver Boxe 3.1, p. 154; Carcaillet et al., 2002; Mann, 2005; Nevle; Bird, 2008; Dull et al., 2010). Savanas costeiras da Guiana Francesa apresentam trajetórias temporais opostas com relação à frequência de incêndios. Nessa região, eles eram mais frequentes durante a gestão de terras coloniais após a conquista europeia do que durante a prática da agricultura indígena anterior à conquista (Iriarte et al., 2012).

Incêndios antrópicos ou naturais ocorreram por todas as regiões tropicais do mundo durante o Pleistoceno tardio e o Holoceno (ver Quadro 2.1, p. 30; Goldammer; Seibert, 1989). Incêndios frequentes em áreas de turfa no Kalimantan Oriental durante o Holoceno tardio estão relacionados a incêndios antrópicos durante eventos de Enos (Hope et al., 2004). Carvão do período do Holoceno inicial ao médio é comumente encontrado sob os solos nas florestas tropicais úmidas da Costa Rica, na região norte da bacia amazônica, na Guiana e na Guiana Francesa (Sanford et al., 1985; Saldarriaga; West, 1986; Horn; Sanford, 1992; Hammond; Ter Steege, Van der Borg, 2006; Titiz; Sanford, 2007). Na floresta Ituri, na região leste da República Democrática do Congo, quase 70% das 416 trincheiras de solo escavadas continham carvão e a maior parte das datações de radiocarbono ficou dentro dos últimos 2.000 anos (Hart et al., 1996). Na Amazônia, a maioria dos locais onde o carvão do solo foi documentado em estudos paleoecológicos está em florestas moderadamente sazonais (Bush et al., 2008), enquanto em regiões com florestas tropicais úmidas a ocorrência de incêndios naturais está restrita a períodos de elevada variação climática (Haberle; Ledru, 2001).

Haberle, Hope e Van der Kaars (2001) elaboraram um registro cumulativo de longo prazo da abundância de carvão microscópico nos últimos 20.000 anos na Indonésia e na Melanésia. A frequência dos incêndios não é claramente relacionada às alterações nos padrões de subsistência das populações humanas durante esse período. A abundância de carvão é maior durante o último período glacial (17.000-12.000 AP) e a segunda metade do Holoceno (9.000-5.000 AP). Pode-se traçar um paralelo entre o registro de queima de biomassa entre 8.000 e 3.000 AP na Indonésia e na Papua-Nova Guiné e a concentração mundial de CO_2 atmosférico na Antártica (Carcaillet et al., 2002). Esses registros são baseados em um índice normalizado comparativo de anomalias de carvão sedimentar, denominado *índice de carvão*[1]. Esse período de queima de biomassa é concomitante à expansão agrícola e à intensificação de Enos, que causaram períodos de seca severa (Haberle, 1996; Haberle; Ledru, 2001).

As tendências históricas de queima de biomassa descritas anteriormente baseiam-se somente nos dados obtidos por estudos paleoecológicos de longo prazo

---

[1] No original, *charcoal index* (N.T.).

realizados em sítios selecionados, e não em amostragens sistemáticas dessas regiões (Barlow et al., 2012). Portanto, ainda é cedo para assumir que os padrões examinados até o momento refletem com precisão a verdadeira distribuição espacial ou temporal de queima pré-histórica de biomassa nessas regiões (Bush; Silman, 2007). Baseando-se em estudos de carvão do solo em florestas neotropicais de baixada, registros sedimentares de lagos não fornecem evidência da ocorrência de incêndios a mais que 5 km de distância (McMichael; Correa-Metrio, Bush, 2012).

3.3 Modificações antigas do solo

A atividade humana que ocorreu por centenas a até vários milhares de anos produziu alterações nas propriedades do solo na Amazônia brasileira e em regiões da Colômbia, Equador, Peru, Venezuela, Bolívia, Guianas e África Ocidental (Eden et al., 1984; Glaser et al., 2001; Graham, 2006; Fairhead; Leach, 2009). A terra preta de índio (TPI) é um solo escuro antrópico com três vezes mais matéria orgânica, nitrogênio e fósforo do que os latossolos e argissolos próximos (ver Fig. 3.4; Glaser; Birk, 2012). Outra característica da TPI é a presença de diversos fragmentos de cerâmica, espinhas de peixe e escamas, conchas e restos de plantas, assim como de cinzas e elevados teores de carvão. Basicamente, esse solo é formado por dejetos domésticos. É típica da TPI a presença de níveis elevados de nitrogênio, fósforo, potássio, cálcio, magnésio, manganês, zinco e outros nutrientes em comparação aos solos circundantes (Schmidt; Heckenberger, 2009). Mais de 350 sítios de terra preta com mais de 2 m de profundidade foram localizados na Amazônia brasileira, em áreas que variam de menos de 1 ha a até várias centenas de hectares (Fig. 3.5; Bush; Silman, 2007; Denevan, 2007). A terra preta é encontrada em todas as ecorregiões e paisagens da Amazônia, mas ocorre principalmente nos planaltos de terra firme próximos aos rios de água clara (Glaser; Birk, 2012).

A associação da terra preta com povoados humanos sugere que houve ocupações humanas por muitos anos, com sistemas intensivos de cultivo, em vez de agricultura itinerante com longos períodos de pousio (Neves et al., 2003). A terra preta pode ter permitido o cultivo permanente que sustentou a população crescente de 1.000-2.400 anos atrás (Glaser et al., 2001). A formação de TPI começou há cerca de 2.000-2.500 anos e está claramente associada ao surgimento da agricultura intensiva por toda a Amazônia. A maioria das áreas de terra preta possui entre 500 e 2.500 anos (Neves et al., 2003) e geralmente ocorre ao longo de áreas ripárias, associada aos povoados humanos (Lima et al., 2002). Acredita-se que outro tipo de solo antrópico comumente encontrado na Amazônia – a terra mulata – foi formado pela adubação e queima durante atividades de agricultura semi-intensiva ou intensiva. A terra mulata é de cor marrom-escura e apresenta altos teores de carbono orgânico, mas possui menos nutrientes e resíduos culturais que a terra preta (Schmidt; Heckenberger, 2009).

Fig. 3.4 *Solos naturais e modificados na Amazônia. (A) Um oxissolo, o solo mais comum na parte alta da Amazônia. (B) O solo conhecido como terra preta, modificado com a adição de cinzas e resíduos orgânicos*
Fonte: Bruno Glaser, reimpresso com permissão.

Como esses solos se formaram? Nenhum desses solos antrópicos ocorre em áreas de agricultura itinerante (Glaser, 2007). A explicação atual é que a TPI foi criada a partir de grandes sambaquis, ou pilhas de lixo orgânico, em áreas ao redor de povoados fixos (Schmidt; Heckenberger, 2009). Com o passar do tempo, essas "pilhas de compostos" foram incorporadas ao solo e usadas para o cultivo, como é feito hoje. Essa teoria corrobora as ideias anteriores de que a agricultura intensiva e sedentária – e não a agricultura itinerante – era praticada em tempos pré-históricos, devido à dificuldade de se derrubar a densa floresta tropical com machados de pedra (Denevan, 1992b). Os altos níveis de carvão encontrados em TPI e o fato de a

TPI não ser achada em todas as áreas onde ocorreram ocupação humana por longos períodos sugerem que a formação desses solos era intencional (Soembroek et al., 2003; Erickson, 2003, 2008; Graham, 2006). Esses solos eram geralmente encontrados em uma vasta área em torno das vilas.

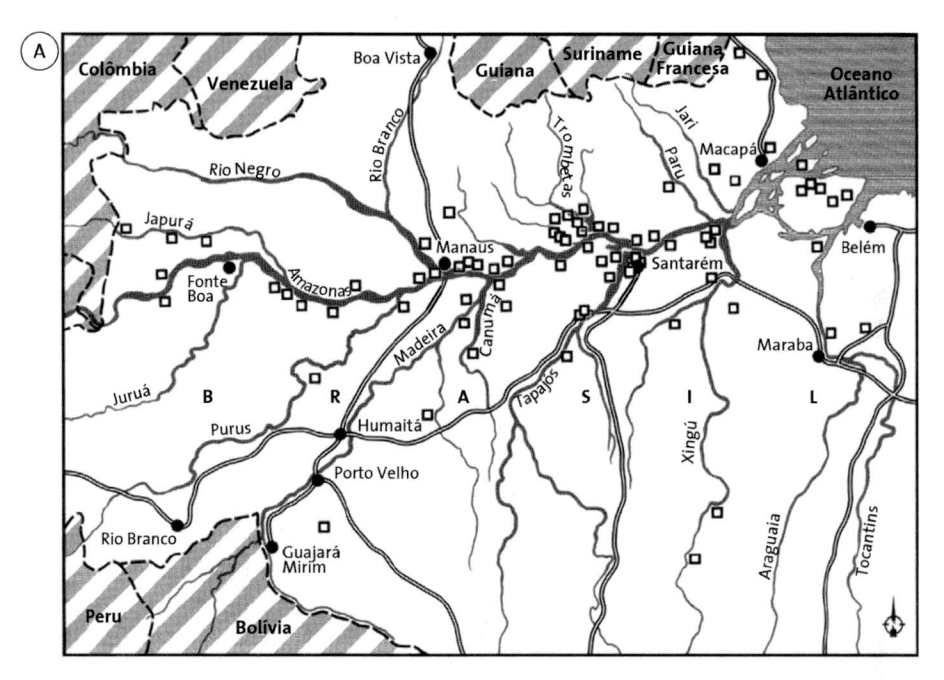

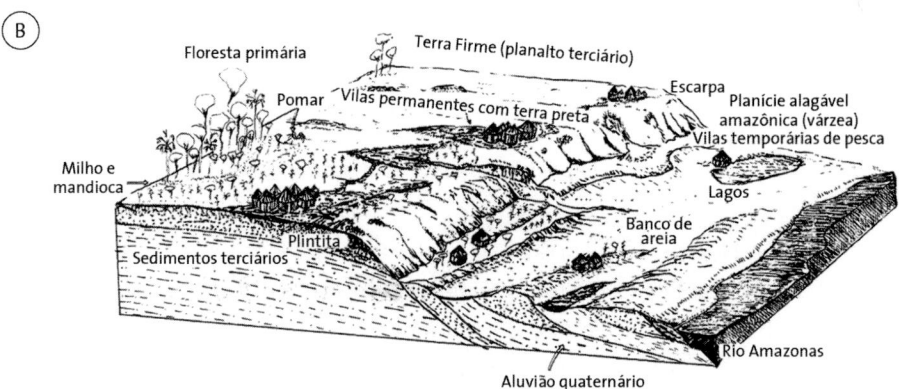

Fig. 3.5 (A) Locais de ocorrência de terra preta na Amazônia Central. (B) Representação de áreas de terra preta e povoados pré-colombianos em margens de rios na Amazônia. As planícies alagáveis forneciam argila para cerâmica, peixes, minerais e matéria orgânica para enriquecer os solos, mas não eram adequadas para povoamentos permanentes ou cultivos
Fonte: (A) Glaser e Birk (2012, Fig. 2) e (B) Lima et al. (2002, Fig. 6).

Na República da Guiné, na África Ocidental, situações análogas à terra preta e à terra mulata são encontradas em solos onde se localizavam antigas vilas. Os habitantes dessas vilas criavam montes de solo e levantavam canteiros, incorporando esterco de galinha, resíduos queimados e não queimados de plantas cultivadas e, em alguns casos, cerâmica para aumentar a fertilidade do solo e a retenção de umidade. Esses solos "curtidos" em vilarejos antigos são muito valorizados para cultivo e reivindicados como terras hereditárias (Fairhead; Leach, 2009). Solos antrópicos com características em comum com a TPI também foram localizados em áreas ripárias do distrito Malinau, no Kalimantan Oriental (Sheil et al., 2012).

Algumas espécies de plantas úteis estão associadas atualmente à TPI (Balée, 1989; Clement; McCann; Smith, 2003; Fraser et al., 2011). Essa associação inclui tanto espécies locais como semidomesticadas, de domesticação incipiente e de importância econômica, como a castanha-do-pará (*Bertholletia excelsa*), o babaçu (*Attalea phalerata*), o caiaué (*Elaeis oleifera*) e o tucumã (*Astrocaryum vulgare*). Clement, McCann e Smith (2003) argumentaram que as áreas de TPI frequentemente funcionam como reservas de agrobiodiversidade, devido à concentração de espécies e genótipos associados a esse tipo de solo que foram selecionados ao longo de milênios de uso na agricultura e na arboricultura.

Contribuindo para essa hipótese, Junqueira, Shepard e Clement (2010a) observaram que a riqueza de espécies e a densidade de indivíduos de espécies lenhosas domesticadas eram maiores em TPI do que em florestas secundárias, o que pode indicar que o longo período de associação da terra preta com cultivos humanos favorece a concentração da agrobiodiversidade nessas áreas (Junqueira; Shepard; Clement, 2010a, 2010b). No entanto, em florestas de terras baixas em Santa Cruz, na Bolívia, a abundância de 17 espécies de árvores e palmeiras úteis ou semidomesticadas não diferiu significativamente entre florestas sobre terra preta, terra mulata e solos não antrópicos. Essas áreas não foram ocupadas nos últimos 380-430 anos, portanto, é possível que os efeitos iniciais dos solos antrópicos sobre a regeneração florestal tenham sido mascarados por outros fatores, como a dispersão local e os distúrbios naturais (Paz-Rivera; Putz, 2009). A associação de solos de terra preta com povoados permanentes reforça as evidências de que as populações pré-colombianas manejavam ativamente o ambiente florestal, melhorando as condições para praticar a agricultura intensiva com curtos períodos de pousio. Essas atividades deixaram legados de longo prazo na composição florestal e nos padrões de ocupação humana por toda a Amazônia Central e talvez em outras regiões.

3.4 A escala dos impactos humanos pré-históricos nos Neotrópicos

Entender a escala espacial e temporal dos impactos humanos pré-históricos requer um intenso esforço científico interdisciplinar usando métodos de amostragem robustos e análises imparciais dos dados (Bush; Silman, 2007; Mayle; Iriarte, 2013). Evidentemente, algumas regiões tropicais foram fortemente impactadas durante a Pré-História, enquanto outras apresentam pouca ou nenhuma alteração (Piperno, 2011; McMichael; Correa-Metrio; Bush, 2012; McMichael et al., 2012a, 2012b). Com base no conhecimento atual, seria precipitado afirmar que as florestas que hoje aparentam ser intocadas realmente não tenham sido afetadas pelas atividades humanas (Clement; Junqueira, 2010). Algumas áreas impactadas no passado recuperaram-se de tal forma que os distúrbios antigos não podem ser detectados por levantamentos de vegetação. Bush e Silman (2007) e Barlow et al. (2012) alertam para que os dados de algumas áreas onde se sabe que houve ocupações humanas não sejam extrapolados para se estimar a extensão dos impactos humanos em toda a Amazônia.

Ecólogos historiadores e antropólogos destacaram a extensão dos impactos pré-históricos nas florestas tropicais utilizando termos como *paisagens humanas*, *paisagens construídas*, *parques culturais* e *florestas selvagens*[2] (Erickson, 2000; Heckenberger et al., 2003; Mann, 2005; Campbell et al., 2006). Essas florestas "antrópicas" incluem plantios florestais, áreas cultivadas, áreas de pousio e vegetação enriquecida por meio de arboricultura e jardins domésticos (ver Boxe 2.1, p. 33). Apesar de esses termos serem adequados para determinadas paisagens que foram cuidadosamente estudadas, eles não representam com precisão nosso nível de conhecimento sobre os impactos humanos nas florestas tropicais. Balée (1989) estimou que os povos pré-históricos usaram ou modificaram 12% das florestas de terra alta amazônicas, enquanto Denevan (1992a) estimou que 22% da Amazônia continental já havia sido desmatada antes da conquista europeia. Na Amazônia, os povoados concentravam-se ao longo da área de influência dos rios, o que constitui menos de 5% da área da bacia amazônica (Heckenberger; Neves, 2009). Povoados distantes dos rios maiores geralmente se localizavam nas florestas estacionais do sul da Amazônia (Heckenberger et al., 2007). No entanto, extensas áreas de terraplanagens no Estado do Acre, no Brasil, foram encontradas em regiões interfluviais (Fig. 3.3, p. 59; Schaan et al., 2012).

Esses relatos dos impactos generalizados das antigas populações humanas por toda a Amazônia foram totalmente refutados por Peres et al. (2010), que argu-

---

[2] Os últimos dois termos foram traduções livres por não constarem na literatura científica em português (N.T.).

mentaram que a influência humana pré-colombiana nas regiões interfluviais da Amazônia era ínfima ou indetectável, que menos de 15% da Amazônia abrigava povoamentos permanentes e que as florestas oligárquicas poderiam ser mantidas por condições locais do solo e pela dispersão de sementes por roedores. McMichael et al. (2012a, 2012b) também contestaram a teoria da influência humana generalizada na Amazônia, argumentando que as florestas estacionais secas das regiões central e sul da Amazônia queimam com mais facilidade, apresentam menor tendência ao alagamento e fornecem muito mais evidências de incêndios e solos de terra preta do que as florestas sem sazonalidade da Amazônia Ocidental. As áreas montanas que esses autores estudaram na Amazônia Ocidental não apresentaram nenhuma evidência de desmatamento generalizado ou povoados, mas sim de áreas ocupadas por populações pequenas e nômades que viveram na região antes da conquista europeia. Essa conclusão corrobora o trabalho de McKey et al. (2010) e Arroyo-Kalin (2012), que apontam que a variedade doce (não tóxica) da mandioca era cultivada com milho em cultivos itinerantes de pequena escala, na Amazônia Ocidental, enquanto a variedade amarga (tóxica) da mandioca era cultivada sobre terra preta em sistemas mais intensivos ao longo de rios, na Amazônia Central e Oriental, onde as populações humanas eram maiores. A intensidade dos distúrbios pré-históricos nas florestas da bacia amazônica diminui conforme aumenta a distância dos rios e a sazonalidade da floresta (McMichael et al., 2012b). Levis et al. (2012) contribuíram para esse argumento ao encontrar uma forte relação negativa entre a extensão da manipulação da floresta e a distância de rios secundários em áreas interfluviais da Amazônia Central.

Os sistemas agrícolas das populações maias antigas eram muito variáveis espacial e temporalmente (Dunning; Beach, 2000). Os impactos humanos geralmente eram mais intensos nas terras baixas e em florestas altamente sazonais, as quais possuíam solos mais férteis e eram derrubadas com mais facilidade. No sul da península de Yucatán existem poucas evidências de que os *bajos* (áreas cársicas de terras baixas que alagam durante a estação chuvosa) foram desmatados para a agricultura, apesar de ter havido extração seletiva de algumas espécies arbóreas. O desmatamento dos maias concentrava-se nas colinas localizadas em planaltos próximos. As fontes de recrutamento para a regeneração florestal nesses planaltos talvez tenham sido as florestas nos *bajos*, e esse padrão de recolonização poderia explicar a alta semelhança na composição das espécies entre as duas formações florestais hoje (Pérez-Salicrup, 2004). O distrito do lago Petén, na Guatemala, e o vale do rio Copán, em Honduras, foram intensamente impactados pelo desmatamento antrópico, erosão do solo e povoados urbanos (Binford et al., 1987; Beach et al., 2006), mas remanescentes de florestas perduraram pela paisagem maia, mesmo no ápice da expansão agrícola (Wiseman, 1978; Ford; Nigh, 2009). A presença florestal constante facilitou a rápida regeneração florestal após o declínio populacional durante o colapso maia e a conquista europeia (ver Boxe 3.1, p. 54).

Existe consenso geral em um aspecto dos impactos humanos pré-históricos: eles variavam muito em natureza e extensão. Outro ponto de concordância é que a caça era uma atividade que ocorria por toda a bacia amazônica (Junqueira; Clement, 2012; Barlow et al., 2012). Impactos antrópicos de populações pré-históricas podem ser muito mais sutis do que os sinais diretos de derrubada e queimada da floresta. Só será possível compreender a extensão e a natureza dos impactos e das transformações da paisagem causados por humanos nos trópicos americanos com amostragens sistemáticas e extrapolações cuidadosas (McMichael et al., 2012a; Piperno, 2011).

3.5 A reconstrução paleoecológica da regeneração natural da floresta

Reconstruir a paleoecologia da regeneração florestal é desafiante por vários motivos. Primeiramente, a dinâmica florestal reflete em geral mais a variabilidade climática do Holoceno do que os vestígios humanos de ocupação e uso do solo. Em segundo lugar, a resolução temporal dos perfis de pólen em sedimentos de lagos ou pântanos não é precisa o suficiente para identificar alterações sucessionais na dominância de espécies ou na composição florestal. Em terceiro lugar, a reconstrução fiel da composição das espécies florestais utilizando fósseis de pólen é impossível para as florestas tropicais, pois a maioria das espécies arbóreas é polinizada por animais (Ford; Nigh, 2009). Estudos paleoecológicos na região maia baseiam-se em fósseis de pólen da família Moraceae para inferir sobre as árvores tropicais da paisagem (Binford et al., 1987; Islebe et al., 1996). Na melhor das hipóteses, o registro paleoecológico fornece um esboço opaco dos complexos ciclos de desmatamento e regeneração florestal que ocorreram nos trópicos ao longo da história (Ford, 2008).

3.5.1 A regeneração florestal no Sudeste Asiático e na África Ocidental

A reconstrução da história ambiental da parte continental do Sudeste Asiático ainda está no estágio inicial (White et al., 2004). A expansão da floresta tropical ocorreu no Pleistoceno terminal e Holoceno inicial e coincidiu com a ocupação por sociedades hoabinianas de caçadores e coletores (Kealhofer, 2003), e não existem evidências de culturas neolíticas (com produção agrícola) antes de 5.100 AP (Bellwood, 2006). No nordeste da Tailândia, um testemunho sedimentar do lago Nong Hang Kumphawapi mostra a ocorrência de incêndios e distúrbios florestais por um período de aproximadamente 2.000 anos, que vai de 6.421 a 3.812 AP, seguida pela regeneração da floresta de dipterocarpáceas em 2.900 AP (White et al., 2004). A antiga cidade cambojana de Angkor Borei, no delta do rio Mekong, foi continuamente ocupada desde 2.000 cal AP, com incêndios regulares, conforme foi observado pelas altas concentrações de carvão em testemunhos sedimentares e pela abundância de pólen de gramíneas (Bishop et al., 2003). A concentração de carvão declinou subitamente em cerca de 1.400 cal AP, o que foi acompanhado pela expansão das florestas brejosas e dos *taxa* arbóreos de florestas em regeneração, como *Macaranga* e outras espécies de Euphorbiaceae.

Ao redor do lago Kasenda, na Uganda Ocidental, vastas áreas de florestas úmidas em elevações intermediárias foram substituídas por campos até 1.100 AP, o que coincidiu com a chegada dos povos bantus do oeste, os quais já utilizavam ferramentas de ferro. Grandes núcleos de povoados sustentados pelo cultivo de cereais e pastagens para gado surgiram na região. Esses centros foram abandonados há cerca de 300 anos, quando os povoados se dispersaram e a dependência do pastoralismo aumentou (Ssemmanda et al., 2005; Taylor; Robertshaw; Marchant, 2000; Russell et al., 2009). Lejju, Taylor e Robertshaw (2005) descreveram a recuperação da floresta durante os declínios populacionais de cerca de 230 anos atrás no sítio arqueológico Munsa. Evidências de pólen e fitólitos mostram que os *taxa* de florestas semidecíduas – como *Alchornea*, *Combretum*, *Cyathea*, *Olea* e *Rapanea* – retornaram ao local, enquanto fontes não arbóreas de pólen diminuíram (Lejju, 2009). A recuperação florestal ocorreu em vários locais na Uganda Ocidental, indicando o abandono de diversas áreas durante um período de seca prolongada.

3.5.2 A regeneração florestal nas Américas

Reconstruções paleoecológicas da derrubada e regeneração florestal são mais abundantes nos Neotrópicos do que em outras regiões tropicais. Os registros de pólen do lago La Yeguada, no Panamá, forneceram as evidências mais antigas das sociedades de caçadores e coletores da América Central, datando de 12.000 cal AP (Piperno; Bush; Colinvaux, 1990; Bush et al., 1992; Ranere; Cooke, 2003). La Yeguada foi continuamente ocupada por humanos durante o Holoceno, apresentando evidências de agricultura intensiva e declínio dos *taxa* arbóreos durante o Holoceno médio, até que os incêndios cessaram e a floresta se restabeleceu no local 450 anos atrás, quando os colonizadores espanhóis se estabeleceram nas montanhas centrais do Panamá.

Quando Hernán Cortés e seu exército chegaram às terras baixas maias, no início do século XVI, encontraram florestas densas que tinham crescido sobre as ruínas maias. Na bacia do Mirador, no norte da região de Petén, na Guatemala, os sedimentos do lago Puerto Arturo revelaram uma história de derrubada de florestas que teve início há mais de 4.000 anos, seguida por 2.000 anos de atividade agrícola e abandono repentino 1.100 anos atrás, no fim do período clássico tardio (Wahl et al., 2006). Essa região jamais foi ocupada novamente após o colapso maia e as terras mais elevadas apresentam hoje uma densa floresta semidecídua. A transição de florestas abertas com agricultura para florestas fechadas ocorreu em menos de 150 anos.

Uma história semelhante foi descrita por Islebe et al. (1996) para os sedimentos do lago Petén Itzá. Florestas semidecíduas de terras baixas regeneraram rapidamente após mais de 2.000 anos de distúrbios antrópicos contínuos. A análise de um testemunho sedimentar curto do lago Petén Itzá mostrou que a regeneração florestal ocorreu entre 1.112 e 852 cal AP, em condições de elevada umidade durante o período medieval quente (Mueller et al., 2010). As florestas de Petén recuperaram-se rapidamente após 80-260 anos, enquanto a estabilidade do solo precisou de um tempo um pouco maior, de 120-280 anos. No entanto, é provável que a composição das espécies das florestas regeneradas tenha sido afetada pelos milênios de uso e manejo da terra pelos maias e por mudanças climáticas (Turner, 2010b).

Um registro de pólen de 5.000 anos mostra duas fases de cultivo pré-histórico de milho seguidas por regeneração florestal na Sierra de Los Tuxtlas, em Veracruz, no México (Goman; Byrne, 1998). Trezentos anos após o abandono das áreas agrícolas, houve o estabelecimento de florestas dominadas por *Liquidambar* e Urticales (*Trema*, *Celtis*, *Ficus* e outras Urticales que não puderam ser diferenciadas). Em áreas mais baixas da região da Sierra de Los Tuxtlas, a análise do registro de pólen do Lago Verde (100 m de altitude) mostrou que as áreas agrícolas foram abandonadas há cerca de 1.210 cal AP e que uma floresta tropical de terras baixas com grupos de espécies diversos se regenerou no período de 200 anos (Lozano-García et al., 2010). Conforme foi observado em Petén por Mueller et al. (2010), a regeneração florestal após 1.200 cal AP na região da Sierra de Los Tuxtlas coincide com um período de maior umidade.

Nas profundezas das florestas na região de Darién, no Panamá, os registros de pólen estudados por Bush e Colinvaux (1994) indicam a abertura de áreas e o plantio de milho por quase 4.000 anos em dois vales a 15 km um do outro. Esses registros coincidem com dados de fitólitos do mesmo local (Piperno, 1994). Ambos os locais foram abandonados abruptamente por volta de 320 anos atrás, logo após a conquista espanhola, e não foram reocupados desde então. Hoje, as florestas do entorno encontram-se em estágio avançado de sucessão secundária. Há apenas 300 anos, o milho foi cultivado ao lado de um pântano na Estação Biológica La Selva, na Costa Rica (Kennedy; Horn, 1997). Como as árvores de dossel podem viver mais de 300 anos, essas florestas – e muitas outras florestas ditas primárias da Mesoamérica – ainda estão passando por um processo gradual de mudança sucessional em sua composição e estrutura (Bush; Colinvaux, 1994). É possível que as árvores que atualmente ocupam o dossel só representem a segunda geração de árvores desde que a regeneração florestal teve início.

A regeneração florestal ocorreu por todo o território das Américas após os catastróficos declínios populacionais pós-conquista (ver Boxe 3.1, p. 54). Apesar da quantidade massiva de mortos por doenças e pela escravidão, o cultivo em pequena escala continuou em muitas regiões. Em áreas de altitude intermediária no vale Coto Brus, no sul da Costa Rica, Clement e Horn (2001) documentaram a ocupação, queima da floresta e cultivo de milho entre 3.240 e 460 cal AP. Posteriormente 460 cal AP, poucos incêndios foram detectados, e quando os imigrantes italianos chegaram, na década de 1950, encontraram uma paisagem coberta por florestas aparentemente virgens, mas que, na verdade, eram florestas secundárias regeneradas de 500 anos de idade.

Por toda a região das terras baixas maias, a composição florestal durante o Holoceno médio e tardio foi alterada por espécies úteis que eram favorecidas por humanos, espécies pioneiras que colonizavam áreas abandonadas e espécies comuns e generalistas que dominavam florestas secundárias e maduras (Gómez-Pompa, 1971). Consequentemente, as novas florestas, que se desenvolveram após o abandono agrícola resultante do colapso maia e da conquista espanhola, 900 anos depois, apresentavam uma composição diferente das florestas que nunca haviam sido derrubadas ou manejadas. As sementes para a regeneração florestal vinham dos jardins florestais manejados próximos, os quais eram enriquecidos com espécies úteis (ver Boxe 2.1, p. 33; Ford; Nigh, 2009). Até hoje, as espécies que eram mais utilizadas pelos maias antigos e seus descendentes são as mais abundantes nessas florestas (Campbell et al., 2006; Ford, 2008; Ross, 2011).

Florestas oligárquicas, caracterizadas por uma ou várias espécies dominantes de importância econômica, estão distribuídas por toda a Amazônia (Peters et al., 1989; Pitman et al., 2001). A relação entre esses padrões geológicos de composição de espécies que atuam em larga escala e o uso da terra pré-histórico seguido por regeneração florestal foi muito pouco explorada. A regeneração florestal em larga escala, que ocorreu após a conquista das Américas a partir de remanescentes locais de florestas manejadas e áreas de pousio, poderia explicar a dominância generalizada de espécies comuns nas terras altas da Amazônia. A maioria das espécies vegetais vasculares endêmicas da África Ocidental apresenta ampla distribuição geográfica e estratégia de vida ruderal (Holmgren; Poorter, 2007), o que também reflete o longo histórico de distúrbios antrópicos e climáticos que moldaram as florestas atuais.

3.6 Conclusão

Estudos paleoecológicos fornecem diversas evidências de períodos de desmatamento seguidos pela regeneração florestal espontânea em muitas regiões tropicais. Transformações da paisagem em diversas escalas deixaram legados evidentes e sutis do impacto humano pré-histórico na composição, nos solos e na geomorfologia das florestas tropicais. O entendimento desses legados ainda está em fase inicial e precisará de pesquisas interdisciplinares meticulosas no futuro. A composição atual das florestas tropicais reflete variações regionais e locais em filtros pré-históricos relacionados tanto às mudanças climáticas quanto às atividades humanas, as quais também estão inexoravelmente ligadas. Apesar de nem todas as espécies terem sobrevivido a esses filtros, a existência das florestas modernas prova a resiliência e o potencial de regeneração das florestas tropicais, um tópico que será explorado em mais detalhes nos demais capítulos deste livro.

Bush e Silman (2007) expressaram sua preocupação sobre as declarações de que os distúrbios antrópicos ocorreram de forma generalizada por toda a Amazônia, as quais poderiam ser usadas para justificar a continuidade de impactos sobre a floresta, como a retirada de madeira e o desmatamento. Heckenberger e Neves (2009, p. 260) responderam a essa preocupação: "Descobrir que as paisagens florestais da região não são virgens não diminui de forma alguma a relevância dessas áreas nos debates sobre a conservação e o desenvolvimento sustentável na Amazônia, a menina dos olhos do ambientalismo global". Caso se persista na ideia de que só vale a pena conservar as florestas virgens, a conservação das florestas tropicais já pode ser abandonada. Conforme foi dito pelo ecólogo florestal Tim Whitmore (1991, p. 73): "A floresta tropical primordial, sem perturbações e estável 'desde o início dos tempos' é um mito".

Barlow et al. (2012) argumentaram que os estudos sobre os impactos humanos pré-históricos nos trópicos fornecem poucas informações realmente úteis para a compreensão da resiliência dessas florestas perante os impactos humanos modernos. Eu discordo. Apesar de os impactos modernos serem qualitativamente distintos da maioria das transformações locais do Pleistoceno tardio e Holoceno inicial e médio, a crescente literatura sobre os antigos impactos e usos da terra pelos humanos é muito relevante para o entendimento da resiliência, regeneração, restauração e conservação das florestas tropicais hoje e no futuro.

DINÂMICA E REGIME DE DISTÚRBIOS DAS FLORESTAS TROPICAIS

4

As florestas estão em fluxo contínuo, mudando o tempo todo e em diferentes escalas espaciais. (Whitmore, 1991, p. 67).

O famoso aforismo de Heráclito "não podemos nos banhar duas vezes no mesmo rio" aplica-se também a florestas. Cada mancha florestal e a paisagem que a circunda têm um passado, um presente e um futuro. Entender os impactos humanos sobre as florestas tropicais abre janelas tanto para o passado quanto para o presente, pois a composição das florestas de hoje reflete os legados de distúrbios florestais que ocorreram muito antes de os cientistas terem começado a estudar as florestas tropicais. Macía (2008) comparou áreas de vegetação florestal de terras baixas e submontanas no Parque Nacional Madidi, na Bolívia, e observou que uma das áreas submontanas apresentou ruínas de um forte inca com mais de 300 anos. O tamanho e a densidade das árvores na área com a ruína eram indistinguíveis em relação a outras florestas da região, mas a composição de espécies era muito distinta, com maior abundância de espécies típicas de florestas perturbadas. Legados históricos são componentes essenciais da pesquisa ecológica voltada à dinâmica e à regeneração das florestas tropicais (Foster, 2000; Chazdon, 2003; Clark, 2007).

A velocidade das mudanças temporais está intimamente ligada à escala espacial e temporal da análise desenvolvida. Pode-se dizer que uma mesma floresta está mudando rapidamente ou permanecendo estável, dependendo da escala espacial de observação. Em escalas espaciais pequenas, como em parcelas de 10 m × 10 m, plântulas, juvenis e árvores colonizam, recrutam, crescem e morrem em intervalos mensais ou anuais. Em escalas espaciais maiores, a quantidade e a distribuição de tamanho dos indivíduos, e até mesmo a composição de espécies, podem permanecer praticamente estáveis por muitos anos. Kellner, Clark e Hubbell (2009) forneceram uma demonstração clara da relação entre a dinâmica da altura do dossel em pequena escala (5 m) e estados de equilíbrio estável em grandes escalas espaciais em florestas pluviais de terras baixas no nordeste da Costa Rica. Durante um período de 8,5 anos, o aumento ou a diminuição da altura do dossel foram observados em 39% da floresta, mas a distribuição geral da altura de dossel permaneceu essencialmente estável em toda a floresta.

Este capítulo foca a dinâmica de florestas tropicais maduras e os legados (tanto ocultos quanto evidentes) dos diferentes tipos de distúrbio na estrutura e composição florística dessas florestas. Tomando como modelo Clark (1996) e Wirth et al. (2009), foi usado neste livro o termo *floresta madura*[1] para descrever florestas em estágios avançados de sucessão que são relativamente estáveis em sua dinâmica. Os legados dos distúrbios são mais evidentes durante os estágios iniciais de regeneração florestal, mas também podem ser observados após centenas de anos, por meio dos indivíduos remanescentes de espécies arbóreas de vida longa que se estabeleceram nas fases iniciais da sucessão florestal. Alguns atributos da floresta podem revelar as trajetórias das alterações da comunidade no passado e ser úteis para prever tendências futuras. A pesquisa sobre a dinâmica florestal gera um conhecimento sobre os mecanismos e as causas das mudanças florestais que vai além de uma descrição momentânea da estrutura e da composição. Com base nessas informações, também é possível relacionar os detalhes da atual estrutura e composição florestal com características de paisagens e regiões obtidas por imagens de satélites, fotografias aéreas e outras formas de sensoriamento remoto (Nelson, 1994).

4.1 Regime de distúrbios nas florestas tropicais

Baseando-se em Pickett e White (1985), Clark (1990, p. 293) definiu *distúrbio* em ecossistemas florestais terrestres como "um evento relativamente momentâneo que causa alterações na estrutura física do ambiente". Distúrbios alteram a densidade, a biomassa ou a distribuição espacial da biota por meio de alterações na disponibilidade e na distribuição dos recursos e dos substratos ou por meio de alterações diretas no ambiente físico (Walker; Willig, 1999). Distúrbios periódicos naturais, como furacões, incêndios, enchentes e deslizamentos de terra, variam em intensidade e frequência de acordo com fatores ambientais, como topografia, altitude, sazonalidade e precipitação (Whitmore, 1991; Whitmore; Burslem, 1988). O regime de distúrbios é a soma de todos os eventos de distúrbios em um local durante um período, e esses distúrbios podem originar-se de dentro da floresta (distúrbios autogênicos) ou por forças atuando fora do *habitat* florestal (distúrbios alogênicos). Ciclones e erupções vulcânicas são distúrbios alogênicos, ao passo que a morte de

---

[1] No original, *old-growth forest* (N.T.).

uma árvore doente e alterações no solo causadas por animais cavadores são consideradas distúrbios autogênicos (Walker, 2012).

Distúrbios em florestas tropicais (e em outros lugares) geralmente são divididos em duas categorias amplas: os causados por forças da natureza (distúrbios naturais) e os causados por atividades humanas (distúrbios humanos ou antrópicos). Na verdade, os distúrbios naturais e antrópicos em geral ocorrem simultaneamente, o que dificulta o trabalho de atribuir as respostas da vegetação a um determinado regime de distúrbios (Chazdon, 2003; Walker, 2012). Lentfer e Torrence (2007) descreveram os efeitos dos distúrbios humanos na recuperação da vegetação após uma série de erupções vulcânicas durante o Holoceno na ilha Garua, na Papua-Nova Guiné. A recuperação da vegetação após essas erupções não seguiu as trajetórias esperadas, sendo interrompida por incêndios intensos, manejo e, possivelmente, cultivos, resultando em uma vegetação aberta dominada por gramíneas em vez de uma cobertura florestal sucessional. Florestas regeneradas em pastagens abandonadas em Porto Rico estão sujeitas a distúrbios causados por furacões (Zimmerman et al., 1995; Pascarella; Aide; Zimmerman, 2004; Flynn et al., 2010). Florestas em processo de recuperação após ocupação humana e cultivo em Kolombangara, nas ilhas Salomão, e em Tonga permaneceram em estágios sucessionais iniciais devido aos ciclones frequentes (Burslem; Whitmore; Brown, 2000; Franklin et al., 2004). A sucessão da vegetação após um grande deslizamento de terra em uma região de floresta seca na Nicarágua foi afetada também por distúrbios antrópicos (Velázquez; Gómez-Sal, 2007). É comum que a caça, a retirada de madeira e os incêndios ocorram simultaneamente (Asner et al., 2009), causando uma sinergia de entraves para a regeneração florestal (ver Boxe 9.2, p. 207; Wright; Hernandéz; Condit, 2007; Dirzo; Mendoza; Ortiz, 2007; Laurance; Useche, 2009). Clark (2007) discutiu uma vasta gama de distúrbios antrópicos e naturais que afetaram três áreas ativas de pesquisa nos Neotrópicos, como períodos de seca, incêndios, enchentes, retirada de produtos madeiráveis e não madeiráveis e distúrbios no solo causados pela introdução de porcos selvagens.

De maneira geral, os tipos de distúrbio podem ser caracterizados e comparados por meio de uma estrutura multidimensional que considera quatro atributos principais: extensão espacial, frequência, duração e intensidade (Waide; Lugo, 1992). Neste livro, os danos acima e abaixo do solo são considerados separadamente, pois esses fatores são essenciais para a regeneração florestal após distúrbios (Fig. 4.1). Essa estrutura é utilizada para descrever aspectos qualitativos gerais, que refletem o padrão típico de cada distúrbio, com base na literatura disponível.

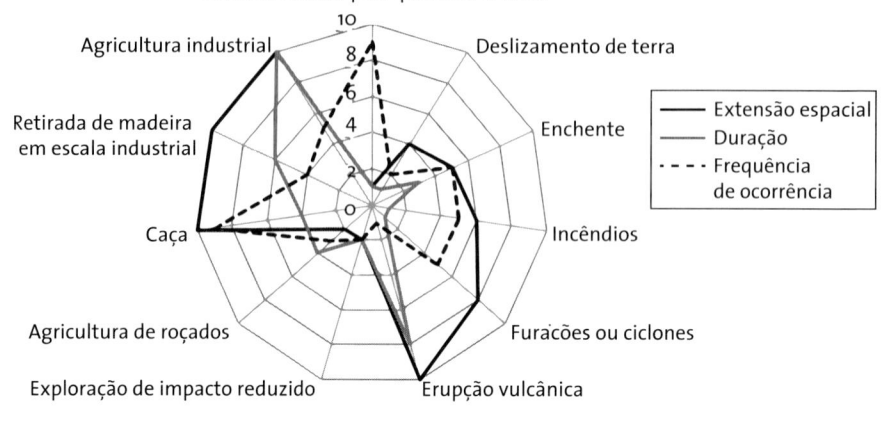

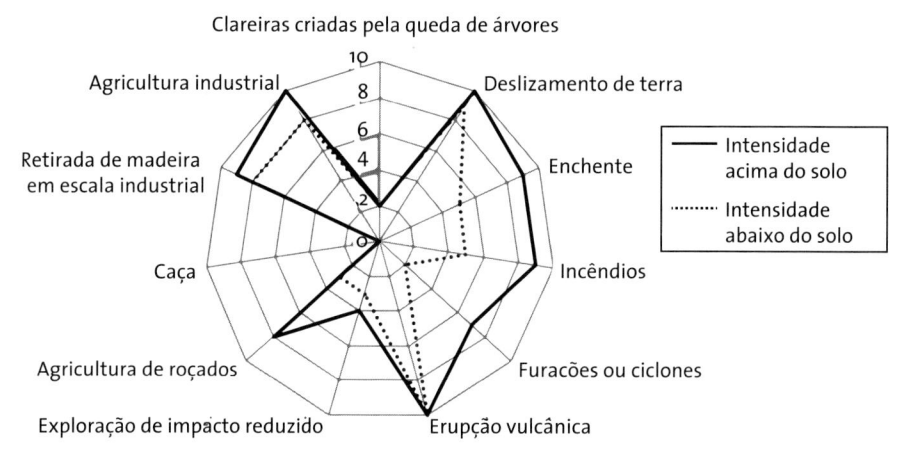

FIG. 4.1 *Diagrama esquemático ilustrando os atributos qualitativos de cinco características para 11 tipos de distúrbios que impactam as florestas tropicais. A magnitude de cada característica para cada tipo de distúrbio varia entre 0 (baixa) e 10 (alta)*

Clareiras criadas pela queda de árvores e galhos são o tipo mais frequente de distúrbio natural nas florestas tropicais (Hartshorn, 1978). As clareiras criadas após a queda de uma árvore removem relativamente pouca vegetação acima do solo e geralmente não criam aberturas do topo do dossel até o solo florestal (Connell; Lowman; Noble, 1997; Kellner; Clark; Hubbell, 2009), sendo consideradas distúrbios autogênicos. A maioria das clareiras apresenta área projetada pequena (< 1.000 m²) e, exceto na zona da raiz da árvore caída, causa distúrbios mínimos no solo. Em 444 ha de florestas tropicais de terras baixas no nordeste da Costa Rica, metade de todas as clareiras detectadas utilizando um LiDAR aéreo (Detecção de Luz e

Extensão; resolução de 5 m) apresentou menos de 25 m² (Fig. 4.2; Kellner; Clark; Hubbell, 2009). Em florestas de neblina de terras altas na Costa Rica, a maioria das clareiras foi muito pequena (< 30 m²) e não causou distúrbios localizados no solo (Lawton; Putz, 1988). Kellner e Asner (2009) compararam os regimes de distúrbios e a estrutura florestal em cinco paisagens de floresta pluvial na Costa Rica e no Havaí, utilizando dados de sensoriamento remoto de LiDAR para medir a altura do dossel e detectar clareiras. A distribuição da frequência do tamanho das clareiras nessas florestas ajustou-se muito bem a um modelo de potência, apesar das diferenças na composição de espécies e nos tipos de distúrbio entre as áreas.

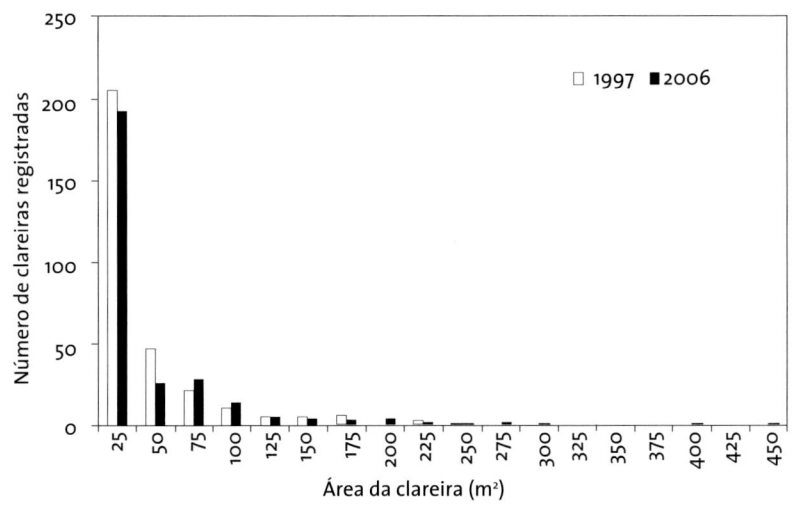

Fig. 4.2 *Distribuição das frequências de tamanho de clareiras em 444 ha de floresta madura na Estação Biológica La Selva. O tamanho das clareiras foi determinado mensurando-se a altura do dossel em uma rede de 5 m de resolução utilizando imagens de LiDAR de 1997 e 2006*
Fonte: Kellner, Clark e Hubbell (2009).

Distúrbios causados por grandes vendavais, furacões ou ciclones apresentam extensão espacial e intensidade consideravelmente maiores que outros distúrbios (ver Fig. 4.1). Um grande distúrbio causado por uma tempestade convectiva em 2005 afetou 2.668 ha de floresta e provocou a morte de 300.000-500.000 árvores na região de Manaus, na Amazônia Central (Negrón-Juárez et al., 2010). Em longo prazo, vendavais catastróficos têm pouco efeito sobre a composição de espécies em florestas tropicais, pois muitas árvores conseguem rebrotar (Burslem; Whitmore; Brown, 2000). Furacões causam dano substancial a árvores, com pouco ou nenhum distúrbio no solo, mas muitas árvores danificadas rebrotam, restabelecendo de forma relativamente rápida a composição de espécies pré-distúrbio.

Incêndios e enchentes apresentam extensão espacial de moderada a elevada. Durante secas intensas, vastas áreas de floresta tropical queimaram, tanto em regiões de clima úmido quanto em regiões de clima seco, no passado e também no presente (Goldammer; Seibert, 1989). Registros históricos descrevem incêndios cobrindo vastas áreas de campinaranas na bacia do Rio Negro, no Brasil, durante secas severas em 1912 e 1926 (Nelson; Irmão, 1998). Eventos de seca mais recentes também estão associados a incêndios em larga escala na Amazônia Oriental e no Sudeste Asiático (Cochrane; Schulze, 1999; Van Nieuwstadt; Sheil, 2005). Distúrbios causados por enchentes, associados à erosão lateral e à alteração nos canais de redes fluviais, afetaram vastas áreas de floresta pelos trópicos. Na bacia da Amazônia peruana, por exemplo, 12% das florestas de terras baixas próximas aos rios estão em regeneração (Salo et al., 1986).

Os deslizamentos de terra removem toda a vegetação e o solo orgânico em áreas íngremes e criam áreas de depósito ricas em material orgânico nas zonas de terras baixas (Guariguata, 1990). No México e na América Central, pelo menos 62 eventos que desencadearam deslizamentos de terra ocorreram entre 1888 e 1998, dos quais 56 estavam associados a terremotos e seis, a tempestades intensas. Analisando em detalhes 17 deslizamentos de terra, Restrepo e Alvarez (2006) observaram que a área variou entre 300 ha e 38.300 ha por deslizamento. Estima-se que 8%-16% da superfície terrestre da Papua-Nova Guiné seja afetada por deslizamentos de terra a cada cem anos (Garwood; Janos; Brokaw, 1979).

Fluxos de lava de erupções vulcânicas causam distúrbios em grandes escalas espaciais, destruindo completamente a vegetação e transformando a superfície do solo (Turner et al., 1998), mas ocorrem raramente (ver Fig. 4.1). Jago e Boyd (2005) descreveram uma série de sete períodos de atividade vulcânica nos últimos 2.900 anos na Nova Bretanha Ocidental, na Papua-Nova Guiné. Cada erupção vulcânica provocou destruição extensiva, seguida pela recuperação da vegetação. Fluxos de lava podem iniciar incêndios em condições de seca em florestas tropicais úmidas, conforme demonstrado pelo carvão do solo nas encostas do vulcão Barva, na Costa Rica (Titiz; Sanford, 2007), e por observações no Parque Nacional dos Vulcões do Havaí (Ainsworth; Kauffman, 2009). Vulcões de lama são menores, mas podem causar distúrbios florestais locais intensos (Ting; Poulsen, 2009). Certas áreas dos trópicos são mais suscetíveis a determinados tipos de distúrbios naturais catastróficos. Por exemplo, a Papua-Nova Guiné já teve mais que a sua cota de ciclones, terremotos, erupções vulcânicas e incêndios florestais, ao passo que, nas florestas da Malásia, Bornéu e Suriname, ocorreram poucas catástrofes naturais (Johns, 1986; Whitmore, 1998a).

Diferenças em regimes de distúrbios estão relacionadas a diferenças marcantes na dinâmica, estrutura e composição em uma dada região tropical ou entre regiões. No Brasil, os distúrbios são causados pela mortalidade massiva de bambus nas áreas do sudoeste, incêndios em florestas sazonais de transição e grandes derrubadas de vento na região de Tefé. Florestas de transição são dominadas por palmeiras babaçu (*Attalea phalerata*) adaptadas ao fogo, enquanto florestas cheias de lianas também podem estar relacionadas a incêndios periódicos (Nelson, 1994). Baker et al. (2005) reconstruíram o regime de distúrbios de uma floresta estacional perenifólia no oeste da Tailândia, estudando os anéis de crescimento de algumas árvores de dossel. Eles encontraram evidências de que um distúrbio catastrófico de escala de várias centenas de hectares atingiu aquela área cerca de 200 anos atrás. Uma população coetânea de *Hopea odorata* que colonizou a área perturbada ainda domina o dossel dessa floresta até hoje. Desde que a floresta começou a regenerar, distúrbios em pequena escala nas parcelas de estudo forneceram oportunidades de recrutamento para diversos grupos de espécies arbóreas, contribuindo para a elevada riqueza de espécies nessa floresta atualmente.

Distúrbios antrópicos também variam muito em extensão, frequência e intensidade. A caça é um distúrbio antrópico comum que cobre vastas áreas sem causar danos diretos à vegetação ou ao solo (Corlett, 2007; Peres; Palacios, 2007). Os efeitos da caça sobre a vegetação são indiretos, pois alteram a abundância de predadores e dispersores de sementes nas florestas tropicais (Muller-Landau, 2007). A agricultura de roçado em pequena escala impacta severamente a vegetação acima do solo, mas causa pouca perturbação no solo em si. Por outro lado, a agricultura e a silvicultura em escalas industriais impactam vastas áreas de florestas tropicais por longos períodos de tempo, eliminando quase toda a cobertura florestal e modificando os solos significativamente. A mineração remove a vegetação, a camada superficial do solo e as suas camadas orgânicas em áreas de escavação (Parrotta; Turnbull; Jones, 1997; Peterson; Heemskerk, 2001).

Muitos distúrbios naturais ocorrem rapidamente, em geral dentro de um período de 24 horas, e os processos de regeneração florestal começam imediatamente ou logo depois. Entretanto, os distúrbios antrópicos, como a agricultura e o pastoreio, podem persistir por décadas. Por essa razão, os distúrbios antrópicos apresentam efeitos mais dramáticos sobre a composição de espécies e a velocidade da regeneração florestal do que os distúrbios naturais momentâneos (Zimmerman et al., 1995; Chazdon, 2003). Por outro lado, a regeneração florestal após distúrbios em pequena escala de origem antrópica pode apresentar estágios e trajetórias semelhantes aos que ocorrem na regeneração florestal após distúrbios em pequena escala de origem natural. Obviamente, muitos fatores locais e regionais afetam a velocidade e a natureza da regeneração florestal pós-distúrbio.

4.2 Dinâmica de clareiras e o ciclo de crescimento florestal

Distúrbios em pequena escala são comuns em florestas tropicais, a maioria resultante da queda de uma ou várias árvores. A variação espacial decorrente do solo, da drenagem e da microtopografia afeta o regime de distúrbios naturais, os quais possuem componentes tanto espaciais como temporais (Whitmore; Burslem, 1988). O ciclo de crescimento da floresta foi reconhecido por ecólogos vegetais há quase um século. Uma determinada mancha da floresta (10-100 m de diâmetro) tem sua dinâmica definida por distúrbios localizados seguidos pela colonização de árvores. Esses padrões de heterogeneidade espacial criam um mosaico complexo de manchas de vegetação, cada uma com sua dinâmica interna, mas sendo afetada pela dinâmica das unidades adjacentes (Boxe 4.1).

> **BOXE 4.1 A floresta de Aubréville e a teoria de mosaicos de regeneração florestal**
> O engenheiro florestal francês André Marie A. Aubréville (1938) demonstrou que a composição das espécies arbóreas da Costa do Marfim variava espacialmente. Além do mais, diversas espécies representadas por grandes árvores remanescentes não eram encontradas na população juvenil, o que impediria a reposição dessas espécies quando os indivíduos maiores morressem. Aubréville também notou que as florestas regeneraram em muitas regiões da Costa do Marfim ao longo de milênios de distúrbios antrópicos. A presença de árvores grandes de espécies exigentes de luz – típicas de florestas jovens "abertas" – em florestas mais antigas e "fechadas" fornecia evidência de ocupação humana e de desmatamento no passado. Entretanto, ele alertou que:
>
>> Não se deve supor que houve corte e queima no passado sempre que essas espécies forem encontradas em florestas fechadas. Nas florestas pluviais, essas espécies podem colonizar clareiras que se formam esporadicamente por causa, por exemplo, da queda de árvores grandes. (Aubréville, 1938, p. 46).
>
> As descobertas de Aubréville inspiraram muitas pesquisas e deram início à teoria de "mosaicos" de regeneração florestal, a qual foi elaborada posteriormente por Watt (1947) e Richards (1952). As florestas são compostas de manchas espacialmente distintas que apresentam suas próprias dinâmicas em escalas locais. Essas manchas

podem, em alguns casos, representar fases sucessionais distintas após distúrbios locais. Whitmore (1984) chamou essas etapas de *fase de clareira*, *fase de construção* e *fase madura*. Dissecar a floresta em um mosaico de manchas dinâmicas reduz a escala espacial da regeneração, permitindo o foco na dinâmica local de substituição de árvores. Diferenças na composição de espécies arbóreas entre os indivíduos nos estratos de dossel/emergente e aqueles no subdossel indicam que a composição florestal varia tanto temporalmente como espacialmente (Foster; Orwig; McLachlan, 1996; Burslem; Swaine, 2002).

Estudos posteriores questionaram a teoria de mosaicos. Quando parcelas ou transecções maiores foram amostradas nas florestas de Gana, a maioria das espécies arbóreas estava representada na comunidade juvenil (Hall; Swaine, 1976; Swaine; Hall, 1988). A extensão a que o estrato vertical da floresta varia na composição de espécies é fortemente afetada pela escala espacial da amostragem, já que escalas espaciais maiores tendem a obscurecer a heterogeneidade das menores (Newbery; Gartlan, 1996). No entanto, no caso de florestas regenerando após desmatamento em larga escala, esse padrão provavelmente persistirá mesmo em escalas maiores de amostragem. A escala espacial na qual as espécies de dossel tolerantes à sombra regeneram parece ser consideravelmente menor do que a de espécies pioneiras exigentes de luz (Poorter et al., 1996). A frequência e a distribuição espacial de clareiras grandes ($\geq$ 1.000 m^2) exercem forte influência sobre a colonização e a regeneração de espécies arbóreas exigentes de luz (Hartshorn, 1978; Whitmore; Burslem, 1998; Chambers et al., 2009b).

Na ilha Barro Colorado (IBC), no Panamá, Knight (1975) observou que, em média, 40% das árvores de dossel nas florestas mais antigas (maduras) pertenciam a espécies que não eram encontradas nas menores classes de tamanho, o que o levou a concluir que as florestas mais antigas ainda estavam passando por mudanças sucessionais. Em um levantamento realizado por Condit et al. (1998) em uma parcela de 50 ha, sete espécies arbóreas na floresta velha da IBC foram representadas por árvores grandes e poucos indivíduos juvenis e apresentaram declínios populacionais de 1982 a 1995. Essas espécies arbóreas pertencem a espécies pioneiras de vida longa que são recrutadas durante os estágios iniciais de sucessão. De forma semelhante, em uma floresta madura em Korup, em Camarões, 27 das 197 espécies arbóreas das maiores classes de diâmetro não apresentavam indivíduos pequenos (Newbery; Gartlan, 1996) e as populações dessas espécies também podem estar em declínio, já que as condições não eram favoráveis para o recrutamento. Poderiam esses resultados indicar que a instabilidade na composição dessas florestas é causada por fatores exógenos, como mudanças ambientais ou climáticas? Ou poderiam as florestas "primárias" de Korup e IBC ainda estar passando por estágios sucessionais avançados após distúrbios que ocorreram há 350 anos?

A ênfase que Aubréville deu à ecologia espacial das árvores das florestas tropicais forneceu uma base forte para futuros avanços teóricos em Ecologia. Argu-

> menta-se que distribuição complementar das espécies entre manchas florestais em diferentes estágios sucessionais é um mecanismo importante para elevar a riqueza de espécies em florestas sujeitas a níveis intermediários de distúrbio (Connell, 1978; Bongers et al., 2009). Não é por acaso que a hipótese do distúrbio intermediário desenvolvida por Connell foi baseada em dados da floresta pluvial tropical de Budongo, na Uganda, a qual é composta de manchas florestais em diferentes estágios sucessionais (Eggeling, 1947; Connell, 1978; Sheil, 1999; Sheil; Burslem, 2003). A descontinuidade espacial que Aubréville (1938) observou entre os indivíduos juvenis e adultos foi modelada de maneira independente por Connell (1971) e Janzen (1970), os quais previram que os juvenis dispersados para longe dos adultos apresentavam maiores taxas de sobrevivência do que aqueles localizados sob os adultos, devido aos efeitos relacionados à distância nos patógenos e predadores espécie-específicos. Esses modelos enfatizaram os efeitos das interações bióticas na abundância e distribuição espacial dos indivíduos juvenis em relação aos adultos, além dos efeitos do regime de distúrbios da floresta.

Manchas florestais perturbadas podem ser bem grandes, como as derrubadas de árvores pelo vento na Amazônia Central que excedem o tamanho de 30 ha (ver Fig. 4.3; Nelson et al., 1994; Espírito-Santo et al., 2010). Essas derrubadas de árvores pelo vento são visíveis por imagens de satélite e ocorrem em uma determinada região que cruza a Amazônia, estendendo-se do sul da Venezuela até o norte da Bolívia. A derrubada de árvores pelo vento mais intensa registrada afetou uma área maior que 2.000 ha (Nelson, 1995). Nessas áreas, diferentes blocos da floresta passam por fases de distúrbio e recuperação, criando um mosaico na paisagem de manchas florestais com diferentes idades e estágios sucessionais (Chambers et al., 2007, 2009b, 2013). Grandes distúrbios florestais foram observados por toda a bacia amazônica utilizando imagens de Landsat e análise de mistura espectral (Espírito-Santo et al., 2010). Essa análise detectou 279 manchas perturbadas com tamanho variando entre 5 ha e 2.223 ha, somando uma área perturbada total de 21.031 ha. O intervalo de ocorrência dessas grandes derrubadas foi menor na Amazônia Ocidental (27.000 anos) do que na Amazônia Oriental (90.000 anos).

A queda de uma única árvore causa distúrbios pequenos e localizados nas florestas, mas geralmente a regeneração em clareiras pequenas envolve processos diferentes daqueles relacionados à regeneração após distúrbios maiores (Whitmore, 1978; Hartshorn, 1978; Whitmore; Burslem, 1988; Janzen, 1990; Chambers et al., 2009b). O recrutamento de árvores em clareiras criadas pela queda de uma única árvore (< 500 m^2) geralmente favorece a regeneração avançada – plântulas e pequenas árvores que estavam presentes antes do distúrbio. Por outro lado, áreas abertas por grandes distúrbios são colonizadas por espécies de pioneiras exigentes de luz que ainda não haviam se estabelecido na área degradada (Whitmore, 1991).

Fig. 4.3 *(A) Fotografia aérea de uma área derrubada por ventos ao norte de Manaus, no Amazonas, Brasil, tirada de um helicóptero dois anos após o evento. (B) Giuliano Guimarães estimando a dinâmica da vegetação em uma parcela onde a floresta foi derrubada pelo vento*
Fonte: Jeffrey Chambers, reimpresso com permissão.

Estima-se que, na falta de distúrbios florestais, a estrutura e a composição da floresta tendam a ser muito mais homogêneas e menos diversas, sendo a floresta dominada por um número limitado de espécies sensíveis a distúrbios. No outro extremo, em florestas sob um regime de distúrbios crônicos, apenas as espécies tolerantes a distúrbios conseguem persistir, o que também reduz a diversidade total de espécies. No entanto, quando os distúrbios ocorrem em um nível moderado, espécies tolerantes a eles podem manter-se, enquanto aquelas mais sensíveis também conseguem colonizar e enriquecer a comunidade florestal. Connell (1978) formalizou essa ideia ao propor que níveis intermediários de distúrbios previnem a exclusão competitiva, permitem que mais espécies coexistam e fomentam uma elevada diversidade local de espécies. Sob regimes intermediários de distúrbio e durante estágios intermediários de sucessão, um número maior de espécies ecologicamente semelhantes pode coexistir, pois os distúrbios locais e periódicos reduzem suas interações competitivas. A hipótese do distúrbio intermediário (HDI) foi a primeira grande teoria do desequilíbrio a explicar a manutenção da elevada riqueza de espécies em florestas tropicais (ver Boxe 4.1, p. 82; Burslem; Swaine, 2002).

Testes para validar a HDI encontraram resultados contrastantes, em parte pelas abordagens distintas para medir distúrbios na floresta (Sheil; Burslem, 2003). Conforme foi elucidado por Connell (1978), a teoria não considerou o forte efeito da densidade de indivíduos sobre a riqueza de espécies (Denslow, 1995; Chazdon et al., 1998; Gotelli; Colwell, 2001). Adicionalmente, a teoria de Connell focou apenas distúrbios em larga escala, como vendavais, ignorando a criação de pequenas clareiras, as quais também fazem parte do ciclo da floresta (Sheil; Burslem, 2003). Clareiras pequenas (< 50 m²) criadas pela queda de árvores geralmente não retornam a sucessão para estágios iniciais (Hubbell et al., 1999), enquanto distúrbios maiores gerados pela retirada de madeira são mais consistentes com as predições da HDI (Molino; Sabatier, 2001). Bongers et al. (2009) utilizaram dados de inventário de 2.504 parcelas de 1 ha para testar a HDI em um gradiente de floresta úmida para seca em Gana. Os resultados desses autores confirmaram que a riqueza de espécies atingiu o pico em níveis intermediários de perturbação, mas que os distúrbios explicaram pouco da variação na quantidade de espécies arbóreas por parcela em florestas tropicais úmidas e pluviais.

4.3 Detectando distúrbios históricos em florestas tropicais

A paleo-história dos distúrbios ocorridos nas florestas tropicais é detectada pelo declínio ou ausência de pólen arbóreo e por um aumento de pólen de gramíneas, plantas agrícolas e outras espécies adaptadas a distúrbios em testemunhos sedimentares de lagos. Essa informação não revela a natureza ou a extensão do distúrbio ou o seu verdadeiro impacto na vegetação local. Por exemplo, muitas das evidências do desmatamento antrópico generalizado na região de Petén, na Guatemala, são baseadas em um depósito denso de 7 m de argila maia datado de 500-1.000 a 4.000 anos atrás (Binford et al., 1987; Hodell et al., 2008). Ford e Nigh (2009) indicaram que intrusões de argila semelhantes foram encontradas na região de Petén antes da ocupação humana na área. Esses depósitos de argila teriam sido gerados por eventos extremos de precipitação na bacia Cariaco de 3.000 a 4.000 anos atrás. Anselmetti et al. (2007) enfatizaram que as maiores taxas de erosão do solo na bacia ocorreram durante as primeiras derrubadas das florestas, quando a densidade das populações humanas era baixa e os solos expostos eram altamente suscetíveis à erosão. O fato de a erosão do solo e evidências de microfósseis terem sido detectadas simultaneamente sugere que existe uma forte ligação entre a erosão do solo e a derrubada da floresta no passado, apesar da população humana pouco numerosa.

Abordagens dendroecológicas ajudam a compreender como o histórico de distúrbios molda a estrutura e a dinâmica de florestas tropicais maduras e em regeneração (Rozendaal; Zuidema, 2011). A presença dos anéis de crescimento anuais em algumas espécies arbóreas tropicais foi bem consolidada pela datação de radiocarbono. As distribuições de idade baseadas em anéis de crescimento em 1 ha de floresta estacional semidecídua no centro de Camarões revelaram que as árvores mais antigas (até 200 anos) eram pioneiras de vida longa, confirmando o estágio avançado de regeneração daquela floresta (Worbes et al., 2003). O estudo dos anéis de crescimento de duas árvores não pioneiras na floresta úmida da Bolívia não indicou alterações na dinâmica florestal ou na substituição de árvores durante os últimos 200-300 anos (Rozendaal; Soliz-Gamboa; Zuidema, 2011). Anéis de crescimento anuais foram detectados em 37% das espécies arbóreas de florestas secas e úmidas regeneradas no sul do México. A análise dendroecológica indicou que tanto espécies pioneiras como não pioneiras estabeleceram-se nas fases iniciais de sucessão e continuaram recrutando indivíduos por muitos anos (Brienen et al., 2009). Adicionalmente, quando essas árvores pioneiras ainda estavam presentes, a datação dos anéis de crescimento forneceu estimativas precisas da idade da floresta.

Atualmente, várias formas de sensoriamento remoto fornecem informações em tempo real da extensão dos distúrbios florestais, e fotografias aéreas ou imagens de satélite sequenciais podem detectar florestas em regeneração de dife-

Fig. 4.4 *Classes de idade de florestas em regeneração após abandono de áreas agrícolas ao norte de Manaus, no Amazonas, Brasil, definidas com base em análise sequencial de imagens de satélite entre 1973 e 2003. As idades em anos correspondem às cores indicadas. A cor verde-escura corresponde a florestas maduras. Em 2003, a maior parte das florestas em regeneração tinha menos de 30 anos. A porção externa da cidade de Manaus aparece na parte sul da imagem*
Fonte: Da Conceição Prates-Clark, Lucas e Dos Santos (2009, Fig. 4a).

rentes idades com facilidade após distúrbios de larga escala (ver Fig. 4.4; Da Conceição Prates-Clark; Lucas; Dos Santos, 2009). Não obstante, distúrbios florestais podem ser impossíveis de detectar por imagens de satélite, como derrubadas de árvores por vento, vestígios de incêndios, enchentes e deslizamentos de terra (Nelson, 1994; Restrepo; Alvarez, 2006; Delacourt et al., 2009). Asner et al. (2005) utilizaram imagens de satélite de alta resolução para detectar os efeitos da extração de madeira na quantidade e no tamanho de clareiras na região da Amazônia brasileira. Imagens hiperespectrais de alta resolução também podem ser usadas para distinguir diferentes níveis de distúrbio no dossel após a extração seletiva de madeira (Arroyo-Mora et al., 2008). Apesar de não ser possível discernir as florestas em estágio avançado de regeneração (na maioria dos casos, com mais de 25 anos) de florestas maduras utilizando imagens multiespectrais (Steininger, 1996), Kalacska et al. (2007) e Galvão et al. (2009) mostraram que imagens hiperespectrais possibilitam essa discriminação. Mesmo assim, diversas formas de distúrbios antrópicos, como a caça e a mineração em pequena escala de ouro, e a disseminação de patógenos ou espécies invasoras não podem ser detectadas por meio do sensoriamento remoto (Peres; Barlow; Laurance, 2006).

Dados de altura do dossel e topografia do solo obtidos por meio de sensores ativos são utilizados para detectar e medir distúrbios do dossel causados pela abertura de clareiras por queda de árvores, deslizamentos de terra e alterações antrópicas no uso do solo em regiões tropicais (Kellner; Asner, 2009). A interferometria diferencial por radar de abertura sintética (SAR) foi usada para observar grandes deslizamentos de terra em Reunião, no Oceano Índico (Delacourt et al., 2009). Dados de radar polarimétricos estão sendo usados para prever a estrutura das florestas tropicais em escalas de 0,25 ha a 1,0 ha (Saatchi et al., 2011). A Detecção de Luz e Extensão (LiDAR) também pode ser empregada em escalas espaciais refinadas (resolução de 5 m) para detectar mudanças na altura e abertura de dossel em vastas áreas de floresta contínua (ver Fig. 4.2, p. 79; Kellner; Clark; Hubbell, 2009) e, em resoluções menos refinadas, para detectar a regeneração florestal em função da variação espacial da estrutura florestal (Drake et al., 2002; Dubayah et al., 2010).

Medições diretas de distúrbios no dossel também incluem a delimitação de clareiras baseada no mapeamento das projeções verticais da abertura no dossel (Brokaw, 1982) ou na base das árvores no entorno da clareira (Runkle, 1982), a medição da altura do dossel com câmeras telemétricas (*range finder*) (Welden et al., 1991), fotografias hemisféricas do dossel (Whitmore et al., 1993; Nicotra; Chazdon; Iriarte, 1999), estimativas visuais da luz que passa pelo dossel utilizando-se uma escala ordinal (Clark; Clark, 1992), sensores de *quantum* e medições de vermelho próximo/vermelho distante (Nicotra; Chazdon; Iriarte, 1999; Capers; Chazdon, 2004). Cada um desses métodos apresenta vantagens e limitações, mas o seu uso correto permite medições robustas para comparar os distúrbios de dossel em uma área de estudo. Distúrbios de subdossel não podem ser detectados por meio de fotografias hemisféricas ou de métodos de delimitação de clareira (Brokaw, 1982), porém esses distúrbios podem influenciar significativamente a entrada de luz e o crescimento arbóreo no subdossel (Palomaki et al., 2006).

Os primeiros estudos sobre a dinâmica e a regeneração florestal utilizaram características da própria vegetação para detectar e medir os distúrbios. Whitmore (1989b) classificou as espécies arbóreas comuns na ilha de Kolombara, nas ilhas Salomão, em quatro grupos distintos de acordo com a necessidade de distúrbios de dossel para o estabelecimento de plântulas e o recrutamento de árvores. Um "índice de pioneirismo" médio foi usado para avaliar as alterações nos distúrbios e na composição de espécies por 21 anos. Em média, o índice diminuiu com o passar do tempo, indicando que os distúrbios de dossel não foram suficientes para manter a abundância de árvores pioneiras na maioria das parcelas estudadas.

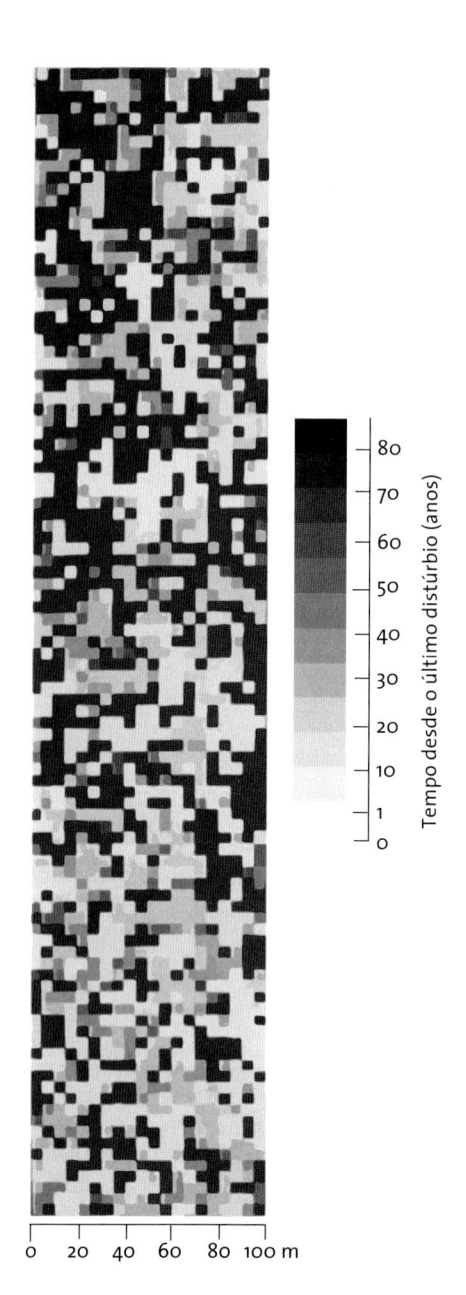

Molino e Sabatier (2001) e Bongers et al. (2009) utilizaram abordagens semelhantes para categorizar suas parcelas de estudo de acordo com a intensidade dos distúrbios. Em ambos os estudos foi empregado um índice de distúrbios baseado na proporção de árvores pioneiras em cada parcela. Essa abordagem de avaliação biológica integra a resposta da vegetação com os efeitos combinados de todos os tipos de distúrbios ocorridos recentemente, como vendavais, extração de madeira e incêndios (Sheil; Burslem, 2003; Bongers et al., 2009). A aplicação consistente dessa abordagem requer um conhecimento detalhado dos requisitos para a regeneração das espécies arbóreas. Em outra avaliação biológica em uma parcela de 5 ha em uma floresta pluvial no México, Martínez-Ramos et al. (1988) utilizaram os danos no tronco de palmeiras de subdossel para mapear a distribuição e a idade dos distúrbios de dossel de pequena escala (Fig. 4.5). Essa avaliação indicou que mais de 50% das parcelas de 5 m × 5 m sofreram distúrbios nos últimos 30 anos e 28% apresentaram múltiplos eventos de distúrbio nos últimos 70 anos.

Fig. 4.5 Distribuição espacial das manchas de floresta com diferentes idades pós-distúrbio em uma parcela de 5 ha em uma floresta tropical madura em Los Tuxtlas, em Veracruz, no México. Cada quadrado representa uma parcela de 5 m × 5 m. Os tons de cinza indicam o tempo decorrido desde a última queda de árvore observada em cada parcela

Fonte: adaptado de Martínez-Ramos et al. (1988, Fig. 5).

A maioria dos métodos usados para detectar os distúrbios florestais baseia-se em mensurações da estrutura florestal em vez da composição de espécies. Consequentemente, esses métodos não podem ser utilizados para distinguir florestas que estão há muito tempo em regeneração (> 200 anos) de florestas maduras, as quais tendem a apresentar estrutura semelhante, mas diferem na composição de espécies (Chazdon, 2008b, Fagan; DeFries, 2009). A única maneira conclusiva de distinguir as florestas antigas em regeneração das florestas primárias (florestas que não sofreram distúrbios antrópicos ou de forças catastróficas da natureza) é por meio de um conhecimento detalhado dos padrões de crescimento e regeneração das espécies e de levantamentos meticulosos do histórico da floresta (Knight, 1975; Baker et al., 2005). De maneira semelhante, a classificação de espécies de plantas e animais como típicas dos estágios "iniciais" ou "tardios" de sucessão deve ser baseada em observações quantitativas de abundância ou colonização em florestas em diferentes estágios sucessionais (Sberze; Cohn Haft; Ferraz, 2010; Chazdon et al., 2011).

4.4 As florestas tropicais maduras são estáveis?

Em 1998, Phillips e seus colegas observaram um aumento na biomassa acima do solo, durante o fim do século XX, em 50 parcelas permanentes de monitoramento em florestas tropicais maduras da América do Sul. Esse aumento foi causado por uma taxa de mortalidade das árvores menor que a taxa de recrutamento e crescimento. Se não havia nenhum registro conhecido de distúrbios naturais ou antrópicos nessas florestas neotropicais, por que então elas apresentaram um aumento de biomassa? Apesar de não haver evidências diretas para explicar esse fenômeno, Phillips et al. (1998) concluíram que o ganho de biomassa – ou, mais precisamente, o aumento de área basal na parcela – poderia ser uma reação da floresta às mudanças ambientais antrópicas em escala global, como o aumento dos níveis de CO_2 atmosférico, o aumento da temperatura ou a fertilização por nutrientes. Esse estudo gerou diversas perguntas importantes que são debatidas até hoje: as florestas tropicais são um sumidouro de carbono? As florestas tropicais maduras estão em um estado estável em relação à estrutura e à composição da vegetação? Poderiam essas florestas ainda estar respondendo a um distúrbio antigo que não foi detectado (Wright, 2005)?

Diversos estudos de longo prazo em florestas tropicais indicaram que as taxas de crescimento das árvores em florestas tropicais podem estar diminuindo, provavelmente, por estresse fisiológico causado pelas altas temperaturas e secas severas em determinados anos (Clark et al., 2003; Feeley et al., 2007b; Clark; Clark;

Oberbauer, 2010; Wright et al., 2011). De fato, Phillips et al. (2009a) observaram que não houve aumento líquido na biomassa em 55 parcelas de 1 ha nas florestas amazônicas durante um período de monitoramento que incluiu a seca de 2005, revertendo, assim, um padrão de sequestro de carbono que já durava muitas décadas nessa floresta. Falhas no método utilizado por Phillips et al. (1998) geraram dúvidas sobre seus resultados e conclusões (Clark, 2002). Clark (2004) constatou que o incremento em área basal é somente um componente da produtividade primária e da alteração líquida da biomassa florestal. Baker et al. (2004) reanalisaram a dinâmica de biomassa, excluindo parcelas problemáticas, levando em conta as diferenças em densidade da madeira entre as espécies e utilizando relações alométricas que consideram diferentes relações entre as dimensões da árvore e sua biomassa. Essa reanálise confirmou a tendência de aumento de biomassa nas áreas de estudo na Amazônia, mas com uma pequena redução nas taxas de aumento (Lewis et al., 2004).

Outra questão foi levantada, referente ao pequeno tamanho das parcelas analisadas em diversos estudos de monitoramento florestal em longo prazo (Körner, 2003; Chave et al., 2004; Clark, 2004; Fisher et al., 2008). Entre as 59 parcelas analisadas por Baker et al. (2004), 51 apresentavam área igual ou menor que 1 ha. Mesmo em vastas áreas de florestas maduras e estáveis, manchas pequenas em fase de construção apresentarão ganhos de biomassa, enquanto outras manchas, onde ocorreram distúrbios recentes, apresentarão redução de biomassa (ver Boxe 4.1, p. 82). Consequentemente, os estudos baseados em parcelas tendem a superestimar as taxas regionais de sequestro de carbono, especialmente para parcelas pequenas (Körner, 2003). Fisher et al. (2008) e Chambers et al. (2009a) observaram que distúrbios espacialmente agregados também podem levar pesquisadores a subestimar a mortalidade em pequenas parcelas florestais, mesmo em uma paisagem sem distúrbios e coberta por florestas maduras. Simulações desenvolvidas por Gloor et al. (2009), baseadas em pressuposições diferentes do modelo de Fisher et al. (2008), mostraram que, após considerar a subamostragem de grandes distúrbios, o aumento líquido da biomassa ainda era observado nas parcelas de floresta pluvial amazônica.

Qual é a escala espacial e temporal apropriada para estudar a dinâmica de florestas maduras? Baseando-se em dados coletados durante 15 anos para plantas com 1 cm ou mais em uma parcela de 50 ha na ilha de Barro Colorado, Chave et al. (2008) não encontraram evidências de alterações em longo prazo na biomassa acima do solo. Nessa comparação entre dez parcelas grandes de dinâmica florestal, houve aumento significativo da biomassa em quatro parcelas, três parcelas mostraram tendência não significativa de aumento de biomassa e as outras três apresentaram declínio de biomassa. A dinâmica florestal em nove das dez parcelas foi consistente com a hipótese de que as florestas tropicais estão em estágios avançados de recuperação de distúrbios passados, e a biomassa de espécies de crescimento lento aumentou mais rapidamente do que a de espécies de crescimento rápido. Em florestas úmidas de terras baixas de Paracou, na Guiana Francesa, Rutishauser et al. (2010) observaram que os incrementos de biomassa florestal de 1991 a 2007 foram causados pela baixa perda de biomassa decorrente da mortalidade de árvores em vez de pelos ganhos de biomassa resultantes do aumento nas taxas de crescimento, sugerindo que essas florestas estão respondendo a um distúrbio antigo, e não ao aumento nas concentrações de CO_2 atmosférico. Parcelas de 10 ha ou mais são necessárias para detectar os efeitos das mudanças climáticas, do aumento do CO_2 ou da fertilização por nutrientes sobre a dinâmica da biomassa em florestas maduras da Amazônia Central (Chambers et al., 2013). Estimativas de biomassa florestal em escala de paisagem precisam considerar todo um gradiente de distúrbios, de quedas de uma única árvore até a derrubada de árvores por vento em áreas que excedem 1.000 m^2.

Há uma literatura crescente de evidências de que a biomassa de lianas – ou trepadeiras lenhosas – está aumentando por toda a Amazônia e o Panamá (Phillips et al., 2002; Wright et al., 2004b; Phillips et al., 2009b; Ingwell et al., 2010) provavelmente devido a um aumento na fotossíntese pelas concentrações elevadas de CO_2 (Körner, 2009). Durante um monitoramento de 15 anos, Laurance et al. (2004) não detectaram alterações na biomassa acima do solo em 18 parcelas de 1 ha na Amazônia Central, mas observaram alterações na composição geral das espécies arbóreas: a abundância das árvores de gêneros de crescimento rápido aumentou, enquanto a abundância daquelas de gêneros de crescimento mais lento diminuiu, contrastando intensamente com os resultados de Chave et al. (2008).

Aumentos na biomassa acima do solo foram observados de 1968 a 2007 em 79 parcelas em florestas tropicais africanas. No entanto, algumas dessas parcelas apresentam apenas 0,2 ha (Lewis et al., 2009). Até hoje, nenhum estudo demonstrou que a elevação nos níveis de CO_2 atmosférico aumenta a biomassa ou a substituição de árvores em florestas tropicais (Clark, 2007). Um estudo sobre o crescimento das árvores por 10-24 anos na Costa Rica mostrou efeitos significativos da variação da precipitação anual durante a estação seca e da temperatura noturna nas taxas anuais de crescimento arbóreo e de produção de madeira, ao passo que o CO_2 atmosférico não afetou essas taxas (Clark; Clark; Oberbauer, 2010).

Após 15 anos de controvérsia, Phillips et al. (2009b) afirmaram resolutamente que as florestas amazônicas maduras apresentavam ganho de biomassa, taxas crescentes de substituição de indivíduos arbóreas e alterações na composição de espécies. Lewis et al. (2009) propuseram que as alterações nas florestas africanas são provavelmente causadas pelo aumento da disponibilidade de recursos em escala global. No entanto, essas alterações também pode ser respostas de longo prazo da regeneração florestal após distúrbios ocorridos no passado (Muller-Landau, 2009). A elevação da biomassa acima do solo em parcelas de 25 ha nas florestas do Equador por 6,3 anos foi causada pelo aumento de árvores grandes, o que corrobora a teoria de que essas florestas estão se recuperando de distúrbios relativamente recentes (Feeley et al., 2007a; Valencia et al., 2009). Valencia et al. (2009) concluíram que a estrutura florestal raramente permanece estável na escala de décadas, mesmo na ausência de distúrbios humanos. As respostas de curto prazo poderiam ser simplesmente a manifestação do ciclo de crescimento da floresta (ver Boxe 4.1, p. 82). É importante lembrar que o período médio para avaliar as alterações de biomassa nas florestas amazônicas foi de 11,3 anos (Gloor et al., 2009) e o período médio para florestas africanas e asiáticas foi de 10,6 anos (Lewis et al., 2009). Do ponto de vista da dinâmica florestal, esses períodos são extremamente curtos.

Uma varredura utilizando LiDAR de resolução média (25 m) foi realizada em toda a área da Estação Biológica La Selva, na Costa Rica (1.600 ha), a fim de mapear alterações de curto prazo na biomassa florestal estimada em quadrantes de 1 ha (ver Fig. 4.6; Dubayah et al., 2010). Essa floresta madura (1.168 ha) é formada por uma mistura heterogênea de áreas que não apresentaram alterações significativas na biomassa estimada, com fontes e sumidouros de carbono amplamente espalhados, enquanto áreas em processo de regeneração (432 ha) são neutras ou atuam como sumidouros de carbono. Determinar sob quais condições as florestas tropicais maduras atuam como fontes ou sumidouros de carbono é uma questão importantíssima atualmente. No entanto, Clark (2004, p. 84) afirma que "não existe nenhuma floresta tropical onde os dados coletados nas parcelas sejam suficientes para determinar se a floresta atua como fonte ou sumidouro de carbono".

4.5 Conclusão

Florestas, como qualquer sistema natural, são entidades dinâmicas. Diversas pesquisas têm revelado as respostas da dinâmica florestal a uma vasta gama de distúrbios em múltiplas escalas espaciais e temporais. Os regimes de distúrbios naturais interagem com os distúrbios antrópicos para influenciar a composição e a estrutura da floresta. Alterações em longo prazo em florestas maduras podem refletir respostas a distúrbios que ocorreram há muito mais de 300 anos e também podem indicar respostas às mudanças climáticas e a outros fatores ambientais. A capacidade de detectar e interpretar essas respostas depende muito da escala temporal e espacial da análise. Dinâmicas florestais de pequena escala são geralmente ofuscadas pela estabilidade em larga escala. A velocidade de recuperação após diferentes tipos de distúrbio é fortemente afetada pela escala temporal e espacial do distúrbio e pelas propriedades do solo. A regeneração florestal geralmente ocorre mais rapidamente após distúrbios de pequena escala que não impactam o solo, como a queda de árvores. De forma semelhante, distúrbios humanos que imitam os distúrbios naturais de pequena escala e causam impactos mínimos no solo também favorecem a rápida regeneração florestal (ver Quadro 7.1, p. 145).

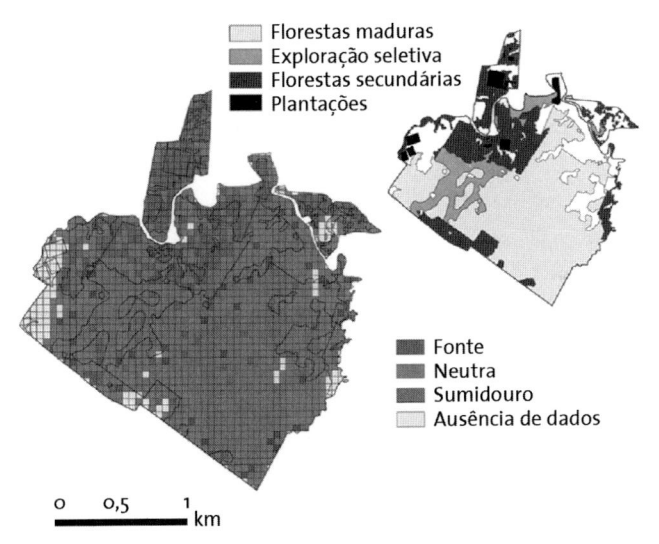

Fig. 4.6 *Mapa das áreas de floresta consideradas fontes de carbono (diminuição), sumidouros (aumento) ou áreas neutras (sem alteração) na Estação Biológica La Selva. Cada quadrado equivale a 1 ha. As mudanças na biomassa estimada acima do solo de 1998 a 2005 foram estimadas com base em dados de LiDAR. Florestas em regeneração e plantações aparecem uniformemente como sumidouros ou áreas neutras, enquanto florestas maduras e áreas que sofreram exploração seletiva são, em sua maioria, neutras, com áreas consideradas fonte e sumidouro espalhadas*
Fonte: adaptado de Dubayah et al. (2010, Fig. 11).

Alterações na composição e nas características funcionais das espécies, bem como na estrutura da floresta, são manifestações da dinâmica florestal. Como esses atributos geralmente se recuperam em velocidades diferentes após distúrbios, pode parecer que uma dada floresta alcançou a estabilidade em relação à estrutura enquanto ainda está passando por alterações na substituição de espécies. Como as florestas maduras geralmente são definidas baseando-se na estrutura, elas podem não apresentar estabilidade na composição de espécies. Para entender os aspectos importantes sobre como os distúrbios moldaram as florestas de hoje, e como as florestas mudarão no futuro, será necessário reconstruir as trajetórias históricas e a dinâmica de longo prazo das populações e comunidades florestais muito além do período de 10-25 anos comumente observado hoje.

TRAJETÓRIAS SUCESSIONAIS E TRANSFORMAÇÕES FLORESTAIS

5

> *É evidente que não existe mais sentido em falar de sucessão florestal no singular. Os trópicos, pelo contrário, possuem uma vasta gama de sucessões tropicais. As pessoas não são apenas a principal força criadora das sucessões tropicais hoje como também prosperam nelas. Cabe a nós apreciar e tentar entender essa variabilidade. (Ewel, 1980, p. 7).*

A sucessão é o processo de alterações na comunidade ecológica em um *habitat* recém-formado ou após um distúrbio que remove a vegetação existente. A sucessão florestal envolve a substituição gradual das espécies e populações que se estabeleceram nas fases iniciais (pioneiras) por aquelas típicas de estágios mais avançados (espécies tardias). Nos ecossistemas florestais, os processos sucessionais manifestam-se por meio da substituição de espécies de animais, plantas e microrganismos (Horn, 1974).

Os primeiros estudiosos da sucessão viam os processos sucessionais como sequências ordenadas unidirecionais que culminavam em um estado "clímax" estável (Clements, 1916; Whittaker, 1953; White, 1979). Esse paradigma da sucessão baseava-se em uma visão de equilíbrio na natureza, a qual prevê que os sistemas naturais retornam a um estágio estável e previsível após distúrbios (Wu; Loucks, 1995). Teorias de não equilíbrio substituíram o paradigma do equilíbrio, criando novas perspectivas sobre a natureza de processos sucessionais e respostas a distúrbios (Whitmore; Burslem, 1988; Pickett; White, 1985), conforme foi afirmado por Whittaker (1953, p. 59):

> Não foi encontrada nenhuma definição completa e rigorosa do clímax ou formas de diferenciá-lo da sucessão, mas, aparentemente, tais definições não são necessárias. Se for preciso continuar distinguindo entre clímax e sucessão, presume-se que não será porque a distinção é clara e constante, mas porque a distinção, por mais relativa que seja, tem alguma significância e utilidade.

Na prática, a distinção entre florestas "sucessionais" e "climácicas" é subjetiva. Não existe um momento mágico no qual uma floresta interrompe seus processos sucessionais (Chazdon, 2008b). Não obstante, a distinção dicotômica entre florestas sucessionais e climácicas ainda é utilizada hoje, com grandes implicações para práticas de conservação e políticas de uso da terra. Este capítulo foca os padrões e os processos sucessionais nas florestas tropicais e como eles geram variações nas trajetórias sucessionais da estrutura e da composição da vegetação após distúrbios naturais ou antrópicos. É descrito como as florestas maduras podem ser distinguidas de florestas regeneradas ou degradadas e são discutidas as abordagens utilizadas para entender e descrever a sucessão das florestas tropicais.

5.1 Variabilidade das trajetórias sucessionais

Em uma mesma região e formação florestal, as mudanças sucessionais da vegetação podem seguir múltiplas trajetórias sucessionais (Walker et al., 2010b). Trajetórias sucessionais divergentes são causadas por variações nas condições iniciais da sucessão, as quais geram trajetórias distintas de abundância de espécies. A variação nas condições iniciais é provocada, em parte, por diferentes usos agrícolas do solo (Ferguson et al., 2003; Larkin et al., 2012; Williamson et al., 2012). Mesquita et al. (2001) e Lucas et al. (2002) descreveram diferentes trajetórias sucessionais em áreas agrícolas abandonadas na Amazônia Central. Em áreas onde as atividades agrícolas ocorreram por mais de quatro anos e o fogo foi empregado para a supressão florestal, espécies de *Vismia* dominaram as fases iniciais de sucessão. Por outro lado, espécies de *Cecropia* dominaram áreas que foram utilizadas como pastagens por menos de dois anos, com ou sem uso do fogo (ver Fig. 5.1). Essas diferenças na colonização e dominância inicial das espécies tiveram efeitos significativos nas trajetórias sucessionais da estrutura e composição da vegetação (Mesquita et al., 2001; Norden et al., 2011; Da Conceição Prates-Clark; Lucas; Dos Santos, 2009; Williamson et al., 2012).

Pickett, Collins e Armesto (1987) propuseram um arcabouço teórico hierárquico de sucessão, o qual identifica as causas gerais, os processos ecológicos e os fatores específicos que determinam as trajetórias sucessionais (Quadro 5.1). De forma geral, as trajetórias sucessionais surgem como consequência dos tipos e tamanhos de distúrbios, da disponibilidade de espécies para colonizar essas áreas, das histórias de vida e características ecofisiológicas dessas espécies e das interações entre as espécies colonizadoras. Esse arcabouço teórico pode ser aplicado para a sucessão em uma pequena área perturbada ou para distúrbios maiores e mais heterogêneos.

Fig. 5.1 *Florestas em regeneração na Amazônia Central (A) dominadas por diversas espécies de* Vismia *e (B) com dossel dominado por* Cecropia sciadophylla
Fonte: Rita G. C. Mesquita, reimpresso com permissão.

Observando-se esse arcabouço teórico, é fácil perceber como múltiplas trajetórias sucessionais podem ocorrer em uma única região, zona climática ou paisagem. Trajetórias sucessionais são afetadas pela escala, frequência e intensidade dos distúrbios ou usos anteriores do solo, pela natureza da vegetação remanescente, e pelas condições pós-distúrbio, incluindo tipos de manejo, colonização por espécies invasoras e chegada de sementes de áreas florestais próximas (Chazdon, 2003, 2008b). Apesar de as condições das florestas no entorno geralmente afetarem esses fatores, os levantamentos de vegetação em florestas sucessionais são comumente realizados em parcelas de apenas 0,1 ha em pequenos remanescentes em regeneração. Como os padrões de vegetação geralmente apresentam variações em pequena escala, a capacidade de distinguir "sinal" de "ruído" em parcelas pequenas depende muito dos métodos de amostragem (Chazdon et al., 2007).

Quadro 5.1   Causas, processos e fatores específicos que geram variações nas trajetórias sucessionais em uma região ou zona climática

Causas gerais	Processos ou condições	Fatores específicos
Disponibilidade de local (Caps. 6, 7)	Distúrbios em larga escala, topografia, drenagem	Tamanho, intensidade, duração, frequência, heterogeneidade do local, disponibilidade de recursos
Conjunto de espécies (Caps. 6, 7, 12, 14)	Dispersão de sementes, rebrota, banco de sementes, chuva de sementes, espécies invasoras	Configuração da paisagem, agentes dispersores, histórico de perturbação, uso anterior do solo, vegetação remanescente
Características das espécies (Cap. 10)	Características ecofisiológicas, funcionais e da história de vida	Germinação, estabelecimento e requisitos para crescimento
Interações intraespecíficas (Caps. 10, 12)	Competição, doenças	Tamanho, estrutura e dinâmica da população; recrutamento, crescimento e mortalidade
Interações interespecíficas (Cap. 12)	Competição, doenças, herbivoria, predação, mutualismo (polinização, dispersão, defesa, facilitação, micorrizas)	Estrutura e dinâmica da comunidade, estrutura trófica, interações móveis, facilitação

Nota: as interações das espécies são consideradas causas gerais da sucessão. Causas gerais são discutidas em mais detalhes nos capítulos indicados. Todas as referências de capítulos referem-se a este livro.

Fonte: adaptado de Pickett, Collins e Armesto (1987).

As trajetórias sucessionais podem ser modificadas posteriormente por distúrbios naturais ou antrópicos (Foster; Knight; Franklin, 1998). Na floresta de Luquillo, no nordeste de Porto Rico, o histórico de uso da terra influenciou a extensão e a distribuição espacial do dano causado por um furacão e a recuperação florestal subsequente (Zimmerman et al., 1994; Flynn et al., 2010). Por exemplo, em florestas em processo de regeneração após a extração de madeira e o desmatamento para a agricultura, as árvores comuns estavam mais vulneráveis ao dano causado por furacões, o que aumentou a abertura de dossel provocada pelo furacão Hugo, em 1989, e pelo furacão Georges, em 1998 (Uriarte et al., 2004; Comita et al., 2010b). Após o ciclone Waka, em 2001, florestas em estágios iniciais de sucessão apresentaram maiores níveis de mortalidade e dano nas árvores do que florestas em estágios avançados de sucessão no arquipélago Vava'u, em Tonga (Franklin et al., 2004). Esses estudos demonstram claramente como as trajetórias sucessionais podem ser alteradas por distúrbios naturais e antrópicos posteriores.

5.2 Estágios sucessionais e classificação de espécies

Como a sucessão é um processo contínuo, delimitar os estágios sucessionais é, no mínimo, uma ciência imprecisa, e, dado que a trajetória e a velocidade da sucessão variam muito entre regiões, zonas climáticas e usos do solo, padronizar os períodos dos estágios sucessionais é muito desafiador. Não obstante, dividir as trajetórias sucessionais em fases ou estágios discretos – seres – é uma abordagem útil que permite estudos comparativos e a análise de processos ecológicos que afetam as transições em estrutura, composição e propriedades ecossistêmicas na floresta em diferentes momentos (Chazdon, 2008b). A composição de espécies em cada fase baseia-se nas fases anteriores, pois a composição florística inicial após distúrbios possui grande influência nas trajetórias sucessionais (Egler, 1954; Swaine; Hall, 1983; Finegan, 1996; Grau et al., 1997; Van Breugel; Bongers; Martinez-Ramos, 2007; Chazdon, 2008b).

Os estágios de sucessão florestal podem ser definidos baseando-se em três grandes critérios: biomassa total acima do solo ou área basal, idade ou distribuição de tamanho das populações arbóreas, e composição de espécies (Quadro 5.2). Cada uma dessas características varia de acordo com a escala espacial da medição. Adicionalmente, as taxas de mudança dessas características variam durante a sucessão (Chazdon et al., 2007). Aspectos da estrutura da vegetação, como a densidade de árvores e a distribuição das classes de tamanho, tendem a mudar mais rapidamente durante a sucessão do que a composição de espécies (Chazdon, 2008b; Letcher; Chazdon, 2009b).

Conforme a abundância de espécies é alterada durante a sucessão, as propriedades funcionais das espécies arbóreas – como a densidade da madeira, as propriedades fotossintéticas e o tamanho de sementes – ainda mudam (Lebrija-Trejos et al., 2010b). As alterações sucessionais também podem ser medidas por meio de alterações nas propriedades do ecossistema, como o acúmulo de nutrientes no solo ou o acúmulo de biomassa acima ou abaixo do solo (Ostertag et al., 2008). A composição das espécies e sua distribuição em diferentes classes de tamanho também podem diferenciar estágios sucessionais, pois, em estágios sucessionais iniciais, a composição das espécies do dossel difere da composição de plântulas e arvoretas que se estabeleceram recentemente (Guariguata et al., 1997; Norden et al., 2009).

QUADRO 5.2 Critérios ecológicos para caracterizar os estágios de sucessão florestal e seus determinantes ecológicos

Critérios para caracterizar o estágio sucessional da floresta	Determinantes ecológicos
Biomassa acima do solo	Área basal das árvores, taxa de crescimento das árvores, recrutamento, mortalidade, densidade da madeira
Idade/distribuição de tamanho da população arbórea	Histórico de colonização, taxas demográficas, requerimentos para o estabelecimento de plântulas
Composição de espécies	Disponibilidade de sementes, dispersão para longa distância, processos de organização da comunidade

5.2.1 Abordagens conceituais de caracterização dos estágios sucessionais

A caracterização dos estágios sucessionais das florestas tropicais fundamentou-se principalmente em pesquisas realizadas em florestas tropicais pluviais de terras baixas nos Neotrópicos. Baseando-se em estudos em florestas neotropicais úmidas, Budowski (1965) utilizou 21 características da vegetação para distinguir quatro estágios serais (Quadro 5.3). O *estágio pioneiro* ocorre durante alguns poucos anos no início da sucessão e é dominado por um pequeno número de espécies que colonizam rapidamente a área e possuem altas taxas de crescimento, baixa densidade da madeira e intolerância à sombra (Quadro 5.4 e Boxe 5.1). Esse estágio apresenta muitas trepadeiras, arbustos e gramíneas, mas poucas ou nenhuma epífita.

QUADRO 5.3 Comparação de diversas propostas para a classificação dos estágios sucessionais das florestas tropicais

Tempo desde o distúrbio (anos)	Budowski (1965)	Gómez-Pompa e Vázquez-Yanes (1985)	Finegan (1996)	Oliver e Larson (1996) e Chazdon (2008b)
0-1	Pioneiro	Fase herbácea	Estágio herbáceo/ arbustivo/ trepador	Estágio inicial da floresta
1-3		Estágio arbustivo		
3-15	Secundário inicial	Estágio de árvores pioneiras	Estágio de árvores pioneiras de vida curta	
20-50	Secundário tardio	Estágio de árvores secundárias	Estágio de pioneiras de vida longa	Estágio de desbaste natural
30-80		Estágio de árvores maduras	Recrutamento de espécies tolerantes à sombra	Estágio de reinício do sub-bosque

QUADRO 5.3 Comparação de diversas propostas para a classificação dos estágios sucessionais das florestas tropicais (continuação)

Tempo desde o distúrbio (anos)	Budowski (1965)	Gómez-Pompa e Vázquez-Yanes (1985)	Finegan (1996)	Oliver e Larson (1996) e Chazdon (2008b)
100-200	Clímax			
> 200			Estágio de floresta madura	Estágio de floresta madura

Fonte: elaborado com base em Franklin et al. (2004).

QUADRO 5.4 Espécies pioneiras comuns nas regiões tropicais do planeta

Estatura	Neotrópicos	África	Ásia e Melanésia
Pequena, 2,0-7,9 m	• Aegiphila spp. • Carica papaya • Cordia nitida • Miconia spp. • Piper spp. • Solanum spp. • Urera spp. • Vernonia patens • Vismia spp.	• Ficus capensis • Leea guineensis • Phyllanthus muellerianus • Rauvolfia vomitoria	• Commersonia bartramia • Dillenia suffruticosa • Glochidion spp. • Macaranga spp. • Melastoma spp. • Phyllanthus spp. • Pipturus spp. • Rhodomyrtus tomentosa • Trichospermum spp.
Média, 8-29 m	• Alchornea latifolia • Cecropia spp. • Cordia spp. • Croton spp. • Guazuma ulmifolia • Heliocarpus appendiculatus • Jacaranda copaia • Muntingia calabura • Ochroma spp. • Schefflera morototoni • Trema micrantha	• Anthocleista nobilis • Cleistopholis patens • Macaranga spp. • Maesopsis eminii • Musanga cecropioides • Psydrax arnoldiana • Spathodea campanulata • Trema spp. • Vernonia coferta • Vismia guineensis	• Acacia mangium • Adinandra dumosa • Alphitonia petrei • Anthocephalus spp. • Gmelina arborea • Macaranga spp. • Morinda elliptica • Ploiarium alternifolium • Trema spp. • Vitex pubescens
Grande, > 30 m	• Apeiba spp. • Cavanillesia platanifolia • Cedrela spp. • Ceiba spp. • Goethalsia meiantha • Goupia glabra • Laetia procera • Swietenia macrophylla • Vochysia spp.	• Aucoumea klaineana • Ceiba pentandra • Entandrophragma cylindricum • Lophira alata • Milicia excelsa • Milicia regia • Nauclea diderrichii • Ricinodendron heudelotii • Terminalia ivorensis • Terminalia superba	• Duabanga moluccana • Eucalyptus deglupta • Ochreinauclea maingayi • Octomeles sumatrana • Paraserianthes falcataria

Fonte: adaptado de Whitmore (1998a), com informações adicionais de Popma et al. (1988), Whitmore (1989a), Raich e Khoon (1990), Finegan (1996), Davies e Semui (2006) e Chazdon et al. (2010).

Boxe 5.1 Pioneiras da floresta
Iniciadoras da sucessão

Em termos ecológicos, uma espécie pioneira coloniza somente clareiras, áreas onde a floresta foi derrubada ou áreas formadas após distúrbios em larga escala. Van Steenis (1958) chamou essas espécies de *nômades*, pois suas gerações se movem pelas paisagens florestais, colonizando áreas de distúrbios recentes. O estilo de vida das pioneiras requer crescimento rápido (principalmente no sentido vertical), alta fecundidade e ampla dispersão de sementes (Turner, 2001). As sementes das espécies pioneiras de árvores e arbustos são dispersas amplamente pelo vento e por morcegos e aves. Além disso, muitas árvores pioneiras produzem numerosas sementes pequenas, as quais são acrescentadas ao banco de sementes do solo (Hopkins; Graham, 1983; Whitmore, 1983; Saulei; Swaine, 1988; Dalling; Denslow, 1998; Dalling; Swaine; Garwood, 1998).

As plântulas de espécies pioneiras de árvores e arbustos não conseguem sobreviver sob o dossel da floresta. Inicialmente, Swaine e Whitmore (1988) propuseram que as espécies pioneiras deveriam ser definidas com base nas condições necessárias para a germinação e o estabelecimento de plântulas, mas estudos subsequentes indicaram que essa definição era demasiadamente restritiva (Alvarez-Buylla; Martínez-Ramos, 1992; Kennedy; Swaine, 1992; Whitmore, 1996; Jankowska-Blaszczuk; Grubb, 2006). Algumas espécies pioneiras conseguem germinar nas condições do subdossel florestal (Kyereh; Swaine; Thompson, 1999). As condições necessárias para a germinação de espécies pioneiras no Panamá variam com o tamanho da semente: espécies pioneiras com sementes grandes germinam bem tanto na luz quanto na sombra (Pearson et al., 2002).

A separação entre as espécies pioneiras e não pioneiras baseada nas características das sementes e das plântulas não se aplica aos estágios de vida pós-plântula (Poorter et al., 2005). Algumas espécies arbóreas apresentam características de pioneiras para o estabelecimento de plântulas e características de não pioneiras quando são árvores juvenis (Dalling et al., 2001). Não obstante, muitas espécies arbóreas que colonizam clareiras em áreas de cultivo e pastagens abandonadas não são exatamente espécies pioneiras, já que também são capazes de regenerar sob dossel fechado (Chazdon, 2008b; Chazdon et al., 2010).

As árvores pioneiras colonizam áreas após os mais diversos distúrbios (Denslow, 1987). Em uma dada região, diferentes tipos de distúrbio podem estar associados a diferentes espécies pioneiras. Em florestas tropicais decíduas secas em Nizanda, no México, espécies pioneiras de florestas secundárias jovens e áreas de pousio praticamente não são encontradas na regeneração natural de clareiras dentro da floresta madura (Lebrija-Trejos et al., 2008). De forma semelhante, as árvores pioneiras que colonizam terras degradadas em Cingapura e na península da Malásia não são componentes típicos da flora da floresta tropical e não colonizam clareiras ou áreas onde a floresta foi derrubada (Corlett, 1991). No entanto, espécies pioneiras que colonizam áreas de pousio e pastagens abandonadas nas florestas úmidas da Costa Rica, México e Panamá também colonizam clareiras grandes em florestas maduras (Hartshorn, 1980; Alvarez-Buylla; Martínez-Ramos, 1992; Brokaw, 1987). Fox (1976) observou que algumas espécies arbóreas pioneiras em Bornéu também ocorrem em florestas maduras. Pouco se sabe sobre as causas para as diferenças regionais na especificidade de *habitat* da flora pioneira.

Nas regiões de florestas tropicais, as espécies pioneiras representam uma pequena porcentagem da flora total e são ausentes em muitas famílias (Whitmore, 1989a, 1991). Van Steenis (1958) estimou que 20% da flora da Malásia consiste de espécies nômades, as quais estão concentradas em relativamente poucas famílias botânicas. No nordeste da Costa Rica, 23% das espécies arbóreas foram classificadas como especialistas de florestas secundárias (Chazdon et al., 2011). Whitmore (1991) observou que existem menos espécies pioneiras na América do que na África e na Ásia, atribuindo essa diferença à diversificação existente dentro do gênero *Macaranga*, constituído de mais de 250 espécies pioneiras do Velho Mundo. Espécies pioneiras geralmente apresentam distribuições geográficas amplas, com espécies asiáticas mostrando distribuições mais restritas devido às barreiras oceânicas (Whitmore, 1998b).

Muitas espécies de árvores pioneiras apresentam vida curta e altura relativamente pequena (altura máxima < 30 m), alcançando o pico da sua densidade populacional nas fases de início da sucessão (Swaine; Hall, 1983). Em estágios iniciais da sucessão, as espécies pioneiras geralmente emergem sobre uma cobertura de plantas menores (ver Fig. 5.1, p. 99), mas essa dominância dura pouco: em florestas tropicais na Ásia, o dossel de uma comunidade de *Macaranga* dos estágios iniciais da sucessão desintegrou-se em aproximadamente 20 anos (Kochummen, 1966). Existem relativamente várias espécies arbóreas pioneiras de vida longa nas florestas neotropicais úmidas e nas florestas tropicais da África Ocidental, mas essas espécies parecem ser ausentes na sucessão de florestas secas (Ewel, 1980; Lebrija-Trejos et al., 2008). Florestas na Ásia, Austrália e Melanésia possuem poucas espécies de árvores pioneiras altas (Whitmore, 1998b). Espécies pioneiras, como *Ceiba pentandra*, *Laetia procera* e *Cavanillesia platanifolia*, podem alcançar tamanhos imensos, comumente se tornando emergentes em florestas secundárias mais antigas (Van Steenis, 1958; Budowski, 1965; Knight, 1975).

Espécies pioneiras de vida longa e curta estabelecem-se juntamente durante as fases iniciais da sucessão, mas não dominam o dossel até as fases de desbaste natural e reinício do sub-bosque. Portanto, o crescimento e a mortalidade de plântulas e árvores juvenis de espécies pioneiras de vida longa são muito sensíveis às variações na disponibilidade de luz sob o dossel de pioneiras de vida curta (Finegan, 1996). O desbaste, seguido pela retirada de madeira, em florestas secundárias aumentou significativamente as taxas de crescimento de espécies pioneiras de vida longa (Finegan; Camacho, 1999; Guariguata, 1999; Villegas et al., 2009). Esses tratamentos experimentais são especialmente interessantes para silvicultores, dado que espécies pioneiras de vida

> longa em regiões tropicais possuem características excelentes para o uso madeireiro, apresentando madeira que cresce rapidamente e que, ao mesmo tempo, é forte e leve (Whitmore, 1998a; Turner, 2001). Devido ao seu papel-chave em iniciar a sucessão, as espécies pioneiras são geralmente plantadas para estabelecer a cobertura florestal em projetos de reflorestamento.

O *estágio secundário inicial* começa após aproximadamente cinco anos de regeneração, de acordo com o modelo de Budowski (1965). Nesse estágio, as pioneiras já alcançam mais de 20 m de altura e mais de 30 cm de diâmetro, com um segundo estrato de vegetação abaixo delas. Uma grande porção das pioneiras que não chegaram até o topo do dossel morre nessa fase (Chazdon; Redondo Brenes; Vílchez Alvarado, 2005). O rápido crescimento arbóreo reduz a chegada de luz no subdossel da floresta, impedindo o estabelecimento de plântulas de espécies pioneiras e causando a morte de gramíneas e arbustos heliófitos. Capers et al. (2005) observaram altas taxas de mortalidade de plântulas em florestas jovens em regeneração na Costa Rica.

O *estágio secundário tardio* inicia-se cerca de 20 anos após um distúrbio. Espécies arbóreas que se estabeleceram durante os estágios iniciais começam a alcançar o dossel e substituir as espécies pioneiras. Essas árvores apresentam um ciclo de vida maior que o das pioneiras iniciais e, quando a luz está disponível, podem crescer muito rapidamente, com algumas espécies alcançando tamanhos enormes e podendo se tornar emergentes em estágios sucessionais futuros. Muitas são dispersas pelo vento e apresentam uma vasta distribuição geográfica. Mesmo em florestas úmidas, algumas dessas espécies pioneiras de vida longa são decíduas durante parte da estação seca (Budowski, 1970).

Florestas secundárias tardias desenvolvem uma estrutura vertical mais complexa, com árvores nos estratos emergentes, no dossel e no subdossel. No subdossel, plântulas de espécies tolerantes à sombra estabelecem-se e são recrutadas como árvores pequenas. Durante essa fase, a riqueza de espécies da floresta aumenta aos poucos, parcialmente por causa do estabelecimento de espécies arbóreas menores de subdossel (LaFrankie et al., 2006; Sheil et al., 2006). O tamanho das árvores torna-se mais heterogêneo conforme os indivíduos de espécies iniciais e tardias se misturam na floresta. Florestas no estágio secundário tardio são praticamente indistinguíveis de florestas maduras em imagens multiespectrais de satélite, devido à alta semelhança na estrutura florestal de forma geral (Foody; Curran, 1994; Steininger, 1996; Lucas et al., 2000).

Após cerca de 100-200 anos, a floresta alcança o *estágio de clímax*. Budowski (1965) definiu a comunidade clímax como relativamente estável, mas não estática. Nesse estágio, a floresta perde sua característica coetânea conforme as árvores de dossel morrem e criam clareiras que são focos de regeneração de árvores tolerantes e intolerantes à sombra (Clark, 1996). A composição florística é diversa e o dossel é enriquecido com espécies tolerantes à sombra que são capazes de regenerar no sub-bosque, o que leva a composição de espécies a se estabilizar. O crescimento das árvores é lento, com a maioria delas apresentando madeira densa. A abundância de espécies com sementes grandes e dispersas por mamíferos pequenos, pelas aves e pela gravidade aumenta. As epífitas aumentam em abundância e diversidade taxonômica nos estágios mais avançados da sucessão (Budowski, 1965; Clark, 1996; Martin; Sherman; Fahey, 2004; Howorth; Pendry, 2006). Lianas grandes e lenhosas tornam-se mais comuns (Clark, 1996; DeWalt; Schnitzer; Denslow, 2000) e espécies arbustivas tolerantes à sombra apresentam elevada diversidade, porém baixa abundância. As árvores de espécies pioneiras de vida longa ainda podem ser encontradas na floresta nessa fase, permanecendo por séculos como heranças de distúrbios passados (Budowski, 1965; Condit et al., 1998).

Durante seu extenso estudo da sucessão secundária em florestas tropicais úmidas no México, Gómez-Pompa e Vázquez-Yanes (1981) definiram cinco estágios de sucessão (ver Quadro 5.3, p. 102). Esses autores incluíram uma fase inicial herbácea, seguida por um curto período de dominância arbustiva antes da fase das árvores pioneiras. A extensão em que ervas e arbustos dominam as fases iniciais da sucessão depende muito do uso anterior do solo ou do distúrbio florestal. Em algumas florestas que foram derrubadas, mas não cultivadas, a regeneração de árvores pioneiras começou imediatamente, pulando as fases herbácea e arbustiva. Um ótimo exemplo de "regeneração direta" ocorreu nas florestas da Nicarágua, que foram intensamente danificadas pelo furacão Joan em 1988, em que a regeneração abundante de plântulas e árvores juvenis de *Vochysia ferruginea* rapidamente restaurou as populações naturais (Boucher et al., 1994; para mais informações sobre o furacão Joan, ver seção 8.1, p. 167). Por outro lado, áreas com uso da terra intensivo e elevada frequência de incêndios no passado geralmente apresentam uma dominância persistente de gramíneas e samambaias que interrompem ou retardam o progresso da sucessão.

Os refinamentos posteriores visando definir os estágios sucessionais das florestas tropicais basearam-se nas classificações de Budowski (1965), apesar de os ecólogos terem discordado sobre a presença de pioneiras de vida longa nos estágios maduros ou "clímax" (Wirth et al., 2009). Finegan (1996) enfatizou a distinção importante entre espécies pioneiras de vida curta e longa, sendo que o segundo grupo possui menos espécies e é dominante no terceiro estágio sucessional definido pelo autor (ver Quadro 5.3, p. 102, e Boxe 5.1, p. 104). Oliver e Larson (1996) chamaram essa etapa de *estágio de desbaste natural*, referindo-se à exclusão competitiva e ao desbaste de espécies intolerantes à sombra no subdossel sombreado (Chazdon, 2008b). As espécies tolerantes à sombra colonizam continuamente ao longo da sucessão: antes, durante e depois do estágio de desbaste natural. No sistema classificatório de Finegan (1996), o recrutamento de árvores tolerantes à sombra no dossel leva ao quarto estágio sucessional, também conhecido como *estágio de reinício do sub-bosque* na classificação de Oliver e Larson (1996). Ao fim do estágio de desbaste natural, a vegetação do sub-bosque já foi significativamente alterada, e a composição de espécies assemelha-se à das comunidades encontradas em florestas maduras (Norden et al., 2009).

Chegar ao estágio final de sucessão – chamado, aqui, de *floresta madura* – pode levar séculos (Clark, 1996; Finegan, 1996). Novas espécies continuam a se dispersar e a ser recrutadas como plântulas, árvores juvenis e adultas, um processo que gradualmente enriquece a composição de espécies em todos os estratos e classes de tamanho. Espécies arbóreas de crescimento lento, que colonizam a floresta durante a fase de reinício do sub-bosque, podem demorar muito mais de cem anos para alcançar o subdossel ou o dossel (Lieberman et al., 1985; Hubbell; Foster, 1991; Clark; Clark, 2001). A dispersão contínua de sementes é essencial para a chegada de novas espécies, enfatizando a enorme importância da paisagem circundante na recuperação da biodiversidade durante a sucessão secundária (Chazdon et al., 2009b).

Oliver e Larson (1996) criaram um arcabouço conceitual da dinâmica sucessional baseando-se na substituição sucessiva de espécies pioneiras e de fases intermediárias de sucessão por espécies de fases tardias (Quadro 5.5). Na visão desses autores, o estágio maduro é alcançado quando todas as árvores na comunidade tiverem se estabelecido na ausência de distúrbios alogênicos; ou seja, quando as espécies típicas das fases iniciais e intermediárias da sucessão que tiverem colonizado a área após um distúrbio forem substituídas por espécies tolerantes à sombra de fases tardias da sucessão ou espécies especialistas de clareira. Wirth et al. (2009) consideraram esse arcabouço problemático, pois exclui as espécies pioneiras de vida longa que coexistem no dossel com as espécies de fases intermediárias e tardias da sucessão. De acordo com uma visão rígida da floresta madura como uma comunidade desprovida de espécies que regeneraram devido a um distúrbio alogênico passado, todas as pioneiras – incluindo as de vida longa – e as espécies do início das fases intermediárias da sucessão deveriam ser substituídas por espécies de estágios tardios da sucessão. O modelo conceitual do desenvolvimento da comunidade ilustrado na Fig. 5.2 reflete a compreensão atual das transições sucessionais em florestas tropicais com espécies pioneiras de vida longa. Baseando-se nesse modelo, as florestas com indivíduos remanescentes de espécies pioneiras de vida longa deveriam ser consideradas florestas em estágios tardios da sucessão em vez de florestas maduras.

QUADRO 5.5 Processos da dinâmica da vegetação associados aos estágios de sucessão secundária em florestas tropicais

Estágio sucessional			
Fase de estruturação	Desbaste natural	Reinício do sub-bosque	Floresta madura
Germinação do banco de sementes	Fechamento do dossel	Mortalidade das árvores do dossel	Mortalidade dos indivíduos pioneiros do dossel
Rebrota das árvores remanescentes	Elevada mortalidade de lianas e arbustos	Formação de pequenas clareiras	Clareiras de diversos tamanhos
Colonização por árvores pioneiras de vida curta e longa	Recrutamento de plântulas, árvores juvenis e árvores tolerantes à sombra	Recrutamento no dossel e maturidade reprodutiva das primeiras espécies que colonizaram a área	Recrutamento de espécies de dossel e emergentes tolerantes à sombra e que requerem clareiras
Crescimento rápido em altura e diâmetro de espécies lenhosas	Supressão do crescimento de espécies intolerantes à sombra abaixo do dossel e no sub-bosque	Aumento da heterogeneidade na disponibilidade de luz no sub-bosque	Heterogeneidade espacial de biomassa e microtopografia
Elevada mortalidade de espécies herbáceas	Elevada mortalidade de árvores pioneiras de vida curta	Estabelecimento de plântulas e árvores juvenis de espécies arbóreas tolerantes à sombra	Grande quantidade de resíduos lenhosos
Altas taxas de predação de sementes	Dominância de espécies pioneiras de vida longa	Recrutamento de árvores das primeiras espécies tolerantes à sombra que se estabeleceram	Máxima diversificação de árvores e epífitas
Estabelecimento de plântulas de espécies arbóreas tolerantes à sombra	Desenvolvimento dos estratos arbóreos de dossel e subdossel		

Nota: estágios sucessionais baseados no arcabouço conceitual de Oliver e Larson (1996).

Fonte: adaptado de Chazdon (2008b).

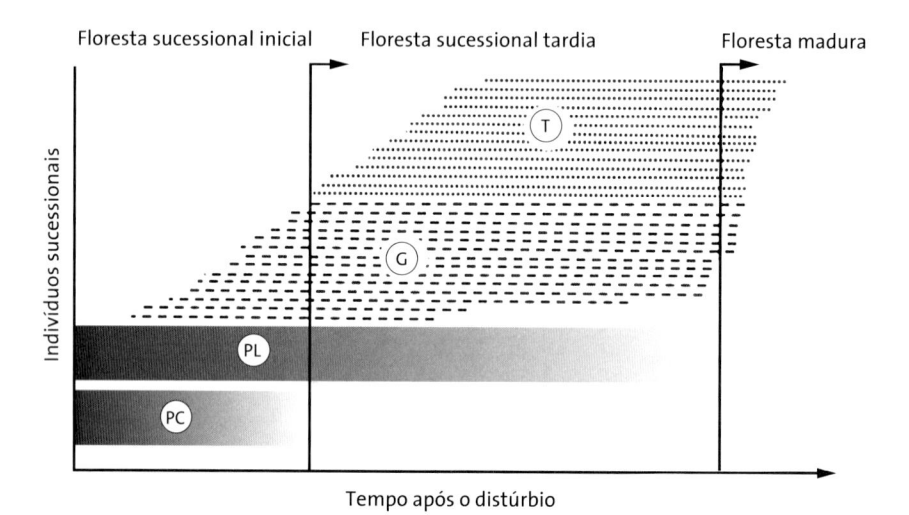

Fig. 5.2 *Ilustração conceitual dos critérios para definir as florestas sucessionais iniciais, tardias e maduras. Assume-se que indivíduos de espécies pioneiras de vida curta (PC) e longa (PL) colonizam os estágios iniciais quase que simultaneamente durante a sucessão, enquanto as generalistas (G, espécies de fases intermediárias de sucessão) e especialistas de fases tardias (T) colonizam continuamente. A transição de florestas sucessionais iniciais para florestas tardias é marcada pela reposição de indivíduos de espécies pioneiras de vida curta por espécies sucessionais tardias, ao passo que a transição do estágio sucessional tardio para a floresta madura é caracterizada pelo declínio de indivíduos de pioneiras de vida longa, que é o último legado do distúrbio alogênico original*
Fonte: adaptado de Wirth et al. (2009, Fig. 2.2).

As trajetórias sucessionais nas florestas tropicais secas distinguem-se daquelas que ocorrem nas florestas úmidas pela menor velocidade de fechamento do dossel, pela fenologia foliar decídua das árvores e pela maior importância da rebrota (Holl, 2007). Arroyo-Mora et al. (2005a) delimitaram quatro estágios sucessionais das florestas tropicais secas no noroeste da Costa Rica, baseando-se na estrutura vertical e horizontal da vegetação e na dinâmica de emissão de folhas novas. Após a fase de pastagem, os estágios sucessionais iniciais eram compostos de manchas esparsas de vegetação lenhosa, arbustos e pastagens com um único estrato formado pela copa de árvores de 6-8 m. Florestas em estágios intermediários apresentam duas camadas de vegetação, alcançando de 10-15 m de altura e com até 80% das árvores decíduas durante boa parte da estação seca em ambos os estratos. Os estágios sucessionais tardios apresentam três estratos de vegetação e chegam a alturas de 15-30 m. Copas perenifólias representam 50%-90% do dossel, exibindo deciduidade muito breve em diferentes épocas do ano.

5.2.2 Caracterizando afinidades sucessionais de espécies e grupos funcionais

Florestas em diferentes estágios de sucessão são dominadas por grupos de espécies arbóreas com características funcionais distintas (ver seção 10.3, p. 219). As pioneiras regenerantes logo após um distúrbio são o grupo de mais fácil caracterização (ver Boxe 5.1, p. 104). Os estudos descritos nas seções anteriores distinguem outros grupos de espécies de acordo com sua abundância em estágios iniciais e tardios da sucessão e em florestas maduras. Os silvicultores classificam as espécies de acordo com a demanda de luz (exigentes de luz ou tolerantes à sombra), velocidade de crescimento (lenta ou rápida) e madeira (dura ou mole). Ecólogos florestais classificam as árvores em grupos funcionais baseados nos requisitos para a regeneração destas em florestas maduras: espécies exigentes de luz precisam de clareiras grandes para seu estabelecimento e regeneração (são essencialmente pioneiras sucessionais), espécies tolerantes à sombra não requerem clareiras para seu estabelecimento ou recrutamento em classes maiores, e espécies especialistas de clareira precisam de clareiras para chegar ao dossel, mas não para o estabelecimento de plântulas (Whitmore, 1978; Hartshorn, 1980; Denslow, 1987).

A maioria dos estudos da dinâmica sucessional da vegetação define os grupos de espécies com base na abundância das espécies em diferentes estágios sucessionais (Zhang; Zang; Qi, 2008). Os primeiros estudos sobre o tema classificaram as espécies arbóreas em dois grupos: *espécies pioneiras* e *espécies não pioneiras ou florestais*. As espécies não pioneiras estabelecem-se de forma lenta e gradual durante os primeiros anos da sucessão, conforme a elevada abundância de espécies pioneiras de vida curta diminui (Swaine; Hall, 1983; Uhl, 1987; Myster, 2007). Áreas de pousio de agricultura itinerante na região do Rio Negro, na porção venezuelana da bacia amazônica, foram colonizadas rapidamente por árvores pioneiras representadas majoritariamente por espécies de *Vismia*, e, após três anos, essas árvores apresentaram elevadas taxas de mortalidade (ver Fig. 7.4, p. 160; Uhl, 1987), enquanto a densidade de outras espécies pioneiras aumentou. O estabelecimento de espécies de florestas maduras (que foram chamadas de *espécies primárias*[1]) foi muito lento: no quinto ano, a parcela apresentava 3,2 árvores de floresta madura para cada 100 m e 79% desses indivíduos estabeleceram-se por germinação de sementes, tendo o restante sido originado por brotações (Fig. 5.3). Swaine e Hall (1983) observaram dinâmicas semelhantes durante as fases iniciais de sucessão após a derrubada da floresta em áreas de mineração de bauxita em Gana. As árvores pioneiras chegaram ao pico da riqueza de espécies 2,5 anos após

---

[1] No original, *primary species* (N.T.).

a derrubada, coincidindo com o pico da densidade de indivíduos. A quantidade, a densidade e o tamanho das espécies de florestas maduras aumentavam lentamente. Por meio desse processo, a floresta enriqueceu gradualmente em espécies arbóreas durante a sucessão. Após 15 anos de regeneração, as espécies pioneiras ainda dominavam a comunidade florestal, enquanto as espécies não pioneiras dominavam os indivíduos com menos de 5 cm de diâmetro à altura do peito (DAP) e representavam 80% dos indivíduos com menos de 1,3 m de altura.

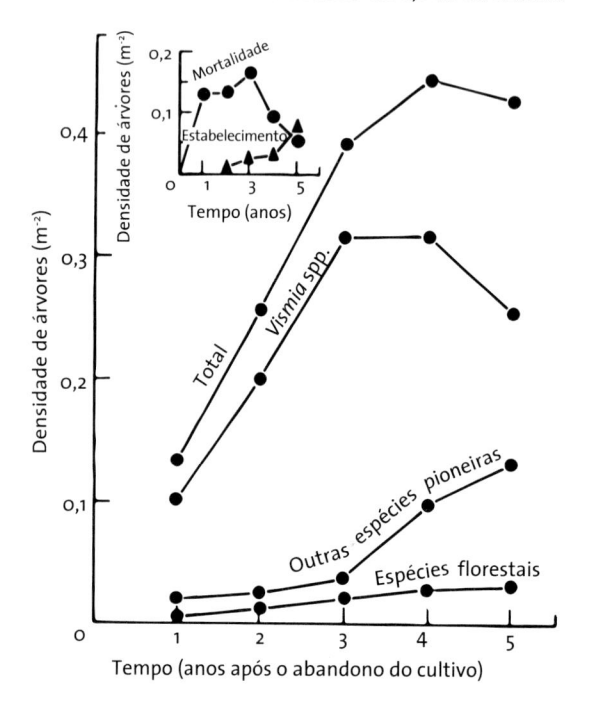

Fig. 5.3 *Alterações na densidade, no estabelecimento e na mortalidade de árvores maiores ou iguais a 2 m de altura em uma parcela de 0,15 ha durante os primeiros cinco anos de sucessão após agricultura itinerante perto de San Carlos de Río Negro, na Venezuela* Fonte: Uhl (1987, Fig. 1).

Em um estudo de sucessão na Ilha Grande, perto do Rio de Janeiro, no Brasil, De Oliveira (2002) classificou as espécies arbóreas em quatro grupos: pioneiras, secundárias iniciais, secundárias tardias e climácicas (maduras). Espécies pioneiras e secundárias iniciais foram as mais abundantes na floresta em regeneração de cinco anos de idade, enquanto as espécies secundárias tardias dominaram as florestas em regeneração com 25 e 50 anos de idade e as espécies climácicas dominaram as áreas de floresta madura. Algumas espécies arbóreas de floresta madura estavam presentes nos estágios iniciais da sucessão e, de forma semelhante, algumas espécies pioneiras estavam presentes em florestas maduras.

As classificações sucessionais das espécies baseadas em observações de campo podem ser falhas se certas espécies forem usadas como indicadoras de determinados estágios sucessionais. Além do mais, as classificações baseadas nas observações locais não podem ser generalizadas para outras regiões com um conjunto de espécies distinto. Abordagens recentes têm aplicado critérios estatísticos rigorosos para delimitar os grupos funcionais de espécies durante a sucessão e para classificar as espécies em especialistas e generalistas de sucessão. Chazdon et al. (2010) classificaram as espécies arbóreas em florestas tropicais úmidas de terras baixas no noroeste da Costa Rica em cinco grupos funcionais, baseando-se nas taxas de crescimento diamétrico em florestas maduras e na altura do dossel. As densidades populacionais de espécies de crescimento rápido de subdossel e de dossel atingiram um pico no início da sucessão, enquanto a área basal de árvores de crescimento rápido de dossel e emergentes continuou a aumentar por mais de 40 anos. A abundância relativa das árvores de sub-bosque e das árvores de crescimento lento de dossel e emergentes foi maior em florestas maduras do que em florestas em regeneração.

Baseando-se na abundância relativa de árvores em florestas em regeneração e maduras no nordeste da Costa Rica, Chazdon et al. (2011) desenvolveram um modelo multinomial para classificar as espécies arbóreas em especialistas secundárias, especialistas de floresta madura e generalistas. A classificação das árvores utilizando esse modelo mostrou forte relação com a abundância relativa desses grupos durante a sucessão. A abundância relativa de especialistas secundárias diminuiu drasticamente após 13 anos em uma floresta jovem em regeneração, enquanto a abundância relativa de generalistas aumentou rapidamente. Espécies especialistas de florestas maduras apresentaram aumentos lentos e constantes em sua abundância relativa (Fig. 5.4). As generalistas sucessionais apresentam abundância relativa semelhante em florestas em regeneração e em florestas maduras, sendo amplamente dispersas por animais e com sementes que podem estabelecer-se tanto sob dossel fechado quanto em clareiras.

Apesar de os *estágios* sucessionais serem definidos por características estruturais da floresta (ver Quadro 5.3, p. 102, e Quadro 5.4, p. 103), as *trajetórias* sucessionais são definidas essencialmente pelas taxas de recrutamento, crescimento e mortalidade das populações arbóreas que fazem parte da floresta. Essas características demográficas baseiam-se nos atributos funcionais e na história de vida das diferentes espécies. O termo *estágio sucessional*[2] é muito apropriado: as

---

[2] O termo original em inglês é *sucessional stage*, sendo que a palavra *stage* também pode ser usada para se referir a um palco onde são realizadas performances teatrais. A autora baseou-se no duplo sentido dessa palavra para as próximas sentenças deste parágrafo (N.T.).

trajetórias sucessionais podem ser vistas como uma peça teatral de improviso dividida em diversos atos, com a *performance* de diferentes grupos de atores em cada ato. Alguns atores estarão no palco durante toda a peça, mas outros somente fazem pontas em certo ato. Apesar de cada ato preparar o palco para o ato seguinte, a regeneração florestal ocorre sem diretor e com um roteiro que é apenas um rascunho grosseiro, permitindo muita espontaneidade, aleatoriedade e incerteza na peça. Cada produção sucessional é única, e, mesmo quando os humanos dirigem a peça por meio do manejo de áreas de pousio e reflorestamentos ativos, essa direção serve, no máximo, para guiar a regeneração florestal para uma *performance* mais restrita.

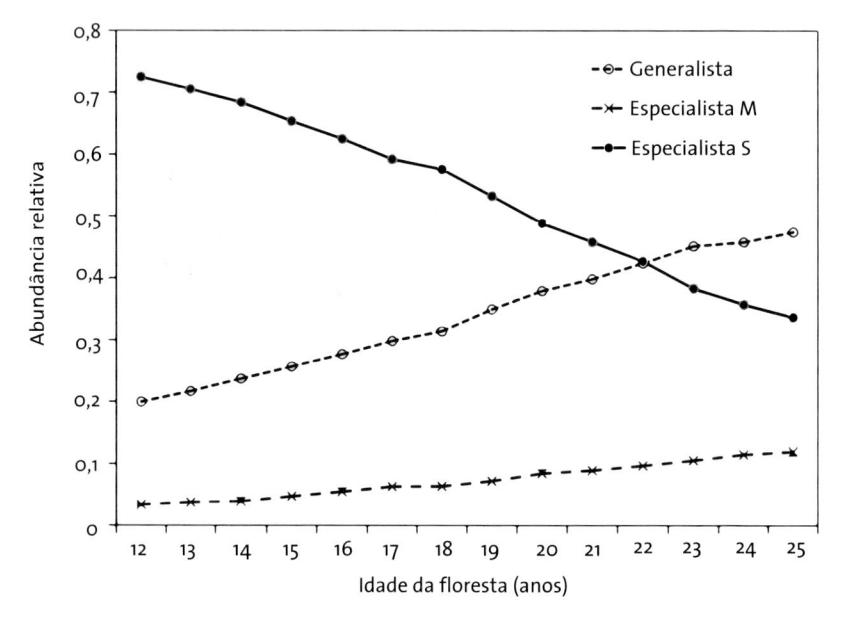

Fig. 5.4 *Abundância relativa de árvores com DAP maior ou igual a 5 cm classificadas como especialistas secundárias (S), especialistas de floresta madura (M) e generalistas ao longo da sucessão em 1 ha de floresta tropical úmida de terras baixas em regeneração na Costa Rica. Em duas florestas maduras na mesma região, as especialistas de floresta madura e as generalistas representavam em média 43% e 31% das árvores, respectivamente. As espécies foram classificadas utilizando-se a abordagem multinomial de Chazdon et al. (2011)*

5.3 Definições e conceitos de floresta

Ainda mais desafiador que delimitar os estágios sucessionais é definir o que é uma floresta. Essa definição gera grandes implicações para as políticas florestais, o monitoramento florestal mundial, a restauração florestal e as iniciativas de mitigação climática (Putz; Redford, 2010). As definições de floresta são muito importantes para distinguir entre cobertura florestal natural e plantios e para monitorar as alterações de uso e cobertura do solo. Em 2001, a Organização das Nações Unidas para a Alimentação e a Agricultura (FAO) desenvolveu uma definição de floresta para seu programa de monitoramento da cobertura florestal global (a Avaliação dos Recursos Florestais Mundiais, FRA). De acordo com essa definição, uma *floresta* é uma área maior que 0,5 ha com mais de 10% de cobertura de dossel arbóreo, sendo árvore uma planta capaz de crescer mais que 5 m de altura. Bambus e palmeiras – mas não bananas – são considerados árvores. Uma floresta é considerada *fechada* quando apresenta mais de 40% de cobertura de dossel, enquanto florestas *abertas* possuem 10%-40% de cobertura de dossel (FAO, 2001, 2006a).

Nessa abrangente definição das florestas mundiais, encontra-se todo o gradiente que vai da regeneração até a degradação florestal. Em um extremo do contínuo, estão as áreas florestais abertas que permitem o surgimento de florestas secundárias, as quais apresentam estrutura simples e densidade de árvores relativamente baixa. No outro extremo, estão as florestas maduras, que atingiram o máximo de altura e de complexidade das estruturas verticais e horizontais, apresentando árvores de diversas idades e tamanhos, dossel densamente fechado, dinâmica de clareiras e composição de espécies relativamente estável. Alguns dos termos comumente usados para descrever essas florestas são: antigas, maduras, primárias, pristinas, climácicas, virgens, não perturbadas, de fronteira, e primordiais (Wirth et al., 2009).

Florestas secundárias desenvolvem-se após a derrubada completa ou quase completa de uma floresta (Finegan, 1992). A Organização Internacional de Madeiras Tropicais (ITTO, 2005, p. 36) adotou a seguinte definição para florestas em regeneração:

> Vegetação lenhosa regenerando em áreas que tiveram parte significativa de sua cobertura florestal original desmatada (i.e., áreas com menos de 10% da cobertura florestal original). Florestas secundárias geralmente se desenvolvem naturalmente em áreas de pousio após agricultura itinerante, agricultura fixa, pastagem, ou plantios arbóreos malsucedidos.

Chokkalingam e De Jong (2001, p. 21) forneceram uma definição mais ampla:

> Florestas regenerando principalmente por meio de processos naturais após distúrbios humanos ou naturais significativos na vegetação florestal que

ocorreram em um momento específico ou por extensos períodos, apresentando grandes alterações na estrutura e na composição de espécies de dossel da floresta e/ou na composição de espécies de dossel das florestas primárias próximas em condições semelhantes.

O termo *floresta secundária* foi aplicado para designar florestas submetidas à extração de madeira, particularmente nos trópicos da Ásia, onde os distúrbios causados pela extração ocorrem intensamente em muitas regiões (Brown; Lugo, 1990; Corlett, 1994; Chokkalingam; De Jong, 2001). No entanto, a maioria dos ecologistas concorda que as florestas maduras com retirada de madeira e as florestas secundárias devem permanecer como categorias distintas de vegetação (Sist; Sabogal; Byron, 1999; Chokkalingam; De Jong, 2001; Asner et al., 2009; Putz; Redford, 2010). Um aspecto-chave da definição das florestas secundárias é a ocorrência de uma *interrupção na continuidade da cobertura florestal*, a qual exige que novas sementes venham de fontes de fora da área do distúrbio (Corlett, 1994). Mesmo as florestas regenerando em pastos abandonados com árvores remanescentes isoladas satisfazem essa definição.

Outra questão importante na definição de florestas secundárias é a necessidade de distinção entre florestas regenerando após distúrbios antrópicos e naturais. Diversos trabalhos de revisão enfatizaram as florestas originadas de impactos antrópicos (Brown; Lugo, 1990; Guariguata; Ostertag, 2001). Brown e Lugo (1990, p. 3) apresentaram uma definição ampla de florestas secundárias classificadas como "aquelas formadas como consequência de impactos humanos em áreas florestais", excluindo-se deslizamento de terra, incêndios naturais e furacões. As trajetórias e a velocidade da sucessão florestal após distúrbios antrópicos podem ser significativamente distintas daquelas da sucessão após distúrbios naturais (Chazdon, 2003), no entanto, as florestas secundárias podem originar-se de qualquer categoria de distúrbio que cause desmatamento completo ou quase completo. Esclarecer a definição de florestas secundárias é importante por diversos motivos: primeiro, a dinâmica das florestas regenerando em áreas desmatadas ou agrícolas difere substancialmente da dinâmica de florestas regenerando após a extração seletiva ou parcial de madeiras (ver seção 9.1, p. 189); e, segundo, florestas regeneradas antigas apresentam legados de distúrbios alogênicos passados e ainda estão passando pelo processo de substituição das espécies de dossel. Essas diferenças trazem implicações para o manejo florestal, a conservação da biodiversidade e os processos ecossistêmicos.

Florestas secundárias são geralmente categorizadas pela idade, apesar de a idade não ser um bom indicador do desenvolvimento sucessional ou dos estágios sucessionais (Arroyo-Mora et al., 2005a). Medições da estrutura florestal – como área basal – também podem ser usadas para descrever o grau de desenvolvimento dos atributos da comunidade em comunidades florestais durante a sucessão (Lohbeck et al., 2012). Em uma floresta tropical seca na Costa Rica, os estágios sucessionais (inicial, intermediário e tardio) possibilitaram uma distinção muito melhor das classes de refletância espectral do que a idade (Arroyo-Mora et al., 2005). Os termos *jovem* e *antiga* são comumente aplicados indiscriminadamente para florestas secundárias. A floresta "jovem" da ilha de Barro Colorado já está com cem anos (Knight, 1975). Por sua vez, uma floresta regenerada "antiga" em Rondônia, no Brasil, existe há apenas 20 anos (Helmer; Lefsky; Roberts, 2009). O efeito da idade na estrutura de florestas em regeneração varia consideravelmente entre paisagens e regiões (Chazdon et al., 2009b), complicando ainda mais as comparações entre as trajetórias e os processos sucessionais.

Em 1891, o silvicultor norte-americano Bernard Fernow cunhou o termo *floresta madura*[3] para descrever as florestas formadas por árvores antigas (Spies, 2009). De acordo com o Grupo Nacional de Florestas Maduras do Serviço Florestal dos Estados Unidos (US Forest Service's National Old-Growth Task Group), citado por Putz e Redford (2010, p. 13):

> Florestas maduras representam os estágios tardios do desenvolvimento da comunidade florestal, que comumente diferem dos estágios iniciais em diversas características, geralmente incluindo o tamanho das árvores, o acúmulo de grandes quantidades de madeira morta, a quantidade de estratos do dossel, a composição de espécies e o funcionamento do ecossistema.

A estrutura e a composição de florestas maduras e seus equivalentes sucessionais variam muito entre os gradientes climáticos, altitudinais e edáficos dos trópicos (Richards, 1996; Primack; Corlett, 2005; Ghazoul; Sheil, 2010). A estrutura e a composição de florestas maduras também variam consideravelmente na escala de paisagem (Clark et al., 1995; Clark; Clark, 2000).

A ideia de floresta primária ou virgem difere do conceito de floresta madura. A FRA/FAO define floresta primária como "floresta regenerada natural-

---

[3] No original, *old-growth forests* (N.T.).

mente e formada por espécies nativas, onde não haja indícios visíveis claros de atividade humana e onde os processos ecológicos não estejam perturbados significativamente" (FAO, 2006b, p. 13). Dada a dificuldade em determinar se as florestas apresentam ou não indícios de atividades humanas passadas, o termo *madura* é mais apropriado para classificar as florestas tropicais que alcançaram estágios avançados da sucessão e são relativamente estáveis em sua estrutura e composição (Clark, 1996). Dado tempo suficiente, as florestas maduras podem sofrer distúrbios antrópicos ou naturais no futuro.

Distúrbios como incêndios, extração de madeira, caça e fragmentação causam perda súbita ou gradual dos serviços ecossistêmicos, da estrutura e da composição em florestas maduras. A degradação florestal é a redução da capacidade da floresta em fornecer bens e serviços (Simula, 2009). Hoje, a degradação florestal é comumente mensurada em relação às perdas em estoques de carbono ou biodiversidade quando comparadas às florestas maduras intactas (Gibson et al., 2011). O processo de degradação florestal move-se em direção contrária à sucessão, podendo ocorrer consideravelmente mais rápido.

Qualquer esforço sério para entender as causas e consequências dos distúrbios florestais precisa distinguir os diferentes estados da floresta. Como as florestas são sistemas dinâmicos, os processos de degradação e regeneração podem ser avaliados somente pelo monitoramento da estrutura, composição e funções ecossistêmicas da floresta ao longo do tempo. Para quantificar a degradação florestal, deve-se olhar para trás para comparar a situação atual da floresta com sua condição não perturbada do passado. Por outro lado, para medir a regeneração florestal, deve-se olhar para frente, a partir do período do distúrbio, focando a recuperação de carbono ou a diversidade de espécies. Apesar das aplicações práticas da definição do estágio sucessional das florestas, na verdade todas as florestas encontram-se em algum ponto no gradiente de regeneração e degradação, e a sua condição estática não revela claramente para qual direção elas estão se movendo.

5.4 Abordagens para o estudo da sucessão de florestas tropicais

A sucessão florestal pode ser investigada por meio de experimentos, observações da floresta ao longo do tempo, e cronossequências. Cada abordagem apresenta vantagens e limitações. Uma cronossequência é formada por um grupo de áreas que diferem em idade, mas ocorrem em condições edáficas e ambientais semelhantes dentro de uma mesma zona climática. Normalmente, cada área é estudada em um único momento, fornecendo uma "fotografia" das áreas ao longo de diversos períodos após o distúrbio. Os estudos de cronossequência substituem o monitoramento de uma mesma área por longos períodos, essencialmente pressupondo que áreas abandonadas em diferentes momentos do passado passaram pelas mesmas mudanças, processos e condições durante sua formação (Pickett; Cadenasso, 2005). Quando as áreas são organizadas em uma sequência cronológica, as alterações em diversos atributos da comunidade, como altura do dossel, densidade de indivíduos, área basal e riqueza de espécies, podem ser comparados ao longo da sequência sucessional (Fig. 5.5; Lebrija-Trejos et al., 2008). Essa troca da área pelo tempo permite estudar muito mais áreas do que seria possível em estudos intensivos de longo prazo em um mesmo local. A abordagem de cronossequências é apropriada para estudar uma trajetória sucessional única e linear ou trajetórias cíclicas, ou quando a convergência ocorre rapidamente na sucessão (Walker et al., 2010b).

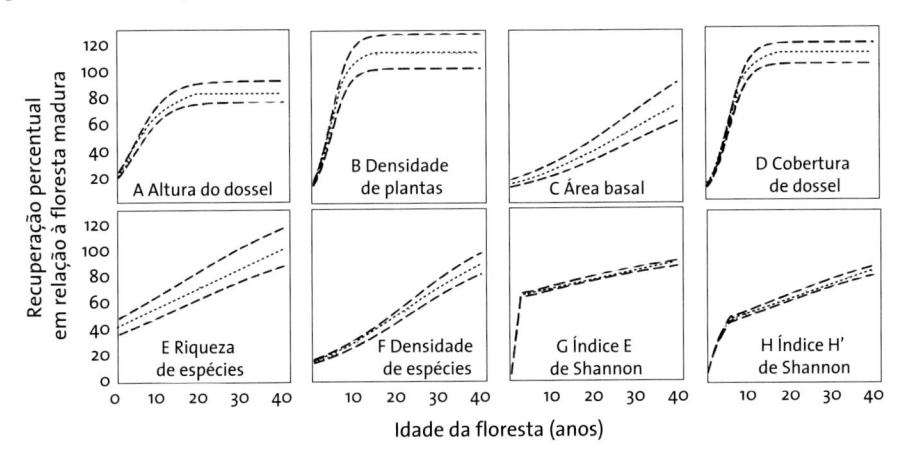

Fig. 5.5 *Alterações na estrutura e na composição em uma cronossequência de 40 anos em uma floresta seca em Nizanda, em Oaxaca, no México*
Fonte: Lebrija-Trejos et al. (2008, Fig. 5).

A maior parte do nosso conhecimento atual sobre sucessão nos trópicos baseia-se em estudos de cronossequência. As estimativas das taxas de acúmulo de biomassa em florestas tropicais são baseadas quase que totalmente em dados de cronossequência (Brown; Lugo, 1990; Marín-Spiotta; Ostertag; Silver, 2007). As abordagens de cronossequência também foram usadas para estudar a sucessão primária nos trópicos após deslizamentos de terra e em inundações de calhas de rios (Guariguata, 1990; Terborgh; Foster; Nunez, 1996). Estudos de cronossequência requerem um conhecimento detalhado do histórico de uso da terra e do tempo após o distúrbio ou o abandono para cada área, um grande desafio para áreas que são mais antigas que os informantes locais ou cuja informação histórica é inexistente. Em algumas florestas tropicais, os anéis de crescimento das árvores podem ser utilizados para datar a idade da floresta (Devall; Parresol; Wright, 1995; Worbes et al., 2003; Baker et al., 2005; Brienen et al., 2009). A idade de árvores pioneiras, como espécies de *Cecropia*, também pode ser quantificada por meio do número de entrenós no fuste principal e nos galhos (Zalamea et al., 2012). Na maioria dos estudos de cronossequência, as florestas mais antigas possuem 50 anos (Chazdon, 2008b). Poucas cronossequências de florestas tropicais incluem áreas com mais de 80 anos (Saldarriaga et al., 1988; Denslow; Guzman, 2000).

No entanto, não é sempre possível padronizar as condições ambientais, o histórico de uso da terra ou a paisagem circundante, o que limita a validação das conclusões com base em estudos de cronossequência (Foster; Tilman, 2000; Johnson; Miyanishi, 2008; Walker et al., 2010b). As parcelas de amostragem são geralmente muito pequenas, comumente com menos de 0,1 ha. Amostragens bem replicadas de manchas florestais de diferentes classes de idade podem contornar esse problema, caso não haja um viés sistemático entre as classes de idade nas trajetórias sucessionais. Em paisagens florestais que passaram recentemente por desmatamentos em larga escala, florestas secundárias podem ter se regenerado após usos do solo menos intensivos ou podem estar inseridas em paisagens com cobertura florestal maior do que as florestas mais jovens em regeneração (Feldpausch et al., 2007).

Os estudos de observação das mudanças na comunidade florestal ao longo da sucessão são bem mais raros do que os estudos de cronossequência. Diversos estudos observaram alterações temporais na estrutura e composição da floresta, fornecendo dados suficientes para avaliar a precisão das predições da cronossequência. Dados de cronossequência foram comparados com dados de monitoramento em oito florestas sucessionais no nordeste da Costa Rica e, dentro de uma mesma floresta, a densidade de árvores apresentou dinâmicas altamente variáveis ao longo do tempo, com quatro áreas exibindo pouca ou nenhuma alteração na densidade de espécies ao longo do tempo. Esses resultados contrariam o aumento linear previsto pela cronossequência; apenas a área basal apresentou uma tendência semelhante entre as cronossequências e os monitoramentos (Chazdon et al., 2007). Um estudo semelhante comparou dados de cronossequência com um monitoramento de três anos em florestas sucessionais em Chiapas, no México (Van Breugel; Martínez-Ramos; Bongers, 2006; Chazdon et al., 2007). O tempo de pousio não foi um preditor significativo da área basal da parcela ou da densidade de indivíduos ao longo da cronossequência. A densidade de espécies apresentou uma tendência não linear na cronossequência, apesar de, na maioria das parcelas, essa densidade ter aumentado mais do que os valores previstos pelo modelo da cronossequência. Cada área de estudo exibiu padrões temporais distintos, causados pela composição inicial de espécies, características locais, histórico de uso da terra e composição da paisagem.

Salvo algumas poucas exceções, os padrões sucessionais do monitoramento de parcelas não são semelhantes às predições das cronossequências. Feldpausch et al. (2007) testaram as predições das cronossequências em florestas em regeneração em pastagens abandonadas na Amazônia Central e observaram que as florestas mais jovens sempre acumularam menos biomassa do que a tendência prevista na cronossequência, devido à baixa densidade inicial de árvores. A baixa taxa de acúmulo de biomassa nas florestas de classes de idade mais jovens era provavelmente causada pelo maior tempo de uso anterior do solo como pastagem. Essas diferenças na intensidade do uso da terra claramente violam as pressuposições básicas dos estudos de cronossequência. Mesmo quando cronossequências de áreas dominadas por *Vismia* e *Cecropia* foram avaliadas separadamente, as trajetórias sucessionais de área basal, densidade de indivíduos e densidade de espécies observadas geralmente não seguiram as predições das cronossequências (Williamson et al., 2012). Em uma floresta seca em Jalisco, no México, os dados de cronossequência previram maiores taxas de mudanças na densidade de plantas, densidade de espécies e cobertura vegetal do que as taxas reais de mudança observadas durante três anos em florestas sucessionais jovens em pastos abandonados (Maza-Villalobos; Balvanera; Martínez-Ramos, 2011). Por outro lado, Lebrija-Trejos et al. (2010a) observaram mudanças sucessionais de curto prazo em uma floresta tropical seca em Oaxaca, no México, que foram compatíveis com os dados de cronossequência, principalmente quando as espécies pioneiras e não pioneiras foram consideradas separadamente.

O monitoramento florestal de longo prazo é caro, lento e difícil, e pode ser inviável em regiões onde as florestas em regeneração são frequentemente derrubadas, impossibilitando o estudo da floresta além dos estágios iniciais de sucessão. Não obstante, estudos de longo prazo geralmente se restringem a poucas áreas, limitando o potencial de generalização dos resultados para a paisagem ou região em questão. Estudos de cronossequência possuem a grande vantagem de permitir um maior número de amostragens das idades da floresta (Quesada et al., 2009).

Diversos estudos utilizaram experimentos manipulativos para analisar processos sucessionais em florestas tropicais. A maioria desses experimentos focou os efeitos de diferentes distúrbios sobre a colonização e o crescimento das espécies durante os primeiros estágios da sucessão (Uhl et al., 1982). Um experimento conduzido por Ganade e Brown (2002) examinou os efeitos da vegetação circundante no estabelecimento de plântulas de quatro espécies arbóreas no início da sucessão em áreas utilizadas como pastagens durante seis anos na Amazônia Central. Dupuy e Chazdon (2006) examinaram a resposta de plântulas e árvores juvenis às alterações na cobertura vegetal em florestas em regeneração no nordeste da Costa Rica. Um experimento posterior examinou os efeitos da interação de serapilheira foliar e cobertura vegetal no estabelecimento de espécies arbóreas pioneiras e tolerantes à sombra em florestas em regeneração (Dupuy; Chazdon, 2008; Bentos; Nascimento; Williamson, 2013).

Os experimentos manipulativos geraram conhecimentos valiosos sobre os mecanismos específicos que afetam os processos e as trajetórias sucessionais, mas a maioria dos experimentos abrange um tempo menor que cinco anos – o período de um projeto de doutorado. Muitos estudos aproveitam "experimentos naturais" para examinar como as condições iniciais criadas por diferentes tipos de distúrbios antrópicos – e a heterogeneidade dessas condições – afetam a sucessão em longo prazo. Cronossequências, experimentos e monitoramentos de longo prazo devem ser vistos como abordagens complementares para o estudo da sucessão. Como os estudos de cronossequência não fornecem informações diretas sobre os processos sucessionais ou a dinâmica das populações, a única maneira de entender esses processos é monitorando as alterações na estrutura, na composição e no funcionamento da floresta ao longo do tempo em áreas onde se conhece o histórico de distúrbios e as condições de paisagem.

5.5 Conclusão

A alteração na dominância de espécies intolerantes à sombra para espécies tolerantes à sombra é a característica mais generalizável e previsível das trajetórias sucessionais. Além dessa tendência geral, as trajetórias sucessionais são altamente estocásticas, sendo afetadas por fatores aparentemente aleatórios que coletivamente contribuem para alterações na estrutura e composição das "florestas em construção". A tolerância à sombra não é a única causa das alterações na vegetação durante a sucessão. As condições iniciais afetam a velocidade e a direção das alterações na vegetação, assim como características dinâmicas da paisagem, do clima e das interações bióticas também acrescentam incerteza e imprevisibilidade às trajetórias sucessionais. Essas trajetórias refletem a totalidade de alterações na estrutura, dinâmica populacional e composição de espécies na floresta; e todos esses fatores interagem de forma complexa.

As cronossequências sucessionais são modelos de processos dinâmicos que se baseiam em dados estáticos. Como a dinâmica florestal depende de eventos ocorridos no passado, não é de se surpreender que as cronossequências falhem ao predizer a dinâmica específica de cada floresta. Novas abordagens para modelar as trajetórias sucessionais devem incorporar fatores estocásticos e determinísticos:

> A sucessão de florestas tropicais é um processo idiossincrático influenciado por muitos fatores. Quanto mais se entender sobre seu funcionamento em locais específicos, mais precisas serão as generalizações sobre como esse processo complexo ocorre em escalas maiores. (Chazdon et al., 2007, p. 285).

Quando vistas como sistemas estáticos, as florestas degradadas e em regeneração compartilham características de estrutura e composição em relação às florestas maduras. Entretanto, essas semelhanças superficiais escondem trajetórias temporais totalmente opostas: florestas em regeneração gradualmente recuperam sua estrutura e composição, enquanto a degradação florestal gera perdas estruturais e de composição. Se os distúrbios cessarem, uma floresta degradada pode recuperar os atributos perdidos, mas seguirá uma dinâmica de regeneração diferente daquela observada na sucessão secundária em áreas desmatadas.

A comparação entre os atributos de florestas em regeneração e florestas maduras pouco contribui para a compreensão dos processos sucessionais e da variação desses em uma dada região. Estudos futuros sobre a sucessão deveriam focar as fontes de variação entre locais para variáveis dinâmicas e estáticas – por exemplo, taxas demográficas, dispersão de sementes, e alterações na composição de espécies. Estudos de longo prazo da dinâmica sucessional em parcelas, em combinação com comparações entre locais e regiões, podem gerar conhecimentos valiosos sobre os fatores que moldam as trajetórias sucessionais.

SUCESSÃO DE FLORESTAS TROPICAIS EM SUBSTRATOS CRIADOS RECENTEMENTE

6

Os vulcões afetam todos os ecossistemas e são a mais intensa de todas as forças da natureza. (Del Moral; Grishin, 1999, p. 149).

Nas encostas do vulcão El Reventador, na Amazônia equatorial, a cerca de 350 m de altitude, um remanescente florestal manteve-se entre as pastagens. As características estruturais desse fragmento florestal lembram as de uma floresta madura: a densidade de árvores, a área basal e os diâmetros médios são semelhantes aos encontrados em outras áreas mais altas levantadas na região. Entretanto, existe algo muito diferente nessa floresta. A quantidade de espécies, gêneros e famílias arbóreas é muito pequena, e espécies secundárias iniciais arbóreas apresentam o dobro da abundância esperada. O que aconteceu aqui? Um trabalho meticuloso de investigação revelou artefatos de cerâmica e carvão datados de 520 ± 20 anos AP. É evidente que essa floresta era povoada, mas acima dos vestígios antrópicos havia uma camada superficial de solo arenoso de 4-38 cm de profundidade composta de depósitos fluviais de origem vulcânica. O cenário mais provável é que uma erupção vulcânica ou um terremoto iniciou uma enchente catastrófica causada pelo rompimento de uma barragem natural que foi formada na encosta do vulcão por um deslizamento de terra do passado. A numerosa população humana que vivia na área foi dizimada juntamente com a floresta. Agora, 500 anos no futuro, apenas 120 das 239 espécies presentes em florestas em regiões mais elevadas próximas recolonizaram esse local, e as espécies de sub-bosque estão notavelmente ausentes (Pitman et al., 2005). A sucessão florestal em substratos vulcânicos é um processo lento, especialmente se florestas conservadas estiverem distantes. É provável que existam outras florestas como essa na paisagem, mas não foram detectadas por aparentarem ser virgens atualmente.

A sucessão secundária tem início após um distúrbio que remove toda a vegetação original em um dado local ou a maior parte dela, deixando o solo relativamente intacto. Os distúrbios que iniciam a sucessão incluem derrubadas de árvores por ventos de altitude, furacões ou ciclones, desmatamento, incêndios e derrubada da floresta para o estabelecimento de cultivos ou pastagem. No entanto, alguns tipos de distúrbio apresentam efeitos mais dramáticos que a simples remoção da vegetação: as erupções vulcânicas cobrem extensas áreas com depósitos piroclásticos (ver Fig. 6.1); durante um grande deslizamento de terra, a encosta de uma montanha pode desmoronar até um vale; rios de fluxo rápido podem erodir suas calhas, criando novas trajetórias nos sedimentos e na areia; escavadeiras removem a camada superficial do solo e compactam o solo mineral. Todos esses distúrbios iniciam a sucessão primária, começando o desenvolvimento gradual de uma comunidade vegetal sobre solo exposto ou rocha. As condições criadas por tais distúrbios são inóspitas para a germinação e o estabelecimento da maioria das espécies vegetais. Deslizamentos de terra, erupções vulcânicas e enchentes têm um aspecto em comum: as espécies colonizadoras devem estabelecer-se em um substrato novo. Nessas situações, o solo original foi arrastado pela água, erodido, ou enterrado sob areia, cinzas, rocha ou lava. Neste capítulo, será mostrado como as florestas tropicais ao redor do planeta vêm conseguindo estabelecer-se em substratos sem solo.

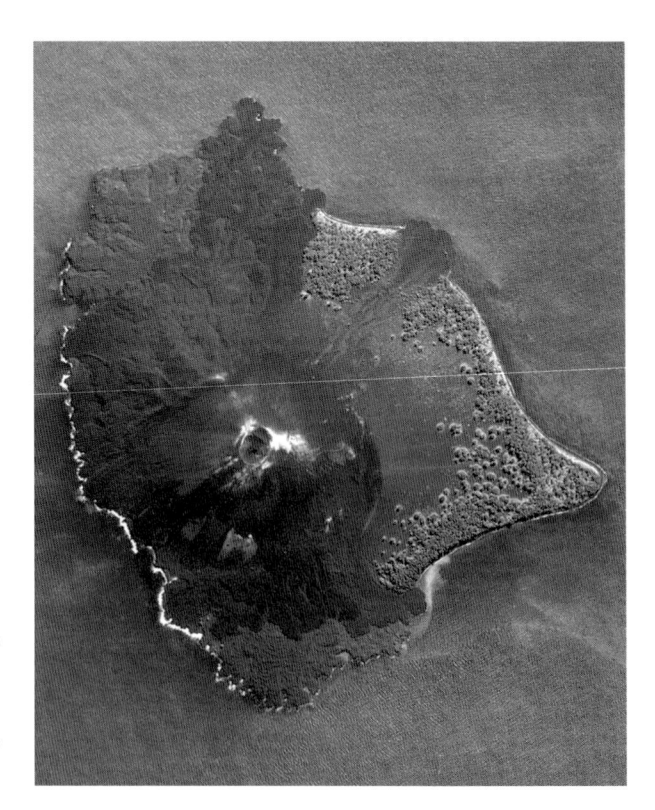

Fig. 6.1 *Visão aérea do vulcão Anak Krakatau em 2005. A vegetação da sucessão primária é visível ao longo das porções costeiras baixas. Ver Boxe 6.1 para mais detalhes*
Fonte: *imagem de satélite obtida como cortesia do Observatório da Terra da Nasa.*

Boxe 6.1 Regeneração da vegetação nas ilhas Krakatau, na Indonésia
Em 1880, as três ilhas vulcânicas de Krakatau, no estreito de Sunda, estavam cobertas por uma vegetação magnífica, que, provavelmente, era muito semelhante às florestas atuais de Sumatra e Java, a 32 km e 41 km de distância, respectivamente. Em maio de 1883, o vulcão dormente da ilha apresentou um padrão de ressurgimento de atividade, o qual resultou em erupções catastróficas em 27 de agosto daquele ano. Fluxos piroclásticos, cinzas vulcânicas e *tsunamis* mataram mais de 36.000 pessoas e destruíram diversas vilas costeiras em Sumatra e Java. Restou somente um terço da ilha maior, hoje chamada de Rakata. Todas as três ilhas (Rakata, Panjang e Sertung) foram totalmente esterilizadas, com a superfície do solo coberta por 60 m a 80 m de materiais vulcânicos (Whittaker; Bush; Richards, 1989). Mesmo assim, as ilhas já estavam cobertas por vegetação em 50 anos. A ilha Anak Krakatau, que emergiu do oceano em 1927, ainda apresenta elevada atividade vulcânica e possui manchas esparsas de vegetação pioneira perto da costa (ver Fig. 6.1).

O longo histórico de explorações botânicas e pesquisa ecológica em Krakatau gerou o melhor estudo de longo prazo documentado sobre sucessão primária e colonização de espécies nos trópicos. A área potencialmente dispersora mais próxima – a ilha de Sebesi, a 12 km de distância – também foi fortemente impactada pela erupção de 1883. Seis espécies de cianobactérias foram registradas como as primeiras colonizadoras, as quais formaram uma camada gelatinosa que provavelmente facilitou o estabelecimento de samambaias, que cobriram o interior da ilha de Rakata em alguns anos. Em 1887, um campo semelhante a uma savana cobria o interior de Rakata, dominado por *Saccharum spontaneum* e *Imperata cylindrica*, com árvores esparsas. As primeiras formações vegetais costeiras eram constituídas pela planta *Ipomoea pes-caprae*, com a colonização arbórea 14 anos após a erupção composta de linhagens das espécies *Terminalia catappa, Barringtonia asiatica, Hibiscus tiliaceus, Calophyllum inophyllum* e *Casuarina equisetifolia* (Whittaker; Bush; Richards, 1989; Whittaker; Partomihardjo; Jones, 1999).

As cinzas vulcânicas aos poucos se transformaram em solo pela ação do clima, dos microrganismos e das primeiras plantas colonizadoras. Em 1930, 50 anos após a erupção, a floresta já apresentava dossel fechado, e os grupos de espécies da vegetação sucessional em Rakata eram semelhantes aos de sucessão secundária após a derrubada da floresta para agricultura em outras regiões da Malásia (Richards, 1996). As gramíneas *Saccharum* e *Imperata* no interior de Rakata foram gradualmente substituídas por uma mistura de florestas em regeneração dominada por *Macaranga tanarius* e por espécies de *Ficus* (Whittaker; Bush; Richards, 1989). Em elevações maiores que 550 m, a floresta era dominada pela espécie arbórea secundária inicial e dispersa pelo vento *Neonauclea calycina*. Por volta dos anos 1950, a floresta mista de *Macaranga* e *Ficus* nas áreas de menores altitudes no interior foi substituída por florestas dominadas por *Neonauclea calycina*, que possuíam um sub-bosque diverso, com clara estratificação da vegetação do solo e arbustiva. As florestas de terras baixas no interior da ilha continuam dominadas por *N. calycina* até hoje (Whittaker; Partomihardjo; Jones, 1999). Distúrbios vulcânicos e cinzas oriundas de Anak Krakatau desde a década de 1930, no entanto, já interromperam a sucessão nas ilhas de Sertung e Panjang diversas vezes (Whittaker; Bush; Richards, 1989; Schmitt; Whittaker, 1998).

Durante a década de 1920, muitas espécies dispersas por aves ou morcegos chegaram até Rakata e as outras ilhas, criando uma retroalimentação positiva de frugívoros, frugivoria e dispersão de sementes (Whittaker; Bush; Richards, 1989; Thornton; Compton; Wilson, 1996; Whittaker; Jones, 1994). Em 1992, 173 das espécies vegetais encontradas em Krakatau estavam associadas à dispersão por aves ou morcegos, representando 42% das plantas com flores da ilha (Whittaker; Jones, 1994). Espécies de *Ficus* em frutificação foram registradas pela primeira vez em 1897 (Thornton; Compton; Wilson, 1996). Morcegos da família Pteropodidae trouxeram a primeira leva de espécies de *Ficus* para Krakatau por volta de 1893 (Shilton; Whittaker, 2010). Dezessete das 24 espécies de *Ficus* que colonizaram Rakata estavam presentes até 40 anos após a erupção (Whittaker; Jones, 1994). Thornton, Compton e Wilson (1996) encontraram 23 espécies de frugívoros nas ilhas Krakatau: 16 espécies de ave e sete de morcego. Esses dois grupos relacionados de espécies exibem uma história de colonização incrivelmente semelhante. Hoje, as espécies de *Ficus* compõem o dossel em todas as principais formações florestais em todas as ilhas. Entre 1919 e 1930, a espécie frugívora especialista *Ducula bicolor* (pombo-imperial-bicolor) e morcegos frugívoros do gênero *Cynopterus* colonizaram a ilha. Esses frugívoros permitiram a dispersão de sementes de oito espécies de *Ficus* por longas distâncias, incluindo espécies arbóreas grandes, uma contribuição essencial para a regeneração florestal de Krakatau (Thornton; Compton; Wilson, 1996; Shilton; Whittaker, 2010).

Pelo menos 300 espécies de plantas vasculares colonizaram Rakata desde a erupção em 1883. As florestas nas ilhas Krakatau continuam empobrecidas, dominadas por poucas espécies típicas dos estágios iniciais de sucessão. As ilhas apresentam muitos *taxa* com propágulos pequenos e dispersos pelo vento, como samambaias e orquídeas (Whittaker; Bush; Richards, 1989). As espécies de mamíferos e aves especialistas na dispersão de sementes grandes não habitarão as ilhas até que uma quantidade suficiente de árvores frutíferas tenham se estabelecido. Mesmo após 130 anos de sucessão, Rakata continua sendo uma floresta em construção.

Os tipos de distúrbio discutidos neste capítulo originam-se de causas naturais. Esses "desastres" naturais, como são chamados hoje, sempre estiveram presentes no ambiente das florestas tropicais. Não é de se surpreender que muitas espécies pioneiras que colonizam os estágios iniciais da sucessão primária também sejam importantes nos estágios iniciais da sucessão secundária após a derrubada da floresta para atividades humanas. Muitas das características funcionais e síndromes de dispersão típicas das espécies secundárias iniciais e tardias são compartilhadas entre as sucessões primárias e secundárias. Na verdade, as florestas tropicais atuais não seriam tão resilientes se não fosse pelos distúrbios em larga escala do passado, os quais causaram a diversificação da flora de espécies pioneiras nas florestas tropicais (ver Boxe 5.1, p. 104; Van Steenis, 1958).

6.1 Legados biológicos e disponibilidade local de recursos

Apesar da clara distinção entre a sucessão primária e a secundária nos livros de Ecologia, a maioria dos locais perturbados apresenta uma mistura de características de ambos os tipos de sucessão, podendo esses locais, portanto, ser observados sob a mesma ótica. A Fig. 6.2 ilustra como as trajetórias sucessionais são determinadas principalmente por dois grandes fatores: a disponibilidade de espécies e a de recursos (Pickett; Cadenasso, 2005). A disponibilidade de espécies refere-se às fontes de propágulos para a regeneração, como o banco de sementes do solo, a chuva de sementes, a rebrota e as árvores isoladas e os remanescentes florestais próximos. Esses "legados biológicos" são remanescentes de vegetação que persistem após distúrbios catastróficos (Franklin, 1989; Foster; Knight; Franklin, 1998). Furacões e incêndios deixam para trás muitos legados biológicos, como árvores danificadas que rebrotam prontamente, recuperando de forma rápida a cobertura do dossel e a composição de espécies (ver as revisões de Bellingham (2008), Lugo (2008) e Turton (2008)). Quando as árvores próximas não estão frutificando, a colonização depende da dispersão a longas distâncias através do ar, da água ou de animais, o que restringe o conjunto de espécies colonizadoras.

A disponibilidade de recursos refere-se à provisão de nutrientes do solo, água e outros recursos essenciais para o crescimento vegetal. A atividade microbiana também afeta a disponibilidade de recursos do solo, portanto esse não é um eixo estritamente "abiótico". As condições iniciais da sucessão podem estar localizadas em virtualmente qualquer lugar desses dois eixos. Esse arcabouço conceitual ilustra como os processos sucessionais estão inseridos em um contexto mais amplo de paisagem, pois a disponibilidade de espécies e de recursos é afetada por características da paisagem circundante. Essa visão originou-se diretamente da visão hierárquica de sucessão apresentada por Pickett, Collins e Armesto (1987) e discutida no Cap. 5 (ver Quadro 5.1, p. 100). Martínez-Ramos e García-Orth (2007) exibiram uma estrutura semelhante, baseada nos efeitos da disponibilidade de propágulos de espécies nativas e na qualidade de sítio sobre a capacidade de regeneração após diferentes tipos de uso antrópico do solo, apesar de qualidade de sítio ser um conceito mais amplo do que disponibilidade de recursos.

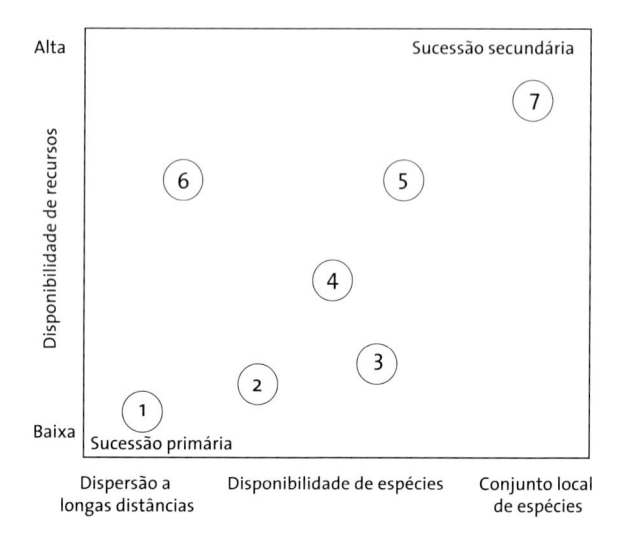

Fig. 6.2 *Gráfico para a comparação das condições que iniciam a sucessão. As condições locais que iniciam as sucessões primária e secundária ocorrem ao longo de um gradiente bidimensional de disponibilidade de espécies e recursos. As condições de maior disponibilidade de espécies e recursos geram sucessões secundárias aceleradas, enquanto as condições de baixa disponibilidade de espécies e recursos são típicas das sucessões primárias mais lentas. Valores mais altos no gráfico indicam o desenvolvimento sucessional mais rápido da estrutura e da composição da vegetação: (1) Krakatau; (2) zona superior de um deslizamento de terra em Porto Rico; (3) monte Lamington, na Papua-Nova Guiné; (4) porção baixa de um deslizamento de terra em Porto Rico; (5) sucessão em pastagem com solos férteis e árvores remanescentes; (6) sucessão em pastagem com solos férteis, mas sem vegetação remanescente; (7) áreas de pousio inseridas em uma matriz florestal*

Fonte: adaptado de Pickett e Cadenasso (2005).

Trajetórias "clássicas" de sucessão primária começam em condições de baixa disponibilidade de recursos e espécies, onde existem poucas fontes de propágulos e pouco ou nenhum legado ecológico (Fig. 6.2 [1]). Nos casos mais extremos, toda a paisagem é esterilizada por um distúrbio catastrófico e a dispersão é restrita ao transporte a longas distâncias. Conforme a disponibilidade de recursos do solo aumenta, a trajetória da sucessão primária torna-se mais semelhante às trajetórias típicas da sucessão secundária com níveis moderados de disponibilidade de espécies (Fig. 6.2 [3, 4, 5]). A sucessão secundária desenvolve-se rapidamente onde a disponibilidade de recursos é relativamente alta e os propágulos estão disponíveis localmente para a colonização (Fig. 6.2 [7]). No entanto, a sucessão secundária tem início sob uma vasta gama de condições e combinações desses dois fatores. Práticas agrícolas intensivas e o desmatamento em larga escala geralmente eliminam fontes locais de propágulos e exaurem os nutrientes do solo (Aide; Cavelier, 1994), reduzindo a disponibilidade de espécies e os recursos do solo a ponto de impossibilitar a colonização e o estabelecimento, sendo necessárias ações de restauração para acelerar os processos sucessionais (Fig. 6.2 [1, 2]). A disponibilidade de recursos e espécies pode variar espacialmente dentro do mesmo local de distúrbio. Após a erupção do monte Lamington, na Papua-Nova Guiné, em 1951, a sucessão primária foi altamente variável, mas ocorreu de forma acelerada por muitos anos devido à sobrevivência de algumas árvores na área da explosão (Fig. 6.2 [3]; Taylor, 1957). Em virtude das complexas interações ecológicas entre a disponibilidade local de recursos e a disponibilidade de espécies, os processos de sucessão da vegetação e regeneração florestal podem apresentar a mesma quantidade de variação para um determinado tipo de distúrbio e para diferentes regimes de distúrbio.

A facilitação é um aspecto-chave na colonização inicial durante a sucessão primária, pois os estresses ambientais causados pela disponibilidade de recursos do solo limitam fortemente o início da colonização das espécies nesse contexto. A colonização inicial de espécies lenhosas durante a sucessão primária pode sofrer atrasos significativos devido à falta de solo para o estabelecimento de plântulas, à falta de nutrientes disponíveis e à extrema limitação de dispersão. A facilitação ocorre por enriquecimento dos estoques de nutrientes do solo, modificações em textura e capacidade de retenção de água do solo, estabilização do solo ou amenização dos estresses ambientais. As primeiras espécies colonizadoras podem modificar a disponibilidade local de recursos e outras condições ambientais, de forma a favorecer o estabelecimento das espécies que chegarão posteriormente. As colonizadoras iniciais criam condições que favorecem o próximo estágio sucessional em vez de perpetuar sua própria presença no local. Por outro lado, as colonizadoras iniciais podem inibir a colonização de outras espécies por meio da competição, retardando a substituição das espécies (Walker et al., 2010a). Essa ideia de mudança *autogênica* é central nos primeiros conceitos de sucessão vegetal (Clements, 1916; Tansley, 1935). Nos casos em que a facilitação ou a inibição acontecem durante a sucessão, as alterações na vegetação tendem a seguir um padrão chamado de *grupos florísticos*[1], em que

---

[1] No original, *relay floristics* (N.T.).

a colonização de diferentes espécies ocorre em uma sequência progressiva de seres (estágios sucessionais), e não simultaneamente (Egler, 1954; Walker; Del Moral, 2009).

O nitrogênio é um importante fator limitante para o crescimento vegetal durante a sucessão primária em substratos vulcânicos no Havaí, e muitas das colonizadoras iniciais têm a capacidade de fixação de nitrogênio (Vitousek et al., 1993; Vitousek, 1994). O líquen fixador de nitrogênio *Stereocaulon virgatum* representou 23%-79% da biomassa em deslizamentos de terra recentes nas montanhas da Jamaica (Dalling, 1994). Ao criar microssítios mais férteis, a colonização inicial de espécies fixadoras de nitrogênio facilita a colonização posterior por um grupo mais diverso de espécies. Após a colonização inicial, a sucessão avança lentamente, com o enriquecimento gradual de espécies de plantas e animais. Depois das fases iniciais de colonização, quando ocorre a formação do solo e o acúmulo da matéria orgânica, não existem muitas diferenças entre a sucessão primária e a secundária, dado que a disponibilidade local de espécies se torna um fator mais importante para definir as trajetórias sucessionais do que a disponibilidade local de recursos.

6.2 Colonização e sucessão em deslizamentos de terra

Deslizamentos de terra são causados pelo desprendimento da terra em encostas íngremes, resultando na queda veloz e em massa do solo e/ou da rocha. Eles podem ser provocados por terremotos, tempestades intensas ou atividades humanas, como a construção de estradas, o desmatamento e a urbanização (Restrepo et al., 2009; Walker et al., 1996; Walker; Velázquez; Shiels, 2009). Em dezembro de 2010, chuvas extremamente intensas e deslizamentos de terra erodiram áreas íngremes na bacia hidrográfica do canal do Panamá, lançando uma enorme quantidade de sedimentos nos rios, e o canal do Panamá precisou ser fechado pela primeira vez desde 1935. Muitos fatores afetam a velocidade da recuperação da vegetação em deslizamentos de terra: as características da vegetação intacta circundante, a frequência dos deslizamentos e outros distúrbios, como furacões. A colonização pela vegetação pode ocorrer a partir da borda da área do deslizamento, levando a uma regeneração mais rápida em deslizamentos menores do que em grandes deslizamentos (ver Fig. 6.3; Walker et al., 1996).

Deslizamentos de terra criam uma vasta gama de condições na superfície do solo, com manchas heterogêneas de matéria orgânica e solo mineral exposto. A parte superior de um deslizamento de terra (zona de erosão) é geralmente íngreme, erodida e infértil, visto que a maior parte do solo superficial e da matéria orgânica foi removida. Por outro lado, a zona de deposição, na parte mais baixa de um deslizamento de terra, é relativamente plana e rica em matéria orgânica e detritos orgânicos vindos das porções mais altas (Walker; Velázquez; Shiels, 2009). Em oito deslizamentos de terra recentes, a maior fertilidade do solo e a presença de sementes viáveis enterradas nas zonas de deposição mais baixas aumentaram significativamente a taxa de recuperação da vegetação. Um levantamento de 20 deslizamentos de terra em uma cronossequência de 52 anos nas montanhas Luquillo, em Porto Rico, demonstrou que a densidade de indivíduos era consistentemente maior em áreas mais baixas dos deslizamentos de terra durante os primeiros 25-37 anos de regeneração (Fig. 6.4; Guariguata, 1990).

FIG. 6.3 Série temporal de um deslizamento de terra na Floresta Experimental de Luquillo, em Porto Rico. Em 1991 (na porção de baixo, à direita, na figura do meio), a colonização foi mais rápida sobre o solo residual da floresta. Após cinco anos, as plantas lenhosas dominantes eram Cecropia schreberiana e a samambaia Cyathea arborea
Fonte: Lawrence Walker, reimpresso com permissão. Walker et al. (1996, Fig. 1).

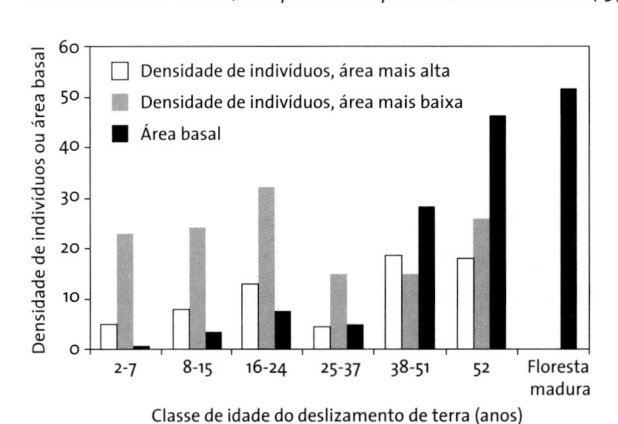

FIG. 6.4 Área basal (m^2/ha) e densidade média (n./100 m^2) de indivíduos maiores que 1 cm de diâmetro à altura do peito (DAP) em áreas altas e baixas de 11 deslizamentos de terra em seis classes de idade e em três áreas de floresta madura na Floresta Experimental de Luquillo, em Porto Rico
Fonte: Guariguata (1990, Tab. 6).

Diversos estudos enfatizaram a importância da disponibilidade de recursos do solo para a colonização vegetal inicial em deslizamentos de terra (ver Fig. 6.3). Durante os primeiros 55 anos de sucessão após um deslizamento de terra na Floresta

Experimental de Luquillo, Zarin e Johnson (1995) observaram que o acúmulo de nutrientes no solo era controlado pela produção e decomposição da matéria orgânica do solo. Em um estudo mais recente em 30 deslizamentos de terra nessa região, Shiels et al. (2008) descobriram que a cobertura pela vegetação e a biomassa vegetal em solos vulcânicos estavam correlacionadas com maiores teores de argila, partículas pequenas, maior conteúdo de nitrogênio total e maior capacidade de retenção de água, mas não com matéria orgânica vegetal.

As primeiras espécies a colonizar uma área de deslizamento possuem esporos ou sementes pequenas que são facilmente dispersos pelo vento. A limitação de dispersão torna-se mais importante para a regeneração e a diversificação da vegetação após a colonização inicial e o desenvolvimento do solo. Poleiros artificiais aumentaram significativamente a chegada de sementes florestais dispersas por aves em seis deslizamentos de terra em Porto Rico, mas não afetaram o estabelecimento de plântulas (Shiels; Walker, 2003). Essa informação sugere que processos pós-dispersão – como predação de sementes, germinação ou estabelecimento de plântulas – inevitavelmente limitam o recrutamento de plântulas. A densa cobertura de gramíneas e samambaias pode impedir a germinação, o estabelecimento e o crescimento de plântulas de espécies arbóreas em áreas de deslizamento de terra (Walker, 1994; Russell; Raich; Vitousek, 1998; Restrepo; Vitousek, 2001). De maneira geral, a presença de espécies lenhosas de início de sucessão e samambaias arbóreas aumentou a riqueza de espécies secundárias tardias lenhosas, facilitando o desenvolvimento em longo prazo de áreas de deslizamento de terra em Porto Rico (Walker et al., 2010a). Áreas dominadas por samambaias arbóreas com samambaias no estrato mais baixo inibiram o estabelecimento de plantas secundárias tardias por meio da redução da luz abaixo do dossel das samambaias.

Em 30 de outubro de 1998, uma chuva forte durante o furacão Mitch causou um enorme deslizamento de terra na face sul do vulcão Casita, um estratovulcão inativo em uma região de floresta tropical seca na Nicarágua (ver Fig. 6.5). Mais de 2.000 pessoas nas cidades de El Porvenir e Rolando Rodríguez morreram pelo rápido *lahar*[2]. Esse deslizamento de terra foi substancialmente maior (1.120 ha) que outros estudados na América Central e no Caribe. As trajetórias sucessionais iniciais e a velocidade da regeneração vegetal variaram muito dentro da mesma zona de deslizamento e entre zonas. Durante os primeiros quatro anos de sucessão, a zona de

---

[2] Termo indonésio bastante utilizado em publicações científicas em português que significa "deslizamento de terra vindo de um vulcão" (N.T.).

deposição teve as maiores taxas de regeneração, sendo dominada pelas espécies arbóreas pioneiras *Trema micrantha* (Cannabaceae) e *Muntingia calabura* (Muntingiaceae), com a chegada também de algumas espécies arbóreas presentes nas florestas adjacentes. Na zona de erosão, a fertilidade do solo estava significativa e positivamente correlacionada com riqueza de espécies, volume da biomassa viva e composição de espécies. A variação nas trajetórias sucessionais em uma mesma zona e entre zonas foi muito influenciada pelo solo e vegetação remanescentes e pela incidência de corte e queima nas florestas secas da paisagem (Velázquez; Gómez-Sal, 2007, 2008).

FIG. 6.5 *A cicatriz do deslizamento de terra e lama no vulcão Casita, no oeste da Nicarágua, causado por fortes chuvas durante o furacão Mitch, em outubro de 1998*
Fonte: cortesia do US Geological Survey.

A sucessão primária sobre rochas expostas ou zonas arenosas vulneráveis à erosão localizadas em áreas elevadas pode levar séculos. Baseando-se em estudos nas montanhas Blue da Jamaica, Dalling (1994) sugeriu que a biomassa de plantas em deslizamentos de terra poderia demorar até 500 anos para alcançar valores semelhantes aos das florestas maduras. No entanto, estudos em Luquillo, em Porto Rico, indicaram um menor período de recuperação (Walker; Velázquez; Shiels, 2009). Com certeza, a altitude e as taxas de crescimento arbóreo são fatores preditores importantes, além da vegetação circundante, dos distúrbios humanos e da textura do solo.

6.3 Sucessão após erupções vulcânicas

A velocidade da sucessão após erupções varia com o tipo de impacto, clima e geografia (Del Moral; Grishin, 1999). Assim como em deslizamentos de terra, a distribuição da vegetação depende muito da retenção de água por materiais finos do solo e da colonização por espécies vindas de áreas adjacentes. As erupções vulcânicas podem destruir toda a vegetação local ou regional, como aconteceu em Krakatau (ver Boxe 6.1, p. 127). Quando legados biológicos permanecem na forma de árvores remanescentes ou fragmentos florestais, a colonização ocorre mais rapidamente.

Taylor (1957) descreveu a vegetação pioneira em três vulcões na Papua-Nova Guiné. A área afetada pela erupção do monte Lamington em 1951 abrangeu 200 km^2 (ver Fig. 6.2 [3], p. 130). Em poucos anos, uma vasta gama de tipos de vegetação foi observada na área da explosão, a qual refletia padrões heterogêneos de erosão, exposição da camada superficial do solo e profundidade de cinzas. Na base da cratera vulcânica, áreas onde o cascalho grosso e rochas foram depositados apresentavam apenas algumas manchas de musgo e samambaias, apesar de a precipitação anual na área ser maior que 3.600 mm. Grossas camadas de cinzas, formadas principalmente por silte fino, sustentaram comunidades gramíneas dominadas por *Saccharum spontaneum*. A porcentagem de material mais fino aumentou gradualmente em regiões mais baixas, levando a uma cobertura mais densa de gramíneas como *Imperata cylindrica* e *Saccharum*. Em locais em que apenas parte da camada superficial do solo foi removida ou que apresentavam uma camada muito fina de cinza, diversas espécies arbóreas foram encontradas, incluindo várias espécies de *Ficus*. *Trema* sp. (Cannabaceae) ocorreu em encostas mais íngremes onde toda a camada superficial do solo foi erodida.

A regeneração da vegetação no monte Lamington foi extremamente rápida, já que várias espécies presentes na zona de explosão sobreviveram à erupção. Taylor (1957) também observou que uma alta proporção dessas espécies se reproduziu vegetativamente por meio de órgãos subterrâneos, o que favoreceu a resiliência dessas espécies. Uma erupção de magnitude semelhante à do monte Lamington ocorreu em 1870 no monte Vitória, a cerca de 100 km na direção sudeste. Fontes de semente estavam disponíveis para a recolonização fora da zona de explosão, e espécies arbóreas pioneiras formaram uma comunidade florestal fechada. Em 1957, a floresta em desenvolvimento exibia uma composição mista e era rica em espécies, mas ainda era muito mais pobre do que as florestas fora da zona de explosão, e provavelmente precisará de vários séculos para alcançar a fase madura.

A erupção do monte Pinatubo, em Luzon, nas Filipinas, foi uma oportunidade para investigar os estágios iniciais da colonização vegetal. Diferentemente da regeneração da vegetação no monte Lamington e em Krakatau, as regiões de terras baixas de Luzon eram muito impactadas pela presença de povoados humanos.

Marler e Del Moral (2011) conduziram um estudo básico de vegetação 15 anos após a erupção vulcânica que derramou de 5 km² a 6 km² de *ejecta* vulcânica[3] na paisagem. Esses autores amostraram a vegetação em oito áreas na face leste do vulcão, ao longo da calha de dois rios de 200 m a 750 m, e encontraram um total de 58 *taxa* vegetais, dos quais 34 (59%) eram espécies exóticas que chegaram de vilas e áreas agrícolas das terras baixas; a cobertura de espécies exóticas era quase duas vezes maior nas terras baixas do que em áreas mais elevadas. Entre as dez espécies de plantas lenhosas, a espécie mais abundante era a nativa *Parasponia rugosa* (Cannabaceae), a única espécie não leguminosa que realiza a fixação de nitrogênio por meio da simbiose com rizóbios (Geurts; Lillo; Bisseling, 2012). Os nódulos de *Parasponia* são mais primitivos que os das leguminosas e podem abrigar uma vasta gama de espécies de rizóbios pertencentes a quatro gêneros diferentes (Op den Camp et al., 2012). As gramíneas nativas *Saccharum spontaneum* e *Parasponia rugosa* contribuíram juntas para 86% da cobertura vegetal e apresentaram cobertura inversamente relacionada nas parcelas (Marler; Del Moral, 2011).

A sucessão primária em substratos vulcânicos não se desenvolve necessariamente em uma sequência de grupos de espécies vegetais. As ilhas havaianas surgiram de vulcões-escudo basálticos sobre um ponto quente[4] na placa tectônica do Pacífico. A evolução, nessas ilhas isoladas, gerou uma flora de floresta tropical simplificada, com poucas espécies pioneiras de crescimento rápido e ciclo de vida curto. Todos os estágios de sucessão primária são dominados por *Metrosideros polymorpha* (Myrtaceae), uma espécie pioneira tolerante à sombra. As populações dessa espécie arbórea dominante de *Metrosideros* persistem indefinidamente como "monoculturas cronossequenciais" (Mueller-Dombois, 1992). A única mudança sucessional significativa é a redução de samambaias arbóreas conforme a idade do substrato avança (Crews et al., 1995). De forma geral, as florestas do Havaí passam por mudanças sucessionais com mínimas alterações florísticas.

6.4 A sucessão na beira de rios

As sucessões hídricas são formas de sucessão primária que têm início em um ambiente de água doce, como depósitos recentes de substratos ripários associados à dinâmica fluvial. As trajetórias sucessionais em corredores ripários são determinadas por alagamentos, os quais formam novos corpos d'água pela alteração de

---

[3] Partículas expelidas pelo vulcão (N.T.).
[4] No original, *hotspot*, termo também usado em publicações científicas em português (N.T.).

canais de drenagem (lagoas marginais) e iniciam a sucessão primária em sedimentos recentemente depositados (Ward et al., 2002). Os grandes rios que nascem nos Andes começam a meandrar quando chegam a grandes planícies alagadas (Kalliola et al., 1991); conforme meandram, os rios erodem as calhas externas (côncavas) e depositam sedimentos em bancos nas calhas internas (convexas). Em junho de 2003, uma imagem que abrangia 55 km do percurso do rio Mamoré, ao sul da cidade de Trinidad, na província boliviana de Beni, foi obtida pela Estação Espacial Internacional (ver Fig. 6.6). Esse percurso (centrado em 15,2°S e 66°W) foi retificado para ser comparado a uma imagem de 1990 do Mapeador Temático Landsat (TM). A dinâmica espacial ilustrada na imagem mostra um sistema temporalmente dinâmico, com tanto o curso d'água como as florestas de áreas alagadas associadas em fluxo constante.

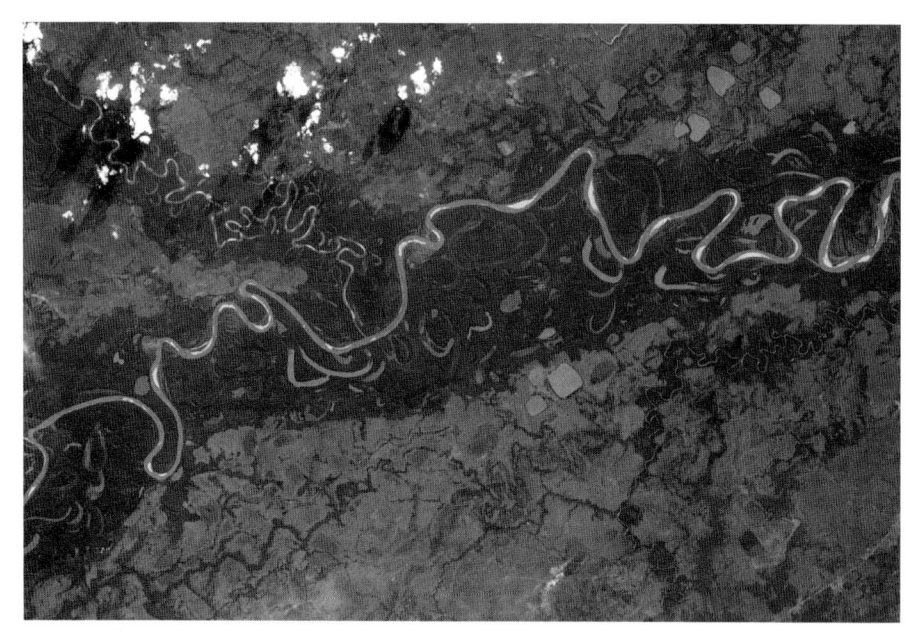

Fig. 6.6 Imagem do rio Mamoré, nas terras baixas da Bolívia, na base dos Andes, tirada em 2003 pela Estação Espacial Internacional. Os meandros do rio Mamoré na planície com muitos traços de canais contorcidos indicam as posições anteriores do rio. As áreas de coloração mais escura são florestas ciliares, enquanto as mais claras são savanas tropicais
Fonte: cortesia do Observatório da Terra da Nasa.

A paisagem da Amazônia Ocidental é dominada por rios de água branca, que drenam os solos geograficamente jovens e suscetíveis à erosão dos Andes. Os rios brancos da Amazônia são ricos em nutrientes e partículas em suspensão, ao contrário dos rios de água preta, que drenam florestas de areias brancas e possuem poucos nutrientes e partículas em suspensão (Sioli, 1950). As florestas alagáveis associadas a esses dois grandes sistemas ripários apresentam composição e dinâmica da vegetação distintas (Prance, 1979). Florestas em planícies alagáveis de rios de água branca são chamadas de várzeas, enquanto florestas em planícies alagáveis de rios de água preta são os igapós. As florestas de várzea cobrem aproximadamente 200.000 km^2, ou 4%-5% da bacia amazônica (Junk, 1989). Os testemunhos sedimentares de duas áreas alagadas em terras baixas da bacia da Amazônia Ocidental, no Equador, apontaram períodos de sucessão em áreas úmidas durante o Holoceno, com início em aproximadamente 5.800 cal AP (Weng; Bush; Athens, 2002).

Formações aluviais recentes ocupam aproximadamente 26% das áreas de terras baixas da Amazônia peruana, criando um complexo mosaico de vegetação em estágios iniciais e tardios de sucessão, pântanos, remansos e lagoas marginais (Salo et al., 1986; Kalliola et al., 1991; Terborgh; Petren, 1991). Salo et al. (1986) estimaram que 12% das florestas de terras baixas peruanas estão passando por estágios sucessionais devido ao efeito da dinâmica fluvial. A análise de uma seção de 70 km do rio Manú, no sudoeste do Peru, revelou uma taxa de erosão lateral média de 12 m por ano durante um período de 13 anos.

Com base em estudos de quatro rios diferentes na Amazônia peruana, Puhakka et al. (1992) estimaram que aproximadamente 130 km^2 de floresta são erodidos e substituídos por vegetação em regeneração anualmente. Com base nas análises de imagens Landsat TM por um período de 21 anos, Peixoto, Nelson e Wittmann (2009) observaram que as taxas anuais de erosão lateral e deposição de áreas de assoreamento ao longo dos rios Solimões, Japurá e Aranapu, na Amazônia Ocidental, eram bem equilibradas. A cobertura de vegetação pioneira aumentou 5,8% na área de estudo, enquanto as áreas em estágios sucessionais tardios diminuíram 5,5%. Ao longo de 21 anos, a vegetação pioneira cobriu 8.920 ha de novas áreas que foram formadas na área de estudo de 153.032 ha.

Um caso extremo de zoneamento sucessional é observado em diques marginais em rios de água branca. O assoreamento de diques marginais produz uma série de bancos de areia ou dunas paralelos ao rio e que apresentam estágios sucessionais progressivamente mais avançados conforme se distanciam da calha do rio (Salo et al., 1986; Terborgh; Foster; Nunez, 1996). Na Estação Biológica Cocha Cashu, no Parque Nacional Manú, no Peru, o rio Manú inunda anualmente a planície de 6 km de largura onde ocorre, submergindo temporariamente a uma profundidade de 1-2 m vastas áreas e erodindo a calha externa dos rios a uma taxa de até 25 m por ano no ponto de curvatura máxima (Ward et al., 2002; Terborgh; Petren, 1991). Bancos marginais recentes ficam expostos na estação seca devido à redução no nível do rio. Em uma das curvas do rio, Terborgh e Petren (1991) observaram a vegetação de sucessão primária avançar 115 m durante um período de 16 anos.

Os primeiros colonizadores são plantas anuais e a planta composta lenhosa *Tessaria integrifolia*, a qual atinge até 2 m antes do início da próxima enchente na estação chuvosa seguinte. Essas populações alcançam a maturidade reprodutiva em 3-4 anos e então são suprimidas por *Gynerium sagittatum* (cana-do-rio), uma gramínea densa e com rizomas, que persiste por 15-20 anos (Terborgh; Petren, 1991). Apesar de esses canaviais ainda estarem sujeitos às inundações anuais, essa comunidade densa resiste à correnteza melhor que a *Tessaria* e fornece um ambiente mais favorável para a germinação de plântulas arbóreas, permitindo que populações equiâneas de *Cecropia membranacea* cresçam em meio à cana-do-rio, alcançando alturas maiores que 20 m.

Com o passar do tempo, as espécies de *Cecropia* de vida curta são substituídas por uma comunidade mista composta de *Guarea* (Meliaceae), *Sapium* (Euphorbiaceae), *Guatteria* (Annonaceae), *Inga* (Leguminosae), *Cedrela odorata* (Meliaceae) e *Ficus insipida* (Moraceae), entre outras; as últimas duas espécies mencionadas crescem lentamente, mas acabam por se sobrepor a todas as outras, estabelecendo um estrato superior de dossel relativamente homogêneo a 35-40 m de altura. Essa associação persiste por um século ou mais e, durante esse longo estágio de transição, dezenas de espécies arbóreas estabelecem-se. No entanto, duas ou três gerações de árvores ainda passarão pela floresta antes que a fase madura das florestas em áreas alagáveis seja estabelecida. Toda essa trajetória da sucessão primária pode levar 300 anos ou mais (Fig. 6.7; Salo et al., 1986; Terborgh; Petren, 1991).

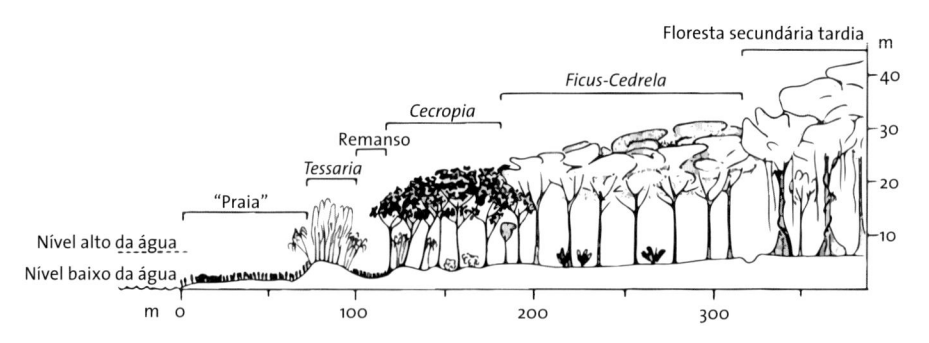

FIG. 6.7 *Sucessão primária ao longo de uma transecção simplificada da calha de um rio na Estação Biológica Cocha Cashu, no Peru*
Fonte: Salo et al. (1986, Fig. 3).

Em diques marginais na Amazônia Central, bancos de areia recentemente criados com sedimentos de textura grossa são colonizados primeiramente por gramíneas e juncas, seguidas pelas pioneiras lenhosas *Salix martiana* e *Alchornea castaneifolia* (Parolin et al., 2004). Essas espécies são altamente tolerantes à sedimentação e à erosão, emitindo raízes laterais próximas à superfície do solo (Junk, 1989). A presença dessas espécies favorece o estabelecimento de plântulas de *Cecropia latiloba*. Florestas alagadas em diques marginais no sudeste brasileiro são dominadas por *Salix humboldtiana* e *Inga vera* (Oliveira-Filho et al., 1994). Paralelamente ao gradiente sucessional, as espécies apresentam distribuições bem definidas ao longo de um gradiente de nível de alagamento, o que separa as associações em várzeas mais baixas das associações em várzeas mais altas (Wittmann; Junk; Piedade, 2004). A sucessão primária de florestas de várzea está relacionada à deposição de sedimentos de textura fina, que é favorecida pela redução da velocidade da correnteza do rio por dunas ou troncos de árvores. Estágios sucessionais mais avançados (20-60 anos) são dominados por *Pseudobombax munguba*. Muitas outras espécies arbóreas estabelecem-se nesse estágio mais tardio, aumentando lentamente a diversidade de espécies e a complexidade estrutural da floresta durante um período de 300-400 anos (Worbes et al., 1992; Parolin et al., 2004; Wittmann; Junk; Piedade, 2004). Richards (1996) descreveu um padrão semelhante de sucessão hídrica em ilhas de bancos de areia no rio Zaïre, na bacia do Congo, na África.

6.5 Conclusão

Vive-se em uma terra inquieta. Em regiões florestais dos trópicos, as erupções vulcânicas, os deslizamentos de terra e as enchentes causam grande destruição tanto de florestas quanto de povoados humanos, criando novos substratos que são lentamente recolonizados e se desenvolvem em novas florestas. Com base em estudos de sucessão após esses distúrbios, aprendeu-se que os primeiros organismos colonizadores precisam ser capazes de fixar nitrogênio para crescer em substratos pobres em nutrientes. O enriquecimento do solo por esses colonizadores pioneiros facilita a colonização por espécies com maior exigência de nutrientes. Também se aprendeu que os distúrbios que iniciam a sucessão primária criam heterogeneidade ambiental, fornecendo uma diversidade de condições para todo um gradiente de adaptações: desde espécies tolerantes até sensíveis aos distúrbios. Muitas das espécies tolerantes a distúrbios podem ser utilizadas para restaurar solos degradados e acelerar a sucessão.

A sucessão florestal em substratos novos é mais lenta que as trajetórias de sucessão secundária descritas no Cap. 5, podendo ser necessárias centenas de anos para recuperar a composição de espécies. No entanto, a estrutura florestal pode recuperar-se rapidamente, mesmo em áreas isoladas que foram totalmente cobertas por material vulcânico e cinzas, como foi observado em Rakata, em Krakatau. Entretanto, em áreas como o monte Pinatubo, onde a ocupação humana e os usos agrícolas do solo transformaram a cobertura florestal local, as trajetórias de recuperação da vegetação podem ser estagnadas ou desviadas por espécies exóticas invasoras e pelas limitações de dispersão das espécies nativas. Entender os efeitos sinérgicos das atividades humanas e dos "desastres naturais" na destruição e regeneração das florestas tropicais é um desafio urgente no século XXI.

REGENERAÇÃO FLORESTAL APÓS USOS AGRÍCOLAS DO SOLO

7

Deu-se muita importância à fragilidade das florestas tropicais, enquanto sua resiliência foi pouco enfatizada. (Lugo, 1995, p. 957).

A velocidade e a qualidade da regeneração florestal variam muito após distúrbios antrópicos. Os distúrbios florestais criados pelas atividades humanas variam de relativamente benignos até severos. Ao contrário da sucessão, que se inicia imediatamente após pulsos de distúrbios naturais que ocorrem por um curto período, o uso agrícola por longos períodos pode atrasar ou estagnar a regeneração pós abandono. Usos de terra intensivos por longos períodos podem comprometer a resiliência dos ecossistemas florestais tropicais, levando a estados alternativos estáveis (Scheffer et al., 2012; Chazdon; Arroyo, 2013). A sucessão pode ser retardada ou desviada devido a diversos fatores, incluindo a colonização de espécies exóticas invasoras (ver Fig. 7.1).

Em áreas perturbadas com fontes de sementes próximas e solos relativamente intactos, a colonização da vegetação após distúrbios humanos pode seguir rapidamente, com pouca ou nenhuma estagnação (Quadro 7.1; Chazdon, 2003). A diversidade de espécies e a biomassa aumentam rapidamente quando os distúrbios florestais são pequenos, o uso da terra tenha ocorrido por períodos curtos e as áreas abertas estejam inseridas em uma matriz florestal, como ocorre normalmente em sistemas tradicionais de agricultura itinerante com longos períodos de pousio (Kassi; Decocq, 2008; Piotto et al., 2009). A vegetação remanescente – que pode ser representada por fragmentos, árvores, sebes, cercas vivas e rebrotas – é a base da "memória ecológica". A memória ecológica refere-se aos legados biológicos internos ou externos a uma floresta em regeneração e representa as espécies presentes anteriormente na paisagem (Bengtsson et al., 2003; Chazdon; Arroyo, 2013).

Este capítulo foca as trajetórias sucessionais após diferentes tipos de distúrbios humanos, com ênfase em usos agrícolas da terra (a regeneração após incêndios, furacões e extração de madeira será examinada nos Caps. 8 e 9). No caso da sucessão primária, a disponibilidade de propágulos (sementes e rebrota) e os recursos disponíveis no solo são determinantes críticos da colonização inicial da sucessão florestal (ver Fig. 6.2, p. 130; Pickett; Cadenasso, 2005). A intensidade, a extensão, a severidade e a duração do uso do solo influenciam diretamente a composição do seu banco de sementes e a chegada de novas sementes, a disponibilidade de nutrientes no solo, a vegetação remanescente e as condições para o estabelecimento inicial de plântulas (Martínez-Ramos; García-Orth, 2007). Os fatores abióticos, a paisagem do entorno e o histórico de uso do solo influenciam as trajetórias sucessionais em áreas agrícolas abandonadas nos trópicos (Holl, 2007). A qualidade e a quantidade das espécies da colonização inicial após o abandono das atividades agrícolas determinam as trajetórias sucessionais por décadas e, talvez, até séculos (Chazdon, 2008b).

Fig. 7.1 *Exemplos de sucessão estagnada: (A) invasão de samambaia em áreas em pousio em Chiapas, no México; (B) antigas pastagens no Parque Nacional Soberania, no Panamá, agora cobertas por gramíneas da espécie* Saccharum spontaneum *de 1 m de altura*

QUADRO 7.1 Dez condições locais e de paisagem que favorecem a colonização rápida e diversificada de áreas agrícolas ou pastagens abandonadas em regiões tropicais, ao promover a disponibilidade de propágulos e recursos para a regeneração tanto de espécies pioneiras quanto de não pioneiras

1. Presença de camada superficial de solo
2. Proximidade de fragmentos florestais
3. Rebrota de raízes ou troncos de árvores
4. Banco de sementes intacto no solo
5. Presença de espécies lenhosas secundárias iniciais e tardias na chuva de sementes
6. Colonização contínua de espécies nativas vindas das áreas circundantes
7. Supressão de gramíneas pela colonização de árvores e arbustos pioneiros
8. Diversidade animal e microbiana (insetos, vertebrados, fungos do solo)
9. Proteção contra incêndios frequentes
10. Proteção contra a caça e a retirada excessiva de serapilheira e produtos florestais

As trajetórias sucessionais são determinadas por condições abióticas, interações bióticas e contexto histórico. Esses conjuntos amplos de fatores determinam a origem das espécies que colonizam florestas em regeneração e as condições que elas encontrarão ao chegar. Se florestas maduras taxonômica e funcionalmente diversas estiverem presentes na paisagem – e as sementes puderem ser dispersas até áreas abertas e recrutadas como plântulas, árvores jovens e árvores –, a composição de espécies das florestas em regeneração irá se assemelhar mais rapidamente à composição das florestas maduras (Chazdon et al., 2009b; Dent; Wright, 2009). As populações-fonte e os processos de dispersão conectam os processos locais de regeneração florestal às características da paisagem circundante. Um fator-chave determinante das trajetórias sucessionais é até que ponto as espécies vegetais e animais típicas de florestas maduras são capazes de colonizar as florestas em regeneração durante os estágios iniciais e intermediários da sucessão. O desmatamento contínuo e as pressões humanas nas florestas tropicais são os maiores obstáculos para a regeneração florestal e para a conservação das espécies de florestas tropicais em paisagens antrópicas (Melo et al., 2013).

7.1 Os efeitos do uso da terra e dos legados biológicos sobre a disponibilidade de propágulos e as formas de regeneração

Quando uma clareira se abre em uma floresta intacta, as novas árvores originam-se principalmente de quatro fontes: o banco de sementes do solo, as sementes dispersadas, a rebrota de troncos e galhos danificados, e o conjunto local de plântulas e árvores jovens que sobreviveram ao distúrbio (este último conhecido como regeneração avançada) (Uhl et al., 1990; Vieira; Proctor, 2007). Durante a abertura de florestas para a agricultura itinerante, os primeiros colonizadores originam-se de um conjunto de espécies já presentes de plantas estabelecidas, rebrotas ou sementes dormentes do banco de sementes (De Rouw, 1993; Quintana-Ascencio et al., 1996). Essas espécies geralmente se mantêm como colonizadoras iniciais da sucessão se a área agrícola for abandonada após apenas um ciclo de colheita com pouca capina. O crescimento vigoroso da rebrota fornece uma vantagem competitiva durante os estágios iniciais da sucessão florestal. Em áreas de pousio de agricultura itinerante em Bragantina, na região brasileira da Amazônia Oriental, 81%-86% dos indivíduos e 68%-81% das espécies de árvores acima de 5 cm de diâmetro à altura do peito (DAP) foram originados de brotações (Vieira; Proctor, 2007). Em San Carlos de Río Negro, na Venezuela, 54% das árvores com mais de 5 cm de DAP em áreas de pousio de três anos eram brotações (Uhl et al., 1982). A regeneração por meio de rebrota é mais comum em florestas tropicais secas, pois a falta de água favorece um maior investimento energético nas raízes (Ewel, 1977; Vieira; Scariot, 2006; Holl, 2007). Por persistir como uma memória ecológica da vegetação do passado, as rebrotas favorecem a continuidade entre as florestas originais e os estágios iniciais de regeneração após agricultura itinerante, incêndios, extração de madeira e distúrbios causados pelo vento.

Mesmo após a derrubada e queima da floresta, muitas espécies pioneiras e não pioneiras são capazes de rebrotar da raiz e/ou tronco (Kammesheidt, 1999). Em áreas de pousio de agricultura itinerante de sete a dez anos na floresta seca do Laos, até 30% dos indivíduos de espécies não pioneiras eram rebrotas de sistemas radiculares remanescentes (McNamara et al., 2012). A importância da rebrota pode variar significativamente em função do uso da terra. Em florestas de três a oito anos dominadas pelo gênero *Vismia* na Amazônia Central, todos os indivíduos de *Vismia* examinados foram originados de brotações. A rebrota das espécies desse gênero é favorecida por incêndios frequentes nas pastagens antes do abandono. Por outro lado, o recrutamento de árvores (incluindo *Vismia*) em florestas de idade semelhante dominadas pelo gênero *Cecropia* originou-se, em sua maioria, de sementes (Wieland et al., 2011). A importância da rebrota nas áreas de pousio da agricultura itinerante foi demonstrada em um estudo comparativo em áreas agrícolas de arroz e papoula na província de Chiang Mai, no norte da Tailândia. Os tocos das árvores eram deixados em roçados de arroz, enquanto as árvores e arbustos eram arrancados e queimados como preparo da área para os plantios de papoula. A diversidade de espécies e a biomassa acima do solo eram maiores em florestas de 30-49 anos em regeneração após o cultivo de arroz em comparação às florestas de idade semelhante em regeneração após o cultivo de papoula (Fukushima et al., 2008). A rebrota também é um mecanismo importante para a regeneração arbórea após a extração de madeira e ciclones, os quais serão discutidos nos Caps. 8 e 9.

O banco de sementes do solo também é uma fonte importante de indivíduos regenerantes durante a sucessão em áreas agrícolas abandonadas. A importância do banco de sementes do solo para a colonização pelas primeiras plântulas herbáceas e arbóreas aumenta com o tamanho da área desflorestada. Muitas árvores pioneiras com sementes pequenas que permanecem no banco de sementes são fotoblásticas, exigindo exposição direta à luz vermelha para a germinação (Vázquez-Yanes; Orozco-Segovia, 1993). Diversas espécies arbóreas pioneiras, como *Ochroma lagopus* e *Heliocarpus donnell-smithii*, precisam que a temperatura do solo varie para germinar. As sementes de árvores pioneiras podem permanecer no banco de semente do solo por décadas: amostras de solo da ilha Barro Colorado, no Panamá, mostraram que as sementes de *Zanthoxylum ekmanii* (Rutaceae) podem germinar após 18 anos no solo, *Trema micrantha* (Cannabaceae), após 31 anos, e *Croton billbergianus* (Euphorbiaceae), após 38 anos (Dalling; Brown, 2009). Por outro lado, é raro que as sementes de espécies secundárias tardias sejam encontradas no banco de sementes do solo; essas espécies apresentam longevidade relativamente baixa das sementes, não suportam a dessecação e germinam logo após serem dispersas (Vázquez-Yanes; Orozco-Segovia, 1993). Nas pastagens de Chiapas, no México, o banco de sementes foi mais importante que a chuva de sementes para o recrutamento de espécies arbóreas secundárias iniciais, mas o oposto foi observado para as espécies secundárias tardias (Benítez-Malvido; Martínez-Ramos; Ceccon, 2001). Os incêndios frequentes podem eliminar tanto o banco de sementes do solo quanto o "banco de rebrotas", restando somente a chuva de sementes como a única fonte de novos indivíduos arbóreos durante os estágios iniciais da sucessão.

A intensidade do manejo das pastagens na Amazônia Oriental exerce forte influência sobre as primeiras plantas colonizadoras após o abandono (Tab. 7.1). Algumas pastagens antigas persistem na forma de áreas abandonadas dominadas por gramíneas e arbustos durante muitos anos. As pastagens que foram abandonadas em menos de um ano após seu estabelecimento apresentaram elevadas taxas de regeneração florestal e colonização por espécies arbóreas vindas de florestas maduras, mas representam apenas 20% das pastagens abandonadas no fim da década de 1980 (Uhl; Buschbacker; Serrão, 1988; Nepstad; Uhl; Serrão, 1991). A disponibilidade de espécies é um fator limitante importante para a regeneração de pastagens utilizadas intensivamente, pois, nesses casos, a chuva de sementes é a única fonte de novos colonizadores e as taxas de predação de sementes e mortalidade de plântulas são elevadas.

TAB. 7.1 Efeito da intensidade de manejo da pastagem na regeneração lenhosa oito anos após o abandono em Paragominas, Pará, Brasil

	Uso para pastagem (anos)	Manejo da pastagem (atividade)	Biomassa acima do solo (Mg/ha)*	Número de espécies arbóreas (/100 m²)	Fontes de regeneração arbórea
Floresta madura	0	n/a	285-328	23-29	Regeneração avançada, chuva de sementes, banco de sementes, rebrota
Uso leve	≤ 1	Sem capina, pastoreio leve	90	21-25	Rebrota, banco de sementes, chuva de sementes
Uso moderado	6-12	Capina, queima a cada 1-3 anos	33	16-19	Rebrota, banco de sementes, chuva de sementes
Uso intensivo	6-13	Escavado, arado, capina mecânica	5	0	Chuva de sementes

* Um megagrama equivale a 10^6 g (N.T.).

Fonte: baseado em Uhl, Buschbacker e Serrão (1988).

Os estudos nas regiões tropicais do planeta demonstraram que a maioria das sementes é dispersa por curtas distâncias, com a chuva de sementes diminuindo conforme o aumento da distância da vegetação florestal. Mais espécies arbóreas são dispersas pelo vento em florestas tropicais secas do que em florestas pluviais (Chazdon et al., 2003; Vieira; Scariot, 2006). Em uma região de florestas secas na Índia, a chuva de sementes dispersas pelo vento em áreas abertas para a agricultura e depois abandonadas diminuiu abruptamente com o aumento da distância da floresta, mas as sementes dispersas por vertebrados não apresentavam tal padrão espacial. Apesar de as sementes dispersas pelo vento prevalecerem em áreas abertas, as plântulas e as árvores jovens de espécies dispersas por vertebrados foram três vezes mais abundantes na vegetação em regeneração (Teegalapalli; Hiremath; Jathanna, 2010).

A distância da borda da floresta pode reduzir a diversidade da vegetação colonizadora por períodos muito maiores do que os estágios iniciais da sucessão (Günter et al., 2007). A proximidade da vegetação florestal é particularmente importante para a chegada de espécies secundárias tardias de sementes grandes (Norden et al., 2009). Ao longo da sucessão, a abundância de espécies secundárias tardias aumenta na chuva de sementes se houver fragmentos florestais próximos que atuem como fontes de sementes (Del Castillo; Pérez Ríos, 2008). O desenvolvimento florístico em campos abandonados em Veracruz, no México, estava positivamente relacionado ao perímetro dos remanescentes florestais na paisagem circundante (Purata, 1986). A extensão e a distribuição da cobertura florestal na paisagem – a memória ecológica externa – são, portanto, um fator-chave para se determinar o recrutamento gradual de espécies de florestas maduras durante a sucessão secundária em escala local (Chazdon et al., 2009b).

Depois de usos do solo que removem o banco de sementes e as raízes e troncos das árvores, a chuva de sementes é a única fonte para novas colonizações. Essas situações são encontradas após atividades de mineração de ouro, em que a floresta é derrubada, camadas superficiais do solo são removidas e o solo é extraído por meio de escavações profundas. Rodrigues et al. (2004) monitoraram os estágios iniciais de regeneração de árvores e arbustos em áreas onde ocorreram atividades de mineração de ouro em Mato Grosso, Brasil, após os poços de mineração terem sido preenchidos com pedregulho e areia e o restante do solo ter sido depositado sobre a área. A quantidade de espécies e de indivíduos e a diversidade de espécies foram maiores próximo a um fragmento florestal (Fig. 7.2). Espécies típicas de estágios sucessionais tardios foram encontradas apenas em parcelas adjacentes ao fragmento florestal remanescente. Esses resultados enfatizam, de maneira clara, a importância dos fragmentos florestais remanescentes para a regeneração florestal em áreas degradadas; mesmo remanescentes florestais pequenos são uma importante fonte de sementes e refúgio para animais dispersores.

A disponibilidade de espécies também pode limitar a colonização inicial em áreas de pousio de agricultura itinerante (Delang; Li, 2013). Após uma sequência de ciclos de agricultura itinerante em Kalimantan, na Indonésia, a diversidade diminuiu para espécies secundárias tanto iniciais como tardias com o aumento na quantidade de ciclos (Fig. 7.3). Essas reduções refletem mais as mudanças na paisagem – que afetaram a disponibilidade local de espécies – do que mudanças na fertilidade do solo. A chuva de sementes diminuiu significativamente em áreas a 300 m ou mais de distância de florestas maduras. As alterações na estrutura da paisagem também são importantes na redução das espécies secundárias tardias, pois a distância da floresta primária aumentou com o número de ciclos de cultivo (Lawrence, 2004; Lawrence; Schlesinger, 2001; Robiglio; Sinclair, 2011).

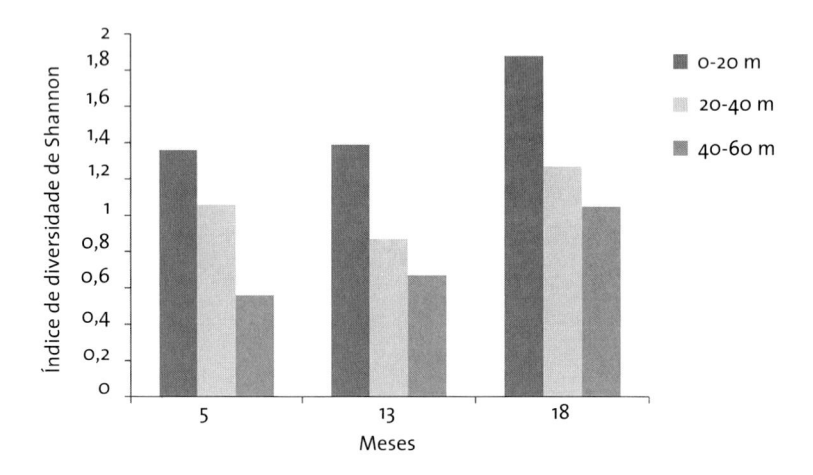

Fig. 7.2 *Diversidade de arbustos e árvores com altura maior ou igual a 0,5 m em parcelas de 20 m × 160 m paralelas a um fragmento florestal remanescente após a derrubada da floresta para mineração de ouro em Mato Grosso, no Brasil. A diversidade de arbustos e árvores diminuiu com o aumento da distância do fragmento florestal remanescente (0-20 m e 40-60 m). Os dados foram coletados 5, 13 e 18 meses após a terraplanagem, o preenchimento do poço com cascalho e areia e a redistribuição do solo remanescente sobre a área degradada*
Fonte: Rodrigues et al. (2004, Tab. 2).

Dois estudos no Laos mostraram efeitos distintos da agricultura itinerante sobre a disponibilidade de espécies em áreas de pousio jovens. Em áreas de pousio de agricultura itinerante nas terras baixas do Laos, a riqueza de espécies, a densidade de indivíduos e a área basal diminuíram após o terceiro ciclo de cultivo, em comparação ao primeiro ciclo, sendo a redução em área basal particularmente alta (72%; Sovu et al., 2009). A degradação progressiva após quatro ou seis ciclos de cultivo pode causar o retardamento da sucessão em alguns sistemas de agricultura itinerante (Boxe 7.1). Por sua vez, outro estudo em áreas de pousio de agricultura itinerante no Laos apresentou um elevado potencial de regeneração de espécies não pioneiras (McNamara et al., 2012). Os pousios de 7-10 anos que foram cultivados apenas uma vez foram comparados a áreas de pousio de idade semelhante que foram cultivados de três a cinco vezes nos últimos 30 anos. A riqueza de espécies de árvores jovens não pioneiras foi semelhante entre os dois tipos de pousio e as florestas primárias remanescentes, e a composição de árvores não pioneiras não diferiu significativamente entre os dois tipos de pousio. A constatação de que a agricultura itinerante mais intensiva reduziu a regeneração de espécies não pioneiras demonstra a importância da contribuição das rebrotas dos sistemas radiculares sobreviventes e a proximidade dos remanescentes de florestas primárias na área. Em áreas mais densamente povoadas do Laos, os períodos de pousio são mais curtos, comprometendo a regeneração (Sovu et al., 2009).

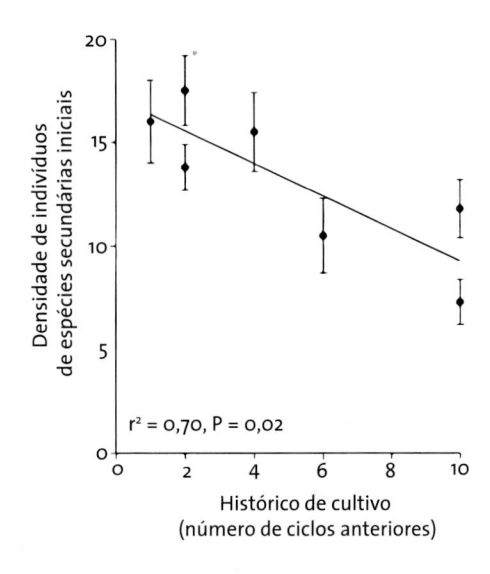

Fig. 7.3 *Redução na densidade de árvores secundárias iniciais (n/300 m²) com DAP maior ou igual a 5 cm em função da quantidade de ciclos de agricultura itinerante anteriores em Kalimantan, na Indonésia. Os dados representam as médias para quatro parcelas por local mais ou menos um erro padrão*
Fonte: Lawrence (2004, Fig. 8).

Boxe 7.1 Sucessão estagnada e desviada
Legados de uso do solo intensivo
O abandono de áreas agrícolas após o uso intensivo do solo pode causar a dominância de formações vegetais que retardam a sucessão, prorrogando a recuperação da estrutura, da composição e dos serviços ecossistêmicos da floresta, caso intervenções objetivas não sejam tomadas. O uso intensivo do solo e os distúrbios múltiplos – como a extração de madeira seguida por incêndios – criam condições que favorecem a dominância persistente de uma única espécie capaz de excluir competitivamente as espécies pioneiras nativas e evitar o desenvolvimento normal da vegetação sucessional.

A sucessão estagnada, geralmente na forma de uma cobertura persistente de gramíneas e samambaias invasoras, é fortemente associada à redução do período de pousio em sistemas de agricultura itinerante e ao uso frequente de fogo após a extração de madeira em diversas áreas nos trópicos (Cohen; Singhakumara; Ashton, 1995; Ashton et al., 1997; Ramakrishnan, 1998). Um ciclo vicioso entre as condições ambientais e a vegetação invasora, frequentemente (mas não necessariamente) envolvendo incêndios, impede a dinâmica sucessional da vegetação (D'Antonio; Vitousek, 1992). Trinta anos após o abandono dos plantios de chá em regiões montanhosas do Sri Lanka, os campos ainda cobriam essas áreas, devido à dominância por *Cymbopogon nardus*, que foi plantado para estabelecer os terraços erguidos durante o cultivo do chá (Gunaratne et al., 2010).

Na Indonésia, estima-se que 64 milhões de hectares de áreas que eram florestas estão, hoje, dominados por *Imperata cylindrica* (caniço-branco), uma gramínea pantropical perene e com rizomas (Otsamo et al., 1995; Kuusipalo et al., 1995). Os maiores campos de *Imperata* encontram-se no interior de Bornéu, ocupando áreas de antigas florestas de dipterocarpáceas que foram submetidas à extração de madeira seguida por agricultura itinerante com curtos períodos de pousio e incêndios frequentes (Kuusipalo et al., 1995; Garrity et al., 1997; Yassir; Van der Kamp; Buurman, 2010). A gramínea *Imperata* é capaz de crescer em diversos tipos de solo, e os campos formados por essa gramínea, uma vez estabelecidos, são altamente inflamáveis. A gramínea *Imperata* estagna a sucessão secundária ao excluir competitivamente a vegetação pioneira e secundária inicial da sucessão e pelos seus efeitos alelopáticos sobre as sementes das árvores (Kuusipalo et al., 1995). Na ausência de incêndios frequentes, a sucessão secundária consegue ocorrer nos campos de *Imperata* na parte oriental de Kalimantan. Dentro de nove anos, a cobertura de *Imperata* foi reduzida para 18%, enquanto a cobertura de arbustos e árvores jovens aumentou para 44% (Yassir; Van der Kamp; Buurman, 2010).

Sistemas monoespecíficos dominam as áreas de pousio da agricultura itinerante desenvolvida pelo povo Betsimisaraka nas florestas pluviais da região oriental de Madagascar. Nos primeiros ciclos, as áreas de pousio são dominadas por árvores pioneiras, nos ciclos subsequentes, por arbustos, até que são inevitavelmente dominadas por samambaias e gramíneas nos ciclos finais (Styger et al., 2007). Devido à redução nos períodos de pousio, a degradação da terra ocorre dentro de 20-40 anos após a primeira derrubada da floresta. As restrições para a derrubada de florestas em diversas regiões tropicais pressionaram os agricultores a reduzir os períodos de pousio, gerando degradação e reduzindo a resiliência florestal em paisagens de agricultura itinerante (Schmook, 2010; Robiglio; Sinclair, 2011).

No Panamá, a gramínea exótica *Saccharum spontaneum*, originária da Ásia, invade pastagens abandonadas que foram estabelecidas sobre florestas tropicais pluviais. Essa gramínea é adaptada à seca e aos incêndios frequentes, apresentando rizomas profundos, o que contribui para a manutenção das suas populações nessas áreas. Os campos dominados pelo gênero *Saccharum* e suscetíveis a incêndios impedem o desenvolvimento das fases iniciais de sucessão secundária, e ações de restauração intensiva são necessárias para aumentar a regeneração arbórea (Hooper; Legendre; Condit, 2004, 2005; Jones et al., 2004; Kim; Montagnini; Dent, 2008).

A intensificação do uso da terra levou à invasão generalizada da samambaia-das-taperas (*Pteridium aquilinum*) em Chiapas, na região sul de Yucatán, no México (Douterlungne et al., 2010; Schneider; Fernando, 2010). A samambaia-das-taperas cresce em áreas com incêndios frequentes, impedindo o estabelecimento de plântulas, esgotando o banco de sementes do solo e estagnando a sucessão secundária. A samambaia *Dicranopteris pectinata* forma touceiras na floresta tropical após extração de madeira, agricultura, incêndios e subsequente erosão do solo. Essas touceiras podem impedir a sucessão natural na República Dominicana (Slocum et al., 2006).

As árvores e arbustos invasores também podem estagnar a sucessão após o abandono de áreas de cultivo. O arbusto lenhoso agressivo neotropical *Chromolaena odorata* invade áreas de pousio na África Ocidental, Indonésia e Ásia, formando um dossel fechado e suprimindo o crescimento de outras plantas, inclusive outras plantas daninhas (Koutika; Rainey, 2010). Em 1998, uma plantação de chá de 25 ha nas terras altas do Sri Lanka foi abandonada como parte de uma ação de restauração e, dentro de seis meses, o arbusto neotropical invasor *Austroeupatorium inulifolium* estabeleceu-se, dominando a cobertura vegetal juntamente com a árvore australiana de crescimento rápido *Acacia decurrens* (Pethiyagoda; Nanayakkara, 2012). A invasão dessas espécies foi provavelmente facilitada pela elevada erosão do solo no plantio de chá e pela ausência de vegetação florestal em regeneração para servir como fonte de propágulos. A sucessão florestal é estagnada em áreas densamente dominadas por bambus (*Guadua* spp.), os quais cobrem 180.000 km^2 no sudoeste da Amazônia (Nelson, 1994; Griscom; Ashton, 2011). A elevada dominância por bambus altera a estrutura da vegetação e reduz a riqueza de espécies de árvores (Lima et al., 2002). Em florestas decíduas mistas da Tailândia, a proliferação do bambu após distúrbios florestais reduz a abundância e a riqueza de espécies de plântulas arbóreas (Larpkern; Moe; Totland, 2011).

As interações entre os distúrbios que geram abertura de dossel, a vegetação e os herbívoros grandes também podem levar a formações vegetais que impedem a sucessão (Struhsaker; Lwanga; Kasenene, 1996; Kasenene, 2001). No Parque Nacional Kibale, em Uganda, grandes clareiras criadas pela extração seletiva de madeira foram rapidamente colonizadas por um manto agressivo e persistente de herbáceas, dominado pelo arbusto nativo sublenhoso *Acanthus pubescens* (Chapman et al., 1999). Essas clareiras apresentaram pouca regeneração florestal 30 anos após a extração seletiva de madeira (Chapman; Chapman, 2004; Paul et al., 2004; Lawes; Chapman, 2006). A interação entre elefantes e manchas de vegetação aberta cria um ciclo vicioso que favorece a persistência de *A. pubescens* em áreas florestais perturbadas, como clareiras criadas pela extração de madeira.

Existem limites para a resiliência dos ecossistemas florestais tropicais. Os casos de sucessão estagnada são exemplos de estados alternativos estáveis após uso do solo intensivo e distúrbios múltiplos (Scheffer et al., 2012). O reflorestamento dessas áreas precisará de intervenções ativas e provavelmente custosas (Lamb, 2011).

O conjunto formado por sementes, rebrotas e vegetação remanescente compõe as memórias ecológicas interna e externa, que são componentes essenciais para a resiliência florestal (Bengtsson et al., 2003; Chazdon; Arroyo, 2013). As árvores remanescentes em campos cultivados ou pastagens promovem a dispersão de sementes logo após o abandono e potencialmente por períodos que vão além dos estágios iniciais de sucessão. Se as fontes de propágulos que colonizam áreas agrícolas abandonadas são originadas de espécies típicas de florestas maduras, a composição de espécies das florestas em regeneração irá se assemelhar cada vez mais às florestas maduras com o passar do tempo; caso contrário, a composição será dominada por espécies especialistas de florestas sucessionais por muitos anos (Howe; Miriti, 2004; Martínez-Garza et al., 2009). Independentemente da fonte, a disponibilidade de propágulos é altamente estocástica temporal e espacialmente, contribuindo para variações locais na colonização sucessional inicial e nas trajetórias sucessionais.

7.2 Os efeitos do uso do solo sobre a qualidade do sítio e a disponibilidade de recursos

A combinação da disponibilidade de espécies e de recursos determina a velocidade e a qualidade da regeneração florestal (ver Fig. 6.2, p. 130). Esses eixos geralmente são interdependentes, pois tanto a vegetação remanescente quanto a qualidade do solo são alterados pela extensão e pela intensidade do uso anterior do solo. As árvores remanescentes deixadas nas pastagens afetam a dispersão de sementes e as condições ambientais locais para a germinação de sementes após o abandono de pastagens (Boxe 7.2). A disponibilidade de água e nutrientes no solo e a existência de locais seguros para a germinação e o estabelecimento vegetal são os fatores básicos que determinam a sobrevivência de plântulas em novas áreas.

> **BOXE 7.2 Árvores remanescentes e nucleação em áreas agrícolas abandonadas**
> A presença de árvores remanescentes em pastagens extensas pode aumentar significativamente a chuva de sementes e o estabelecimento de plântulas, enriquecendo os estágios iniciais e intermediários da sucessão secundária. Quando aves e morcegos são atraídos por locais de empoleiramento ou pela frutificação da vegetação em pastagens e áreas de pousio, a velocidade da sucessão é acelerada pela maior quantidade e diversidade das sementes dispersas e pelo aumento no recrutamento de espécies lenhosas, inclusive de espécies típicas de florestas maduras.

Esse processo de nucleação (Yarranton; Morrison, 1974) pode ser iniciado por árvores isoladas que foram poupadas do corte durante a derrubada da floresta para o estabelecimento de pastagem ou agricultura itinerante (Guevara; Purata; Van der Maarl, 1986; Guevara et al., 1992), árvores jovens (Campbell; Lynam; Hatton, 1990) e arbustos (Vieira; Uhl; Nepstad, 1994) pioneiros, ou árvores que regeneraram a partir de sementes ou brotamentos em pastagens ou áreas de roçado antes do abandono (Toh; Gillespie; Lamb, 1999). As árvores nucleadoras amenizam o microclima e as condições do solo abaixo de suas copas, fornecem poleiros para vertebrados frugívoros e produzem sementes. Coletores de sementes abaixo das copas de arvoretas de *Solanum crinitum* em uma pastagem abandonada na região de Paragominas, no Brasil, continham 400 vezes mais sementes do que coletores na matriz aberta formada por gramíneas e arbustos; dezoito espécies arbóreas foram coletadas abaixo das arvoretas, enquanto apenas duas foram coletadas em áreas abertas (Nepstad; Uhl; Serrão, 1991).

Em pastagens abandonadas em uma região de floresta tropical seca na Costa Rica, a sucessão secundária é acelerada pelas árvores nucleadoras, principalmente pela atração de vertebrados dispersores de frutas (Zahawi; Augspurger, 2006). Na ausência de árvores nucleadoras, as espécies dispersas pelo vento são as únicas colonizadoras de pastagens abandonadas. Um conjunto mais diverso de árvores e arvoretas dispersas por vertebrados acumula-se abaixo do dossel de árvores nucleadoras, criando um ciclo virtuoso de aumento da produção de sementes, da visitação de frugívoros e da chuva de sementes. Com o passar do tempo, as pequenas manchas formadas pelas árvores nucleadoras aumentam e se fundem, transformando a pastagem em uma floresta jovem (Janzen, 1988).

Estudos nos trópicos demonstraram o aumento no estabelecimento de sementes de espécies dispersas por vertebrados abaixo de árvores remanescentes em comparação a áreas distantes de remanescentes no mesmo local. Em pastagens abertas na floresta pluvial de Los Tuxtlas, na região de Veracruz, no México, as espécies lenhosas e as espécies dispersas por vertebrados foram mais que duas vezes mais abundantes abaixo da copa de árvores remanescentes do que no perímetro da copa e em pastagens abertas, e as espécies arbóreas foram de três a quatro vezes mais abundantes abaixo das árvores remanescentes (Guevara et al., 1992). Mais de 50% das espécies encontradas abaixo das árvores remanescentes eram zoocóricas (dispersas por animais), em comparação à proporção de 38%-39% encontrada em outros locais. Estudos posteriores nessa região confirmaram a contribuição de morcegos e aves para a chuva de sementes abaixo de árvores remanescentes do gênero *Ficus* (Galindo-González; Guevara; Sosa, 2000). A maioria das sementes era de espécies arbóreas e arbustivas; 89% eram de espécies zoocóricas e 24,6% eram típicas de estágios sucessionais tardios. As árvores remanescentes de *Ficus* frequentemente atraem aves e morcegos que trazem sementes de árvores matrizes a mais de 75 m de distância (Laborde; Guevara; Sánchez-Ríos, 2008). A chuva de sementes foi maior abaixo de árvores remanescentes com frutos carnosos do que abaixo de árvores com frutos secos nas pastagens de Veracruz, no México (Guevara; Purata; Van der Maarl, 1986), e no nordeste da Costa Rica (Slocum; Horvitz, 2000).

Em sistemas tradicionais de agricultura de roçado, árvores isoladas geralmente são poupadas durante a abertura de áreas de cultivo. No sul de Camarões, Carrière et al. (2002) compararam a regeneração abaixo de árvores remanescentes em áreas de pousio de 3 a 20 anos. A abundância relativa da regeneração arbórea e a proporção de espécies dispersas por vertebrados foram ambas significativamente maiores abaixo da copa das árvores remanescentes do que longe das copas. Longe das copas, a menor chuva de sementes e as condições de maior exposição favorecem o estabelecimento clonal de monocotiledôneas herbáceas exigentes de luz.

Além do efeito de nucleação da sucessão, as árvores remanescentes em pastagens também podem facilitar a regeneração de pelo menos três outras maneiras. Primeiramente, as árvores isoladas em pastagens servem como fonte de sementes para a regeneração arbórea abaixo de outras árvores isoladas (Laborde; Guevara; Sánchez-Ríos, 2008) e como fonte de pólen e de sementes para árvores em regeneração em fragmentos florestais e em florestas em regeneração (Aldrich; Hamrick, 1998; White; Boshier; Powell, 2002; Sezen; Chazdon; Holsinger, 2007).

A segunda maneira seria o armazenamento de sementes de espécies arbóreas no solo que se forma na copa das árvores. Em florestas montanas da Costa Rica, o banco de sementes presente no solo das copas de árvores isoladas em pastagens era semelhante àquele encontrado no solo da copa de uma floresta intacta (Nadkarni; Haber, 2009). Quase metade das espécies que emergiram da camada de solo no dossel de árvores isoladas em pastagens eram árvores, e mais de 40% dessas árvores eram espécies típicas de floresta madura.

Por fim, a terceira maneira pela qual as árvores isoladas em pastagens facilitam a regeneração natural é por meio da influência contínua no recrutamento de árvores abaixo das copas além dos estágios iniciais de sucessão, e mesmo após o fechamento do dossel. Em florestas montanas da Costa Rica, a densidade e a riqueza de espécies dos indivíduos recrutados foram significativamente maiores abaixo de árvores remanescentes entre 3 e 14 anos após o abandono da pastagem (Murray et al., 2008). As árvores remanescentes também influenciaram a composição da regeneração, aumentando a abundância de espécies secundárias tardias. Nas terras baixas da região do Caribe, na Costa Rica, a densidade de árvores e arvoretas diminuiu com o aumento da distância das árvores remanescentes 23 anos após o abandono da pastagem (Schlawin; Zahawi, 2008). As árvores remanescentes também favoreceram o recrutamento de árvores com sementes de diâmetro maior ou igual a 1 cm, as quais são dispersas por aves e morcegos. A distribuição espacial das plântulas, arvoretas e árvores dispersas por vertebrados em florestas em regeneração pode refletir um legado de longo prazo das árvores remanescentes e suas interações com frugívoros vertebrados.

Quando uma semente é dispersa até uma área agrícola abandonada ou emerge do banco de sementes, ela se depara com novas ameaças, tais como predação da semente e da plântula, seca e competição radicular (ver seção 12.3, p. 288). Muitas regiões tropicais apresentam estações secas pronunciadas, as quais impactam fortemente o estabelecimento de espécies pioneiras com sementes pequenas (Nepstad; Uhl; Serrão, 1991; Nepstad et al., 1996). A competição com a vegetação herbácea presente no momento do abandono também influencia muito o estabelecimento da vegetação do início da sucessão (Chazdon, 2003; Holz, Placci; Quintana, 2009). Em pastagens de gado degradadas em áreas íngremes, a intensa erosão do solo reduz a abundância e a diversidade dos esporos de fungos micorrízicos necessários para a assimilação de nutrientes do solo pela maioria das espécies arbóreas (Carpenter et al., 2001). A colonização inicial de árvores e arbustos que precisam de fungos micorrízicos pode ser significativamente retardada se os esporos não estiverem presentes no solo.

Depois do abandono da agricultura, as espécies cultivadas e as plantas daninhas relacionadas ao antigo cultivo podem persistir por vários anos na vegetação sucessional, inibindo significativamente a regeneração das espécies lenhosas pioneiras (Myster, 2004). Em antigos campos de *Saccharum officinarum* (cana-de-açúcar), *Musa sp.* (banana) e *Setaria sphacelata* (gramínea de pastagem) no Equador, essas espécies cultivadas continuaram a dominar pelos primeiros cinco anos de sucessão (Myster, 2007). As gramíneas de pastagem originárias da África comumente formam coberturas densas de até 3 m de altura em pastagens abandonadas, criando uma forte barreira para o estabelecimento de plântulas lenhosas (ver Boxe 7.1, p. 151; Aide et al., 1995; Holl et al., 2000). A elevada cobertura de gramíneas em pastagens abandonadas em Missiones, na Argentina, impediu o estabelecimento de plântulas lenhosas. O uso anterior do solo influenciou muito a composição de espécies em florestas em regeneração com menos de 20 anos em áreas abandonadas de pastagem, plantios de *Pinus*, culturas anuais ou plantios de *Ilex paraguariensis* (erva-mate), mas as diferenças em estrutura e composição não foram detectadas para florestas com mais de 20 anos (Holz; Placci; Quintana, 2009). Com base em múltiplas medições, pode-se concluir que a regeneração florestal em Petén, na Guatemala, foi significativamente mais rápida em áreas de pousio de agricultura itinerante e áreas de sistemas agroflorestais tradicionais abandonados do que em pastagens ou monoculturas intensivas de gergelim e milho abandonadas; nessas últimas, gramíneas e plantas daninhas do gênero *Bidens* (Asteraceae) suprimiram o estabelecimento da vegetação lenhosa (Ferguson et al., 2003). A intensidade de distúrbios foi um fator mais importante do que a variação edáfica para explicar a variação na estrutura e na composição das florestas em regeneração na ilha Hainan, no sul da China (Ding et al., 2012b).

A variação na fertilidade do solo pode afetar fortemente a composição e a velocidade da regeneração florestal (Guariguata; Ostertag, 2001). A sucessão secundária geralmente se desenvolve mais rapidamente em solos jovens, férteis e vulcânicos do que em solos lixiviados e pobres em nutrientes. As taxas de regeneração florestal em cinco regiões da bacia amazônica – quantificadas com base na altura da floresta – foram maiores na região com a maior fertilidade do solo (Moran et al., 2000). Na vegetação de campinas em pousio de agricultura itinerante na Amazônia venezuelana, as árvores jovens de espécies típicas de florestas maduras levaram 60 anos para dominar as espécies secundárias iniciais quanto à abundância (Saldarriaga et al., 1988). Por outro lado, comunidades de árvores jovens em florestas em regeneração de 15 a 20 anos em pastagens abandonadas sobre solos vulcânicos jovens no nordeste da Costa Rica já estavam dominadas por espécies de floresta madura. As plântulas mais abundantes das espécies de dossel nessas florestas eram de espécies arbóreas que também eram abundantes nas florestas maduras da região (Guariguata et al., 1997; Norden et al., 2009).

A regeneração florestal na Amazônia também é muito afetada pela história de ocupação e uso do solo. Nas regiões da Amazônia Oriental com um longo histórico de uso do solo, a regeneração florestal é lenta e poucas espécies compõem a regeneração (Tucker; Brondizio; Moran, 1998). De forma geral, áreas de pousio da agricultura itinerante tradicional apresentam maiores taxas de acúmulo de biomassa total do que áreas com usos do solo mais intensivos, como pastagens e cultivos mecanizados (Moran et al., 2000). A taxa de acúmulo de biomassa durante a regeneração florestal na bacia amazônica foi fortemente afetada pela quantidade de incêndios no passado, o que geralmente serve também como estimativa da quantidade de ciclos de cultivo na área (Zarin et al., 2005). Em média, florestas que passaram por cinco ou mais incêndios apresentaram uma redução de mais de 50% no acúmulo de biomassa quando comparadas a florestas que queimaram apenas uma ou duas vezes.

A agricultura itinerante sustentável baseia-se na recuperação dos nutrientes do solo e na eliminação de plantas daninhas durante os períodos de pousio (Aweto, 2013; Delang; Li, 2013). Em uma floresta tropical em Madagascar, as técnicas de preparo do solo, a duração dos cultivos e a idade da área de pousio tiveram impactos significativos na diversidade e na estrutura da vegetação em áreas de pousio de até 29 anos (Randriamalala et al., 2012). Preparos mais intensivos do solo e cultivos de longa duração (5-15 anos) levaram a uma lenta recuperação da regeneração lenhosa e favoreceram a dominância de espécies anemocóricas herbáceas nas áreas de pousio. Preparos mais intensivos da terra reduziram significativamente a riqueza de espécies, a área basal de espécies lenhosas, a altura da vegetação e a proporção de espécies dispersas por animais, enquanto cultivos de curta duração (1-2 anos), preparos do solo menos intensivos e períodos de pousio maiores desenvolveram florestas com maior diversidade de espécies e maior acúmulo de biomassa lenhosa. Períodos de cultivo mais longos aumentaram a abundância de espécies herbáceas e reduziram a altura da vegetação em áreas de pousio com idades maiores e intermediárias. A reincidência dos incêndios e a aração removeram a maioria dos tocos e raízes lenhosas e favoreceram o estabelecimento de espécies herbáceas dispersas pelo vento, retardando significativamente a sucessão da vegetação lenhosa.

A quantidade de ciclos de agricultura itinerante também pode reduzir os níveis de nutrientes disponíveis no solo durante os períodos de pousio, afetando a colonização inicial (Aweto, 2013). O fósforo frequentemente limita o crescimento das florestas tropicais. Depois de três ciclos de agricultura de roçado em florestas tropicais secas na península de Yucatán, no México, o fósforo disponível no solo diminuiu 44%, criando um ciclo vicioso de maior limitação de fósforo na vegetação em regeneração (Lawrence et al., 2007). Períodos de pousio longos são necessários para recuperar o fósforo perdido nesses ecossistemas de floresta seca. Nas florestas secas de Yucatán, o acúmulo de biomassa acima do solo e os níveis de detritos lenhosos grandes foram reduzidos significativamente na floresta em regeneração após três ou quatro ciclos de agricultura itinerante, em comparação a florestas com um único ciclo (Eaton; Lawrence, 2009). A redução dos períodos de pousio aumentou a abundância das espécies herbáceas daninhas e diminuiu a abundância de árvores pioneiras e espécies dispersas por vertebrados na floresta seca de Quintana Roo, no México (Dalle; De Blois, 2006). Adicionalmente, o encurtamento dos períodos de pousio compromete a sustentabilidade dos serviços ecossistêmicos e dos produtos florestais, como lenha, necessários para as populações locais (ver Boxe 7.1, p. 151).

Os estágios iniciais da sucessão são particularmente sensíveis a distúrbios severos no solo ou à sua degradação. Atividades como escavação, abertura de trilhas para o arraste de madeira, e mineração de subsuperfície removem a camada superficial, a matéria orgânica e os fungos e micróbios do solo, além de destruir o seu banco de sementes (ver Fig. 7.4). Sem a estrutura do solo, matéria orgânica ou inóculos micorrízicos, poucas espécies são capazes de colonizar. As intervenções de restauração podem recuperar a qualidade do solo e restabelecer a regeneração florestal nessas áreas (Chazdon, 2008a).

Fig. 7.4 Início da sucessão secundária em uma área desmatada na Reserva Florestal Atewa Range, em Gana. (A) Área de estudo em fevereiro de 1975, quando a transecção inicial foi estabelecida. Minério de bauxita foi removido nas áreas planas com uso intensivo de retroescavadeira, causando alta compactação do solo. (B) Dezoito meses após o desmatamento, árvores pioneiras estabeleceram-se, mas não no solo compactado pela retroescavadeira
Fonte: Michael Swaine, reimpresso com permissão. Swaine e Hall (1983).

7.3 Conclusão

O que leva alguns momentos para ser destruído por um facão, escavadeira ou motosserra pode levar décadas ou séculos para ser reconstruído por meio dos processos de sucessão secundária. Em regiões tropicais, os estágios iniciais de sucessão secundária são altamente sensíveis ao uso anterior do solo. Quando o uso do solo não é prolongado ou altamente intensivo, a sucessão secundária em geral procede rapidamente, fornecendo novos *habitat* para as espécies da fauna e flora da floresta, bem como serviços ecossistêmicos essenciais. Usos do solo que promovem a disponibilidade de propágulos e de recursos para a regeneração tanto de espé-

Fig. 7.4 *Início da sucessão secundária em uma área desmatada na Reserva Florestal Atewa Range, em Gana. (C) Quatro anos após o desmatamento, vê-se menos solo nu. Árvores pioneiras com dominância de* Musanga cecropioides *estão entrando em senescência, enquanto espécies da floresta madura aumentam em densidade e número de indivíduos. (D) Quinze anos mais tarde, a área já se regenerou consideravelmente e espécies não pioneiras são dominantes*
Fonte: Michael Swaine, reimpresso com permissão. Swaine e Hall (1983).

cies pioneiras como de não pioneiras maximizam o potencial para a regeneração florestal em paisagens modificadas pelo homem (ver a lista no Quadro 7.1, p. 145). A velocidade e a qualidade da regeneração florestal são determinadas mais pelo efeito do distúrbio na disponibilidade de propágulos e de recursos do que pela origem do distúrbio (natural ou antrópico).

A estrutura e a biomassa das florestas tropicais são surpreendentemente resilientes tanto a distúrbios humanos quanto naturais. No entanto, a recuperação da composição de espécies é um processo longo que se desenvolve por décadas ou séculos. A regeneração florestal após o uso agrícola do solo pode ser inibida ou alterada por incêndios e pela extração de madeira frequentes ou por distúrbios naturais em larga escala. A recuperação dos processos ecossistêmicos depois de distúrbios antrópicos pode ser relativamente rápida após usos do solo de baixa intensidade.

Claramente existem limites para a capacidade regenerativa dos ecossistemas das florestas tropicais, e esses limites variam com o clima, tipo de solo e estrutura da paisagem. Os esforços de restauração podem acelerar a recuperação da cobertura florestal, da qualidade do solo e da composição de espécies em muitos ecossistemas tropicais. Esses esforços focam aumentar a disponibilidade tanto de espécies quanto de recursos, criando as condições que favorecem a sucessão florestal em longo prazo (ver Fig. 6.2, p. 130).

Apesar de as condições ecológicas geradas pelo uso anterior do solo afetarem significativamente as trajetórias sucessionais, os principais obstáculos para a regeneração florestal nos trópicos originam-se de fatores socioeconômicos, culturais e políticos que governam os padrões de ocupação e uso da terra. Esses fatores e suas interações são discutidos no Cap. 14. Concluindo, o comprometimento de longo prazo com o aumento da cobertura florestal requer a redução das pressões humanas sobre as florestas tropicais – tais como extração de madeira, agricultura, caça e mineração – para que a regeneração espontânea, a regeneração natural assistida ou a restauração possam ser realizadas em áreas desmatadas próximas aos remanescentes de florestas maduras.

REGENERAÇÃO FLORESTAL APÓS FURACÕES E INCÊNDIOS

8

O ponto crucial do problema dos incêndios nas florestas tropicais não é a introdução do fogo nesses ecossistemas, mas a frequência com que eles estão sendo queimados. (Cochrane, 2003, p. 914).

Os ciclones tropicais (também conhecidos como furacões ou tufões) e os incêndios são os tipos mais comuns de distúrbios naturais que atingem as florestas tropicais. Após deslizamentos de terra, enchentes e erupções vulcânicas, as árvores são arrancadas ou completamente destruídas, e os solos são erodidos ou cobertos com uma grossa camada de cinzas ou lava. Por sua vez, furacões e tufões danificam a copa das árvores e podem derrubar algumas elas, mas o solo florestal continua intacto e a maioria das árvores adultas e juvenis sobrevive, geralmente por meio da rebrota (Boucher, 1990; Bellingham et al., 1992; Van Bloem; Murphy; Lugo, 2003; Lugo, 2008). De maneira semelhante, os incêndios florestais não matam todas as árvores, criando mosaicos espaciais de manchas florestais com diferentes intensidades de dano (Cleary; Priadjati, 2005).

Distúrbios grandes e de baixa frequência, como furacões e incêndios florestais, deixam um legado de manchas heterogêneas, que refletem a complexa interação de condições e eventos que definem intensidade, qualidade e extensão dos distúrbios em uma região (Baker; Bunyavejchewin; Robinson, 2008; Turton, 2008). Os impactos desses distúrbios podem variar entre ecossistemas insulares e continentais e também ao longo de gradientes de precipitação, sazonalidade, altitude, topografia, textura e disponibilidade de nutrientes do solo. Após furacões, incêndios e extração seletiva de madeira, uma parte significativa da memória ecológica – interna e externa – é mantida. Portanto, a sucessão florestal depois de furacões e incêndios difere da sucessão em áreas agrícolas abandonadas, pois algumas árvores se mantêm na área e produzem sementes e rebrotas, promovendo uma recuperação mais rápida da estrutura e da composição da vegetação (Chazdon, 2003).

As espécies ou populações mantêm-se após distúrbios em larga escala por meio de elevadas taxas de sobrevivência (persistência) ou elevada substituição (*turnover*) dos indivíduos. Espécies ou populações com baixa mortalidade após grandes distúrbios são consideradas *resistentes*, enquanto espécies ou populações com altas taxas tanto de mortalidade quanto de recrutamento são consideradas *resilientes*. Ambos os mecanismos promovem a recuperação de estrutura e composição florestal. Além desses dois grandes tipos de espécies, as comunidades de espécies resistentes e resilientes são enriquecidas por um terceiro grupo, as espécies *oportunistas*, que eram raras ou ausentes, mas que se proliferam após furacões ou incêndios. Uma quarta categoria é constituída de espécies muito danificadas e que apresentam baixas taxas de recrutamento ou crescimento após distúrbios em grande escala. Em longo prazo, essas espécies passam por declínios na sua abundância relativa e a regeneração dessas espécies *suscetíveis* requer condições particulares ou interações que foram rompidas – pelo menos temporariamente – pelo distúrbio. Esse arcabouço conceitual foi utilizado para descrever a resposta das populações arbóreas a furacões e outros distúrbios em larga escala (Quadro 8.1; Boucher et al., 1994; Bellingham; Tanner; Healey, 1995; Ostertag; Silver; Lugo, 2005). Conceitos semelhantes desenvolvidos por Bond e Van Wilgen (1996) descreveram as respostas das espécies a incêndios. A resistência e a resiliência são conceitos importantes da ecologia de distúrbios, os quais podem ser aplicados a indivíduos, populações, comunidades e ecossistemas inteiros (Holling, 1973; Harrison, 1979; Halpern, 1988).

QUADRO 8.1 Classificação das espécies arbóreas com base no nível de dano tolerado durante um furacão e na sensibilidade pós-furacão, conforme medidos pelas taxas de crescimento populacional

	Taxa de crescimento pós-furacão	
Nível de dano	Baixa	Alta
Baixo	Resistentes	Oportunistas
Alto	Suscetíveis	Resilientes

Fonte: baseado em Bellingham, Tanner e Healey (1995).

Este capítulo foca os padrões de regeneração após furacões e incêndios em florestas tropicais. Em florestas tropicais estacionais secas e savanas arborizadas, os incêndios são parte da ecologia e dinâmica da vegetação e, nesses ecossistemas, as árvores dominantes estão adaptadas aos regimes de incêndios (Baker; Bunyavejchewin; Robinson, 2008), sendo, basicamente, espécies resistentes ao fogo. Os incêndios são raros em florestas tropicais úmidas e ocorrem somente após secas severas, as quais também podem causar diretamente a morte de árvores (Chazdon,

2003; Van Nieuwstadt; Sheil, 2005). Dessa forma, poucas espécies arbóreas em florestas tropicais úmidas possuem características que aumentam sua resistência ao fogo e, nesses casos, mais árvores morrem após incêndios e a regeneração da vegetação florestal depende muito do recrutamento de novas plântulas, como nos estágios iniciais de sucessão em áreas desmatadas. Em áreas suscetíveis a furacões e ciclones, as florestas estão sujeitas a danos recorrentes causados pelo vento, o que levou as espécies dessas comunidades a se adaptarem a esse regime de distúrbios (De Gouvenain; Silander, 2003). Portanto, as trajetórias sucessionais após ciclones e incêndios dependem muito do grau em que as florestas foram historicamente expostas a esses regimes de distúrbios e da presença de espécies *resistentes*.

A quantidade excessiva de material combustível criada pelos furacões pode aumentar o risco de incêndios em florestas tropicais úmidas, especialmente durante períodos secos. Durante a estação seca de 1989, três meses após o furacão Joan ter atingido a costa sudeste da Nicarágua (Boxe 8.1), diversos incêndios alastraram-se por muitas das florestas danificadas pelo vento. Aquele foi um ano excepcionalmente seco devido a um forte El Niño Oscilação Sul (Enos). Árvores e galhos derrubados pelo furacão forneceram combustível adicional para os incêndios. Antes do furacão Joan e dos incêndios subsequentes, a Laguna Negra era cercada por florestas alagadas maduras (Urquhart, 2009). Após esses distúrbios, gramíneas, juncas, taboas (*Typha* sp.) e a samambaia *Blechnum serrulatum* colonizaram as áreas derrubadas e queimadas.

A história repetiu-se em Laguna Negra. Análises de testemunho sedimentar e de pólen revelaram que o furacão pré-histórico Elisenda atingiu Laguna Negra entre 3.830 e 2.820 anos AP (Urquhart, 2009). Após esse evento, uma série de incêndios ocorreu durante aproximadamente 200 anos, seguida pela regeneração da floresta alagada. Em torno de 75 anos após o início da regeneração, os incêndios retornaram, reduzindo a quantidade de pólen arbóreo e aumentando a quantidade de pólen de gramíneas e samambaias. Outros 75 anos mais tarde, as árvores das florestas alagadas aumentaram e os níveis de carvão diminuíram nas proximidades de Laguna Negra. Daquele momento em diante, uma floresta alagada madura desenvolveu-se na área. A regeneração dessa floresta alagada levou 400-500 anos em virtude dos obstáculos constantes impostos pelos incêndios. As florestas são entidades dinâmicas que, quando observadas de perto, revelam históricos cíclicos de distúrbio e recuperação. O longo histórico de distúrbios por furacões, secas e incêndios no sudeste da Nicarágua fornece um contexto essencial para entender a rápida regeneração das florestas nessa região após o furacão Joan.

Boxe 8.1 A regeneração florestal após o furacão Joan no sul da Nicarágua

Em 22 de outubro de 1998, o furacão Joan atingiu o sudeste da Nicarágua, a maior área de floresta tropical na América Central. Ventos com velocidades maiores que 250 km/h quebraram ou derrubaram 80% das árvores em 500.000 ha de floresta tropical de terras baixas. A área afetada pelo furacão Joan representou mais que 15% da área florestal da Nicarágua. Três semanas após a tempestade, restaram apenas 27% das árvores em pé e somente 18% ainda tinham folhas (Yih et al., 1991; Mascaro et al., 2005). No entanto, três meses após o furacão, 77% das árvores apresentavam folhas e 77 das 79 espécies arbóreas observadas possuíam pelo menos um indivíduo rebrotando. Apenas uma espécie pioneira, *Croton killipianus*, foi observada na forma de plântula nas áreas da floresta onde o inventário foi realizado; nenhuma das espécies pioneiras que colonizam áreas abertas foi observada. Yih et al. (1991) concluíram que a regeneração florestal nessa área ocorreu diretamente por meio da rebrota e recrutamento de espécies arbóreas que já estavam presentes na floresta, e não pela colonização por espécies pioneiras típicas dos estágios iniciais de sucessão secundária.

Estudos posteriores de longo prazo nessa região confirmaram a rápida recuperação após o furacão, dominada por árvores danificadas que rebrotaram e por árvores jovens de indivíduos presentes antes do furacão (Vandermeer et al., 1995; Vandermeer et al., 1996; Vandermeer; Granzow de la Cerda; Boucher, 1997; Vandermeer; Brenner; Granzow de la Cerda, 1998; Vandermeer et al., 2001). A regeneração florestal seguiu duas fases. Durante os primeiros seis anos, ocorreu a *fase de construção*, caracterizada pela rebrota de árvores adultas e jovens e o crescimento rápido de plântulas preexistentes, levando à formação de um dossel denso de 8 m a 10 m de altura. A competição intensa sob esse dossel denso levou à *fase de desbaste*, caracterizada por uma redução geral na densidade e na separação vertical entre indivíduos dominantes e dominados (Vandermeer; Brenner; Granzow de la Cerda, 1998; Vandermeer et al., 2001). Essas fases podem ser comparadas grosseiramente às fases de início da sucessão e desbaste natural descritas por Oliver e Larson (1996; ver Quadro 5.5, p. 109). O desbaste natural foi elevado entre 2000 e 2003, com as árvores sobreviventes significativamente maiores que as árvores que morreram. As árvores com mais de 10 m de altura cresceram rapidamente, enquanto aquelas menores que 10 m apresentaram crescimento reduzido ou nulo e maior chance de morrer. Em ambas as fases, as árvores adultas danificadas mantiveram-se de pé e formaram um dossel esparso. As espécies pioneiras ocorreram apenas em baixa abundância sob o dossel (Vandermeer et al., 2001; Vandermeer; Granzow de la Cerda, 2004).

Em média, 76% da biomassa acima do solo dessas florestas foi perdida imediatamente após o furacão Joan. Com o passar do tempo, a biomassa acima do solo aumentou de maneira constante, com uma taxa de acumulação média de 5,36 Mg por hectare por ano. Essas taxas são menores que as observadas em florestas atingidas pelo furacão Hugo em Porto Rico, em 1983, e em áreas agrícolas abandonadas em outras regiões. Diversos fatores podem explicar a baixa taxa de acúmulo de biomassa após o furacão Joan. Primeiro, a persistência e a rebrota de árvores adultas e jovens permitiram que a composição da floresta retornasse rapidamente às condições encontradas antes do furacão, dominada por espécies arbóreas de crescimento lento e com baixo estabelecimento de espécies pioneiras de crescimento rápido. Em segundo lugar, o dano florestal em larga escala nessas regiões topograficamente planas deixou poucas árvores capazes de produzir sementes, reduzindo a dispersão de sementes e limitando a colonização por espécies pioneiras. Por fim, o grau de perda de biomassa após o furacão foi muito mais severo na Nicarágua do que em Porto Rico (Mascaro et al., 2005; Scatena et al., 1996).

O baixo recrutamento de espécies pioneiras nas áreas de estudo em longo prazo teve outra consequência importante para a regeneração florestal: a riqueza de espécies arbóreas aumentou dramaticamente durante o período de dez anos após o furacão. A riqueza de espécies com fuste maior ou igual a 3,2 cm de diâmetro à altura do peito (DAP) nas florestas atingidas pelo furacão foi de duas a três vezes maior do que em áreas florestais ao norte, que não foram afetadas pelo furacão Joan (Vandermeer et al., 2000). Apesar do impacto catastrófico do furacão Joan nas florestas do sudeste da Nicarágua, a regeneração florestal foi rápida e diversa, refletindo uma forma de sucessão fundamentalmente diferente daquelas observadas em áreas agrícolas abandonadas na região (Boucher et al., 2001). No entanto, as trajetórias da composição de espécies das seis parcelas do estudo em longo prazo não apresentaram tendências de ter maior similaridade ao longo dos 12 anos de estudo, o que sugere que a composição de espécies nessas florestas não converge para um único estado de equilíbrio (Vandermeer et al., 2004).

8.1 Danos e regeneração após furacões

Os ciclones não ocorrem de maneira uniforme no planeta. Quase 90% de todos os ciclones tropicais são formados em uma região entre 10 e 20 graus ao norte e ao sul do equador. Existem seis grandes regiões de "cinturões de furacões" no mundo: o sudoeste do Oceano Índico ao leste da costa de Madagascar, o norte do Oceano Índico ao leste da costa da Índia, o sudoeste do Oceano Pacífico ao leste da costa da Austrália, o nordeste do Oceano Pacífico ao leste da costa das Filipinas, o Caribe e a costa oeste do México (ver Fig. 8.1). As tempestades ciclônicas recebem nomes distintos em diferentes regiões oceânicas do mundo. Os tufões ocorrem no noroeste do Oceano Pacífico; os furacões ocorrem nos oceanos do Atlântico Norte, nordeste do Pacífico ou Pacífico Sul; e os ciclones ocorrem no Oceano Índico. A frequência média anual das tempestades tropicais de 1972 a 2000 foi maior no noroeste do Oceano Pacífico (abrangendo as Filipinas, Taiwan, costa da Indochina e Malásia peninsular), onde ocorreram 6,3 furacões por ano (De Gouvenain; Silander, 2003).

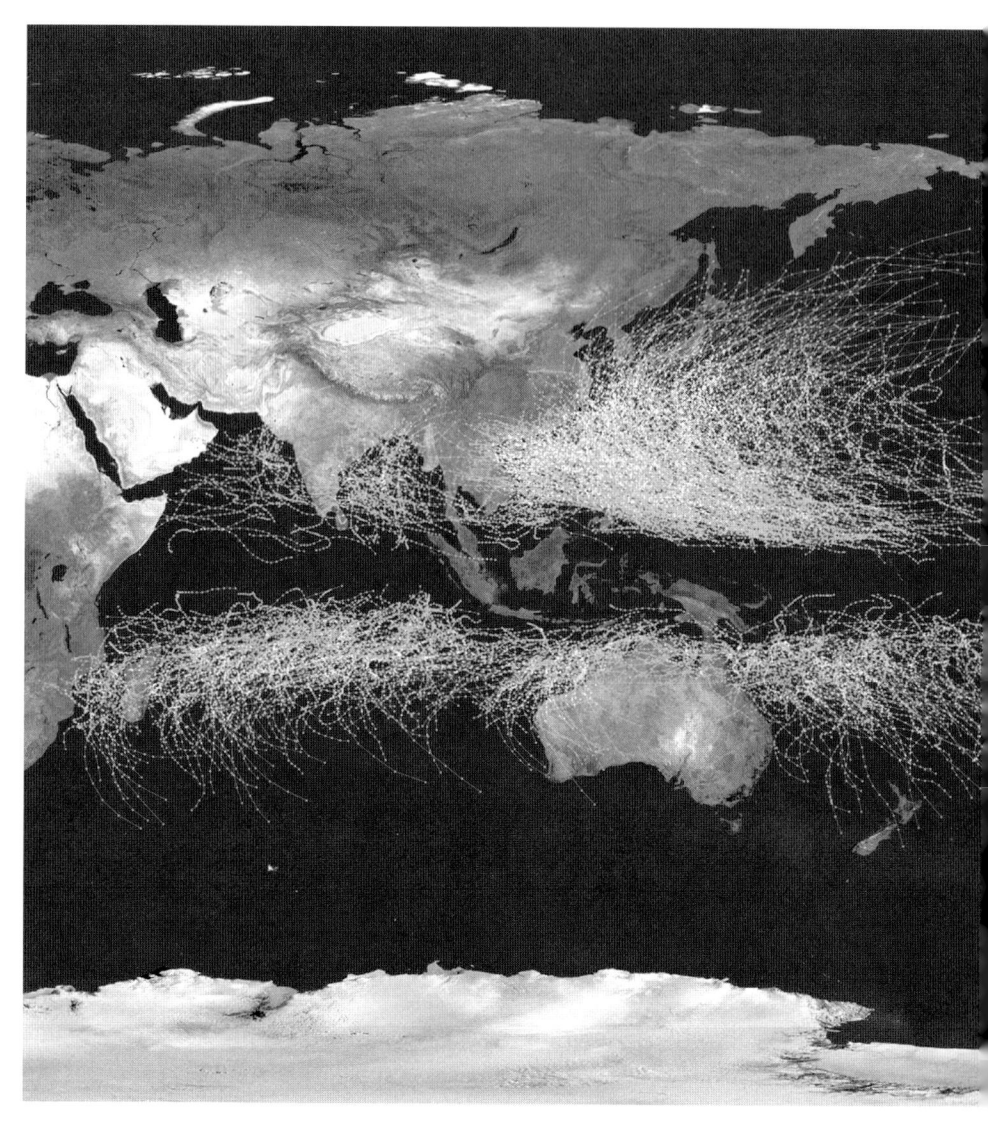

FIG. 8.1 *Traçados dos caminhos percorridos por todos os ciclones tropicais que se formaram ao redor do globo de 1985 a 2005*
Fonte: Wikipedia Commons.

8.1.1 Respostas da floresta à intensidade e frequência de furacões

A extensão e a natureza do dano e da regeneração arbórea após um furacão variam muito em uma mesma área (Webb, 1958; Weaver, 1986; Bellingham, 1991; Heartsill Scalley et al., 2010). Em áreas montanhosas, os vales e as encostas do lado contrário ao vento são menos impactados do que o cume e as encostas que recebem o vento diretamente (Laurance; Curran, 2008). Após o furacão Gilbert ter atingido as florestas montanas das montanhas Blue, na Jamaica, em setembro de 1988, a quantidade de indivíduos quebrados e de copas perdidas, a desfolha e a rebrota foram significativamente maiores nas florestas das encostas ao sul e do cume em comparação a encostas ao norte, devido à direção predominante do vento (Bellingham, 1991). Grandes características fisiográficas podem proteger as florestas da força dos furacões (Whitmore, 1974). O furacão Hugo atingiu Porto Rico em setembro de 1989, causando uma redução de 50% na biomassa da Floresta Experimental de Luquillo

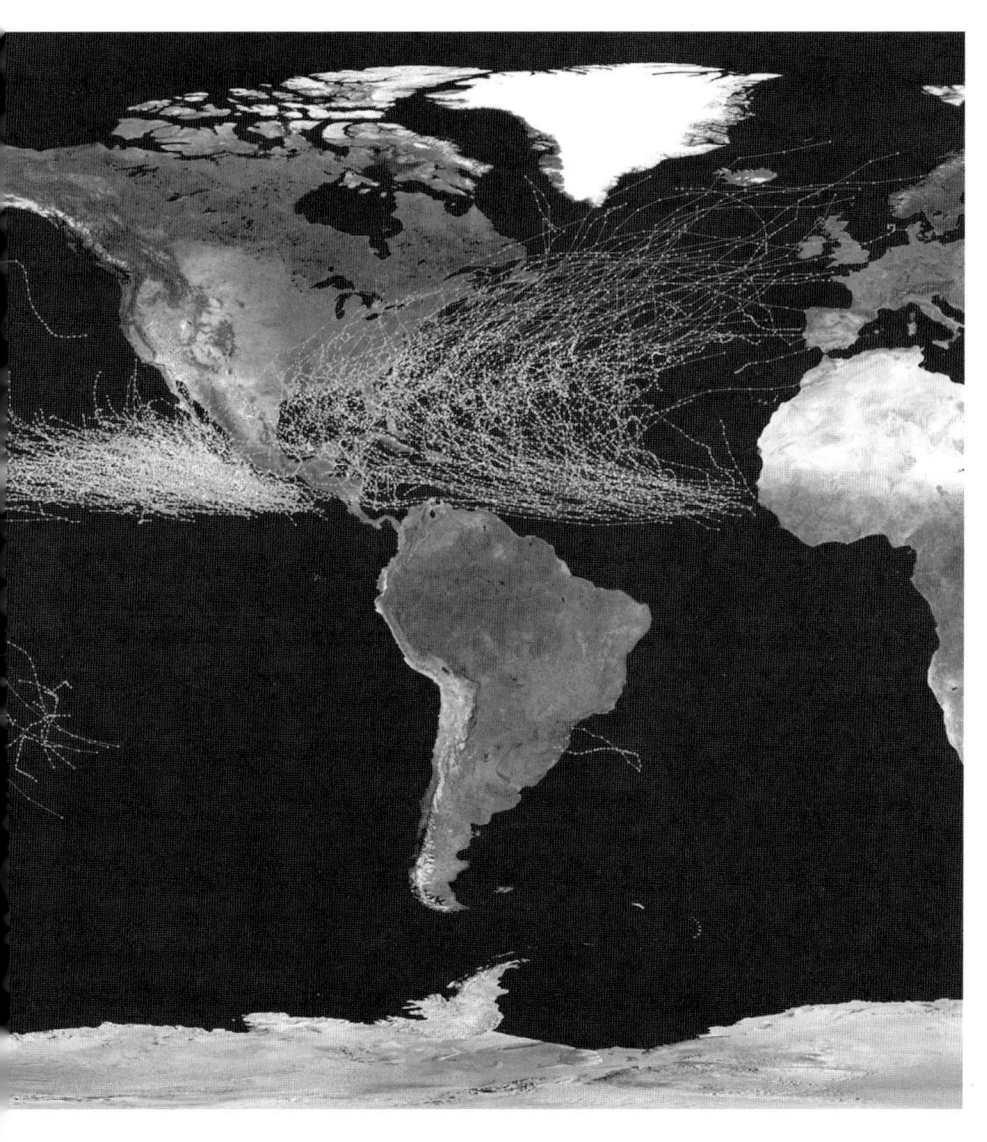

(Scatena et al., 1993). Após 15 anos de regeneração, as diferenças encontradas antes do furacão entre as áreas de encosta, vale e cume ainda não haviam sido restabelecidas (Heartsill Scalley et al., 2010).

O impacto dos furacões sobre a estrutura e a composição da floresta e sobre as trajetórias sucessionais também varia com a frequência e o histórico de ocorrência desse fenômeno meteorológico. Em regiões frequentemente atingidas por furacões, um padrão característico de estrutura florestal é observado: um dossel homogêneo e contínuo de baixa estatura, dominado por espécies que são altamente resistentes aos danos causados por eles (Lugo, 2000; De Gouvenain; Silander, 2003). Os curtos períodos de retorno dos furacões criam florestas em um estado perpétuo de distúrbio e regeneração. O dossel baixo e as altas taxas de rebrota basal das árvores da floresta semidecídua de Guánica, na costa sudoeste de Porto Rico, são resultado da elevada frequência de distúrbios causados por furacões (Van Bloem; Murphy; Lugo, 2003, 2007). Beard (1955) referiu-se à vegetação dominada por palmeiras nas encostas íngremes das ilhas do Caribe como um "clímax de distúrbio" que se mantém em um estado perpétuo de sucessão, nunca alcançando o "clímax verdadeiro". Por outro lado, períodos de retorno maiores fornecem uma oportunidade para que a estrutura e a biomassa da floresta alcancem os níveis encontrados em florestas maduras. Quando furacões acontecem a cada 100-200 anos, as espécies arbóreas que são altamente suscetíveis a danos podem se acumular no dossel da floresta, levando a altas taxas de dano nessas espécies quando um furacão finalmente ocorre (Canham et al., 2010).

A frequência dos furacões varia muito entre regiões tropicais. Durante o século XX, 30 grandes furacões passaram sobre o Caribe e a costa do México (Sánchez Sánchez; Islebe, 1999). Os furacões atingiram a Floresta Experimental de Luquillo, em Porto Rico, a cada 50-60 anos (Canham et al., 2010) e impactaram a ilha de Tonga, no sudoeste do Pacífico, a cada 10-40 anos (Franklin et al., 2004). O período de retorno dos furacões no sul da Nicarágua é de cerca de cem anos (Boucher, 1990). Cada furacão apresenta efeitos únicos e espacialmente variáveis. O furacão Georges atingiu a Floresta Experimental de Luquillo em 1998, somente nove anos após o furacão Hugo. Canham et al. (2010) encontraram uma espantosa falta de relação no dano das árvores entre esses dois desastres. No entanto, em uma floresta reabilitada próxima, Ostertag, Silver e Lugo (2005) observaram que as árvores danificadas durante o furacão Hugo tinham maior chance de ser danificadas novamente durante o furacão Georges.

Após um grande furacão, a regeneração provém de três fontes: (1) rebrota de indivíduos danificados ou não danificados, (2) regeneração avançada (crescimento de plântulas e árvores jovens existentes que não foram danificadas), e (3) recrutamento de novas plântulas a partir do banco de sementes ou de sementes dispersadas. Novas espécies podem entrar na floresta somente por meio do recrutamento de plântulas. A importância relativa dessas três fontes de recrutamento depende de muitos fatores, como o histórico de distúrbios antrópicos, o tempo desde o último grande furacão, a disponibilidade de fontes de sementes próximas, a disponibilidade de vertebrados dispersores e a composição das espécies arbóreas antes do furacão. No sudeste da Nicarágua, a regeneração florestal após o furacão Joan em 1988 restabeleceu rapidamente a composição das espécies arbóreas, devido à rebrota massiva das árvores adultas e juvenis (ver Boxe 8.1, p. 166).

A regeneração florestal inicial na Floresta Experimental de Luquillo, em Porto Rico, depois do furacão Hugo foi dominada pelo crescimento e recrutamento de espécies pioneiras, como *Cecropia schreberiana*, que se estabelecem após distúrbios. Posteriormente à danificação das árvores, maior disponibilidade de luz no sub-bosque leva a maior riqueza de espécies, conforme previsto pela hipótese dos distúrbios intermediários (Scatena et al., 1996; Drew et al., 2009; Vandermeer et al., 2000). No entanto, onde a regeneração ocorre principalmente pela rebrota, a composição de espécies arbóreas retorna rapidamente às condições encontradas antes do furacão. Após o furacão Georges ter passado sobre a floresta seca de Guánica, em Porto Rico, a rebrota basal foi observada em 48% dos indivíduos com danos estruturais, 32% dos indivíduos desfolhados e 29% dos indivíduos sem danos visíveis (Van Bloem; Murphy; Lugo, 2003).

A área basal das árvores, a biomassa acima do solo e a composição das espécies arbóreas dominantes tendem a se recuperar rapidamente após a maioria dos furacões. Parcelas permanentes de monitoramento florestal estabelecidas em 1943 na Floresta Experimental de Luquillo apresentaram um aumento contínuo na área basal e na biomassa florestal apesar de dois grandes furacões (Drew et al., 2009). As duas espécies arbóreas dominantes em 1943 – *Dacryodes excelsa* (Burseraceae) e *Manilkara bidentata* (Sapotaceae) – continuaram sendo as espécies arbóreas dominantes em 2005. De maneira semelhante, o *ranking* relativo da densidade e da área basal das 12 espécies arbóreas mais comuns nas florestas tropicais de terras baixas em Kolombangara, nas ilhas Salomão, não foi significativamente alterado ao longo de 30 anos, apesar da elevada frequência de furacões (Burslem; Whitmore; Brown, 2000). Nas florestas montanas da Jamaica, o *ranking* da abundância das espécies foi muito semelhante após um período de 30 anos que incluiu um grande furacão (Tanner; Bellingham, 2006).

O efeito dos furacões é fortemente mediado pelo estágio sucessional, pela distribuição de tamanho das árvores e pela diversidade da floresta no momento de ocorrência desse fenômeno meteorológico. Em Kolombangara, nas ilhas Salomão, as formações florestais com maiores taxas de distúrbio no dossel e substituição populacional após o ciclone apresentavam maior riqueza de espécies antes do ciclone e eram compostas de espécies de crescimento rápido com madeira de baixa densidade (Burslem; Whitmore, 1999). Em Porto Rico, o uso agrícola anterior afetou muito a natureza dos distúrbios e da regeneração após o furacão Georges. As árvores maiores em florestas mais antigas sofreram mais danos do que as árvores em florestas nos estágios iniciais de sucessão (Flynn et al., 2010). Após o furacão, as plântulas de espécies típicas do início da sucessão foram mais abundantes em áreas que foram cultivadas no passado (Comita et al., 2010b). Uma resposta diferente foi observada após o ciclone Waka, em Tonga, em 1991: florestas em estágios iniciais de sucessão e espécies típicas desses estágios sofreram mais danos que florestas em estágios sucessionais mais avançados e suas espécies características (Franklin et al., 2004). Em florestas montanas da Jamaica, as formações florestais menos diversas sobre solos menos férteis foram mais resistentes aos efeitos do furacão Gilbert do que florestas mais diversas sobre solos mais férteis (Tanner; Bellingham, 2006). As florestas mais diversas apresentaram maiores taxas de mortalidade e recrutamento e menor rebrota após o furacão. Um conjunto complexo de fatores que inclui idade da floresta, composição e idade do solo determinou as taxas de dano e recuperação após furacões.

A velocidade e a composição da regeneração florestal após um furacão também dependem muito da dispersão de sementes por vertebrados frugívoros. A visitação de aves, morcegos e mamíferos terrestres frugívoros é reduzida imediatamente após um furacão em virtude do declínio na oferta de alimento, restringindo, portanto, a dispersão de sementes de áreas próximas para a floresta (Boucher, 1990; Hjerpe; Hedenas; Elmqvist, 2001). Os efeitos indiretos de um furacão sobre a oferta de alimento são maiores que os efeitos diretos de vendavais e da chuva. Quatro meses após o furacão Gilbert na Jamaica, as populações de 83% das aves frugívoras e granívoras foram reduzidas em florestas montanas, em comparação a 50% das espécies insetívoras (Wunderle; Lodge; Waide, 1992; Shilton et al., 2008). Nas florestas de Tonga, a densidade de árvores frutíferas e a população de raposas-voadoras (*Pteropus tonganus*) foram reduzidas em 15% e 20%, respectivamente, seis meses após o ciclone Waka, em comparação a valores antes do ciclone (McConkey et al., 2004). Posteriormente ao ciclone Iris em Belize, em 2001, a densidade das populações de uma espécie de bugio (*Alouatta pigra*) caiu 42% logo após o furacão e continuou a decair por 29 meses (Pavelka; Chapman, 2005). Espécies comuns de morcegos da família Phyllostomidae na Floresta Experimental de Luquillo foram notavelmente reduzidas imediatamente após o furacão Hugo, com diferentes padrões de recuperação das populações. As populações de *Artibeus jamaicensis* e *Monophyllus redmani* voltaram a crescer dentro de dois anos, enquanto as populações de *Stenoderma rufum* não se recuperaram mesmo passados três anos (Gannon; Willig, 1994). A maioria desses estudos examinou os efeitos imediatos ou em curto prazo dos furacões sobre as populações frugívoras, e pouco se sabe sobre os seus efeitos em longo prazo nessas populações.

8.1.2 Características de espécies arbóreas resistentes e resilientes

As características das espécies arbóreas dominantes são importantes para determinar a resposta da floresta a furacões. A suscetibilidade a dano e quebra varia muito entre espécies arbóreas. Após o furacão Joan no sudeste da Nicarágua, todos os indivíduos adultos de *Vochysia ferruginea* (Vochysiaceae) morreram, mas o crescimento rápido, a elevada sobrevivência de plântulas e a rebrota das árvores juvenis restauraram rapidamente as populações dessa espécie. Por outro lado, todas as árvores de *Qualea paraensis* (Vochysiaceae) sobreviveram logo após o furacão, apresentando aumento de mortalidade nos anos subsequentes; as populações mantiveram-se mais pelo crescimento dos indivíduos existentes do que pelo recrutamento. *Vochysia ferruginea* foi descrita como uma espécie resiliente, enquanto *Qualea paraensis* foi descrita como resistente (Boucher et al., 1994).

Nas florestas montanas da Jamaica, Bellingham, Tanner e Healey (1995) classificaram 20 espécies arbóreas comuns em quatro grupos diferentes de acordo com a resistência a dano e as taxas de crescimento após furacões (ver Quadro 8.1, p. 164). Apenas uma única espécie foi classificada como resiliente – *Hedyosmum arborescens* (Chloranthaceae) –, com altas taxas de mortalidade e de recrutamento após furacões. O maior grupo (11 espécies) foi classificado como resistente, com baixas taxas de dano e de recrutamento após tais fenômenos. Se muitas das espécies comuns forem resistentes, a estrutura e a composição da floresta recuperam-se rapidamente após um furacão.

Como as características funcionais das espécies arbóreas influenciam a suscetibilidade das árvores ao dano durante furacões e as taxas de crescimento após furacões? Diversos estudos convergem para um consenso geral de que as espécies de crescimento lento são menos danificadas por furacões do que as espécies de crescimento rápido (Zimmerman et al., 1994; Franklin et al., 2004; Ostertag; Silver; Lugo, 2005; Canham et al., 2010). Por um lado, as espécies resistentes ao vento apresentam crescimento lento, baixa capacidade de rebrota e baixa relação de altura e diâmetro, mas também possuem valores elevados de densidade da madeira, de módulo de elasticidade da madeira e de área foliar específica (Laurance; Curran, 2008). Após o furacão Iniki, em 1992, em Kauai, no Havaí, a resistência ao rompimento do tronco foi correlacionada com menores módulos de elasticidade do tecido lenhoso, mas não com a densidade da madeira (Asner; Goldstein, 1997). Entre as seis espécies em florestas pluviais dos planaltos de Atherton, no norte tropical de Queensland, na Austrália, a resistência a grandes danos estruturais após o ciclone Larry, em março de 2006, apresentou correlação significativa com a densidade da madeira (Curran et al., 2008). Para o mesmo grupo de espécies, as taxas de acúmulo de biomassa apresentaram correlação negativa significativa com a densidade da madeira, indicando um balanço funcional entre a resistência a danos e o rápido acúmulo de biomassa pelo crescimento rápido. As espécies dos estágios iniciais de sucessão tendem a apresentar crescimento rápido, baixa densidade de madeira e elevada suscetibilidade a danos físicos durante furacões (ver seção 10.3, p. 227; Canham et al., 2010).

Os furacões podem facilitar a invasão de espécies exóticas, como ocorreu com *Pittosporum undulatum* (Pittosporaceae), após o furacão Gilbert, nas florestas montanas da Jamaica (Bellingham; Tanner; Healey, 2005). Nas ilhas Maurício, no Oceano Índico, o distúrbio causado por um ciclone sobre as florestas perenifólias facilitou a invasão por espécies herbáceas exóticas (Lorence; Sussman, 1986). Por outro lado, as espécies exóticas podem ser menos adaptadas aos furacões e sofrer maiores danos quando um deles ocorre. Emaranhados de trepadeiras de espécies exóticas podem afetar negativamente a regeneração florestal pela competição com espécies nativas de trepadeiras, pelo estrangulamento de plântulas arbóreas e aumentando o dano causado nas árvores após vendavais subsequentes (Putz; Holbrook, 1991; Horvitz et al., 1998).

Em áreas onde ciclones ocorrem com frequência, a persistência da floresta depende da resistência das espécies dominantes. Nessas situações, as trajetórias sucessionais nunca tiveram a oportunidade de chegar a um estado de floresta madura relativamente estável. A resistência das espécies arbóreas aos danos causados por furacões depende de características da madeira que favoreçam o dobramento em vez do rompimento e que permitam a rebrota de árvores que sofreram danos no tronco ou na copa. No entanto, quando os ciclones ocorrem em frequências bem mais baixas, as espécies arbóreas que colonizam e crescem rapidamente e apresentam menor densidade da madeira tornam-se mais dominantes, mesmo que essas árvores sejam mais danificadas pela próxima tempestade que chegar.

8.2 Regeneração de florestas tropicais após incêndios isolados ou frequentes

Incêndios florestais ocorrem quando fontes de fogo existem juntamente com *deficit* de água e acúmulo de material inflamável suficiente. Em florestas estacionais secas dominadas por espécies arbóreas decíduas, a serapilheira foliar acumula-se no solo devido à deciduidade anual, produzindo uma grande quantidade de material combustível. Dessa forma, incêndios acontecem em frequências relativamente altas nessas florestas. Por outro lado, nas florestas tropicais úmidas dominadas por espécies arbóreas perenifólias, não é comum haver grande quantidade de material combustível. Os sistemas radiculares profundos absorvem água de fontes subterrâneas disponíveis ao longo de todo o ano e redistribuem a água de camadas mais profundas do solo para as camadas superficiais, criando um microambiente úmido no sub-bosque florestal (Nepstad et al., 1994). Entretanto, até mesmo essas florestas podem ficar suscetíveis a incêndios quando o sub-bosque desseca e ocorre o acúmulo de matéria orgânica como consequência de secas severas (Cochrane, 2003), furacões ou extração de madeira. Conforme discutido nesta seção, a maioria das florestas tropicais úmidas é resiliente em relação a um evento isolado de incêndio, mas incêndios recorrentes e frequentes podem levar a alterações dramáticas e permanentes na estrutura e ciclagem de nutrientes da floresta.

8.2.1 Histórico e regime de incêndios em florestas tropicais

O fogo não é um elemento desconhecido para as florestas tropicais. Florestas tropicais perenifólias apresentam evidências de incêndios durante o Holoceno, no entanto, na maioria dos locais, os incêndios ocorreram em frequências muito baixas, geralmente com intervalos de 500-1.000 anos (Sanford et al., 1985; Piperno; Becker, 1996; Hammond; Ter Steege, 1998; Turcq et al., 1998). Secas severas associadas a eventos de mega-El Niño na Amazônia, aproximadamente 400, 700, 1.000 e 1.500 anos atrás, causaram incêndios generalizados em florestas perenifólias que geralmente não queimam (Meggars, 1994; Clark; Uhl, 1987; Uhl, 1998). Nas Guianas, no nordeste da América do Sul, as florestas em solos arenosos bem drenados foram mais suscetíveis a incêndios durante os períodos de Enos do último século, e carvão é facilmente encontrado no solo de florestas bem desenvolvidas (Charles-

-Dominique et al., 1998; Hammond; Ter Steege, 1998; Hammond; Ter Steege; Van der Borg, 2006). Ao longo de um gradiente altitudinal de 50 m a 2.600 m na Costa Rica, encontrou-se carvão constantemente em amostras de florestas pluviais maduras que recebem mais de 4.000 mm de chuva anualmente, em todas as altitudes (Titiz; Sanford, 2007).

Dada a evidência de incêndios históricos em florestas semelhantes a florestas maduras não perturbadas, as perspectivas para a recuperação em longo prazo da estrutura e da composição florestal parecem ser boas para florestas que não sofrem incêndios frequentes ou outros distúrbios em larga escala. Entretanto, até o momento, não existem registros publicados da recuperação em longo prazo de florestas tropicais após incêndios. Uma vasta área de floresta no Estado de Kelantan, na Malásia, foi danificada por um grande vendaval seguido por um incêndio em novembro de 1880. Mais de 70 anos depois, em 1953, o legado desse distúrbio ainda era evidente na baixa diversidade de espécies de dossel e na concentração de árvores nas menores classes de tamanho (Wyatt-Smith, 1954).

O histórico de incêndios nas florestas tropicais pode ser documentado pelos fragmentos de carvão no solo, pela presença de vegetação tolerante ao fogo e pelas cicatrizes deixadas pelo fogo em árvores vivas. As árvores do pinheiro endêmico *Pinus occidentalis* marcadas pelo fogo na República Dominicana apresentaram evidências de 41 anos com incêndios entre 1727 e 2002 d.C., com intervalos de 9,8 a 31,5 anos entre incêndios (Martin; Fahey, 2006). No Estado de Roraima, no Brasil, uma investigação recente revelou cicatrizes de fogo em florestas que antes eram consideradas intocadas por incêndios (Barlow; Silveira; Cochrane, 2010). Deformações físicas evidentes causadas por incêndios foram observadas em 8,2% das árvores da Estação Ecológica Maracá, mas não se sabe exatamente quando essa floresta queimou. Desvendar o histórico de incêndio de outras florestas tropicais gerará conhecimento crucial para a compreensão do efeito em longo prazo dos incêndios sobre a estrutura, a composição e os processos ecossistêmicos da floresta.

Em climas tropicais de monções, os incêndios durante as estações secas moldaram a composição, a fenologia e a produtividade da floresta (Goldammer, 2007). Com intervalos de alguns poucos anos, incêndios de baixa intensidade atingem as florestas em regiões altamente sazonais da porção continental do Sudeste Asiático, com pouco impacto na maioria das árvores (Baker; Bunyavejchewin; Robinson, 2008; Baker; Bunyavejchewin, 2009). Mais de 50% das espécies arbóreas na Amazônia Oriental, em regiões que recebem 1.700 mm anuais de chuva, são capazes de rebrotar após incêndios. A elevada capacidade de rebrota das espécies arbóreas em florestas estacionais secas pode ser uma resposta adaptativa para regimes de incêndios com frequência maior do que os regimes observados em florestas tropicais pluviais menos sazonais (Kauffman, 1991; Kammesheidt, 1999). Em florestas secas no oeste da Nicarágua, todas as espécies das árvores juvenis – exceto duas – rebrotaram após um incêndio experimental, e 46,5% das árvores juvenis sobreviveram (Otterstrom; Schwartz; Velázquez-Rocha, 2006). As espécies arbóreas que dominam as savanas diferem das que dominam as florestas, e as espécies de savanas apresentam um conjunto de características adaptadas exclusivamente para as condições de savanas, incluindo incêndios frequentes (Bowman, 2000; Hoffmann et al., 2012). A regeneração após incêndios da vegetação lenhosa em savanas tropicais está além do escopo deste livro.

Alterações recentes no regime de incêndios em regiões tropicais são muito importantes para o futuro das florestas tropicais e para a recuperação de florestas que queimaram no passado (Laurance, 2006; Shlisky et al., 2009). Na Amazônia Oriental, mais da metade das florestas em duas áreas de estudo queimou a cada 5-10 anos (Cochrane, 2001). Imagens de satélite detectaram 44.734 incêndios diferentes na Amazônia durante um período de quatro anos após uma seca extrema em 1997 (Schwartzman, 1997). Em todas as regiões tropicais, os incêndios após secas extremas causadas pelo El Niño foram desencadeados pela fragmentação florestal, pelas atividades extensivas de extração de madeira e pelo uso generalizado do fogo para a abertura de novas áreas e para a manutenção de pastagens (Cochrane; Laurance, 2002). Essas alterações no regime de incêndios, induzidas pela combinação de impactos humanos e mudanças climáticas, ampliaram a extensão dos incêndios, reduziram o intervalo entre incêndios consecutivos e aumentaram a vulnerabilidade das florestas tropicais a incêndios frequentes (ver Boxe 9.2, p. 207; Barlow; Peres, 2004). A frequência crescente dos incêndios nas florestas tropicais úmidas é uma grande ameaça para a regeneração florestal, a restauração e a conservação da biodiversidade e dos serviços ecossistêmicos nos remanescentes de florestas conservadas e fragmentos florestais.

8.2.2 Mortalidade de árvores e regeneração após incêndios

Antes de 1988, pouco se sabia sobre o efeito dos incêndios na fauna e flora das florestas tropicais (Uhl; Buschbacher; Serrão, 1988). Os primeiros estudos focaram os estágios iniciais da regeneração florestal após a agricultura itinerante (Uhl et al., 1981). A maior parte do conhecimento sobre a regeneração florestal após incêndios é limitada aos primeiros 10-15 anos. Além do mais, a maioria dos estudos sobre os impactos dos incêndios em florestas tropicais foi realizada em apenas duas regiões: Amazônia e Bornéu. As taxas de mortalidade arbórea por fogo variam consideravelmente entre florestas com diferentes históricos de incêndio e precipitação. As árvores em florestas estacionais perenifólias nas margens da bacia amazônica em Roraima, no Brasil, e na Bolívia apresentaram taxas significativamente menores de mortalidade pós-incêndio em comparação àquelas localizadas nas florestas amazônicas do interior da bacia (Barlow; Peres, 2006a, 2006b; Balch et al., 2011). Poucas espécies arbóreas da Amazônia brasileira são resistentes ao fogo: a maioria das espécies apresenta casca fina e raízes tabulares, características associadas à maior sensibilidade ao fogo (Uhl; Kauffman, 1990; Pinard; Huffman, 1997; Barlow; Lagan; Peres, 2003).

A maioria das queimadas que atingem as florestas tropicais perenifólias são incêndios de superfície lentos e de baixa intensidade, com altura média da chama abaixo de 2 m (Barlow; Peres, 2004). As árvores pequenas e a vegetação do sub-bosque são mortas, enquanto a maior parte das árvores grandes do dossel sobrevive. No entanto, após secas extremas, as árvores grandes ficam altamente suscetíveis a incêndios (Nepstad et al., 2007). Na Amazônia Central, a mortalidade das árvores após um incêndio varia de 36% a 64%. A mortalidade arbórea é menor (8%-23%) após incêndios em florestas de transição na fronteira sudoeste da Amazônia (Barlow; Peres, 2006a; Balch et al., 2011). Contudo, as árvores grandes podem demorar vários anos para morrer após um incêndio, levando a maiores taxas de mortalidade e perda de biomassa em longo prazo do que dentro de um ano após o incêndio (Barlow; Lagan; Peres, 2003). A mortalidade das árvores depende muito do tamanho delas durante incêndios, e árvores com DAP menor que 30 cm apresentam maiores taxas de mortalidade do que árvores com indivíduos maiores (Woods, 1989; Holdsworth; Uhl, 1997; Cochrane; Schulze, 1999; Haugaasen; Barlow; Peres, 2003; Slik; Eichhorn, 2003). A espessura da casca aumenta com o tamanho do tronco, fornecendo resistência mais elevada ao fogo para as árvores maiores (Uhl; Kauffman, 1990; Pinard; Huffman, 1997; Van Nieuwstadt; Sheil, 2005; Baker; Bunyavejchewin; Robinson, 2008; Balch et al., 2011).

De maneira geral, as taxas de mortalidade arbórea nas porções brasileiras da Amazônia Oriental e Central e em Bornéu aumentaram dramaticamente após incêndios recorrentes, com mortalidade de 80% das árvores ou mais (Barlow; Peres, 2006a). Adicionalmente, após incêndios frequentes, as árvores de todos os tamanhos tornam-se igualmente vulneráveis à mortalidade por danos causados pelo calor (Cochrane; Schulze, 1999; Barlow; Peres, 2004). Secas extremas também podem provocar taxas de mortalidade significativas – especialmente para árvores grandes –, criando condições altamente inflamáveis. Na parte oriental de Kalimantan, na Indonésia, Van Nieuwstadt e Sheil (2005) observaram, após a seca de 1997-1998, um aumento nas taxas de mortalidade de árvores grandes em florestas que não foram queimadas (ver Fig. 8.2). Estima-se que apenas os efeitos da seca foram responsáveis por 30% das mortes das árvores grandes em florestas queimadas, causando uma redução de 57% na biomassa acima do solo. Após 21 meses, a média da mortalidade geral após a seca e o incêndio foi de 64,2%.

FIG. 8.2 *Regeneração de florestas queimadas no leste de Kalimantan*
Fonte: Ferry Slik, reimpresso com permissão.

Após isolar o efeito da seca na mortalidade, Van Nieuwstadt e Sheil (2005) observaram que as taxas de mortalidade espécie-específicas para as árvores do dossel em Sungai Wain, na parte oriental de Kalimantan, variaram de 5% a 67% 21 meses após os incêndios de 1997-1998. Para o conjunto de todas as espécies, a mortalidade devida ao fogo para cada classe de tamanho diminuiu linearmente com o aumento da espessura média da casca das árvores em cada classe, e a espessura da casca aumentou linearmente com o DAP para todas as espécies (Fig. 8.3). No entanto, a espessura da casca não explicou a variação na sobrevivência de árvores de diferentes espécies. Na verdade, a mortalidade espécie-específica exibiu correlação negativa com a densidade da madeira. As espécies representadas principalmente por árvores grandes, como muitas dipterocarpáceas, apresentaram baixa mortalidade, enquanto as espécies representadas por indivíduos menores apresentaram elevada mortalidade. A mortalidade de palmeiras foi de apenas 3% após a seca e de 10% após o incêndio.

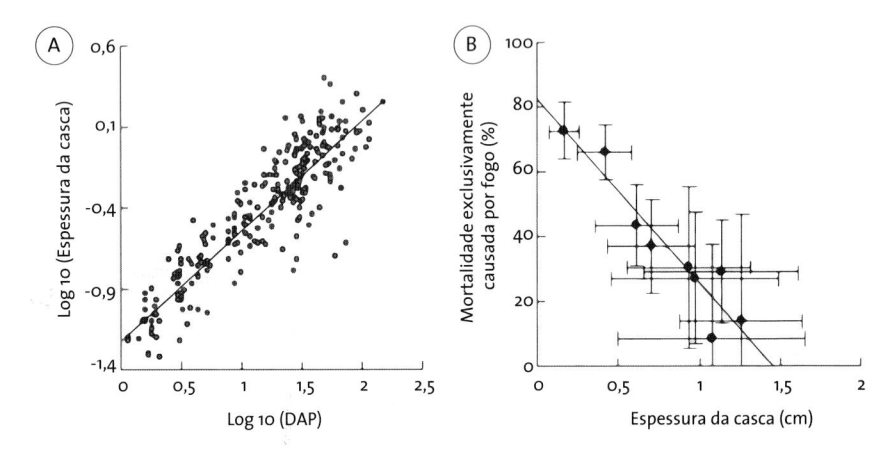

Fig. 8.3 Efeito do tamanho da árvore sobre a espessura da casca e os efeitos da espessura da casca sobre a mortalidade causada pelo fogo na floresta Sungai Wain
Fonte: Van Nieuwstadt e Sheil (2005, Fig. 7).

De maneira semelhante ao que ocorre em florestas atingidas por furacões, as florestas queimadas regeneram por rebrota, germinação do banco de sementes e germinação de sementes recentemente dispersas. Geralmente todas as plântulas e árvores jovens em florestas perenifólias são mortas pelo fogo, exigindo que o sub-bosque se recupere do zero (Slik; Verburg; Kessler, 2002). Portanto, a regeneração após incêndios pode ser consideravelmente mais lenta que aquela após furacões ou extração de madeira (Cochrane; Schulze, 1999). O recrutamento inicial de plântulas é favorecido pela dispersão pelo vento, a qual é mais comum em espécies de florestas secas do que nas de florestas úmidas (Chazdon et al., 2003; Otterstrom; Schwartz; Velázquez-Rocha, 2006). Apesar de as árvores pequenas serem mais suscetíveis ao fogo, elas também têm maior probabilidade de rebrotar logo após queimarem (Baker; Bunyavejchewin; Robinson, 2008). Após os incêndios superficiais de baixa intensidade de 1997-1998 na parte oriental de Kalimantan, menos de 1% das árvores com DAP menor que 8 cm sobreviveram, enquanto aproximadamente 45% das árvores com DAP maior que 30 cm sobreviveram (para estas últimas, as taxas de sobrevivência variaram entre 20% e 95% de acordo com a espécie) (Van Nieuwstadt; Sheil; Kartawinata, 2001). A frequência de rebrota das árvores pequenas cuja parte aérea morreu foi de 17%, ao passo que, para árvores com DAP maior que 10 cm, a taxa de rebrota foi menor que 10%. Dois anos após o incêndio, 25% das brotações já haviam crescido acima das samambaias e arbustos com os quais competiam, e contribuíam para a persistência de muitas espécies de florestas primárias. Apesar de as sementes nas camadas superficiais do solo terem morrido, a densidade de sementes naquelas camadas com profundidade maior que 1,5 cm não foi reduzida pelo incêndio. Essas sementes produziram uma manta densa de plântulas pioneiras quatro anos após o incêndio em áreas que possuíam elevada densidade de árvores pioneiras antes do incêndio (Boxe 8.2).

> **Boxe 8.2 Secas, incêndios e a regeneração após incêndios das florestas pluviais na parte oriental de Kalimantan, na Indonésia**
>
> Secas severas e incêndios florestais ocorreram repetidamente em Bornéu tanto em tempos modernos quanto pré-históricos (Goldammer; Seibert, 1989). O zoólogo e explorador norueguês Bock (1882) observou que cerca de um terço das árvores no distrito Kutai, na parte oriental de Kalimantan, na Indonésia, morreram como resultado de uma seca prolongada em 1878. Em Sabah, na Malásia, os incêndios florestais em 1914-1915 queimaram 80.000 ha de floresta pluvial na área onde hoje se encontram os campos da planície Sook (Cockburn, 1974; Goldammer, 2007). Diversos incêndios em Bornéu durante o século XX foram associados a secas periódicas causadas por eventos de El Niño Oscilação Sul (Enos) (Leighton, 1984; Goldammer, 2007; Langner; Siegert, 2009).
>
> Durante o evento extremo de Enos em 1982-1983, as florestas na parte oriental de Kalimantan receberam apenas 35% da precipitação média anual da região. A seca extrema, juntamente com as atividades de desmatamento, gerou incêndios que fugiram do controle e queimaram toda a ilha de Bornéu. Na bacia Mahakam, na parte oriental de Kalimantan, 2,7 milhões de hectares de florestas tropicais foram afetadas pelos incêndios de 1982-1983, sendo que as florestas onde houve extração de madeira antes do incêndio foram as mais afetadas (Goldammer, 2007). No entanto, os incêndios após o Enos de 1997-1998 foram ainda mais devastadores. Na parte oriental de Kalimantan, 2,6 milhões de hectares de floresta tropical queimaram; novamente, o impacto desses incêndios foi maior em florestas onde houve atividades de extração de madeira e em florestas turfosas. Adicionalmente, muitas das áreas que queimaram nos incêndios de 1982-1983 também sofreram com incêndios recorrentes na década de 1990 (Siegert et al., 2001). Dez anos de dados de satélites desde 1997 registraram mais de 320.000 focos de incêndio na ilha (Langner; Siegert, 2009). Além da presença crescente dos focos de incêndios antrópicos, a queima de jazidas de carvão e depósitos de turfa subterrâneos criam fontes permanentes para a ignição de incêndios florestais quando uma seca severa ocorre (Goldammer, 2007).

Poucos estudos de longo prazo examinaram a regeneração florestal depois dos incêndios em Bornéu. Cinco anos após os incêndios de 1982-1983 terem destruído a floresta de Bukit Soeharto, o monitoramento da regeneração florestal teve início em três áreas de florestas de dipterocarpáceas de terras baixas que sofreram extração seletiva de madeira antes de 1978 (Toma et al., 2000). Em parcelas leve e moderadamente degradadas, as árvores dipterocarpáceas que sobreviveram ao incêndio ainda constituíam a maior parte da biomassa em 1997, apesar do rápido crescimento de espécies arbóreas pioneiras, como *Macaranga gigantea*, *M. triloba*, *M. hypoleuca* e *Omalanthus populneus* (Toma et al., 2000; Toma; Ishida; Matius, 2005). Áreas muito degradadas apresentaram baixas taxas de acúmulo de biomassa acima do solo, com poucas árvores remanescentes após o incêndio. Baseando-se nas alterações da biomassa acima do solo observadas de 1988 a 1997, Toma, Ishida e Matius (2005) estimaram que levaria mais de cem anos para as áreas pouco degradadas alcançarem valores de biomassa acima do solo semelhantes aos das florestas primárias da região (450-500 Mg/ha). A recuperação da biomassa nessas florestas requer a colonização de espécies típicas de floresta madura, pois as espécies pioneiras apresentam vida curta e baixa densidade da madeira (Slik; Verburg; Kessler, 2002; Toma; Ishida; Matius, 2005; Hiratsuka et al., 2006).

Períodos de seca e incêndios ocorreram novamente em 1997-1998, e todas as árvores do gênero *Macaranga* foram mortas, mas aconteceu uma vigorosa regeneração de plântulas após o incêndio. O acúmulo de biomassa acima do solo de 2000 a 2003 dependeu muito das espécies arbóreas pioneiras *Macaranga gigantea* e *M. hypoleuca* (Hiratsuka et al., 2006). A regeneração florestal após dois incêndios devastadores foi semelhante à sucessão secundária sobre solo exposto.

Slik et al. (2008) estudaram a regeneração florestal em uma área de aproximadamente 40 km a sudoeste da floresta de Bukit Soeharto, em uma matriz de florestas que nunca queimaram e florestas que queimaram uma e duas vezes (ver Fig. 8.2). A composição de espécies arbóreas mudou dramaticamente após o incêndio: de espécies arbóreas de madeira pesada para espécies de madeira leve. As florestas queimadas não recuperaram significativamente a composição ou a biomassa acima do solo sete anos após o incêndio. Houve um aumento grande na diversidade de espécies e na densidade média da madeira nos indivíduos menores, indicando um recrutamento rápido de espécies típicas de florestas maduras que não foram queimadas. A abertura do dossel, o índice de área foliar, a cobertura de herbáceas e a densidade de indivíduos arbóreos rapidamente retornaram aos valores encontrados antes do incêndio (Slik; Verburg; Kessler, 2002; Slik et al., 2008; Slik et al., 2011). Florestas que foram queimadas duas vezes mostraram uma maior densidade de arbustos e árvores recrutados de espécies dos estágios iniciais de sucessão, o que provavelmente reflete o acúmulo de espécies de início de sucessão no banco de sementes do solo ao longo de 15 anos.

> Os incêndios na floresta de Bornéu também tiveram efeitos de longo prazo na vida selvagem. Três anos após os incêndios de 1997-1998 na parte oriental de Kalimantan, a quantidade de espécies de aves e sua abundância foram semelhantes entre florestas que nunca queimaram e florestas que queimaram uma e duas vezes (Slik; Van Balen, 2006). A diversidade de espécies e a substituição entre locais foram menores em florestas queimadas, com poucas espécies de floresta fechada. A disponibilidade de frutos declinou dramaticamente após os incêndios de 1997-1998, afetando as fontes de alimento de frugívoros obrigatórios e facultativos, como o urso-do-sol. A disponibilidade de frutos também diminuiu em florestas não queimadas, devido à mortalidade das árvores causada pela seca (Fredriksson; Danielsen; Swenson, 2007).

Uma fonte importante de regeneração das espécies de floresta madura após incêndios é a produção de sementes por árvores sobreviventes em manchas da floresta que não queimaram ou por indivíduos sobreviventes em áreas queimadas. Na Amazônia Central, a abundância total de árvores frutificando em áreas que queimaram uma e duas vezes foi reduzida em 83% e 39%, respectivamente, em comparação a áreas que nunca queimaram (Barlow; Peres, 2006a). Na parte oriental de Kalimantan e em outras áreas do Sudeste Asiático, muitas espécies arbóreas produzem frutos secos e não frutificam todos os anos. As secas causadas pelo El Niño desencadeiam a frutificação supra-anual em espécies de dipterocarpáceas (Curran et al., 1999; Kettle et al., 2011). Muitas espécies na floresta de proteção de Sungai Wain, na parte oriental de Kalimantan, frutificaram em 1997 durante a seca que precedeu um incêndio, e não frutificaram pelos sete anos seguintes ao incêndio (Van Nieuwstadt; Sheil; Kartawinata, 2001; Slik et al., 2011). A falta de produção de frutos secos nos estágios iniciais da regeneração após o incêndio em Sungai Wain reduziu a regeneração das espécies secundárias tardias na floresta queimada.

Em uma floresta mesófila semidecídua no sudeste brasileiro, a recuperação da riqueza florística em um fragmento florestal queimado foi rápida, mas a composição de espécies permaneceu diferente (Rodrigues; Martins; Matthew, 2005). No entanto, as florestas de planícies alagáveis de rios de água preta (igapó) ao longo do Rio Negro, no noroeste brasileiro, não são resistentes ou resilientes ao fogo. Essas florestas, que se desenvolvem sobre solos de areia branca pobres em nutrientes, possuem raízes superficiais bem desenvolvidas que podem se tornar altamente inflamáveis após secas severas (Flores; Piedade; Nelson, 2013). Essas árvores exibem elevadas taxas de mortalidade (75%-100%) e a sucessão após incêndios ocorre mais lentamente do que em áreas de pousio de agricultura itinerante no mesmo tipo de vegetação. Os motivos para as baixas taxas de regeneração após incêndios nessas florestas incluem limitação da dispersão de sementes, danos causados pelo fogo nas raízes e nas associações micorrízicas com raízes superficiais, regime de enchentes anuais que reduz taxas de crescimento arbóreo e estabelecimento de plântulas, e queima recorrente de manchas abertas de vegetação baixa.

As alterações na composição de espécies de aves também serviram como indicadores da recuperação florestal após incêndios. A composição de espécies de aves permaneceu alterada por mais de 25 anos em florestas de planícies alagáveis de rios de água preta (igapó) que queimaram (Ritter; Andretti; Nelson, 2012). Após incêndios florestais de baixa intensidade na Amazônia Central, a riqueza de espécies de aves recuperou-se em um ano, mas a composição de espécies em áreas queimadas manteve-se muito alterada por mais de dez anos (Mestre; Cochrane; Barlow, 2013). As áreas queimadas favoreceram as aves que se alimentam de néctar, as frugívoras do sub-bosque e as onívoras, enquanto espécies especialistas de bandos mistos e seguidoras de formigas foram mais abundantes em áreas que não queimaram.

Os incêndios frequentes alteram o equilíbrio da dominância entre vegetação lenhosa e herbácea. Na Amazônia Central, a densidade média e a riqueza de espécies de plantas herbáceas foram maiores em florestas do gênero *Vismia* onde ocorreram incêndios do que em florestas do gênero *Cecropia* onde não houve incêndios (Ribeiro; Bruna; Mantovani, 2010). Espécies herbáceas com órgãos de armazenamento subterrâneos, como *Heliconia acuminata* (Heliconiaceae) e *Calathea altissima* (Marantaceae), são comuns tanto em florestas onde ocorreram incêndios quanto em florestas que não queimaram. Nas florestas de terras baixas de dipterocarpáceas no sudoeste de Sabah, em Bornéu, uma cobertura de ervas e samambaias dominou por dois anos uma área queimada em 1982-1983. No entanto, com o passar do tempo, gramíneas e ervas perderam sua vantagem competitiva e decaíram; após oito anos, a biomassa acima do solo alcançou 24% da biomassa florestal antes do incêndio. A área foi dominada por espécies pioneiras lenhosas, como as do gênero *Macaranga*, juntamente com algumas espécies de floresta primária cujas sementes foram dispersas de florestas maduras próximas (Nykvist, 1996). Se um incêndio ocorrer novamente antes que o banco e a chuva de sementes se recuperem, a limitação de dispersão de sementes pode restringir muito a regeneração florestal, estagnando a sucessão (ver Boxe 7.1, p. 151). A recuperação após incêndios depende do sombreamento das gramíneas agressivas pelas árvores da floresta secundária

(Woods, 1989). Espécies dispersas pelo vento, como as gramíneas *Imperata cylindrica* (caniço-branco) e *Pteridium caudatum* (samambaia-do-campo) e espécies de bambu, podem invadir o sub-bosque e excluir competitivamente as plântulas lenhosas. Essas espécies herbáceas também aumentam a inflamabilidade, criando um ciclo vicioso de dominância por vegetação herbácea e incêndios (Van Nieuwstadt; Sheil; Kartawinata, 2001). Incêndios frequentes estimulam o crescimento de *Imperata* spp., o que faz com que as florestas se transformem em campos em Bornéu. As florestas onde houve três incêndios no período de dois anos podem tornar-se campos de *Imperata* spp. (Kartawinata, 1993). Um ciclo semelhante foi descrito para as florestas da Amazônia em climas sazonalmente secos (ver Boxe 9.2, p. 207).

Semelhante à regeneração após outras formas de distúrbios discutida nos Caps. 6 e 7, a regeneração após incêndios é determinada pela disponibilidade de sementes e rebrotas e pelas condições para o estabelecimento de plântulas e o crescimento das árvores. As alterações no clima e na sazonalidade da precipitação e a presença de fatores de ignição também modificam o equilíbrio entre incêndios frequentes e raros, com consequências críticas em longo prazo para a dinâmica, a composição e a biodiversidade das florestas tropicais.

8.3 Conclusão

Apesar da elevada mortalidade de árvores e do imenso dano estrutural, as florestas tropicais são altamente resilientes aos danos causados por furacões e incêndios. Após esses distúrbios, as florestas rapidamente começam a se recuperar por meio da rebrota e do recrutamento de novas sementes. Em muitos casos, a recuperação da composição original de espécies é mais rápida do que a sucessão em áreas agrícolas abandonadas, dada a elevada quantidade de rebrotamento. No entanto, se os incêndios ou furacões acontecem frequentemente, a estrutura e a composição da floresta não têm tempo para se regenerar completamente. Os legados dos incêndios ocorridos no passado e dos distúrbios causados pelo vento podem ficar evidentes por mais de um século.

Incêndios e furacões criam condições favoráveis para a colonização de espécies exóticas invasoras, as quais podem alterar o regime de incêndios e estagnar a sucessão. Além do mais, essas condições são reforçadas pela extração de madeira e pelas mudanças climáticas. Essas sinergias entre os distúrbios humanos e naturais apresentam desafios enormes para o manejo e para se preverem os efeitos futuros das mudanças climáticas sobre as florestas tropicais.

SINERGIAS DA EXTRAÇÃO SELETIVA DE MADEIRA E DO USO DO SOLO NA REGENERAÇÃO FLORESTAL

9

Quanto mais é retirado (ou perturbado), maior é o retrocesso no processo de sucessão florestal. (Fox, 1976, p. 41).

Globalmente, a extração seletiva de madeira é uma forma muito mais disseminada de distúrbio florestal do que os furacões e os incêndios. As operações de extração seletiva de madeira ocorrem em 20,3% das florestas tropicais úmidas do mundo (Asner et al., 2009). Mais de quatro milhões de quilômetros quadrados (403 milhões de hectares) de florestas tropicais estão oficialmente demarcados para a produção madeireira (Blaser et al., 2011). Apenas na Indonésia, 41,1 milhões de hectares foram alocados como florestas produtivas no fim da década de 2000, representando 33,9% da área florestal total (Kartawinata et al., 2001). Na África Central, 30% da área florestal está em concessão para a produção madeireira (Laporte et al., 2007). Somando os cinco Estados produtores de madeira da Amazônia brasileira, de 12.075 km² a 19.823 km² de floresta foram manejados anualmente entre 1999 e 2002, o que representa de 60% a 120% mais área de floresta do que área desmatada (Asner et al., 2005).

A extração de madeira geralmente prepara o terreno para diversas outras intervenções e sinergias que podem levar a desmatamento, degradação florestal ou conversão para outros usos do solo (Fig. 9.1; Kartawinata et al., 2001; Putz; Redford, 2010). Em nenhum lugar isso é mais evidente do que na Malásia e na Indonésia, onde as florestas em que ocorreu retirada de madeira são geralmente convertidas em plantios de palmeira-de-óleo (Edwards et al., 2011). De 1999 a 2004, na Amazônia brasileira, a probabilidade de desmatamento em florestas onde houve extração seletiva de madeira era de duas a quatro vezes maior do que em florestas intactas a 5-25 km de distância de rodovias; de maneira geral, a taxa de conversão média das florestas com extração de madeira foi de 32,7% ao longo de quatro anos (Asner et al., 2005). Normalmente, de 40% a 50% da cobertura do dossel é removida durante a extração de madeira, o que altera dramaticamente o microclima da floresta e aumenta a inflamabilidade (Holdsworth; Uhl, 1997; Uhl; Vieira, 1989; Cochrane et al., 1999; Siegert et al., 2001). Do total estimado de um milhão de hectares de floresta afetados por incêndios em 1982-1983 em Sabah, na Malásia (ver Boxe 8.2, p. 181), 85% eram florestas onde ocorreu extração de madeira (Dennis et al., 2001). Os impactos da caça também são maiores em florestas com extração seletiva de madeira do que em áreas protegidas (Bennett; Gumal, 2001; Sethi; Howe, 2009).

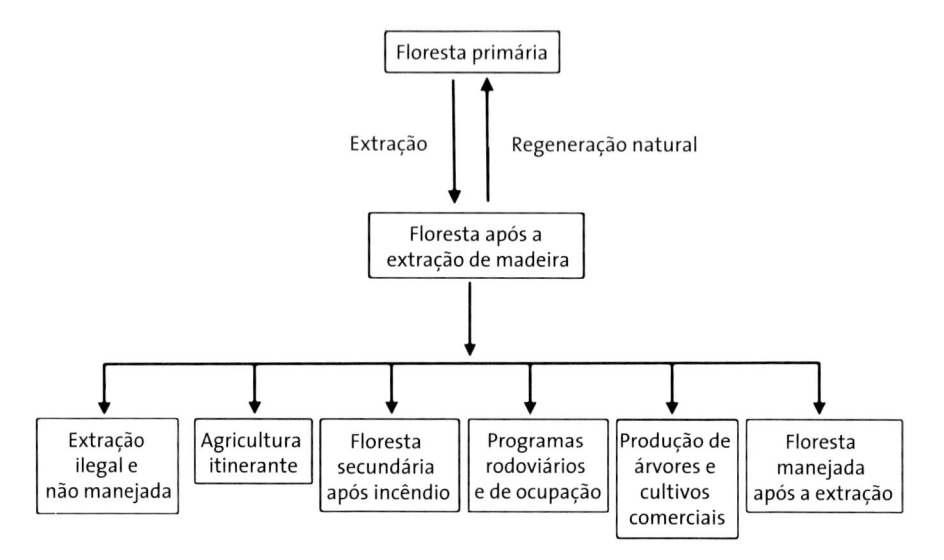

Fig. 9.1 *Após a extração de madeira, as florestas tropicais ficam sujeitas a muitas trajetórias que impedem a regeneração natural. As trajetórias mais comuns na Indonésia estão ilustradas nesta figura. A extração ilegal de madeira leva à degradação florestal, e a pressão sobre essas florestas leva à conversão do solo para atividades de agricultura itinerante ou plantios de árvores ou palmeiras-de-óleo. Após a extração de madeira, a maior parte da floresta é mantida permanentemente*

Fonte: adaptado de Kartawinata et al. (2001, Fig. 1).

Se as florestas com extração de madeira escaparem dos incêndios e da conversão do uso do solo, a composição e a estrutura se restabelecem gradualmente, como ocorre após furacões e incêndios. A boa notícia é que boa parte das espécies que precisam do ambiente florestal persiste em florestas onde houve extração de madeira. Além do mais, dado tempo suficiente, os processos de regeneração natural podem restaurar as populações de espécies arbóreas comerciais e não comerciais (Putz et al., 2012; Edwards et al., 2012). Neste capítulo, é resumido como as florestas tropicais regeneram após a extração de madeira e descritas as interações entre as atividades de extração e outros distúrbios que podem alterar seriamente os processos envolvidos na regeneração natural. No caso particular da Ásia tropical, florestas onde boa parte da madeira comercial foi extraída são descritas como florestas secundárias, devido aos processos sucessionais que se iniciam após esse distúrbio. Enfatiza-se que as florestas regenerando após a extração seletiva de madeira seguem trajetórias sucessionais distintas daquelas associadas a agricultura itinerante ou pastagens abandonadas. Para reduzir a ambiguidade e a confusão, o termo *floresta secundária* deveria somente ser utilizado para as florestas regenerando após a derrubada total ou quase total da floresta original (Corlett, 1994; Chokkalingam; De Jong, 2001).

9.1 Intensidade de extração, distúrbios florestais, e regeneração florestal após a retirada de madeira

A intensidade e as técnicas usadas para a retirada de madeira alternam-se muito, gerando uma enorme variação nos danos causados nas árvores e no solo. Em um extremo, apenas uma ou duas espécies de árvores são colhidas em áreas remotas da bacia amazônica, com uma intensidade média de colheita de 0,3 m^3 por hectare (Putz; Dykstra; Heinrich, 2000). No outro extremo, a retirada de madeira pode chegar a 150 m^3 de madeira por hectare em Sabah, na Malásia (Pinard; Putz, 1996). A intensidade de retirada de madeira é maior nas florestas de dipterocarpáceas da Malásia, pois uma grande quantidade de espécies possui valor comercial (Whitmore, 1984). Em uma operação padrão de retirada seletiva de madeira em Sabah, de 8 a 15 árvores são colhidas por hectare, produzindo 50-120 m^3 de madeira comercial. As intensidades médias de colheita na Amazônia são de 23 m^3 por hectare, enquanto na Guiana Francesa esses valores são consideravelmente menores, 14 m^3 por hectare (Blanc et al., 2009).

As atividades de colheita, principalmente aquelas que utilizam escavadeiras, danificam a floresta por meio da compactação do solo em trilhas de arraste e em pátios de estocagem de madeira, da derrubada da floresta com o intuito de abrir estradas para a retirada de madeira, e de danos em outras árvores durante a colheita (Boxe 9.1 e Fig. 9.2). Em uma operação de colheita florestal típica, de 40% a 70% das árvores próximas são danificadas (Pinard; Putz, 1996). O arraste, o transporte e a estocagem podem gerar distúrbios em até 30% da superfície do solo. As diretrizes de exploração de impacto reduzido (EIR) reduzem os danos causados às árvores próximas com menos de 60 cm de diâmetro à altura do peito (DAP) de 41% a 15%, diminuindo, assim, a perda de biomassa e acelerando a recuperação da produtividade na escala do talhão florestal (Pinard; Putz, 1996). Por essas razões, a EIR pode aumentar a retenção de carbono durante a extração de madeira (Putz et al.,

2008). Sist et al. (2003) mostraram que o dano provocado às árvores foi reduzido em 40% utilizando as técnicas de EIR em comparação a práticas convencionais de colheita, especialmente em relação ao dano produzido pela trilha de arraste. Quatro anos após a extração de madeira na Malásia Oriental, os tratamentos com EIR apresentaram maior densidade de indivíduos e riqueza de espécies das árvores juvenis regenerantes em comparação a áreas de extração convencional (Pinard; Barker; Tay, 2000). No entanto, mesmo após a EIR, a mortalidade das árvores aumenta depois da colheita devido ao dano causado nos indivíduos (Mazzei et al., 2010).

> **Boxe 9.1 Sucessão da vegetação em trilhas de arraste e em estradas**
> As estradas, trilhas de arraste, beiras de estradas, clareiras e áreas de estocagem criam micro-*habitat* e condições únicas que afetam diferentemente o estabelecimento de espécies vegetais. As estradas para o maquinário geralmente cobrem 15%-40% das áreas de colheita florestal no leste da Malásia. As diretrizes para a EIR podem reduzir esse dano para 6% (Pinard; Barker; Tay, 2000). Em áreas com alta densidade de indivíduos colhidos, as estradas cobrem mais de 20% da superfície total do solo e o dossel é completamente eliminado, enquanto a floresta é deixada intacta em outras áreas (ver Fig. 9.2; Uhl; Vieira, 1989). Essas condições heterogêneas criam variações locais nos regimes de distúrbio e nas trajetórias sucessionais, com efeitos de longo prazo na regeneração arbórea e na estrutura e composição da floresta.
>
> Quatro anos após a exploração convencional e de impacto reduzido na Malásia Oriental, a densidade de indivíduos e de espécies de árvores jovens foi significativamente menor em trilhas de arraste do que na borda das trilhas ou na floresta do entorno (Pinard; Barker; Tay, 2000). Após a exploração convencional, as árvores jovens de espécies pioneiras foram mais abundantes em microssítios ao longo das bordas das trilhas de arraste, enquanto as árvores dipterocarpáceas jovens foram mais abundantes na floresta do entorno. Efeitos significativos das trilhas de arraste na regeneração arbórea ainda eram evidentes 6 e 18 anos após a exploração.
>
> Efeitos semelhantes das estradas foram observados em florestas tropicais úmidas da Costa Rica 12-17 anos após o abandono (Guariguata; Dupuy, 1997). As estradas para as atividades de exploração continham a menor densidade de indivíduos e de espécies de árvores jovens, enquanto as parcelas na borda das estradas apresentavam a maior densidade de indivíduos e de espécies. Para as árvores maiores, a área basal e a densidade de indivíduos em parcelas sobre estradas foram 25% dos valores encontrados nas bordas das estradas ou no interior da floresta. Vinte e cinco anos após a extração madeireira nas ilhas Hainan, na China, a densidade de indivíduos e de espécies foi significativamente menor em parcelas sobre estradas do que em bordas em áreas mais elevadas ou mais baixas (Ding; Zang, 2009). Quatro espécies pioneiras apresentaram

uma associação significativa com as estradas. A redução no diâmetro médio das árvores e na altura do dossel em parcelas sobre estradas foi atribuída ao crescimento em condições de solo menos favoráveis, como elevada compactação e matéria orgânica reduzida.

As condições ambientais, e não a dispersão de sementes, parecem ser o fator limitante mais forte para o recrutamento de espécies lenhosas em estradas de exploração madeireira. A elevada compactação e a baixa fertilidade do solo impedem o estabelecimento vegetal, especialmente para espécies de sementes grandes (Ding; Zang, 2009). As sementes e as plântulas são facilmente levadas pela água em estradas e trilhas de arraste após chuvas pesadas. No entanto, ao longo da borda das estradas, a regeneração arbórea pode ser fomentada pela deposição da camada superficial do solo removida das estradas e pelo acúmulo de sementes oriundas do banco de sementes do solo.

As espécies pioneiras prosperam após distúrbios localizados no solo e no dossel criados por trilhas de arraste e estradas. A densidade de plântulas da espécie comercial *Schizolobium amazonicum* em clareiras criadas pela exploração madeireira foi dez vezes maior em solos escarificados pelos tratores utilizados para o arraste da madeira do que em solos não escarificados (Fredericksen; Pariona, 2002). A regeneração de *Ficus boliviana*, *Terminalia oblonga* e *Ampelocera ruizii* aumentou ao longo de estradas abertas para a exploração madeireira que foram abandonadas na Bolívia, em comparação a áreas florestais (Nabe-Nielsen et al., 2007). Em uma floresta semidecídua com extração seletiva de madeira no México, os distúrbios no solo provocados pelo maquinário favoreceram a regeneração de espécies arbóreas intolerantes à sombra em clareiras criadas pela retirada de árvores (Dickinson; Whigham; Hermann, 2000). A redução da competição da vegetação estabelecida e os distúrbios causados no solo e na serapilheira provavelmente favoreceram o estabelecimento dessas espécies.

Em mais da metade das 214 reservas florestais de Gana já ocorreu extração seletiva de madeira (Hawthorne et al., 2012). Após a extração seletiva madeireira em Gana, a densidade de plântulas recrutadas foi maior em clareiras criadas pela retirada das árvores e nas trilhas de arraste do que em áreas sem exploração madeireira (Swaine; Agyeman, 2008). A densidade média de espécies de plântulas foi maior em clareiras criadas pela extração de madeira e em trilhas de arraste do que em florestas sem exploração, principalmente devido ao desenvolvimento de espécies pioneiras de madeira comercializável que são incomuns ou ausentes em áreas sem exploração. Depois das atividades de exploração madeireira em Gana, a área basal permaneceu menor em áreas afetadas diretamente pela extração de madeira em comparação a áreas intocadas, e as espécies pioneiras ainda dominavam, mesmo 30 anos após a exploração (Hawthorne et al., 2012). Portanto, o ciclo de corte de 40 anos utilizado atualmente não é sustentável.

As diferentes respostas das espécies vegetais aos distúrbios do solo e do dossel durante as atividades de exploração madeireira em distintas florestas tropicais têm sérias implicações para o manejo florestal e para a produção madeireira sustentável. O manejo sustentável e as práticas silviculturais devem ser definidos de acordo com as limitações biológicas locais. Infelizmente, a maioria das florestas tropicais é explorada em intensidades de duas a três vezes maiores do que o limite para a produção madeireira sustentável (Zimmerman; Kormos, 2012). São necessárias iniciativas para manter os estoques de carbono da floresta, reduzir a degradação florestal, promover a extração legal de madeira e transferir os direitos de manejo, a fim de empoderar as comunidades locais (Putz et al., 2012).

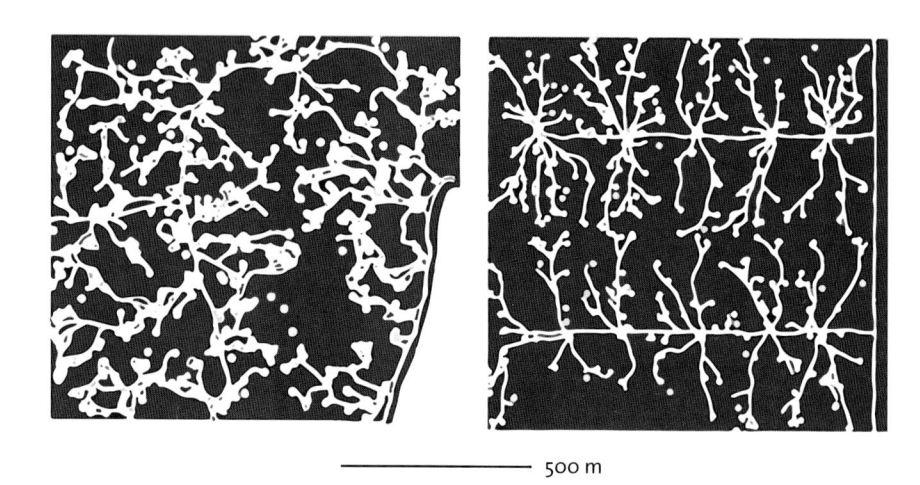

Fig. 9.2 Mapas das áreas de floresta sujeitas à exploração convencional de madeira (à esquerda) e à EIR (à direita) na Fazenda Cauaxi, no Pará, Brasil. O tamanho médio da clareira após exploração convencional foi de 473 m², enquanto o da clareira após EIR foi de 277 m². As áreas cinza-escuras representam a floresta remanescente, e as áreas brancas, distúrbios causados pelas clareiras, estradas, pátios de estocagem e trilhas de arraste
Fonte: Schulze e Zweede (2006, Fig. 1).

Conforme observado por Johns (1988), o termo *extração seletiva* é enganoso para as atividades de colheita em florestas de dipterocarpáceas de terras baixas em Sungai Tekam, na Malásia Ocidental. Apesar de apenas 3,3% das árvores terem sido colhidas para o aproveitamento da madeira, 50,9% das árvores foram destruídas. Além do mais, as atividades de extração, na prática, removeram aleatoriamente as árvores e não alteraram substancialmente as proporções relativas das diferentes famílias arbóreas antes e depois da extração.

A regeneração florestal após exploração convencional intensiva começa essencialmente na fase de estruturação da floresta, que é caracterizada pela colonização e estabelecimento de espécies pioneiras de crescimento rápido. Por outro lado, a regeneração após extração de baixa intensidade apresenta dinâmica sucessional semelhante à observada em clareiras grandes em florestas intactas, com crescimento acelerado das árvores adultas e jovens presentes e relativamente pouca colonização de árvores pioneiras. Mazzei et al. (2010) simularam a recuperação de biomassa acima do solo sob três cenários de extração de madeira na Amazônia Oriental e estimaram que os valores de biomassa observados antes da colheita seriam atingidos em 15 anos após a colheita de três árvores por hectare; 51 anos após a colheita de seis árvores por hectare; e 88 anos após a colheita de nove árvores por hectare. Na parte oriental de Kalimantan, a recuperação das florestas onde houve extração de madeira foi estimada em 150 anos (Riswan; Kentworthy; Kartawinata, 1985), enquanto na Guiana Francesa levaria 45 anos (Blanc et al., 2009). Em solos com poucos nutrientes, como aqueles de areia branca de florestas turfosas, a regeneração florestal após a extração de madeira será ainda mais lenta do que aquela em solos férteis (Riswan; Kartawinata, 1988). A variação nos distúrbios causados pela extração de madeira, juntamente com outras restrições impostas pela dispersão de sementes e por outros tipos de distúrbio, explica a grande amplitude de tempo observado e estimado para a recuperação de florestas tropicais onde ocorreram atividades de extração seletiva de madeira.

A extração seletiva de madeira contribui substancialmente para as perdas em longo prazo de carbono nos ecossistemas das florestas tropicais. De 1999 a 2002, de 15% a 19% mais carbono foi emitido pela extração seletiva de madeira do que pelo desmatamento na Amazônia brasileira (Huang; Asner, 2010). Na Amazônia brasileira, Huang e Asner (2010) estimaram uma perda de 29% da biomassa viva e de 56% do carbono do solo após a extração de madeira. Esses autores calcularam que seriam necessários, em média, 94 anos para os estoques de madeira se recuperarem e 51 anos para a recuperação da produtividade primária líquida, considerando que as florestas não sofram mais nenhum distúrbio. Uma metanálise de 22 estudos revelou que as florestas tropicais retêm, em média, 74% do estoque de carbono em biomassa viva acima do solo depois da primeira extração madeireira (Putz et al., 2012). Esse valor variou entre 47% e 97%, dependendo da intensidade da extração e das técnicas de colheita utilizadas.

A maioria dos estudos da regeneração arbórea após a exploração madeireira foca espécies arbóreas comerciais sob uma perspectiva de manejo florestal, geralmente abrangendo períodos curtos, de menos de cinco anos. Neste livro, focam-se os estudos de longo prazo que monitoraram as alterações na estrutura, diversidade e composição de espécies da floresta após a extração seletiva de madeira em parcelas alocadas na floresta ou entre diferentes tratamentos de exploração madeireira. Poucos estudos acompanharam as alterações na estrutura e composição da vegetação em uma mesma floresta ao longo do tempo. Com frequência, os padrões de regeneração são observados com base em comparações entre florestas diferentes com distintos períodos desde a última exploração madeireira, de forma semelhante aos estudos de cronossequência em áreas agrícolas abandonadas (para mais informações sobre cronossequências, ver seção 5.4, p. 118); esses dois tipos de estudos sofrem das mesmas limitações, como diferentes condições iniciais (incluindo a intensidade de exploração), alterações durante a regeneração florestal e efeitos da heterogeneidade ambiental local. Outra limitação dos estudos sobre o efeito da exploração madeireira é a falta de replicação apropriada dos tratamentos. Dos 77 estudos sobre os efeitos da exploração madeireira na biodiversidade, 68% utilizam claramente pseudorreplicações, ou seja, sem a repetição de tratamentos entre áreas de estudo espacialmente independentes (Ramage et al., 2013).

A intensidade da exploração madeireira afeta a recuperação em curto e em longo prazo da composição arbórea. Bonnell, Reyna-Hurtado e Chapman (2011) examinaram a dinâmica florestal por um período de 37 anos após a exploração madeireira de baixa, média e alta intensidade no Parque Nacional Kibale, em Uganda. Em 1989, 20 anos após a exploração madeireira, a abundância de espécies de início de sucessão aumentou nos setores da floresta com exploração moderada e alta em comparação a setores de exploração baixa ou sem exploração. Essas diferenças na composição permaneceram por 17 anos, enquanto as espécies de início de sucessão desapareceram de áreas com baixa intensidade de exploração. A área basal de setores com baixa intensidade de exploração não foi significativamente diferente dos setores sem exploração durante o período do estudo.

Baseando-se nas alterações temporais em área basal das árvores, Bonnell, Reyna-Hurtado e Chapman (2011) estimaram que as condições anteriores à exploração madeireira poderiam ser recuperadas em 95 e 112 anos para setores da floresta com exploração moderada e pesada, respectivamente. Os setores com exploração de baixa intensidade apresentaram riqueza de espécies semelhante quando os valores foram corrigidos para a densidade de indivíduos, ao passo que aqueles setores com intensidade moderada e alta de exploração exibiram menor riqueza de espécies. A intensidade da exploração também influenciou o tempo estimado para a recuperação da abundância e do tamanho das árvores que fornecem alimento para primatas: enquanto a exploração de baixa intensidade não afetou as fontes de alimento dos primatas, estimou-se que as fontes de alimento levariam de 50 a 100 anos para se recuperar em setores moderadamente explorados e até 158 anos para se recuperar em setores com alta intensidade de exploração. As espécies de primatas frugívoros podem ser mais afetadas pela exploração madeireira do que as espécies folívoras, devido ao maior tempo necessário para a recuperação das árvores frutíferas preferidas pelos primatas.

Apesar das reduções na densidade de indivíduos e na densidade de espécies (número de espécies em cada parcela de 0,1 ha), as atividades convencionais de exploração madeireira na parte ocidental de Kalimantan, na Indonésia, não diminuíram a riqueza de espécies em longo prazo (Cannon; Peart; Leighton, 1998). Quando as mudanças na densidade de indivíduos são consideradas, a riqueza rarefeita de espécies arbóreas (número de espécies arbóreas em amostras padronizadas de indivíduos) foi inclusive maior em florestas com exploração madeireira há oito anos do que em florestas sem exploração. Esses resultados sugerem que a mortalidade causada pela exploração madeireira foi concentrada em espécies relativamente comuns, o que reduziu a quantidade de indivíduos, mas eliminou poucas espécies. A composição em nível de família foi semelhante entre florestas sem exploração e florestas onde a exploração ocorreu oito anos atrás. Bischoff et al. (2005) amostraram florestas 8 e 13 anos após a exploração madeireira em Sabah, na Malásia, e observaram que a densidade e a diversidade (índice de Shannon) de espécies arbóreas eram semelhantes entre florestas exploradas e não exploradas. No entanto, a composição de espécies foi afetada pela exploração madeireira. As espécies pioneiras contribuíram mais para a área basal em florestas exploradas do que em florestas sem exploração, o que levou a maiores taxas de mortalidade e crescimento.

A exploração madeireira de baixa intensidade no Estado do Pará, no Brasil, não afetou significativamente a densidade de indivíduos ou a densidade de espécies de árvores 11 anos após a exploração, enquanto a exploração de intensidade moderada reduziu significativamente a densidade tanto de indivíduos quanto de espécies das árvores maiores (Parrotta; Francis; Knowles, 2002). Por outro lado, níveis moderados de exploração em uma floresta na Bolívia não afetaram a riqueza de espécies depois de oito anos, mas o recrutamento de novas árvores alterou os valores médios dos atributos funcionais (Carreño-Rocabado et al., 2012). Na Amazônia Central, áreas de exploração madeireira experimental apresentaram maior densidade e riqueza de espécies de árvores jovens 7-8 anos após a extração de madeira quando comparadas a áreas que nunca foram exploradas (Magnusson et al., 1999). A composição de espécies foi significativamente afetada pela exploração e pela colonização de espécies pioneiras; no entanto, a composição também variou muito em florestas usadas como controle. A composição da comunidade herbácea não foi afetada significativamente pela exploração nessas parcelas experimentais, mas foi relacionada fortemente a distúrbios locais causados pela abertura de clareiras e de trilhas de arraste (Costa; Magnusson, 2002).

Em virtude do aumento da heterogeneidade provocado pela intensidade da exploração madeireira e por distúrbios locais, espera-se que as florestas exploradas variem mais quanto à composição de espécies arbóreas do que as florestas que nunca foram exploradas. Portanto, a comparação da composição de espécies entre áreas exploradas e áreas nunca exploradas é muito dependente da escala espacial da análise (Imai et al., 2012). Na escala local (diversidade alfa), a riqueza de espécies e a diversidade de árvores não diferiram significativamente entre florestas onde houve exploração madeireira há 18 anos e florestas sem exploração em Sabah, na Malásia (Berry et al., 2008). Entretanto, a variação na composição de espécies na escala de paisagem (diversidade beta) foi significativamente maior em florestas exploradas quando comparadas a florestas que não foram exploradas, levando a uma maior riqueza total de espécies arbóreas (diversidade gama) em paisagens manejadas em comparação a paisagens não manejadas. Na escala de paisagem, a variação na composição de espécies entre florestas exploradas e sem exploração ainda era evidente após 18 anos. As florestas exploradas apresentaram um aumento na abundância de dipterocarpáceas na comunidade de árvores pequenas e de espécies pioneiras na comunidade de árvores maiores em relação a florestas que não foram exploradas (Berry et al., 2008).

A exploração madeireira favorece a regeneração de espécies madeireiras e de lianas que requerem condições de alta luminosidade para o seu estabelecimento. Florestas exploradas seletivamente na floresta Ituri, na bacia do Congo, na África, apresentaram pelo menos dez vezes mais plântulas de quatro espécies de mogno-africano (*Khaya anthoteca*, *Entandrophragma angolense*, *E. cylindricum* e *E. utile*) do que florestas não exploradas (Makana; Thomas, 2006). A regeneração de plântulas do mogno-brasileiro (*Swietenia macrophylla*) também requer distúrbios em larga escala (Snook; Negreros-Castillo, 2004; Grogan; Galvão, 2006). As lianas (trepadeiras lenhosas) apresentam recrutamento rápido dentro de clareiras de exploração madeireira, frequentemente originadas por rebrotamento (Pinard; Putz, 1994; Schnitzer; Parren; Bongers, 2004). A rápida colonização de lianas pode impedir a regeneração de árvores (Fox, 1976; Schnitzer; Dalling; Carson, 2000). Demonstrou-se que a supressão de lianas antes da exploração madeireira reduz significativamente o recrutamento de lianas após o corte (Gerwing; Vidal, 2002; Schnitzer; Parren; Bongers, 2004). A EIR na Amazônia Oriental não aumentou significativamente a disponibilidade de luz para promover a regeneração de espécies comerciais, sugerindo que intervenções silviculturais adicionais serão necessárias (Schwartz et al., 2012).

A rebrota é uma forma comum de regeneração das espécies arbóreas após a exploração madeireira, especialmente em florestas estacionais secas. Em uma floresta semidecídua na Venezuela onde houve retirada de madeira há 5-19 anos, a rebrota foi observada em 43% de todas as espécies, enquanto apenas 14% das espécies na floresta sem retirada de madeira apresentaram rebrotas (Kammesheidt, 1999). Em uma floresta seca na Bolívia, 45% das árvores jovens de espécies de dossel eram originadas de brotações da raiz ou do caule. Inicialmente, as brotações da raiz ou do caule cresceram mais rápido do que as plântulas, o que indica que a reprodução vegetativa é uma forma importante de regeneração arbórea após distúrbios causados pela exploração madeireira em florestas tropicais secas (Mostacedo et al., 2009). Das 122 espécies investigadas na floresta semidecídua na Reserva Florestal Budongo, em Uganda, 119 rebrotaram como resposta ao corte ou à colheita, predominantemente por meio de brotamentos no caule (Mwavu; Witkowski, 2008).

Os estudos apresentados anteriormente demonstram claramente que os efeitos da exploração madeireira na composição e na velocidade da regeneração são diretamente relacionados à quantidade de madeira comercial removida e à intensidade dos danos causados ao solo e ao dossel. Os padrões de regeneração após a exploração madeireira intensiva são semelhantes aos estágios iniciais de sucessão em áreas abertas, enquanto a exploração de baixa intensidade gera padrões de regeneração semelhantes àqueles observados em grandes clareiras em florestas intactas. Mesmo quando a riqueza local de espécies arbóreas não difere significativamente, comparando-se florestas com exploração e sem exploração, a variação na riqueza de espécies arbóreas na escala de paisagem e a composição da vegetação, em termos de espécies e formas de vida, podem ser fortemente impactadas pelas atividades de extração madeireira. Esses impactos alteram diretamente os processos ecossistêmicos e a biodiversidade nas escalas local e da paisagem.

9.2 O efeito da exploração madeireira sobre a abundância e a diversidade animal

Quando metade das árvores em uma floresta tropical é colhida ou morre devido a danos causados pela exploração madeireira, as fontes de alimento e os abrigos para os animais são reduzidos drasticamente. Os macacos-aranha em áreas de concessão florestal na Bolívia passam 47% do seu tempo alimentando-se de espécies arbóreas nativas comerciais e obtêm metade da sua ingestão total de macronutrientes de espécies de valor comercial. A perda dessas fontes importantes de alimento durante as atividades de exploração madeireira é a causa provável da redução em 75% da densidade populacional de macacos-aranha entre um e dois anos após a exploração, em comparação a florestas sem exploração (Felton et al., 2010). É improvável que uma floresta sob exploração madeireira convencional consiga manter todas as espécies de vertebrados presentes antes da exploração, mas pode manter níveis semelhantes de riqueza de espécies, principalmente se as florestas manejadas continuarem conectadas a grandes áreas florestais (Johns, 1985). Algumas espécies de primatas compensam a redução da disponibilidade de frutas comendo folhas. Após a exploração madeireira em uma floresta de dipterocarpáceas de encostas, o *Hylobates lar* (gibão-de-mãos-brancas) e o *Presbytis melalophos*[1] mudaram sua dieta de frutas para folhas.

As populações com dietas especialistas são mais vulneráveis à exploração madeireira do que as populações com dietas generalistas. As espécies de aves que mais foram afetadas pela exploração madeireira foram insetívoras especialistas, enquanto a abundância dos indivíduos das espécies que habitam a borda da floresta ou áreas perturbadas dentro da floresta – com dieta generalista ou tolerantes a distúrbios – aumentou após a exploração madeireira. A quantidade de espécies de aves observada em florestas com extração seletiva de madeira na Malásia Ocidental cresceu gradualmente durante os primeiros seis anos de regeneração florestal. Em florestas dipterocarpáceas da Ásia, os frutos de muitas espécies arbóreas pioneiras não podem ser consumidos por aves ou mamíferos. Dessa forma, o recrutamento de espécies arbóreas de dossel que foram colhidas ou danificadas é necessário para recuperar a comunidade de frugívoros vertebrados (Johns, 1985, 1988).

Dunn (2004a) revisou os efeitos da exploração madeireira em florestas tropicais sobre vários *taxa* de animais baseando-se em mais de 30 estudos diferentes. Logo após a exploração madeireira, não foram observadas alterações na diversidade corrigida de formigas, aves e Lepidoptera (borboletas e mariposas), e também não houve alterações na diversidade com o passar do tempo. Explorações de impacto reduzido na Amazônia Oriental não afetaram a abundância de espécies comuns de morcegos que se alimentam de frutos e néctar (Castro-Arellano et al., 2007; Presley et al., 2008). Uma metanálise de 109 estudos sobre os efeitos da exploração madeireira

---

[1] Sem nome comum na língua portuguesa (N.T.).

na diversidade revelou impactos significativos na riqueza de espécies para diversos *taxa* (Putz et al., 2012). A riqueza de espécies de aves em florestas exploradas representou, em média, 84% dos valores encontrados em florestas sem exploração, enquanto os invertebrados mamíferos e plantas mantiveram 92%-101% da riqueza de espécies. Esses resultados corroboram os de Gibson et al. (2011), que também se basearam em uma extensa metanálise e concluíram que florestas manejadas apresentam elevado valor de conservação, mesmo se a composição de espécies for alterada.

A semelhança da diversidade ou riqueza de espécies entre florestas manejadas e não manejadas não significa que a composição de espécies entre essas florestas seja similar. Felton et al. (2008) amostraram comunidades de aves em áreas onde a exploração madeireira ocorreu 1-4 anos atrás e em áreas sem exploração na Bolívia. Esses autores observaram que a riqueza das espécies de aves foi idêntica em áreas com exploração e sem exploração, mas 20% das espécies foram exclusivas ou significativamente mais abundantes em áreas sem exploração. As aves insetívoras ou frutívoras apresentaram maior probabilidade de estar associadas a áreas sem exploração madeireira, sugerindo que essas espécies são mais sensíveis aos distúrbios causados pela exploração madeireira. A fauna de aves em florestas com extração seletiva de madeira no Parque Nacional Kibale permaneceu alterada por 23 anos após a extração (Dranzoa, 1998). A maioria das aves nas florestas manejadas pertencia a espécies generalistas ou de borda da floresta, mas 84% das aves especialistas de interior de floresta que ocorrem em florestas maduras recolonizaram ou permaneceram nas florestas manejadas. Sete espécies de aves especialistas do sub-bosque não recolonizaram a floresta manejada mesmo após 23 anos. A diversidade de aves não se recuperou completamente mesmo 30 anos depois da extração madeireira na Malásia peninsular. As florestas com extração seletiva de madeira continham apenas 73%-75% das espécies de aves encontradas em florestas sem extração na região (Peh et al., 2005).

Poucos estudos compararam a composição de espécies animais de diferentes *taxa* antes e depois da exploração madeireira em um mesmo local. Azevedo-Ramos, De Carvalho Jr. e Do Amaral (2006) amostraram formigas, aranhas, aves e mamíferos antes e seis meses após atividades de EIR na Amazônia Oriental. A exploração teve apenas um pequeno efeito nesses *taxa*, sendo as aranhas o único *taxon* que teve alterações significativas na composição de espécies. Os mamíferos não sofreram variações em riqueza, abundância e composição. O baixo impacto da exploração madeireira nesses *taxa* pode ser devido à conectividade entre áreas manejadas e não manejadas, o que promoveu uma rápida colonização nas áreas manejadas.

No vale de Danum, em Sabah, na Malásia, a riqueza das espécies de mariposa não foi alterada significativamente pela exploração madeireira, e as comunidades de mariposas apresentaram elevada similaridade entre áreas com e sem manejo (Kitching et al., 2012). No entanto, para as florestas não manejadas, a similaridade da composição entre as comunidades diminuiu com o aumento da distância entre as áreas amostradas, o que sugere que as comunidades de mariposas em áreas manejadas eram altamente homogêneas na região. Esse estudo enfatizou a importância de avaliar os efeitos locais e na escala da paisagem da exploração madeireira sobre a riqueza e a composição de espécies.

Diversos fatores afetam a sensibilidade de aves e mamíferos à exploração madeireira e à fragmentação florestal. Três variáveis (número de espécies por gênero, número de subespécies por espécie e número de ilhas do Sudeste Asiático onde cada espécie ocorre) previram com 79% de precisão a sensibilidade à exploração madeireira das espécies de mamíferos na região da ilha de Bornéu pertencente à Indonésia (Meijaard et al., 2005). Para o conjunto das espécies de aves e mamíferos, as espécies afetadas negativamente pela exploração madeireira são em geral endêmicas de Bornéu ou Sundaland. Os mamíferos intolerantes à exploração madeireira em geral apresentam nichos ecológicos restritos, e muitos são estritamente frugívoros, carnívoros ou insetívoros.

A idade filogenética é o melhor preditor da sensibilidade das espécies de mamíferos de Bornéu à exploração madeireira (Meijaard et al., 2008). As espécies cujas populações diminuem após a exploração são geralmente aquelas que começaram a evoluir durante o Mioceno ou o Plioceno inicial. Essas espécies exibem pouca variação geográfica em sua morfologia, são geralmente raras em ilhas pequenas e tendem a ocupar nichos ecológicos restritos (e.g., são estritamente frugívoras, carnívoras ou insetívoras). Por outro lado, espécies tolerantes à exploração madeireira têm origem mais recente (entre o Plioceno tardio e o Pleistoceno), são mais comuns em ilhas pequenas e no Sudeste Asiático e são herbívoras ou onívoras. Apesar de relativamente poucas espécies de mamíferos apresentarem reduções em sua abundância após a exploração madeireira, as práticas de manejo em concessões florestais devem ser modificadas para maximizar seu valor de conservação da vida selvagem (Meijaard; Sheil, 2008).

Mesmo após 19 anos de regeneração natural, a riqueza e a diversidade de espécies de aves foram significativamente menores em florestas manejadas do que em florestas não manejadas em Sabah, na Malásia. As espécies insetívoras foram sempre menos abundantes em florestas onde houve exploração madeireira. A reabilitação por meio dos plantios de enriquecimento e dos tratamentos silviculturais após a exploração madeireira aumentou a riqueza e a diversidade de espécies de aves para os valores encontrados em florestas não exploradas. Os frugívoros foram menos abundantes em florestas reabilitadas, e a abundância geral de aves nessas florestas foi reduzida em comparação aos níveis identificados em florestas sem exploração; essa redução foi atribuída ao corte de lianas (Edwards et al., 2009; Ansell; Edwards; Hamer, 2011).

Vinte anos após a exploração madeireira em florestas úmidas semidecíduas de Gana, a abundância e a composição de espécies de anuros de serapilheira foram indistinguíveis das de florestas sem exploração (Adum et al., 2013). A recuperação ocorreu em duas fases: a abundância de espécies tolerantes a distúrbios que dominaram logo após a exploração madeireira diminuiu e, em seguida, houve um aumento na abundância de espécies dependentes do interior da floresta. A intensidade relativamente baixa da exploração madeireira nessa área de estudo (três árvores por hectare) pode ter possibilitado a persistência de espécies dependentes de *habitat* florestal em abundâncias significativamente menores. Para as espécies dependentes de *habitat* florestal e com baixa mobilidade, a persistência de alguns indivíduos após a exploração madeireira aumenta o potencial para a recuperação das populações e acelera a recuperação da composição da comunidade.

As respostas em longo prazo dos *taxa* de plantas e animais quanto à exploração madeireira variam muito. Na mesma área de estudo, Berry et al. (2010) amostraram indivíduos de 11 grupos taxonômicos e compararam a riqueza de espécies entre florestas não manejadas e florestas que foram manejadas 19 anos atrás. As herbáceas, as árvores, os mamíferos e os besouros coprófagos apresentaram maior riqueza rarefeita de espécies em florestas que foram exploradas, enquanto a riqueza de espécies de aves, formigas, cupins e borboletas diminuiu após a exploração (Fig. 9.3). Com exceção dos cupins, as reduções na riqueza de espécies foram de menos de 10%. Nenhum padrão consistente de alterações de abundância causadas pela exploração madeireira foi observado nesses *taxa*. Mais de 90% das espécies registradas em florestas sem exploração madeireira também estavam presentes em florestas exploradas, incluindo espécies importantes para a conservação.

As florestas manejadas conseguiriam manter seu valor de conservação após vários ciclos de exploração? Acredita-se que ações sucessivas de exploração causem impactos ainda maiores sobre a regeneração do que a colheita inicial (Whitmore, 1990), mas poucos estudos abordaram esse tema. Nas mesmas áreas de concessão florestal onde Berry et al. (2008), Berry et al. (2010) e Edwards et al.

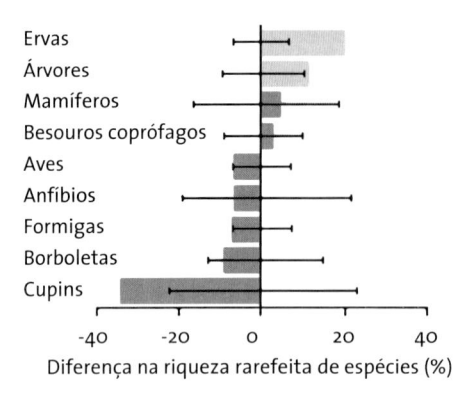

Fig. 9.3 *Diferença média percentual da riqueza de espécies entre florestas com e sem exploração madeireira em Sabah, na Malásia, após 18 anos de regeneração natural. Uma diferença positiva indica que mais espécies foram encontradas em florestas com exploração madeireira. As barras claras indicam taxa vegetais, enquanto as barras escuras indicam taxa de animais. As barras de erro indicam o intervalo de confiança de 95%, baseado em 999 amostragens aleatórias de indivíduos selecionados aleatoriamente entre florestas com e sem exploração*
Fonte: Berry et al. (2010, Fig. 2).

(2009) conduziram experimentos sobre o impacto da exploração madeireira na diversidade e composição das espécies animais e vegetais, Edwards et al. (2011) analisaram os efeitos do segundo ciclo de exploração madeireira sobre as aves e sobre os besouros coprófagos. Algumas áreas foram exploradas duas vezes entre 2001 e 2007 e monitoradas por mais de um ano após a exploração. O conjunto total das espécies de aves e das espécies de aves de sub-bosque foi semelhante entre as florestas sem exploração e aquelas com um ou dois ciclos de exploração. A riqueza de espécies de besouros coprófagos diminuiu 18% em florestas exploradas uma vez e 12% em florestas exploradas duas vezes. Apesar dessa redução, mais de 75% das espécies de aves e besouros coprófagos em florestas sem exploração ocorreram em florestas com dois ciclos de exploração. Para as aves, o segundo ciclo afetou a composição de espécies mais que o primeiro ciclo, reduzindo diversas espécies endêmicas de Bornéu.

Edwards et al. (2012) compararam os impactos da segunda rotação usando técnicas de impacto reduzido e convencional na mesma região de Sabah, na porção da ilha de Bornéu pertencente à Malásia, do primeiro ao oitavo ano após a exploração. Apesar de 67%-86% das espécies de pássaros, formigas e besouros coprófagos das florestas não exploradas terem sido encontradas nas duas florestas exploradas depois da segunda rotação, a exploração levou a mudanças significativas na composição de espécies. Os efeitos da exploração sobre a biodiversidade desses taxa foram semelhantes, sugerindo que uma segunda exploração usando técnicas de impacto reduzido não retém mais espécies do que a exploração convencional. Os benefícios potenciais em longo prazo da EIR sobre a biodiversidade ainda precisam ser investigados.

Até agora, os estudos sugerem que florestas exploradas oferecem *habitat* apropriados para uma alta fração das espécies animais das regiões tropicais. Muitos desses estudos são focados em efeitos de curto prazo e carecem de níveis adequados de repetições dos tratamentos. Além disso, apenas alguns poucos estudos compararam a composição de espécies antes e depois da exploração de uma área. Claramente, alguns tipos de espécies de aves e mamíferos são mais vulneráveis aos efeitos da exploração madeireira, como as espécies endêmicas, as especialistas de sub-bosque e as estritamente frugívoras, carnívoras ou insetívoras. As espécies que possuem uma ampla tolerância ecológica e dietas generalistas provavelmente serão tão abundantes quanto ou mais abundantes em florestas exploradas anteriormente e florestas secundárias em regeneração do que em florestas não exploradas. Pesquisas adicionais são necessárias para avaliar como a variação local da composição de espécies após exploração madeireira afeta os padrões da substituição de espécies na escala da paisagem.

9.3 Consequências das sinergias de uso do solo para a regeneração florestal

Os efeitos indiretos da exploração madeireira seletiva podem ser ainda mais sérios e ter maior alcance do que os efeitos diretos (Uhl; Buschbacher, 1985; Putz; Dykstra; Heinrich, 2000). As estradas abertas para a exploração madeireira dão acesso a áreas florestais remotas ou inacessíveis anteriormente, expondo-as a colonização e corte raso da floresta, e aumentam a frequência de incêndios (ver Fig. 9.1, p. 188). Esse processo também pode levar à fragmentação florestal à medida que blocos de floresta se tornam isolados. As estradas de exploração madeireira também servem de rotas de transporte de carne de caça para populações crescentes de consumidores e servem de atalhos para a introdução de espécies de plantas invasoras.

A exploração seletiva abre o dossel da floresta, diminuindo a umidade relativa perto do chão da floresta e aumentando a suscetibilidade a incêndios (Uhl; Kauffman, 1990; Cochrane; Schulze, 1999). No Estado de Mato Grosso (Centro-Oeste do Brasil), a quantidade total de floresta perturbada por exploração seletiva e incêndios aumentou de 5,4% em 1992 para 40,1% em 2004 (Matricardi et al., 2010). Com base na capacidade de se detectarem florestas perturbadas por imagens de satélite, as observações mostram que a recuperação de áreas exploradas que foram incendiadas leva mais tempo (3-10 anos) do que a de áreas exploradas que não foram incendiadas (3-5 anos). A taxa de secagem da madeira na Amazônia Oriental foi afetada pela abertura do dossel, tempo desde o corte e técnicas de corte. Uma grande clareira de exploração madeireira (> 700 m^2) tornou-se suscetível a incêndio após apenas seis dias (Holdsworth; Uhl, 1997). Depois de quatro anos de regeneração florestal após exploração madeireira, as condições de umidade da madeira foram similares àquelas observadas em florestas maduras, sugerindo que a suscetibilidade a incêndio diminui fortemente ao longo do tempo após a exploração. A redução, por meio do uso de técnicas de EIR, do tamanho das clareiras criadas pela exploração pode diminuir os riscos de incêndio pós-exploração.

Normalmente a caça é associada à exploração madeireira em comunidades florestais e concessões florestais (Bennett; Gumal, 2001). Apesar de se reconhecer amplamente que a exploração madeireira leva indiretamente à caça nas florestas tropicais (Peres; Barlow; Laurance, 2006), poucos estudos quantificaram essa relação (Fimbel; Grajal; Robinson, 2001). A principal fonte de proteína para trabalhadores em acampamentos de exploração madeireira de Sarawak, na Malásia, é a carne de caça; um acampamento consumiu aproximadamente 29.000 kg de carne selvagem por ano, a maior parte correspondendo a javali-barbado (Bennett; Gumal, 2001). Durante 1996, em Sarawak, mais de 1.000 t de carne de caça foram transportadas para fora das florestas, utilizando-se principalmente as estradas de exploração madeireira (Robinson; Redford; Bennett, 1999). As operações de exploração comercial atraem um grande número de trabalhadores imigrantes para a floresta ou novas áreas urbanas próximas às concessões florestais. Depois da guerra civil no Congo, em 1997, o setor madeireiro passou por uma expansão massiva. As concessões florestais no norte da República do Congo adotaram técnicas de EIR, de exploração seletiva e de baixa intensidade em uma área de 12.000 km^2 (Poulsen et al., 2009). As populações em cinco áreas urbanas madeireiras cresceram 69,6% entre 2000 e 2006, e a biomassa correspondente de carne de animais selvagens consumida aumentou 64%. A maior parte da carne foi caçada por imigrantes que se estabeleceram na área para trabalhar nas concessões florestais.

A caça remove seletivamente grandes aves e mamíferos que são importantes dispersores e predadores de sementes nas florestas tropicais, gerando consequências diretas sobre a regeneração de árvores e sobre a dinâmica florestal (Wright et al., 2007; Stoner et al., 2007b; Terborgh et al., 2008). A comunidade de vertebrados frugívoros variou significativamente ao longo de um gradiente de áreas florestais perturbadas em Uganda, com uma redução de frugívoros especialistas na maior parte das áreas que sofreram exploração madeireira intensa e em áreas fragmentadas (Babweteera; Brown, 2009). Essas mudanças afetam a distância de dispersão e o tipo das sementes dispersas. A perda de dispersores frugívoros especialistas de grande porte provavelmente afeta o recrutamento de muitas espécies que dependem da dispersão de suas sementes para longe da planta-mãe.

A perda de grandes frugívoros em florestas com exploração madeireira e caça no nordeste da Índia impactou negativamente o recrutamento de plântulas e a regeneração de espécies de sementes grandes (Sethi; Howe, 2009; Velho; Krishnadas, 2011). A abundância de aves frugívoras de grande porte diminuiu nas florestas que sofreram exploração madeireira, ao passo que a de aves frugívoras de pequeno porte não foi alterada ou aumentou levemente (Velho et al., 2012). Aves frugívoras apresentaram taxas de visitação menores às árvores de sementes grandes em florestas exploradas em comparação às não exploradas. Entre as espécies de árvores dispersas por agentes bióticos, as espécies de sementes grandes exibiram um número menor de recrutas (indivíduos < 8 m de altura) nas áreas exploradas, enquanto a exploração não afetou o recrutamento das espécies de sementes pequenas (Fig. 9.4). O menor recrutamento de árvores de sementes grandes provavelmente reflete os efeitos combinados da caça e da exploração seletiva de madeira.

A exploração madeireira também abre as portas para espécies exóticas invasoras. O araçá, Psidium cattleianum Sabine, foi introduzido em Madagascar vindo da América do Sul em 1806 e se espalhou pelo sudeste da ilha, onde se prolifera em florestas que sofreram exploração madeireira e outras áreas perturbadas (Brown; Gurevitch, 2004). Espécies invasoras, incluindo P. cattleianum (Myrtaceae), Clidemia hirta (Melastomataceae), Eucalyptus robusta (Myrtaceae) e Lantana camara (Verbenaceae), constituem de 52% a 83% das árvores em cinco florestas exploradas. Apesar dos 50-150 anos de abandono, a riqueza de espécies não foi recuperada nessas florestas exploradas, mas se recuperou rapidamente durante os três anos que se seguiram após um ciclone que derrubou uma floresta que não tinha espécies exóticas invasoras. A alta concentração de espécies invasoras nessas florestas exploradas provavelmente está inibindo a recuperação da composição e da riqueza de espécies.

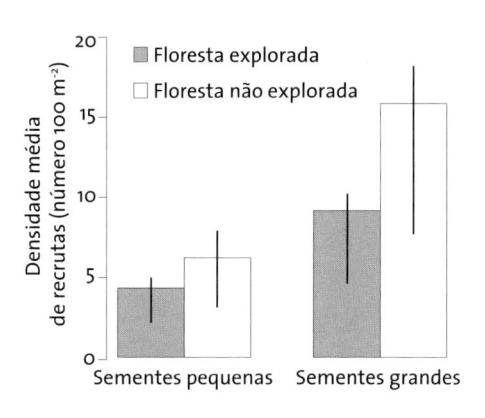

FIG. 9.4 Densidade média (± 1 erro padrão) de recrutas (plântulas e árvores juvenis < 8 m de altura) em duas florestas que sofreram exploração madeireira e duas não exploradas no nordeste da Índia. Florestas não exploradas foram protegidas de caça. Espécies de sementes pequenas têm sementes com menos de 10 mm de diâmetro, enquanto espécies de sementes grandes têm sementes com mais de 10 mm de diâmetro
Fonte: Velho et al. (2012, Fig. 7).

O arbusto invasor *Chromolaena odorata* (Asteraceae) foi introduzido na Ásia tropical, oeste da África e partes da Austrália e ainda é uma importante daninha em florestas exploradas seletivamente e áreas de pousio de agricultura itinerante (ver Boxe 7.1, p. 151). Em uma floresta tropical seca na Tailândia, o sub-bosque de florestas que sofreram exploração intensa é dominado por *C. odorata*, o que resultou em suprimento cada vez maior de néctar para borboletas (Ghazoul, 2004). Como consequência da abundância dessa espécies invasoras, *Dipterocarpus obtusifolius* atinge níveis significativamente mais baixos de polinização, reduzindo seu sucesso reprodutivo. Um cenário semelhante deve explicar o declínio no sucesso reprodutivo de árvores nas florestas do sul da Ásia que são dominadas pelo arbusto invasor *Lantana camara* (Verbenaceae), nativo dos Neotrópicos.

As operações de exploração comercial devem ter sido responsáveis pela introdução da pequena formiga-pixixica (*Wasmannia auropunctata*) no interior das florestas no Gabão, onde está causando cegueira em animais de uma ampla gama de espécies (Walsh et al., 2004). As formigas não existiam na Reserva Florestal Lope até a abertura das estradas de exploração madeireira, na década de 1970. Elas provavelmente pegaram carona em um veículo de transporte de madeira. Esses veículos também transportaram sementes de várias gramíneas invasoras que se proliferaram em áreas de exploração nas terras baixas da Bolívia Oriental (Veldman; Putz, 2010). A espécie mais abundante de gramínea invasora nessa região é a *Urochloa maxima*, mas várias outras espécies de gramíneas exóticas foram dispersas por mais de 30 km pelos caminhões. Mais de 60% das áreas de exploração madeireira nessa região contêm gramíneas exóticas, aumentando grandemente o risco de incêndios (Fig. 9.5 e Boxe 9.2).

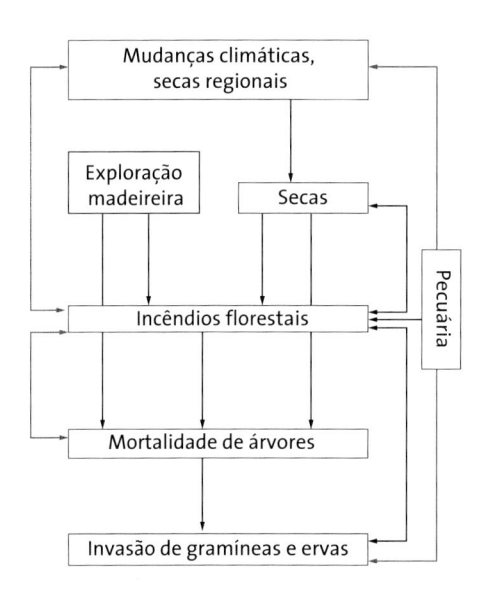

FIG. 9.5 *Interações entre mudanças climáticas, exploração madeireira, seca e incêndios florestais, que levam a retroalimentação positiva e morte de florestas na Amazônia. As setas pretas indicam efeitos diretos, enquanto as de cor cinza indicam circuitos de retroalimentação positiva*
Fonte: redesenhado de Nepstad et al. (2008, Fig. 2).

Boxe 9.2 Distúrbios múltiplos, retroalimentação positiva e morte gradual de florestas na Amazônia

Na Amazônia, incêndios frequentes e degradação florestal por exploração de madeira e fragmentação estão causando a morte gradual de áreas de floresta. O processo começa com a indução da morte de árvores por exploração madeireira, seca e incêndios (Barlow; Peres, 2008; Nepstad et al., 2008). A exploração seletiva abre o dossel da floresta, produz falhas no seu chão, diminui a umidade relativa no sub-bosque e favorece a colonização de gramíneas e outras ervas invasoras. Essas condições transformam um ecossistema resistente ao fogo em suscetível ao fogo, o qual pode ser prontamente incendiado durante uma estação seca severa. Há muitos focos de incêndio, uma vez que há pastos próximos que são queimados todos os anos. Nas paisagens altamente fragmentadas de Paragominas e Tailândia, na Amazônia Oriental, no Brasil, os efeitos de borda aumentam significativamente a suscetibilidade ao fogo; mais de 90% das áreas afetadas pelo fogo fazem fronteira com áreas de borda, e a maior parte das florestas incendiadas ocorre a menos de 500 m de uma área de borda entre floresta e pastagem (Cochrane, 2001; Zarin et al., 2005). Dentro da área de estudo de Paragominas, de um a quatro incêndios acontecem a cada 20 anos.

Efeitos sinérgicos de exploração madeireira, seca, fragmentação e fogo aumentam a inflamabilidade das florestas, expondo-as a incêndios recorrentes, em um circuito de retroalimentação positiva que leva a aumento da mortalidade de árvores, maior abertura do dossel, maior penetração de luz no chão da floresta, invasão de gramíneas e outras ervas que promovem fogo, e incêndios repetidos (ver Fig. 9.5; Cochrane; Schulze, 1999; Nepstad et al., 2008). O resultado final é a rápida conversão de um ecossistema florestal em um ecossistema sujeito a incêndios dominado por gramíneas ou arbustos. Na Amazônia, algumas áreas do nordeste de Mato Grosso, do sudeste e leste do Pará e próximas a Santarém indicam que essa transformação já está ocorrendo (Nepstad et al., 2008).

A inflamabilidade de gramíneas nativas e exóticas gera uma retroalimentação positiva entre os incêndios e a invasão de gramíneas em florestas estacionais secas nos trópicos. Balch, Nepstad e Curran (2009) descreveram o circuito de retroalimentação positiva que promove a invasão de gramíneas em bordas de florestas incendiadas em uma floresta de transição 30 km ao norte do limite entre Cerrado e floresta no Estado de Mato Grosso, no Brasil. A extensão e a probabilidade da invasão de gramíneas aumentaram com os incêndios recorrentes. Uma vez que o fogo inicia a invasão das gramíneas, condições mais secas no sub-bosque e com mais material combustível criam uma retroalimentação positiva que espalha as gramíneas pelas bordas das florestas.

Em uma floresta tropical seca explorada seletivamente na Bolívia, a cobertura da gramínea exótica invasora *Urochloa maxima* foi seis vezes mais alta em uma floresta incendiada experimentalmente em comparação a uma floresta não incendiada

(Veldman et al., 2009). A espécie nativa de bambu *Guadua paniculata*, que é adaptada ao fogo, tornou-se mais abundante em áreas queimadas das florestas secas conhecidas como Chiquitano, na Bolívia, e formou um maciço denso, rebrotando agressivamente em áreas queimadas repetidamente (Veldman, 2008). A recorrência dos incêndios altera o balanço competitivo, transformando a regeneração arbórea em uma formação dominada por bambus (ver Boxe 7.1, p. 151).

Em florestas amazônicas menos influenciadas pela estacionalidade, incêndios recorrentes podem transformar florestas de dossel fechado em florestas mais abertas dominadas por espécies típicas de florestas secundárias jovens, um processo definido como *secundarização* por Barlow e Peres (2008). Na bacia do rio Arapiuns, na Amazônia Central, a composição de espécies de uma área regenerando após queimada foi afetada pelo número de incêndios, reduzindo a representação de espécies arbóreas típicas de florestas maduras com o aumento do número de ciclos de incêndio. Barlow e Peres (2008) propuseram que fogos recorrentes nessa região podem resultar na transformação de florestas maduras de dossel fechado em florestas mais abertas dominadas por espécies pioneiras de vida curta. A abundância e a diversidade das espécies de crescimento lento tolerantes à sombra típicas de florestas não incendiadas devem diminuir por causa dessa mudança no regime de incêndios.

Diversos cenários recentes de mudanças climáticas na bacia amazônica enfatizam a vulnerabilidade das florestas aos crescentes riscos de estresse hídrico e de incêndios, que podem causar morte gradual de florestas em larga escala, particularmente em áreas de floresta adjacentes a zonas bioclimáticas de savanas (Nobre; Borma, 2009; Malhi et al., 2009). Com base em imagens de satélite de 1996 a 2002, calculou-se que aproximadamente 28% da Amazônia brasileira enfrenta pressão incipiente de incêndios, ou seja, as áreas estão a uma distância menor do que 10 km de uma possível fonte de fogo (Barreto et al., 2006). Intervenções diretas para reduzir o risco de incêndios, a fragmentação florestal e a emissão de gases do efeito estufa podem evitar que as florestas da Amazônia passem de um ponto crítico (Malhi et al., 2009).

Os efeitos da exploração seletiva de madeira e das práticas silviculturais associadas sobre a dispersão mediada por vertebrados, a predação de sementes e o recrutamento de plântulas arbóreas são pouco conhecidos (Jansen; Zuidema, 2001). Uma vez que 70% das plantas lenhosas nas florestas tropicais úmidas e 35% a 70% dessas plantas nas florestas tropicais secas produzem sementes que são dispersas por vertebrados, é provável que os efeitos indiretos da exploração ou da caça venham a ter um impacto importante sobre a regeneração de muitas populações de plantas e venham a alterar a estrutura e a composição das comunidades de florestas tropicais.

9.4 Conclusão

Em contraste à conversão de florestas tropicais para agricultura, a exploração madeireira mantém muito da biodiversidade e da biomassa original das florestas. Os resultados de estudos realizados nos trópicos ao redor do mundo mostram que, se essas florestas não forem mais perturbadas e puderem regenerar-se, uma grande fração das espécies florestais locais retornará e a biomassa e o estoque de carbono poderão ser recuperados aos níveis anteriores à exploração. Florestas em regiões mais úmidas (> 1.500 mm de precipitação anual) recuperam-se mais rapidamente do que em regiões mais secas (Huang; Asner, 2010). Entretanto, muitas florestas exploradas não terão essa opção; elas serão exploradas novamente, queimadas, fragmentadas, exploradas para caça ou convertidas em fazendas ou plantações. A visão popular é a de que, uma vez que a floresta é "degradada", ela tem menos valor e deixa de ser uma prioridade para a conservação e a proteção contra a caça. Em muitas regiões tropicais, a perda de florestas exploradas significa não apenas a perda de virtualmente todas as áreas florestais, mas também a perda da vida selvagem animal que habita na floresta e a perda dos serviços ecossistêmicos diversificados que as florestas exploradas continuariam a prover.

O valor das florestas exploradas é muito maior do que o valor das madeiras que restaram. Elas têm alto valor de conservação, particularmente quando comparadas aos plantios de espécies de árvores exóticas ou palmeiras-de-óleo. Elas estão em um estágio muito mais avançado da sucessão do que as áreas de pousio ou os pastos abandonados e são muito mais diversas e semelhantes às florestas maduras em estrutura e composição. Considerando-se que as concessões para exploração madeireira atualmente abrangem mais de 200.000 km^2 em Bornéu, a conservação da natureza requer atenção especial às espécies vivendo nas florestas exploradas (Meijaard; Sheil, 2007; Edwards et al., 2011). Como foi afirmado por Johns (1985, p. 371),

> as florestas exploradas são indubitavelmente menos atraentes do que uma floresta primária do ponto de vista estético e podem ter pequeno valor recreativo, mas possuem grande valor potencial na conservação de espécies animais da floresta tropical úmida em longo prazo.

ATRIBUTOS FUNCIONAIS E MONTAGEM DE COMUNIDADES DURANTE A SUCESSÃO SECUNDÁRIA 10

> *O conhecimento sobre a biologia de sementes é essencial pra entender os processos da comunidade, como o estabelecimento de plantas, a sucessão e a regeneração natural.*
> *(Vázquez-Yanes; Orozco-Segovia, 1993, p. 69).*

A teoria da história de vida prediz que espécies adaptadas a ambientes efêmeros e ricos em recursos deveriam exibir crescimento rápido, tamanho pequeno na idade reprodutiva e ciclo de vida curto (MacArthur; Wilson, 1967). A substituição de espécies lenhosas durante a sucessão de florestas tropicais segue um padrão geral de substituição de espécies intolerantes à sombra de crescimento rápido por espécies tolerantes à sombra de crescimento lento (Zhang; Zang; Qi, 2008). Muito dessa substituição acontece cedo na sucessão sob o dossel de pioneiras de vida curta e de vida longa, que são elas próprias substituídas, durante os estágios mais finais da sucessão, por espécies arbóreas tolerantes à sombra e espécies que necessitam de clareiras. Mudanças na composição de espécies e nas características funcionais no subdossel da floresta são frequentemente observadas durante estágios relativamente iniciais e influenciam as mudanças subsequentes que ocorrem no dossel ao longo de décadas ou séculos (Chazdon, 2008b; Norden et al., 2009; Chai; Tanner, 2011).

Árvores "pioneiras" e "tolerantes à sombra" delimitam os extremos de um espectro contínuo de histórias de vida (Swaine; Whitmore, 1988; ver Boxe 5.1, p. 104). Os estilos de vida contrastantes de espécies pioneiras de crescimento rápido e espécies tolerantes à sombra de crescimento lento ilustram um dilema ecológico fundamental entre taxas de crescimento em condições de alta luminosidade e taxas de sobrevivência sob baixa luminosidade, fruto de restrições fisiológicas e morfológicas que constituem a base da especialização (Boxe 10.1). A evolução do estilo de vida das pioneiras ocorreu múltiplas vezes dentro de diferentes linhagens, originando diversas soluções para os desafios ecológicos da colonização de campos abertos ou áreas desmatadas. De maneira similar, os desafios do estabelecimento de plântulas e do crescimento e da sobrevivência abaixo de um dossel florestal denso requerem características funcionais particulares que evoluíram dentro da maior parte das linhagens de plantas superiores. Durante a longa transição sucessional de áreas agrícolas abandonadas para florestas maduras, as mudanças na composição de espécies refletem a tensão inevitável entre o efeito de filtro da especialização ecológica através de linhagens múltiplas e o efeito diversificador da radiação adaptativa dentro das linhagens. Devido ao fato de muitos atributos funcionais que influenciam a *performance* das plantas serem conservados dentro de gêneros ou famílias, linhagens filogenéticas diferentes tendem a dominar durante estágios iniciais em comparação a estágios finais da sucessão florestal (Moreno; Castillo--Campos; Verdú, 2009; Letcher, 2010; Norden et al., 2012; Letcher et al., 2012).

> **Boxe 10.1 O dilema entre crescimento e sobrevivência em florestas tropicais**
>
> Entre os mecanismos que promovem a coexistência de um grande número de espécies de árvores nas florestas tropicais, o dilema entre máxima taxa de crescimento das espécies e taxas de mortalidade tem recebido bastante atenção (Grubb, 1977; Rees et al., 2001; Wright et al., 2003). Acredita-se que esse eixo fundamental da variação das espécies é a base dos padrões de diferenciação de nicho quando está acoplado à heterogeneidade espacial da disponibilidade de recursos (Hubbell, 1998; Kitajima; Poorter, 2008). A substituição sucessional de espécies também pode ser causada por padrões similares de diferenciação de nicho, à medida que a disponibilidade de recursos muda dramaticamente ao longo do tempo (Chazdon, 2008b; Chazdon et al., 2010).
>
> A demonstração de padrões claros do dilema entre crescimento e mortalidade é altamente dependente do tamanho das plantas e da disponibilidade de recursos do local. O dilema entre crescimento e mortalidade é mais aparente quando se consideram os estágios de vida iniciais. Kitajima (1994) demonstrou inicialmente os dilemas entre crescimento e mortalidade entre plântulas de espécies arbóreas na ilha Barro Colorado, no Panamá. Espécies com taxas altas de mortalidade prematura de plântulas em uma casa de vegetação sombreada foram aquelas cujas plântulas apresentaram as taxas de crescimento iniciais mais altas. O dilema entre crescimento e mortalidade foi observado entre plântulas de espécies pioneiras na ilha Barro Colorado (Dalling; Swaine; Garwood, 1998), mas não foi evidente entre espécies de árvores tolerantes à sombra no norte de Queensland, na Austrália (Bloor; Grubb, 2003). Gilbert et al. (2006) estenderam os achados de Kitajima para plântulas ocorrendo naturalmente e para árvores e lianas jovens na ilha Barro Colorado.
>
> As mudas de árvores na ilha Barro Colorado também mostraram um balanço significativo entre crescimento em diâmetro e mortalidade em 73 espécies (Wright et al., 2003). Em uma floresta úmida de terras baixas na Bolívia, as taxas médias de crescimento em altura foram negativamente correlacionadas com a taxa de sobrevivência em 53 espécies de mudas (Poorter; Bongers, 2006). Em uma floresta de dipterocarpá-

ceas em terras baixas em Sarawak, na Malásia, as taxas de crescimento em diâmetro de 11 espécies de *Macaranga* (Euphorbiaceae) em ambiente iluminado foram positivamente correlacionadas com as taxas de mortalidade em ambiente de pouca luz (Davies, 2001).

Variações específicas de cada espécie em relação aos atributos funcionais são a base do dilema demográfico entre crescimento e sobrevivência de plântulas e mudas. As variações em atributos foliares explicaram a variação das taxas de crescimento em altura entre espécies nas clareiras e também de sobrevivência no sub-bosque sombreado (Poorter; Bongers, 2006; Sterck; Poorter; Schieving, 2006). Também se espera que as diferenças entre espécies em relação à densidade e à estrutura do tecido lenhoso medeiem o dilema entre crescimento e mortalidade (King; Davies; Noor, 2006; Kitajima; Poorter, 2010; Poorter et al., 2010; Wright et al., 2010). Em florestas de terras baixas de Brunei, em Bornéu, a densidade da madeira foi significativa e negativamente relacionada tanto à mortalidade quanto aos incrementos de diâmetro. Entretanto, as relações diretas entre crescimento em diâmetro e mortalidade anual não foram significativas, em parte por causa de um forte efeito da estatura dos adultos (altura máxima da espécie) sobre as taxas de crescimento em diâmetro (King et al., 2005; Osunkoya et al., 2007).

Entre as espécies arbóreas, é mais difícil de demonstrar o dilema entre crescimento e sobrevivência. Quando dados de cinco florestas neotropicais diferentes foram combinados, obteve-se uma relação fraca, mas estatisticamente significativa entre crescimento e mortalidade, mas, avaliando-se cada floresta separadamente, essa relação foi significativa em apenas um sítio (Poorter et al., 2008). Wright et al. (2010) encontraram uma relação altamente significativa para plântulas e árvores de 103 espécies na ilha Barro Colorado usando o percentil 95 para a taxa relativa de crescimento em diâmetro, e taxa de mortalidade de 25% para os indivíduos de crescimento mais lento. As relações entre crescimento e sobrevivência foram fracas entre as árvores grandes, com um coeficiente máximo de determinação de 10%.

Três fatores podem explicar a fraca relação entre crescimento e sobrevivência das árvores, particularmente durante a sucessão de florestas tropicais. Primeiramente, densidade da madeira, rigidez e margens de segurança diminuem com o aumento da estatura dos adultos entre espécies tolerantes à sombra, mas crescem com o aumento da estatura dos adultos entre espécies pioneiras de florestas tropicais úmidas. Espécies pioneiras grandes e de vida longa devem ser mais robustas do que pioneiras pequenas e de vida curta. Em contraste, árvores pequenas e tolerantes à sombra são confinadas ao sub-bosque por toda sua vida e devem ser mais robustas do que as espécies altas para suportar os danos causados pela queda de resíduos (Van Gelder; Poorter; Sterck, 2006).

Em segundo lugar, taxas de crescimento altas de espécies pioneiras raramente são sustentadas para além da fase inicial da sucessão secundária, uma vez que as árvores vizinhas aumentam simultaneamente em tamanho e densidade, elevando a competição por recursos acima e abaixo do solo (Chazdon et al., 2007). Os fortes efeitos da competição com vizinhos podem sobrepor-se aos efeitos espécie-específicos relacionados ao tamanho de árvores individuais sobre os incrementos de diâmetro.

Em terceiro lugar, durante a sucessão secundária, há uma separação temporal – oposta à espacial – das condições sob as quais as espécies exibem suas taxas máximas de crescimento e mortalidade. Espécies pioneiras de vida curta apresentam taxas máximas de crescimento durante a fase inicial da sucessão e taxas máximas de mortalidade durante a fase de desbaste natural (raleamento), uma década ou mais depois (Chazdon et al., 2010). A mortalidade de pioneiras de vida longa durante a fase de exclusão de fustes é concentrada em classes de diâmetro pequenas que exibem crescimento reduzido ou não crescem (Chazdon; Redondo Brenes; Vílchez Alvarado, 2005; Palomaki et al., 2006; Chazdon et al., 2010).

O dilema entre crescimento e sobrevivência para as espécies arbóreas é um grande direcionador das mudanças sucessionais em composição de espécies, restringindo o recrutamento de espécies pioneiras aos estágios iniciais da sucessão e favorecendo o recrutamento de espécies tolerantes à sombra durante as fases de estruturação, exclusão de fustes e renovação do sub-bosque. Após os estágios de plântula e mudas, entretanto, o balanço entre atributos funcionais espécie-específicos que influenciam as taxas de crescimento arbóreo e a sobrevivência é fortemente mediado pelos efeitos da estatura das árvores e da estrutura das árvores próximas sobre a disponibilidade de recursos.

Este capítulo examina as formas de vida, os atributos funcionais e os grupos funcionais de plantas que predominam durante os diferentes estágios sucessionais e descreve os padrões e mecanismos da substituição de espécies durante a sucessão. Os atributos funcionais das espécies, da maneira que são expressos sob as condições ambientais vigentes, influenciam as taxas de crescimento e sobrevivência durante a fase de plântulas e as fases subsequentes. Essas taxas demográficas direcionam as alterações na estrutura e na composição das comunidades durante a sucessão. A longevidade das árvores varia entre as espécies, afetando as taxas de mudança na composição das comunidades durante a sucessão. Os agrupamentos de espécies podem mudar rapidamente no início da sucessão devido ao rápido estabelecimento e dominância das espécies pioneiras de vida curta. As alterações na composição das comunidades durante a sucessão influenciam fortemente o funcionamento do ecossistema e são associadas com as mudanças nas interações no decorrer da sucessão florestal.

10.1 Gradientes ambientais durante a sucessão

Alterações dramáticas nas condições ambientais e na disponibilidade de recursos são características da sucessão florestal nos trópicos e impõem fortes filtros ao estabelecimento, crescimento e recrutamento das espécies. Altos níveis de radiação luminosa, densidade de fluxo de fótons da radiação fotossinteticamente ativa, elevadas temperaturas do ar e alta demanda evaporativa são características de áreas agrícolas abandonadas e de grandes áreas desmatadas (Bazzaz; Pickett, 1980; Chazdon; Fetcher, 1984; Chazdon et al., 1996). Essas condições favorecem o estabelecimento e o crescimento rápido de espécies pioneiras, mas geralmente prevalecem por apenas um curto período após os distúrbios ou o abandono de áreas agrícolas.

Durante a sucessão em áreas de pousio próximas a San Carlos de Río Negro, na Venezuela, a densidade de fluxo de fótons caiu de 35 para menos de 5 mols de fótons por metro quadrado por dia após nove anos (Ellsworth; Reich, 1996). Dentro de 15 anos após o abandono de áreas de pastagem, a transmitância difusa da densidade de fluxo de fótons no sub-bosque foi, em média, menos de 1% dos níveis acima do dossel das florestas úmidas do nordeste da Costa Rica, que foram similares a níveis encontrados em florestas maduras da região. Devido a uma cobertura florestal mais homogênea composta de árvores de idade semelhante, a variação espacial na disponibilidade de luz é mais baixa em florestas em regeneração, pois as clareiras no dossel são ausentes e a vegetação do sub-bosque é mais uniformemente densa (Nicotra; Chazdon; Iriarte, 1999; Montgomery; Chazdon, 2001).

Em florestas tropicais secas, as diminuições na temperatura do ar e do solo e na umidade relativa acompanham as reduções na disponibilidade de luz durante a sucessão (Fig. 10.1; Lebrija-Trejos et al., 2011). Em florestas secas em regeneração em Oaxaca, no México, a fração da densidade de fluxo de fótons que chega ao dossel e atinge o sub-bosque diminuiu de 74% para 10% durante os primeiros dez anos de sucessão. As temperaturas do ar e do solo diminuíram linearmente com aumentos na área basal ao longo de uma cronossequência de 60 anos. As mudanças ambientais são mais pronunciadas durante as estações úmidas, correspondendo ao período de crescimento vegetal mais ativo.

Em áreas onde o uso do solo e o manejo inadequado causaram erosão, a regeneração natural espontânea melhora as condições do solo. Em solos degradados de Guangdong, na China, a regeneração foi associada ao aumento crescente da matéria orgânica no solo e da disponibilidade de nitrogênio e à decrescente densidade do solo (Duan et al., 2008). As espécies pioneiras devem ser capazes de tolerar as condições abióticas severas, particularmente durante as secas sazonais. A melhoria na textura do solo, na capacidade de retenção de água e na fertilidade facilita a colonização por espécies menos tolerantes aos estresses abaixo do solo e mais tolerantes ao sombreamento acima do solo.

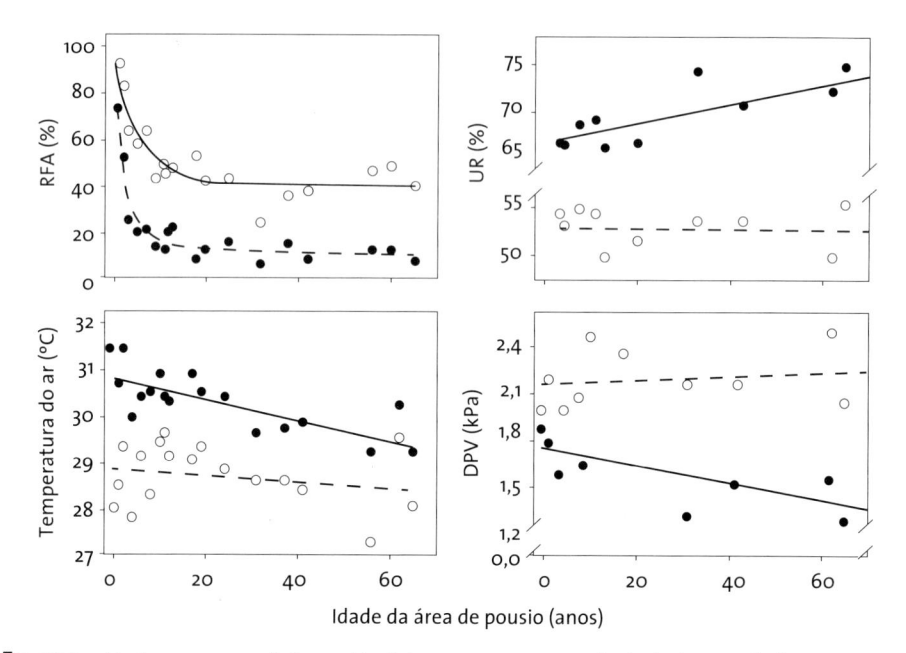

Fig. 10.1 *Mudanças nas condições ambientais em uma cronossequência de 60 anos de florestas secundárias em 17 áreas de florestas secas após agricultura itinerante. Variáveis ambientais foram mensuradas durante a estação seca (círculos abertos) e a estação chuvosa (círculos fechados). RFA = radiação fotossinteticamente ativa, UR = umidade relativa e DPV = deficit de pressão de vapor. As linhas de tendência foram adicionadas utilizando-se os modelos de melhor ajuste; linhas descontínuas indicam relações não significativas*
Fonte: adaptado de Lebrija-Trejos et al. (2011, Fig. 1).

10.2 Alterações sucessionais na composição de formas de vida

Apesar de as árvores formarem a matriz estrutural das florestas tropicais, as outras formas de vida representam um grande componente da diversidade vegetal. Durante a fase de início da sucessão secundária, as espécies que demandam luz, que são variadas quanto a formas de vida e estatura, colonizam a área, incluindo as pioneiras de vida curta, arbustos heliófitos, gramíneas, herbáceas de folhas largas, trepadeiras herbáceas, lianas lenhosas e pioneiras de vida longa (Ewel; Bigelow, 1996). À medida que a sucessão avança e o sub-bosque se torna mais úmido e sombreado, a abundância das espécies que não toleram sombreamento diminui no sub-bosque, enquanto aumenta a abundância das espécies de variadas formas de vida que toleram sombra (Chazdon, 2008b; Muñiz-Castro; Williams-Linera; Martínez-Ramos, 2012).

As herbáceas de folhas largas, pteridófitas, gramíneas e palmeiras dominantes após distúrbios de grandes proporções afetam fortemente as condições microambientais para o estabelecimento de espécies lenhosas (Denslow, 1978, 1996; Ewel, 1983; Dupuy; Chazdon, 2006). A remoção experimental da vegetação do sub-bosque (incluindo lianas, arbustos, pteridófitas e ervas grandes) em clareiras de florestas em regeneração no nordeste da Costa Rica reduziu significativamente a mortalidade de mudas de árvores que recrutaram naturalmente (Dupuy; Chazdon, 2008). Na Mata Atlântica brasileira, a palmeira do início da sucessão *Attalea oleifera* afetou negativamente a densidade de plântulas e a riqueza de espécies sob sua copa (Aguiar; Tabarelli, 2010). Em regiões de florestas secas, o estabelecimento de arbustos pode ser impedido pelo crescimento vigoroso de gramíneas e herbáceas. Gramíneas e herbáceas dominaram o subdossel de florestas secundárias em áreas ocupadas anteriormente por agricultura itinerante nas florestas secas da Bolívia, mas sua cobertura diminuiu dramaticamente ao longo de uma cronossequência de 50 anos (Kennard, 2002).

Juntamente com as árvores pioneiras, arbustos lenhosos colonizaram rapidamente áreas agrícolas abandonadas em terras baixas úmidas da Costa Rica. A abundância relativa de arbustos foi significativamente mais alta em florestas em regeneração jovens (10-15 anos após o abandono) do que em florestas maduras, enquanto a abundância relativa das palmeiras do dossel e do sub-bosque foi baixa e diminuiu durante a sucessão (Guariguata et al., 1997). Esses padrões também foram confirmados em estudos de longo prazo realizados em florestas em regeneração (Capers et al., 2005). Um estudo mais amplo em cronossequência nessa região mostrou que ervas de folhas largas só foram mais comuns em florestas em regeneração com menos de 20 anos, enquanto a abundância relativa de palmeiras do sub-bosque e do dossel e de árvores do dossel aumentou com a classe de idade da floresta (Letcher; Chazdon, 2009b). Em áreas de pousio do leste de Madagascar, arbustos e ervas dominaram a vegetação durante os primeiros anos depois do abandono, mas, após o período inicial, diminuíram em abundância e riqueza de espécies, enquanto plântulas, árvores jovens e adultas aumentaram em abundância e riqueza de espécies (Klanderud et al., 2010).

Lianas (trepadeiras arbóreas) são mais abundantes durante os estágios iniciais da sucessão florestal nos trópicos. Elas podem afetar negativamente o desenvolvimento de espécies arbóreas durante a sucessão florestal (Uhl; Buschbacher; Serrão, 1988; Zahawi; Augspurger, 1999; Schnitzer; Dalling; Carson, 2000; Paul; Yavitt, 2011). Apesar de a abundância de lianas ter diminuído com a idade da floresta em uma cronossequência de florestas úmidas no Panamá, a área basal de lianas individuais aumentou com a idade (DeWalt; Schnitzer; Denslow, 2000). A abundância relativa de lianas diminuiu ao longo de uma cronossequência na Costa Rica, mas a biomassa total de lianas aumentou, alcançando os níveis mais altos nas florestas maduras (Letcher; Chazdon, 2009a, 2009b). As lianas corresponderam a 31% do total de fustes com mais de 2 mm de diâmetro à altura do peito (DAP) em áreas de pousio jovens e a 23% em áreas em regeneração com idades de 12-25 anos na Amazônia Central (Gehring; Denich; Vlek, 2005). Em uma floresta tropical seca no sudeste do Brasil, a densidade de lianas diminuiu das áreas de idades intermediárias para as áreas mais antigas na sucessão (Madeira et al., 2009). A abundância de lianas em florestas em regeneração é fortemente afetada pelo uso anterior do solo. Em florestas em regeneração dominadas por espécies de Cecropia após corte raso, a densidade de lianas foi maior do que em áreas dominadas por espécies de Vismia sujeitas a queimadas sucessivas na Amazônia Central (Roeder; Hölscher; Ferraz, 2010).

A diversidade taxonômica e estrutural da vegetação aumenta durante a sucessão. A diversidade de formas de vida foi maior em florestas maduras do que em florestas ciliares de 40 anos na Cordilheira Central, na República Dominicana (Martin; Sherman; Fahey, 2004). Pteridófitas arborescentes, palmeiras do dossel, epífitas vasculares e briófitas foram significativamente mais abundantes em florestas maduras, enquanto trepadeiras e lianas lenhosas foram significativamente mais abundantes em florestas em regeneração. Árvores de subdossel e de sub-bosque (arvoretas) tiveram densidades significativamente maiores em florestas maduras do que em florestas em regeneração. Florestas maduras nas terras baixas da Costa Rica tiveram abundância mais alta de espécies de sub-bosque do que florestas em regeneração (Chazdon et al., 2010).

A riqueza de espécies de epífitas vasculares durante a sucessão é positivamente associada com a diversidade de árvores e condições microclimáticas que ocorrem durante a regeneração de florestas (Barthlott et al., 2001; Cascante-Marín et al., 2006; Benavides; Wolf; Duivenvoorden, 2006; Woods; DeWalt, 2013). Em uma floresta amazônica de terras baixas no Parque Nacional Amacayacu, na Colômbia, a riqueza de espécies de holoepífitas (que não enraízam no solo da floresta) e de hemiepífitas (que enraízam no solo) aumentou significativamente ao longo de uma cronossequência de áreas de pousio de agricultura itinerante de 2 a 30 anos, alcançando as taxas mais altas de riqueza em florestas maduras (Benavides; Wolf; Duivenvoorden, 2006). A densidade e a riqueza de espécies de epífitas vasculares aumentam gradualmente durante a sucessão em florestas tropicais de terras baixas no Panamá (Fig. 10.2; Woods; DeWalt, 2013). Em áreas em regeneração de 115 anos, a riqueza de espécies foi equivalente à de florestas maduras, mas a densidade foi mais baixa e atingiu apenas 49% do valor das florestas maduras. A densidade de epífitas recupera-se lentamente e reflete o alto grau de limitação da dispersão e de especificidade de substrato para as epífitas vasculares. A similaridade da composição de espécies com a de florestas maduras aumenta com o tempo, alcançando 75% em 115 anos. Em uma floresta andina na Venezuela, a composição da comunidade de epífitas vasculares diferiu marcadamente entre florestas maduras e florestas de 23 anos em regeneração, com menos espécies de orquídeas e mais de Bromeliaceae na floresta em sucessão secundária (Barthlott et al., 2001).

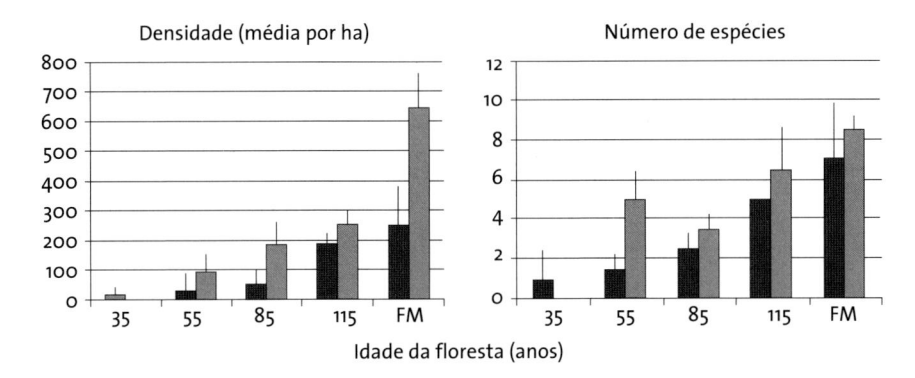

Fig. 10.2 *Densidade (médias por ha ± erro padrão) e riqueza de espécies (médias brutas ± desvio padrão) de holoepífitas (barras cinza-escuras) e hemiepífitas (barras cinza-claras) em uma cronossequência de sucessão no Monumento Natural Ilha Barro Colorado, na parte central do Panamá. As holoepífitas não enraízam no solo florestal, enquanto as hemiepífitas enraízam. A riqueza de espécies aumenta mais rapidamente do que a densidade durante a sucessão*
Fonte: Woods e DeWalt (2013).

10.3 Atributos funcionais de espécies iniciais e tardias da sucessão

A história de vida e os atributos funcionais das espécies pioneiras tornam-nas hábeis para colonizar e se estabelecer em condições de alta disponibilidade de luz após distúrbios, mas essas características reduzem sua sobrevivência e crescimento sob condições de sombreamento (ver Boxe 5.1, p. 104; Rees et al., 2001). Aqui, são exploradas as características fisiológicas e morfológicas que distinguem as especialistas do início da sucessão das espécies que chegam posteriormente à sucessão. As características funcionais de plântulas, mudas e árvores podem ser fortes determinantes das taxas demográficas que direcionam as mudanças na composição de espécies durante a regeneração florestal.

10.3.1 Características das sementes e das plântulas de espécies lenhosas

Devido ao prêmio advindo da monopolização do espaço e dos recursos o mais rapidamente possível, as características das sementes e das plântulas são os componentes mais importantes da estratégia de regeneração das pioneiras. Espécies iniciais de crescimento rápido apresentam taxas significativamente mais elevadas de capacidade fotossintética, condutância estomática, conteúdo foliar de nitrogênio e área foliar específica se comparadas a espécies finais da sucessão (Bonal et al., 2007). Plântulas de espécies tardias tolerantes à sombra, em contraste, sobrevivem utilizando cuidadosamente seus recursos limitados e reduzindo seu risco de mortalidade. Elas persistem por meio das reservas armazenadas, estrutura robusta, defesas físicas e químicas dos tecidos de folhas e caules, e uso eficiente da luz (Quadro 10.1).

QUADRO 10.1 Características de sementes e plântulas de espécies pioneiras e espécies tolerantes à sombra nas florestas tropicais

Atributos	Pioneiras	Tolerantes à sombra
Tamanho da semente	Pequena	Grande
Tamanho inicial da plântula	Pequena	Grande
Dormência	Capaz	Pouco capaz ou incapaz
Longevidade da semente	Vida relativamente longa	Vida curta
Fisiologia de germinação da semente	Geralmente necessita de luz vermelha	Não requer luz vermelha
Germinação	Majoritariamente epígea (acima do solo)	Majoritariamente hipógea (abaixo do solo)
Morfologia do cotilédone	Cotilédones fotossinteticamente ativos	Cotilédones de reserva, fotossinteticamente inativos
Densidade dos tecidos foliares e caulinares	Baixa	Alta
Dureza dos cotilédones/folhas	Baixa	Alta
Capacidade fotossintética	Alta	Baixa
Área foliar específica	Alta	Baixa
Taxa de sobrevivência das plântulas	Baixa	Alta
Taxa de crescimento das plântulas	Alta	Baixa
Resistência a herbívoros	Baixa	Alta

Fonte: baseado em Bazzaz (1991), Kitajima (1996) e Alvarez-Clare e Kitajima (2007).

Bazzaz (1991) listou 12 características de espécies pioneiras, quatro das quais pertencem especificamente aos estágios de semente e plântula: (1) as sementes são frequentemente presentes e abundantes no banco de sementes do solo; (2) as sementes possuem dormência; (3) a germinação de sementes é fotoblástica (disparada pela exposição à luz vermelha) ou aumenta com flutuações de temperatura ou concentrações mais altas de nutrientes; e (4) as plântulas germinam acima do solo (germinação epígea) e possuem cotilédones fotossinteticamente ativos. Essas adaptações garantem uma germinação bem-sucedida e rápido crescimento após distúrbios, capacitando as espécies pioneiras a explorar condições imprevisíveis e altamente transitórias de alta disponibilidade de luz. Com a presença de sementes dormentes no banco de sementes do solo, as espécies pioneiras encontram-se prontas para virar plântulas assim que as condições se tornarem favoráveis. As espécies tolerantes à sombra, em contraste, persistem por períodos relativamente longos no sub-bosque, onde elas devem encontrar pouco ou nenhum espaço para crescimento (Kitajima, 1992).

As espécies pioneiras possuem sementes pequenas com cotilédones fotossinteticamente ativos posicionados acima do solo (epígeos), enquanto cotilédones abaixo do solo (hipógeos) com reservas são geralmente associados a sementes de tamanhos grandes e a altas taxas de sobrevivência à sombra (Miquel, 1987; Hladik; Miquel, 1990; Garwood, 1996). As reservas das sementes fornecem recursos importantes para o crescimento e a sobrevivência das plântulas em condições sombreadas. Kitajima (1992) estabeleceu fortes relações negativas entre a massa das sementes e as taxas fotossintéticas dos cotilédones para 74 espécies da ilha Barro Colorado, no Panamá. Uma relação similar foi observada entre 53 espécies lenhosas do Parque Nacional Kibale, em Uganda (Zanne; Chapman; Kitajima, 2005). Entre as espécies tropicais lenhosas, a taxa de crescimento relativo de plântulas jovens é negativamente correlacionada com a sobrevivência em sub-bosques sombreados (Kitajima, 1994; Baraloto; Forget; Goldberg, 2005). O dilema entre a sobrevivência e o tamanho das sementes parece ser mediado pela morfologia funcional do cotilédone (Kitajima, 1996). A sobrevivência mais alta e o crescimento mais lento de espécies de sementes grandes na Guiana Francesa foram mais bem explicados pelo tipo de cotilédone do que pela massa da semente (Baraloto; Forget, 2007).

Espécies lenhosas têm sido classificadas em cinco grupos de plântulas, com base em exposição do cotilédone, posição e morfologia (foliáceo ou de reserva; Miquel, 1987; Hladik; Miquel, 1990). Cotilédones que emergem do envoltório da semente e se tornam totalmente expostos são fanerocotilares, enquanto aqueles que permanecem cobertos pelo envoltório da semente são criptocotilares. Cotilédones epígeos são posicionados acima do solo, ao passo que cotilédones hipógeos ficam abaixo do solo. O tipo mais comum de classe de plântula nas florestas tropicais, fanero-epígeo-foliáceo (FEF), ocorre em 33% a 56% das espécies lenhosas tropicais. Espécies pioneiras lenhosas são predominantemente do tipo FEF e sua predominância é mais alta entre espécies com sementes de massa pequena (Garwood, 1996). Em uma amostra de 209 espécies de árvores da Malásia, 78% das pioneiras tiveram plântulas do tipo FEF em comparação a apenas 29% das espécies não pioneiras (Ng, 1978).

Em florestas tropicais do México e do Brasil, a morfologia inicial das plântulas foi associada com o tamanho da semente, o modo de dispersão e o *status* sucessional (Ibarra-Manríquez; Martínez-Ramos; Oyama, 2001; Ressel et al., 2004). Na Estação Biológica Los Tuxtlas, no México, espécies com plântulas FEF apresentaram sementes de massa significativamente menor do que espécies com plântulas do tipo cripto-hipógeo-armazenador (CHA). Espécies FEF foram predominantemente não zoocóricas e super-representadas entre pioneiras, enquanto espécies CHA foram predominantemente zoocóricas e super-representadas entre espécies não pioneiras persistentes. Na Estação Ecológica do Panga, em Minas Gerais, no Brasil, 75% das plântulas de espécies pioneiras foram FEF, em comparação a apenas 29% das plântulas de espécies tolerantes à sombra. Em contraste, apenas 3% das espécies pioneiras tiveram plântulas CHA, em comparação a 52% das espécies tolerantes à sombra. Para sementes com massa menor que 0,1 g, 73% foram FEF, enquanto 86% das sementes acima de 1,5 g foram do tipo CHA. Entre as espécies CHA, 96% foram zoocóricas, em comparação a 60% das espécies FEF (Ressel et al., 2004).

O tamanho da semente é positivamente correlacionado com o tamanho da plântula, e plântulas maiores possuem taxas de sobrevivência mais altas e taxas de crescimento mais lentas. Entre as oito espécies das florestas tropicais de Paracou, na Guiana Francesa, as espécies de sementes grandes tiveram maiores chances de sobreviver até os cinco anos. Espécies com sementes menores, entretanto, possuem uma vantagem numérica, uma vez que um número maior de sementes são produzidas e dispersas mais amplamente (Baraloto; Forget; Goldberg, 2005). A sobrevivência de plântulas no sub-bosque depende em última análise dos padrões de alocação de recursos estocados para defesas contra danos físicos e contra herbivoria (Kitajima, 1996). As espécies que se estabelecem e sobrevivem bem em sub-bosques sombreados têm tecidos foliares e caulinares com maior elasticidade (rigidez), maior resistência a fratura (resistência a serem rasgadas) e maior densidade (Alvarez-Clare; Kitajima, 2007). Os preditores mais poderosos da sobrevivência de plântulas no sub-bosque são a densidade das folhas e a densidade do caule.

O balanço entre número e tamanho das sementes tem consequências importantes para a dispersão e o sucesso no estabelecimento das plântulas (Coomes; Grubb, 2003). A massa das sementes de espécies pioneiras varia em pelo menos quatro ordens de magnitude na parte central do Panamá (Dalling; Hubbell, 2002) e 5.000 vezes na Amazônia Central (Bentos et al., 2013). Espécies pioneiras de sementes pequenas são mais abundantes no banco de sementes, mas menos abundantes no banco de plântulas nas clareiras (Dalling; Swaine; Garwood, 1998). A massa da semente de espécies pioneiras é positivamente correlacionada com o sucesso da emergência a partir do banco de sementes e com as taxas de sobrevivência iniciais das plântulas (Dalling; Hubbell, 2002).

Características da história de vida de espécies de lianas amostradas ao longo de uma cronossequência replicada revelaram associações entre a abundância sucessional, o *habitat* de crescimento da plântula e o tamanho da semente (Letcher; Chazdon, 2012). A abundância relativa de lianas de sementes pequenas diminuiu com a classe de idade da floresta, enquanto a das lianas de sementes grandes aumentou. O crescimento das plântulas de lianas também mudou em importância durante a sucessão; o número de plântulas não trepadeiras aumentou em abundância relativa e as plântulas de lianas diminuíram ao longo da sucessão. As espécies de lianas não trepadeiras zoocóricas foram significativamente super-representadas entre as sementes grandes, enquanto as espécies de trepadeiras não zoocóricas foram significativamente super-representadas entre as sementes menores.

O tamanho das sementes é um atributo funcional chave que influencia o estabelecimento das plântulas, o crescimento, e a sobrevivência durante as mudanças nas condições do sub-bosque ao longo da sucessão. O tamanho das sementes é fortemente relacionado ao modo de dispersão, ao número de sementes, à alocação de recursos e à taxa de crescimento da plântula. Os tipos de plântula têm alto conservantismo filogenético em nível de gênero, família e clados de maior ordem (Ibarra-Manríquez; Martínez-Ramos; Oyama, 2001). Por causa dessa associação funcional e filogenética, os padrões de variação no tamanho das sementes e nas características funcionais associadas afetam fortemente os padrões de escalas maiores da diversificação evolucionária entre *taxa* de plantas das florestas tropicais.

10.3.2 Características funcionais de mudas e árvores

Respostas de crescimento espécie-específicas à disponibilidade de luz não são sempre consistentes através dos estágios ontogenéticos, aumentando a complexidade de definir grupos funcionais que respondam às condições ambientais de uma maneira consistente e previsível durante todo o seu ciclo de vida (Clark; Clark, 1992; Poorter et al., 2005; Chazdon et al., 2010). A distinção clássica entre espécies pioneiras e não pioneiras proposta por Swaine e Whitmore (1988) é baseada nas respostas de sementes e plântulas que não se aplicam claramente aos estágios de vida posteriores (ver Boxe 5.1, p. 104). Ainda assim, a distinção entre espécies pioneiras e tolerantes à sombra fornece um arcabouço conceitual para a compreensão da dinâmica sucessional e de seus mecanismos básicos em relação aos atributos funcionais de plantas. Como Whitmore (1996, p. 8-9) afirmou, "a dicotomia existente entre Swaine e Whitmore é uma descrição necessária, mas não suficiente, da autoecologia encontrada na natureza".

As espécies pioneiras e tolerantes à sombra das florestas tropicais exibem valores contrastantes de muitos atributos funcionais que são importantes determinantes do crescimento e da sobrevivência das plantas (Quadro 10.2; Bazzaz, 1979; Bazzaz; Pickett, 1980). Além das características da folha e da madeira, espécies pioneiras e tolerantes à sombra também se distinguem por diferenças espécie-específicas na arquitetura do dossel e da planta como um todo – características que são associadas a interceptação de luz, taxas de crescimento e posição vertical no dossel florestal (Sterck; Bongers, 2001). Os atributos funcionais das folhas de espécies arbóreas dominantes durante os estágios inicial e intermediário da sucessão de florestas estacionais secas no México são claramente diferentes daqueles de árvores dominantes durante os estágios finais da sucessão (Alvarez-Añorve et al., 2012). Nas espécies arbóreas pioneiras e secundárias, as características funcionais das folhas permitiram maximização das taxas fotossintéticas, fotoproteção e dissipação do calor, enquanto as características das espécies tardias aumentaram a aquisição de luz.

Quadro 10.2 Características de folha e madeira de espécies pioneiras e tolerantes à sombra após a fase de plântula

Atributo	Pioneira	Tolerante à sombra
Gravidade específica da madeira	Baixa	Alta
Gradientes radiais em gravidade específica da madeira	Presentes	Ausentes
Saturação luminosa da taxa fotossintética (baseada em área e massa)	Alta	Baixa
Conteúdo foliar de nitrogênio	Alto	Baixo
Massa foliar por unidade de área (MFA)	Baixa	Alta
Área foliar específica (AFE)	Alta	Baixa
Densidade foliar	Baixa	Alta
Dureza foliar	Baixa	Alta
Eficiência fotossintética do uso de nitrogênio	Alta	Baixa

Quadro 10.2 Características de folha e madeira de espécies pioneiras e tolerantes à sombra após a fase de plântula (continuação)

Atributo	Pioneira	Tolerante à sombra
Eficiência fotossintética do uso de fósforo	Alta	Baixa
Longevidade foliar	Curta	Longa
Taxa de transpiração	Alta	Baixa
Condutância estomática máxima	Alta	Baixa
Taxa máxima de crescimento	Alta	Baixa
Vulnerabilidade à cavitação	Alta	Baixa
Condutividade hidráulica específica da folha	Alta	Baixa
Condutividade hidráulica do caule	Alta	Baixa
Crescimento em altura	Rápido	Lento
Resistência à herbivoria	Baixa	Alta

Fonte: informações sobre as características foram obtidas de múltiplas fontes, por exemplo, Whitmore (1990), Bazzaz (1991), Juhrbandt, Leuschner e Holscher (2004), Hölscher et al. (2006) e Markesteijn et al. (2011a, 2011b).

A maior parte das espécies lenhosas ocupa posições intermediárias no espectro entre pioneiras e tolerantes à sombra (Wright et al., 2003, 2010). Essa variação ecológica é mais aparente quando se comparam espécies dentro de um gênero tropical grande e diverso. Dentro do diversificado gênero pioneiro *Macaranga* (Euphorbiaceae), por exemplo, existe uma variedade de atributos ecofisiológicos e de histórias de vida entre as espécies (Davies, 1998). Em Sarawak, na Malásia, entre nove espécies de *Macaranga* crescendo experimentalmente sob três níveis de luz, as taxas fotossintéticas máximas, com base na massa foliar, foram positivamente correlacionadas com o índice de iluminação da copa das árvores e negativamente correlacionadas com a massa da semente. Espécies tolerantes à sombra (índice de iluminação da copa mais baixo) têm valores mais altos de massa foliar por área. O gênero *Piper* (Piperaceae) apresenta uma faixa parecida de histórias de vida e características ecofisiológicas em uma floresta tropical úmida no México e nos *habitat* de início de sucessão associados (Gómez-Pompa, 1971; Vázquez-Yanes, 1976; Chazdon; Field, 1987; Fredeen; Field, 1996).

Características foliares fortemente associadas às taxas de crescimento vegetal incluem capacidade fotossintética, condutância estomática, duração do ciclo de vida, concentrações de nutrientes, espessura, massa foliar por área, densidade tecidual e dureza. Essas características foliares variam em conjunto, formando o que se chama de *espectro de economia foliar*[1] (Wright et al., 2004a). Espécies que possuem

---

[1] No original, *leaf economics spectrum* (N.T.).

alta taxa fotossintética, com base na massa foliar, tendem a ter também conteúdos de nitrogênio e fósforo altos em suas folhas, baixa massa foliar por área, ciclo de vida curto e altas taxas de respiração no escuro. A variação de 30 vezes em longevidade foliar entre 23 espécies de árvores da Amazônia venezuelana foi associada ao *status* sucessional das espécies e a diversos atributos fisiológicos e morfológicos correlacionados com as taxas fotossintéticas (Reich et al., 1991). As características da reflectância espectral das folhas também fornecem indicadores úteis do desempenho fotossintético e das propriedades fotoquímicas (Alvarez-Añorve et al., 2012).

As diferenças existentes entre as espécies dominantes em diferentes estágios da sucessão refletem capacidades fisiológicas intrínsecas, assim como a plasticidade fisiológica e morfológica em resposta a mudanças nos microambientes locais. Ambos os fatores foram importantes para a determinação de variação na fotossíntese durante os primeiros dez anos em uma sere sucessional na Venezuela. Espécies pioneiras do início da sucessão apresentaram taxas fotossintéticas mais altas, considerando a massa foliar, do que espécies que ocorrem no final da sucessão. As taxas de fotossíntese das espécies também diminuíram de acordo com o tempo desde o abandono da agricultura (Ellsworth; Reich, 1996).

Essas descobertas suportam a hipótese de que espécies do início da sucessão deveriam exibir uma maior variação das características fotossintéticas das folhas em resposta ao ambiente em comparação às espécies tolerantes à sombra devido ao alto nível de disponibilidade de recursos em *habitat* no início da sucessão (Bazzaz; Pickett, 1980; Strauss-Debenedetti; Bazzaz, 1991). A taxa fotossintética intrinsecamente alta das espécies que demandam luz confere a capacidade natural de comportamento plástico por meio de uma regulação de cima para baixo dos processos fotossintéticos quando as folhas são sombreadas. Em contraste, espécies adaptadas a baixos índices de luminosidade têm potencial limitado de se aclimatarem a alta luminosidade (Chazdon, 1992; Chazdon et al., 1996; Strauss-Debenedetti; Bazzaz, 1991; Valladares et al., 2000; Portes et al., 2010).

Poorter et al. (2004) ranquearam 15 espécies de florestas úmidas de terras baixas na Bolívia pela sua classificação sucessional, com base nos padrões de abundância durante a sucessão de áreas de agricultura itinerante (Peña-Claros, 2003). Características foliares de árvores jovens que ocorreram em condições similares de luminosidade intermediária em uma floresta madura na mesma região foram comparadas. Área foliar específica, conteúdo foliar de água, nitrogênio e fósforo diminuíram do início para o final da sucessão, enquanto a razão carbono:nitrogênio e o conteúdo de lignina aumentaram (Poorter et al., 2004). A longevidade foliar elevou-se do início para o final da sucessão, enquanto as taxas de herbivoria decresceram (Fig. 10.3).

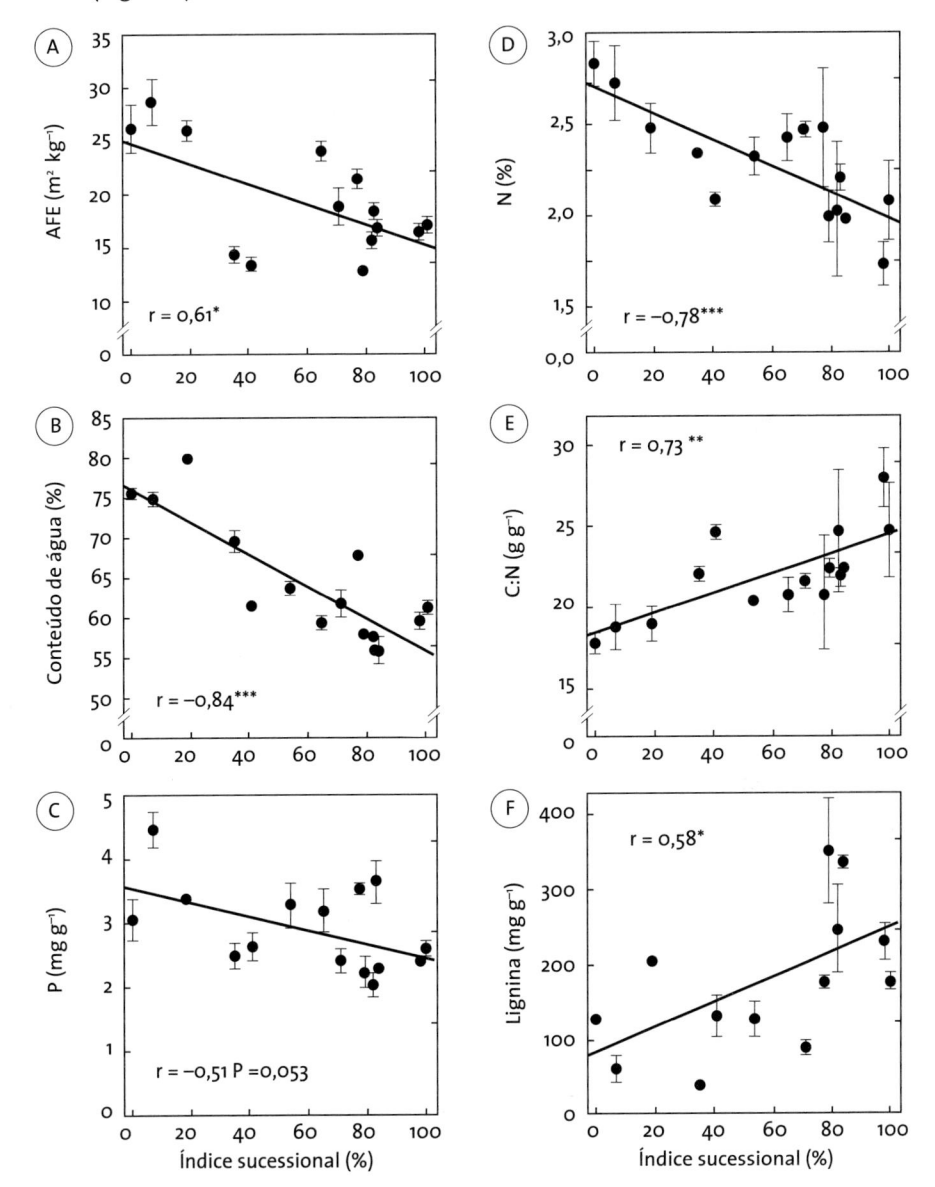

FIG. 10.3 *Variação nas características foliares de 15 espécies de árvores tropicais no leste da Bolívia em relação ao índice sucessional das espécies. O índice sucessional foi baseado na pontuação das espécies no primeiro eixo de uma análise de correspondência da composição das espécies, incluindo parcelas de florestas maduras e em regeneração*
Fonte: Peña-Claros (2003) e Poorter et al. (2004, Fig. 1).

A variação intra e interespecífica das características funcionais de folhas e caules deve ser interpretada no contexto da estrutura da planta inteira e da alocação de recursos. Espécies pioneiras de vida curta mantêm sua dominância no início da sucessão em virtude da alta capacidade fotossintética ao nível da folha e da alta interceptação instantânea de luz por unidade de massa foliar na escala da copa (Ackerly, 1996; Selaya et al., 2008). Para produzir continuamente folhas em ambiente de luz forte, é necessário possuir taxas altas de crescimento em altura e de substituição de folhas, o que reduz a longevidade das folhas e aumenta os custos de interceptação de luz na escala da planta inteira.

Pioneiras de vida curta podem reduzir seus custos de manutenção por meio da produção de madeira de baixa densidade e da diminuição da ramificação, mas essa estratégia de crescimento limita, em última análise, o tamanho da copa e a área foliar total e reduz a competitividade à medida que a densidade e a altura das árvores vizinhas aumentam. As espécies arbóreas pioneiras de vida curta e as tardias apresentaram valores similares de interceptação total de luz por unidade de biomassa acima do solo em uma área de pousio de agricultura itinerante na Amazônia boliviana (Selaya; Anten, 2008). Apesar de as espécies tardias terem taxas mais baixas de fotossíntese, com base na massa, a longevidade substancialmente maior de suas folhas resulta em valores de ganho de carbono similares aos das pioneiras de vida curta em áreas de pousio (Selaya; Anten, 2010).

Da mesma maneira que os atributos foliares, as características da madeira também apresentam padrões consistentes de covariação entre espécies em um contínuo de taxas de crescimento, desde taxas baixas até altas. Chave et al. (2009) descreveram o "espectro de economia da madeira" para as características da madeira que exibem padrões similares de variação entre uma faixa de espécies lenhosas. Esses atributos incluem características anatômicas (densidade e diâmetro de vasos), características hidráulicas (condutividade e resistência à cavitação), propriedades mecânicas (módulo de ruptura e módulo de elasticidade de Young) e propriedades químicas do tecido lenhoso (lignina, celulose e conteúdo mineral). As taxas de crescimento em diâmetro das espécies arbóreas em uma floresta úmida na Bolívia foram negativamente relacionadas à densidade da madeira e dos vasos, mas foram positivamente correlacionadas com o diâmetro dos vasos e com a condutividade hidráulica potencial (Poorter et al., 2010).

A sustentação de altas taxas fotossintéticas em climas tropicais quentes requer taxas altas de perda de água via transpiração, o que demanda transporte de água rápido e eficiente das raízes até as folhas (Huc; Ferhi; Guehl, 1994; Juhrbandt; Leuschner; Holscher, 2004; Hölscher et al., 2006). O transporte eficiente de água através do xilema (alta condutividade hidráulica) impõe um risco de cavitação em condições de suprimento de água reduzido. Nas árvores jovens de espécies pioneiras de uma floresta tropical seca da Bolívia, a madeira foi significativamente mais vulnerável à cavitação do que nas árvores tolerantes à sombra (Markesteijn et al., 2011b). A vulnerabilidade à cavitação foi positivamente correlacionada com as condutividades hidráulicas do tronco e das folhas e com a densidade da madeira. Essas considerações levam ao dilema entre segurança (risco reduzido de cavitação) e eficiência (alta condutividade hidráulica) no transporte de água entre as espécies vegetais (Sobrado, 2003; Markesteijn et al., 2011a). A alta densidade de madeira e condutos do xilema reforçados reduzem o risco de implosão dos vasos do xilema durante o estresse hídrico (Hacke et al., 2001). As características foliares e da madeira são, portanto, intimamente ligadas ao funcionamento hidráulico das florestas tropicais (Sobrado, 2003; Santiago et al., 2004; Meinzer et al., 2008; McCulloh et al., 2011). Entre 20 espécies de árvores de duas florestas de terras baixas no Panamá, a condutividade hidráulica específica das folhas dos ramos superiores foi correlacionada com a capacidade fotossintética e com a condutância estomática e negativamente correlacionada com a densidade da madeira dos galhos (Santiago et al., 2004).

Apesar de poucas espécies terem sido estudadas em detalhe, mudas e árvores de espécies pioneiras apresentam maior condutividade hidráulica do caule e das folhas do que o observado para espécies que toleram o sombreamento ou espécies tardias da sucessão em duas florestas do Panamá. As taxas de fluxo de seiva dos galhos também foram significativamente mais altas em espécies pioneiras, indicando que elas são capazes de movimentar grandes quantidades de água através de seus dutos vasculares para uma dada tensão na coluna de água. A capacidade hidráulica foliar específica mais alta das espécies pioneiras estudadas foi correlacionada com os maiores diâmetros do xilema e com a densidade mais baixa da madeira dos galhos, entretanto não foi correlacionada com diferenças na densidade da madeira ou nas características do xilema do tronco (Tyree; Velez; Dalling, 1998; McCulloh et al., 2011).

Essas relações sugerem que as características funcionais das folhas e da madeira são intimamente integradas com o crescimento e com as estratégias de regeneração das espécies de árvores tropicais, mas as poucas espécies que foram estudadas podem não ser representativas das comunidades vegetais. Em um estudo que desafiou a visão vigente sobre a integração dos aspectos fisiológicos, os atributos funcionais de 668 espécies da floresta tropical úmida da Guiana Francesa foram avaliados, sugerindo que as características das folhas variaram independentemente das características da madeira (Baraloto et al., 2010). Além disso, em uma comparação entre cinco florestas neotropicais, Poorter et al. (2008) descobriram que as características da madeira são melhores do que as das folhas para predizer as taxas de crescimento relativo e as taxas de mortalidade juvenil das árvores tropicais. A generalidade desses achados ainda precisa ser testada entre diferentes regiões com base em amostragens maiores de espécies e estágios sucessionais.

Diversas espécies pioneiras de crescimento rápido exibem aumentos de densidade da madeira relacionados à idade com um aumento da distância radial da medula. A produção de madeira de densidade mais alta na periferia dos caules aumenta a rigidez estrutural a um custo mínimo, ao passo que também diminui o risco de cavitação do xilema na área de xilema ativo. Algumas espécies pioneiras apresentam aumentos na densidade da madeira de até 300% da medula até o córtex (Wiemann; Williamson, 1988; Nock et al., 2009; Williamson; Wiemann, 2010; Hietz; Valencia; Wright, 2013; Schüller; Martínez-Ramos; Hietz, 2013). Gradientes radiais na densidade da madeira representam atributos funcionais promissores ligados às distribuições sucessionais e aos padrões de crescimento de árvores durante a sucessão.

A alta capacidade fotossintética e de crescimento em altura das plântulas, árvores juvenis e árvores adultas de espécies que colonizam as áreas no início da sucessão permite que essas espécies compitam eficientemente pela grande quantidade de recursos disponíveis e explorem os *habitat* transientes do início da sucessão (ver Quadro 10.1, p. 220, e Quadro 10.2, p. 224). Entretanto, as espécies que possuem esses atributos de "rapidez" perdem sua capacidade competitiva mais tarde na sucessão, quando o estabelecimento e a sobrevivência dependem mais dos atributos de "lentidão" que reduzem as taxas intrínsecas de crescimento e aumentam, em longo prazo, a resistência à sombra e aos danos causados por herbívoros e queda de resíduos. Mudanças nesses atributos funcionais durante a sucessão refletem as alterações dramáticas na disponibilidade de recursos e nas interações entre espécies.

10.4 Filtros ambientais, diversidade funcional e composição da comunidade durante a sucessão

A sucessão secundária é descrita como "a composição da comunidade em ação" (Lebrija-Trejos et al., 2010b, p. 387). Os agrupamentos de espécies mudam continuamente durante a sucessão, refletindo a habilidade diferencial das espécies de chegar, estabelecer-se e sobreviver sob as condições ambientais predominantes e os regimes de competição nos diferentes estágios. As taxas de substituição de espécies são determinadas por três processos distintos: recrutamento de novas espécies, mortalidade das espécies presentes inicialmente e persistência das populações no tempo. As taxas de substituição de indivíduos nem sempre são boas preditoras das taxas de substituição das espécies (Chazdon et al., 2007).

As características funcionais das espécies determinam sua qualificação para participar da composição de espécies associadas a certo conjunto de características ambientais. Os indivíduos devem passar por diversos filtros ecológicos para serem recrutados enquanto plântulas e, mais tarde, como árvores jovens ou adultas. A dispersão é o primeiro filtro. As sementes devem estar presentes no banco de sementes do solo ou ser transportadas pelo vento, água ou agentes de dispersão bióticos. Uma vez dispersadas, as sementes precisam sobreviver ao ataque de predadores e fungos patogênicos. As plântulas que germinaram precisam de suas adaptações de folhas, caules e raízes para crescer e persistir nos seus microambientes particulares. Essas características funcionais definem as dimensões de nicho que dão forma aos requerimentos de regeneração de cada espécie (Grubb, 1977). Espécies pioneiras não se estabelecem nem crescem bem nas condições sombreadas dos microssítios do sub-bosque florestal, e as espécies de crescimento lento que toleram o sombreamento são fracas na competição pela luz, pela água e pelos nutrientes do solo em áreas agrícolas abandonadas após agricultura itinerante (Van Breugel; Bongers; Martínez-Ramos, 2007).

A noção de que as espécies têm nichos claramente definidos é disseminada na ecologia de florestas tropicais, proveniente da distinção entre espécies florestais "secundárias" e "primárias", ou entre espécies iniciais e tardias (Whitmore, 1984). Apesar de individualmente as espécies poderem ser posicionadas em um dos dois extremos desse gradiente, a dicotomia entre espécies pioneiras e tolerantes à sombra não encontra apoio nas grandes quantidades de dados sobre composição de espécies. Quando as espécies são ranqueadas de acordo com sua posição em um gradiente de crescimento-sobrevivência, elas não se agrupam ao longo do gradiente, sendo, em vez disso, distribuídas ao longo de todo o gradiente (Wright et al., 2010).

Após o fechamento do dossel, a substituição de espécies durante a sucessão ocorre em ondas verticais, começando do sub-bosque e culminando com a substituição das espécies do dossel. Os efeitos dos filtros ambientais e da composição das espécies são, portanto, mais evidentes no sub-bosque do que nas camadas do dossel (Peña-Claros, 2003; Lozada et al., 2007; Ochoa-Gaona et al., 2007). A composição de espécies das camadas do sub-bosque se aproxima daquela das florestas maduras mais rapidamente do que a das camadas do dossel (Fig. 10.4; Peña-Claros, 2003; Norden et al., 2009). Esse padrão reflete o recrutamento de espécies tolerantes à sombra abaixo de um dossel de espécies pioneiras de vida longa (Guariguata et al., 1997; Finegan, 1996). Um padrão semelhante tem sido observado nas florestas úmidas de terras baixas da Costa Rica, onde a composição das espécies de plântulas e mudas foi similar em áreas em regeneração de idade entre 12 e 29 anos e florestas maduras, apesar das diferenças na composição de espécies arbóreas. As espécies tolerantes à sombra que colonizaram as florestas jovens tenderam a ser abundantes em áreas em estágio avançado de regeneração natural, apresentavam altas taxas de dispersão e frutificavam durante todo o ano (Norden et al., 2009).

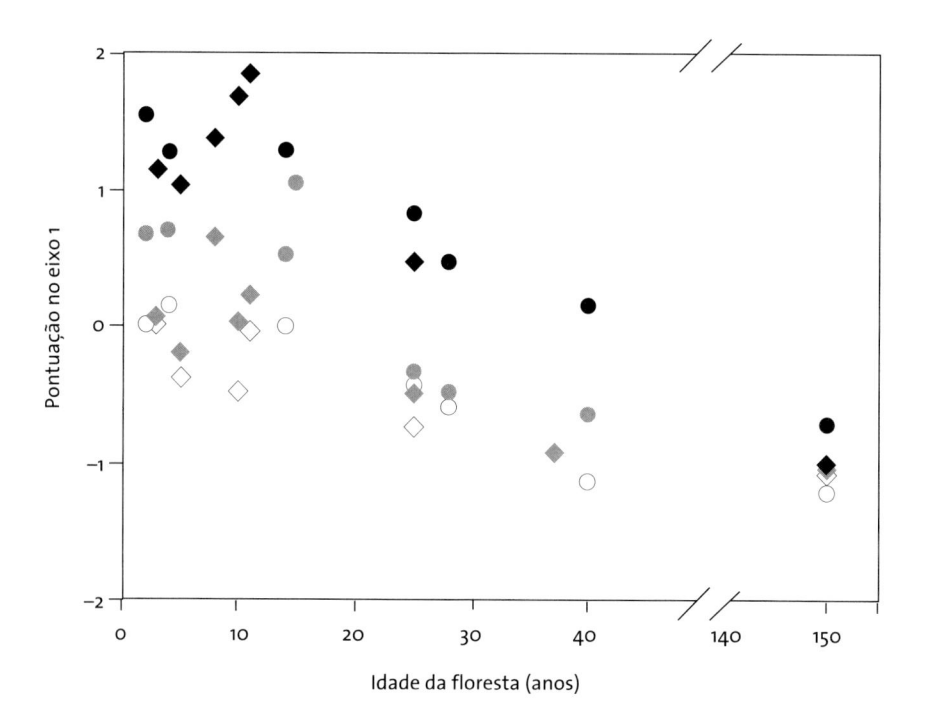

Fig. 10.4 *Composição de espécies de diferentes camadas do dossel ao longo de uma cronossequência de áreas em sucessão em dois locais de estudo na Amazônia boliviana. A composição é resumida por uma pontuação ordinal, com pontuações baixas refletindo a composição de estágios sucessionais tardios. Símbolos abertos são a camada do sub-bosque, símbolos cinza, a camada do subdossel, e símbolos cheios, a camada do dossel. Os losangos indicam os dados da reserva El Tigre, e os círculos, os dados de El Turi*

Fonte: Peña-Claros (2003, Fig. 4).

Ding et al. (2012a) avaliaram os efeitos da exploração madeireira seguida por agricultura itinerante sobre a distribuição dos atributos funcionais na vegetação regenerante em terras baixas e florestas montanas da ilha Hainan, na China. Áreas que sofreram altos níveis de perturbação apresentaram fortes evidências da existência de filtros ambientais, onde as comunidades foram dominadas por espécies proximamente relacionadas que apresentavam características funcionais de adaptação a distúrbios. Por outro lado, múltiplos processos direcionaram a composição da comunidade em áreas levemente perturbadas e florestas maduras, onde as interações bióticas desempenham um papel mais importante em uma escala menor.

A cronossequência estudada por Lebrija-Trejos e seus colegas (Lebrija-Trejos et al., 2010a; Lebrija-Trejos et al., 2010b; Lebrija-Trejos et al., 2011) em florestas tropicais secas de Nizanda, em Oaxaca, no México, fornece um excelente exemplo da montagem da comunidade e dos filtros ecológicos durante a sucessão. As mudanças, durante a sucessão, nos atributos funcionais balanceados pela abundância refletem a interação entre dois processos: mudanças na composição de espécies e variação espécie-específica dos atributos funcionais. Áreas ensolaradas, quentes e secas em início de sucessão foram dominadas por espécies que possuíam atributos que reduzem a radiação incidente, favorecem o resfriamento por convecção em vez de por transpiração e mantêm a estrutura foliar sob condições de estresse hídrico severo. Em contraste, a composição das mudas de áreas mais úmidas e frias em estágio mais avançado da sucessão foi dominada por espécies com folhas simples e largas e pecíolos longos que maximizam a interceptação de luz por área foliar. As médias dos valores dos atributos relativos à composição de plântulas, árvores jovens e adultas, balanceadas pela abundância, mostraram valores convergentes à medida que as florestas aumentaram em área basal ao longo da sucessão, com as mudanças ocorrendo mais rapidamente nas menores classes de diâmetro (Fig. 10.5). Esses estudos mostraram claramente que, pelo menos nessa área de floresta seca, os filtros ambientais são um mecanismo fundamental e possível de ser previsto na formação da composição da comunidade.

Em paisagens contendo remanescentes de florestas maduras, as composições de plântulas e mudas lenhosas nas florestas em regeneração consistem de uma mistura de espécies representando tanto florestas maduras quanto florestas em regeneração (Boxe 10.2). Em florestas de terras baixas da Costa Rica, a composição da comunidade de plântulas e mudas tornou-se mais semelhante à de florestas maduras ao longo do tempo. O estabelecimento bem-sucedido das plântulas e mudas de espécies abundantes em florestas maduras nas florestas em regeneração foi amplamente determinado pela dispersão de sementes por vertebrados abundantes em áreas adjacentes (Sezen; Chazdon; Holsinger, 2007; Norden et al., 2009).

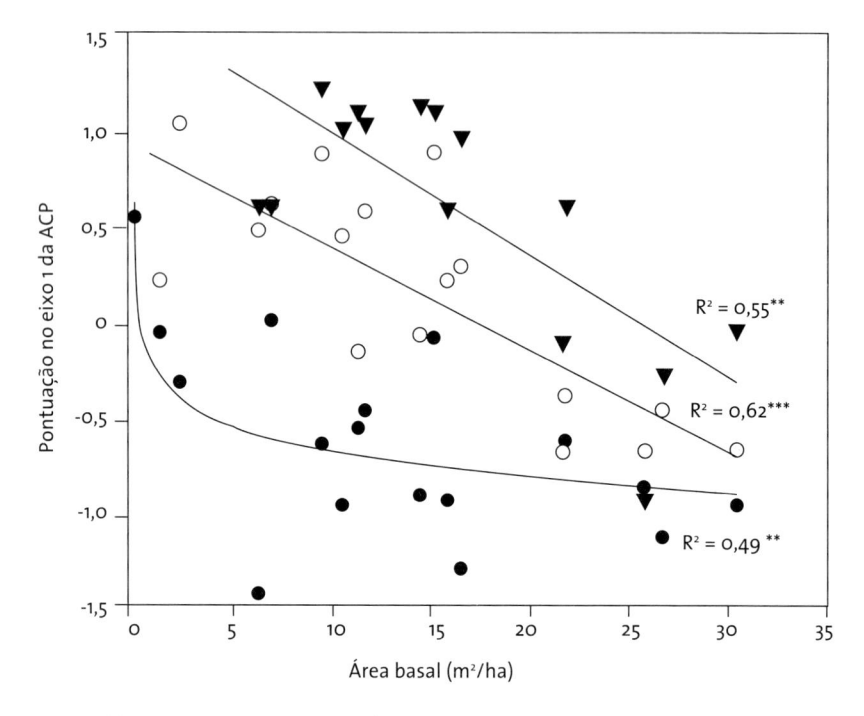

Fig. 10.5 *Média de 23 atributos funcionais (pontuação no eixo 1 em análise de componentes principais – ACP) na escala da comunidade, com base na abundância, durante a sucessão florestal em Nizanda, em Oaxaca, no México, para comunidades de três classes de tamanho: regeneração de plântulas (círculos sólidos), juvenis (círculos abertos) e adultos (triângulos sólidos).*
As florestas em regeneração foram estudadas de 1 a 60 anos após o abandono da área de agricultura itinerante, e o final da cronossequência corresponde a uma floresta madura (área basal de 31 m²/ha). Linhas contínuas representam mudanças modeladas para cada estrato da comunidade
Fonte: Lebrija-Trejos et al. (2010b, Fig. 5).

> **Boxe 10.2 Estabelecimento de espécies arbóreas endêmicas e de espécies características de florestas maduras ao longo da sucessão**
> Uma métrica importante do valor de conservação de florestas em regeneração é o grau de colonização e estabelecimento de espécies endêmicas e espécies típicas de florestas maduras (Chazdon et al., 2009b). Em áreas anteriormente ocupadas por cafezais na Jamaica (montanhas Blue e Port Royal), as florestas voltaram a crescer durante os últimos

150-170 anos, fornecendo uma oportunidade sem precedentes para investigar a recuperação em longo prazo da composição e do endemismo de espécies de árvores durante a sucessão secundária. Nessas florestas montanas úmidas, a taxa de endemismo das espécies é de 41% (Tanner, 1986). As florestas que regeneraram onde antes existiam as plantações de café não foram diferentes das florestas maduras adjacentes em relação à área basal e ao número de espécies ou em relação ao número de espécies endêmicas (Chai; Tanner, 2011). Entretanto, a composição das espécies não foi recuperada na mesma extensão. Apesar dos 150 anos de regeneração, a abundância de espécies endêmicas foi menor. Apenas metade (54%) das espécies arbóreas presentes nas florestas maduras próximas também foi encontrada nas florestas em regeneração, sugerindo que as espécies características das florestas maduras estão gradualmente se estabelecendo nelas.

No Laos, descobriu-se que áreas de pousio continham uma alta proporção de indivíduos juvenis de espécies características de florestas maduras (84%) após 7-10 anos de regeneração (McNamara et al., 2012). Diferenças na composição entre áreas de pousio após uso intenso ou moderado e florestas maduras foram atribuídas a mudanças na abundância relativa de espécies em vez de à ausência de espécies características de florestas maduras. Entre 49 espécies típicas de florestas maduras estudadas, pelo menos três indivíduos foram encontrados em todas as áreas de pousio. Esse estudo destaca o fato de que florestas que estão regenerando em áreas de pousio podem conter altos níveis de diversidade arbórea e não deveriam ser classificadas como áreas degradadas.

Em florestas da África Central e Ocidental, 80% das espécies de plantas são endêmicas da região da baixa Guiné (Sayer; Harcourt; Collins, 1992). Van Gemerden et al. (2003) avaliaram a recuperação da vegetação em longo prazo em áreas de pousio 10-60 anos após o abandono, considerando tanto espécies lenhosas como não lenhosas. A proporção de espécies endêmicas na baixa Guiné aumentou com a idade da floresta, enquanto a proporção de espécies bem distribuídas diminuiu. Mesmo após 60 anos, a proporção de espécies endêmicas foi significativamente mais baixa (aproximadamente 10%) do que em florestas maduras (16%). A riqueza de espécies endêmicas entre as plantas do sub-bosque e árvores foi menor em áreas em regeneração de 15 anos em comparação a florestas "quase primárias" no sudoeste das terras baixas de Camarões, mas permaneceu substancialmente maior do que em agroflorestas e campos cultivados (Waltert et al., 2011).

Espécies arbóreas endêmicas nem sempre são altamente vulneráveis a mudanças de uso do solo. A maior parte das espécies endêmicas das florestas da alta Guiné (no Senegal, Guiné-Bissau, Guiné, Serra Leoa, Libéria, Costa do Marfim, Gana e Togo) teve distribuições amplas e exibiu estratégias ruderais de história de vida, incluindo intolerância à sombra, tolerância à seca e dispersão pelo vento (Holmgren; Poorter, 2007). Essas características devem ser um legado dos distúrbios climáticos do passado e do período de expansões e contrações das florestas no oeste da África (Maley,

2002; White, 2001a). Os filtros paleoambientais devem predispor muitas dessas espécies endêmicas a colonizar *habitat* florestais em regeneração.

Na região sul da Mata Atlântica do Brasil, há apenas 3,1% da cobertura florestal original (ver Boxe 13.3, p. 323). Durante a última década, a cobertura florestal triplicou após o abandono de áreas de cultivo agrícola e crescentes esforços para a conservação da paisagem (SOS Mata Atlântica, 2002; Piotto et al., 2009). Piotto et al. (2009) inventoriaram árvores em 12 florestas secundárias de três classes de idade (10, 25 e 40 anos). A porcentagem de árvores endêmicas locais e endêmicas da Mata Atlântica aumentou com a idade da floresta, enquanto a de espécies amplamente distribuídas diminuiu. A similaridade florística entre florestas secundárias e maduras na região cresceu de acordo com a idade da floresta, devido ao gradual estabelecimento de espécies arbóreas características de florestas maduras.

Utilizando um modelo de classificação multinomial baseado na abundância relativa estimada das espécies, Chazdon et al. (2011) classificaram as espécies de árvores do nordeste da Costa Rica como especialistas de áreas em regeneração, especialistas de florestas maduras, generalistas e espécies raras demais para serem classificadas. Esses resultados foram, então, usados para estimar as mudanças na abundância relativa de especialistas de florestas maduras durante a sucessão em áreas de pastagem ao longo de 13 anos. Em todos os sítios, especialistas de florestas maduras aumentaram gradualmente em abundância relativa nas comunidades de espécies, alcançando 35%-40% das árvores em parcelas com 30-40 anos.

Em uma cronossequência de florestas tropicais úmidas de terras baixas no nordeste da Costa Rica, a composição e a riqueza de espécies das árvores com DAP igual ou maior que 2,5 cm não foram significativamente diferentes entre florestas secundárias mais antigas (30-42 anos) e florestas maduras (Letcher; Chazdon, 2009b). A proporção de espécies típicas de florestas maduras encontradas em florestas em regeneração aumentou linearmente com a idade desde o abandono, sugerindo que o estabelecimento de espécies típicas de florestas maduras ocorre em função do tempo. Considerando as plântulas em florestas secundárias com idades entre 15 e 25 anos, a proporção de espécies típicas de florestas maduras aumentou entre 59% e 75%.

Proporções maiores de especialistas de florestas maduras foram encontradas na comunidade de plântulas de áreas de pousio em comparação a classes de diâmetros maiores (Ochoa-Gaona et al., 2007; Williams-Linera et al., 2011). Após várias décadas, caso essas áreas de pousio se tornem florestas, essas espécies irão se tornar mais abundantes no estágio de árvores adultas. Durante a sucessão, o estabelecimento de especialistas de crescimento lento típicos de florestas maduras se dá a um passo lento, mas estável.

Os filtros ambientais agem mais fortemente na exclusão das espécies pioneiras do sub-bosque sombreado do que na exclusão das não pioneiras de áreas no início da sucessão. Espécies tolerantes à sombra podem estabelecer-se durante os primeiros anos da sucessão, apoiando a ideia da importância da composição florística inicial (Egler, 1954). Estudos ecológicos na Amazônia, Bolívia, Costa Rica e México encontraram que espécies de uma ampla faixa de grupos funcionais se estabelecem cedo na sucessão e continuam recrutando após o fechamento do dossel (Uhl; Buschbacher; Serrão, 1988; Peña-Claros, 2003; Van Breugel; Bongers; Martínez-Ramos, 2007; Chazdon et al., 2010). Como proposto por Egler (1954), as mudanças na composição de espécies durante a sucessão refletem uma combinação da composição florística inicial com a substituição subsequente de espécies, caracterizada pela colonização sequencial das espécies em resposta às mudanças nas condições ambientais da floresta (Finegan, 1996). Em florestas neotropicais em sucessão, as espécies do sub-bosque de crescimento lento, tolerantes à sombra e de pequena estatura são uma das últimas a colonizar (Pitman et al., 2005; Chazdon et al., 2010). A chegada lenta dessas espécies deve ser um reflexo da limitação de dispersão e dos baixos níveis de abundância nas florestas maduras. A recomposição gradual dos agrupamentos de espécies depende criticamente da disponibilidade de fontes de sementes diversas nas florestas próximas e de sua dispersão para as florestas em regeneração. Em nove florestas secundárias no México, a taxa de recrutamento e aumento no número de indivíduos jovens aumentou com a quantidade de florestas na matriz circundante (Maza-Villalobos; Balvanera; Martínez-Ramos, 2011).

Mudanças na comunidade de árvores durante a sucessão refletem as alterações na diversidade funcional, assim como na diversidade de espécies (Brown; Lugo, 1990; Guariguata; Ostertag, 2001; Chazdon et al., 2007; Lebrija-Trejos et al., 2010a). Em uma cronossequência de florestas regenerando sobre milharais em Chiapas, no México, a diversidade funcional e de espécies aumentou assintoticamente com a área basal das florestas (Lohbeck et al., 2012). A diversidade funcional e a diversidade de espécies foram bons preditores da riqueza e diversidade funcionais, respectivamente. Esses achados sugerem que há pouca ou nenhuma redundância funcional durante os estágios iniciais da sucessão. À medida que novas espécies se estabelecem ao longo da sucessão, seus conjuntos de atributos funcionais não se sobrepõem aos das espécies existentes. Katovai, Burley e Mayfield (2012) compararam a diversidade funcional de espécies de plantas em diferentes tipos de uso do solo em Kolombangara, nas ilhas Salomão, com base em três atributos (forma de crescimento, mecanismo de dispersão e clonalidade). Florestas em regeneração e maduras se assemelharam quanto aos valores de diversidade funcional dentro das faixas de altitude, apesar da baixa riqueza de espécies em florestas secundárias. As florestas em regeneração também aparentaram ter menos redundância funcional do que as maduras.

Em última análise, as mudanças na estrutura da comunidade durante a sucessão são direcionadas pela variação nas taxas de recrutamento e mortalidade entre as espécies. Variações espécie-específicas nos atributos funcionais são fortes determinantes dessas taxas demográficas. Em escala local, a montagem da comunidade é direcionada pela dispersão de sementes e variação nas condições ambientais, incluindo a competição intra e interespecífica. Em uma escala espacial maior, a montagem da comunidade depende do conjunto de espécies das áreas circundantes e da proximidade das áreas florestadas que fornecem sementes. Em condições ótimas, a diversidade funcional e de espécies das florestas secundárias aumenta ao longo do tempo à medida que os ecossistemas se tornam mais complexos funcional e estruturalmente.

10.5 A montagem da comunidade durante a sucessão secundária

As florestas tropicais maduras são os ecossistemas com a maior biodiversidade no mundo. Como acontecem as mudanças na composição das espécies ao longo de escalas de tempo longas ainda é uma questão pobremente compreendida, pois poucos estudos avaliaram essas mudanças por mais do que alguns poucos anos. A compreensão dos processos ecológicos que determinam a montagem das comunidades requer informações sobre a dinâmica da vegetação de áreas individuais ao longo do tempo. Censos repetidos de árvores marcadas dentro de uma ou múltiplas áreas podem fornecer informações sobre a substituição de árvores entre certos intervalos de tempo, revelando trajetórias sucessionais verdadeiras e sua variabilidade entre áreas diferentes através do tempo (Van Breugel; Bongers; Martínez-Ramos, 2007; Chazdon et al., 2007; Norden et al., 2011).

A Fig. 10.6 ilustra como a substituição de indivíduos e espécies influencia as características das comunidades em sucessão, como a composição de espécies e a diversidade funcional e filogenética. O esquema também pode ser aplicado às alterações na vegetação após a degradação da floresta, a exploração madeireira ou a fragmentação ou às mudanças na vegetação ao longo de gradientes ambientais. Por meio do estudo de quais espécies, atributos funcionais e clados são ganhos ou perdidos durante intervalos sucessivos de tempo, pode-se ter ideias sobre os processos ecológicos que direcionam a montagem da comunidade durante a sucessão. Por exemplo, se as espécies que são ganhas possuem atributos funcionais diferentes dos das espécies que foram perdidas, e esses atributos aumentarem a habilidade competitiva ou forem favorecidos pelos filtros ambientais, serão observadas mudanças direcionais nas distribuições de tratos funcionais ao longo do tempo (Lebrija-Trejos et al., 2010b; Mayfield; Levine, 2010). Se as espécies que são ganhas derivarem de linhagens filogenéticas distintas daquelas das espécies existentes, a substituição de espécies também levará ao aumento da diversidade filogenética (Swenson, 2011).

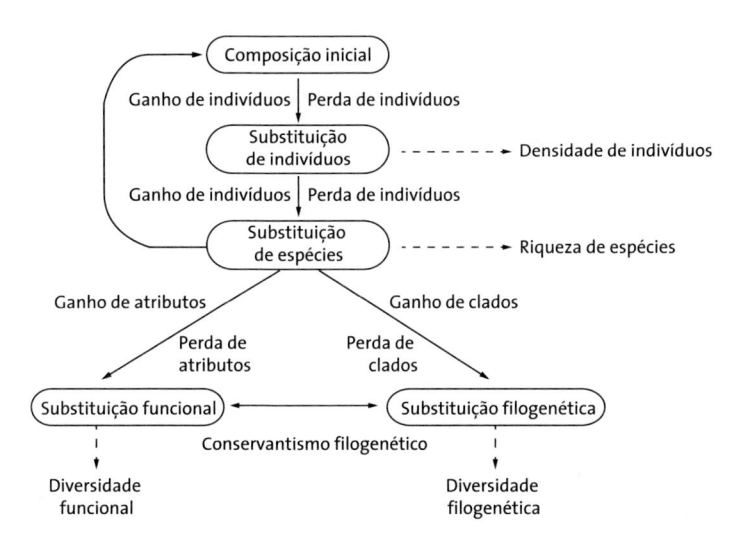

Fig. 10.6 *Esquema geral para a montagem da comunidade durante a sucessão dentro de uma floresta tropical. Após a colonização inicial de terras agrícolas abandonadas e áreas degradadas, novos indivíduos são acrescentados (recrutamento), enquanto outros permanecem (persistência) e outros são perdidos (mortalidade). A substituição de espécies determina mudanças na riqueza de espécies e na distribuição de abundâncias. As taxas de substituição de indivíduos e espécies mudam iterativamente ao longo da sucessão. A substituição de indivíduos e espécies afeta a perda e o ganho de atributos funcionais, determinando a substituição e a diversidade funcionais. Mudanças na substituição de indivíduos e espécies também possuem implicações para as mudanças sucessionais em unidades filogenéticas mais altas, resultando na perda ou no ganho de clados evolutivos. A substituição filogenética determina a diversidade e a estrutura filogenéticas da comunidade. As relações entre as diversidades funcional, de espécies e filogenética são influenciadas pelo conservantismo filogenético dos atributos funcionais e pelas taxas de ganhos e perdas de clados durante a montagem da comunidade*

O estudo de cronossequência de Letcher (2010) na Costa Rica revelou mudanças na estrutura filogenética da comunidade de plantas durante a sucessão. Espécies presentes dentro de uma área em particular são um subconjunto não aleatório dos *taxa* que poderiam ocupar o sítio, mas, à medida que a sucessão procede, os *taxa* presentes tornam-se mais distantemente relacionados do que seria esperado ao acaso. Esse padrão de crescente uniformidade filogenética é mais pronunciado para a menor classe de diâmetro. Nas florestas em regeneração mais jovens, as árvores são mais relacionadas do que seria previsto pelo acaso, sugerindo que a resposta de uma espécie a um distúrbio possui um forte componente filogenético. Espécies pioneiras do início da sucessão necessitam de características que confiram alta capacidade de dispersão e altas taxas de crescimento em ambientes perturbados. Dois atributos característicos de espécies pioneiras – tamanho de semente e densidade da madeira – mostram forte conservantismo filogenético (Moles et al., 2005; Chave et al., 2006; Swenson; Enquist, 2007). Com o avanço da sucessão, o recrutamento favorece as espécies que são mais distantemente relacionadas do que se esperaria por meio da colonização aleatória a partir do conjunto de espécies da região. Avaliando esses padrões ao longo do tempo, Norden et al. (2012) confirmaram que, em um período de tempo relativamente curto de 12 anos, as assembleias de árvores se tornam mais uniformes filogeneticamente devido a processos de recrutamento e mortalidade. A perda de indivíduos (mortalidade) é concentrada entre os *taxa* mais proximamente relacionados, enquanto o ganho de indivíduos (recrutamento) é associado ao ganho líquido de espécies e de clados. A colonização por propágulos de uma ampla faixa de linhagens tolerantes à sombra aumenta a uniformidade filogenética mais rapidamente nas plântulas do que nas árvores.

Os estudos sucessionais no México, Brasil, China e Nova Guiné têm confirmado os padrões de agrupamento filogenético nas comunidades arbóreas de florestas no início da sucessão e de uniformidade filogenética em florestas no final da sucessão ou maduras (Letcher et al., 2012; Ding et al., 2012a; Whitfeld et al., 2011). Uma comparação da vegetação herbácea e lenhosa em transecções de florestas em regeneração e de florestas maduras nas florestas tropicais secas de Veracruz, no México, revelou valores médios mais baixos para a distinção taxonômica em áreas secundárias com idade entre 12 e 20 anos, refletindo diversidade filogenética mais baixa, apesar da riqueza média de espécies mais alta nessas áreas (Castillo-Campos; Halffter; Moreno, 2008; Moreno; Castillo-Campos; Verdú, 2009). Em 12 parcelas de 0,25 ha em regeneração após o abandono de áreas de agricultura de subsistência e em sete parcelas de floresta madura nas terras baixas da Nova Guiné, a distância filogenética média entre árvores aumentou com a área basal total por parcela (Whitfeld et al., 2011). Um agrupamento filogenético significativo foi observado em cinco das parcelas secundárias, enquanto uma uniformidade filogenética significativa foi detectada em todas as parcelas de floresta madura. Esses padrões são consistentes com a hipótese de que o recrutamento durante os estágios mais tardios da sucessão favorece as espécies que são mais distintas filogeneticamente nesses estágios do que durante os estágios mais iniciais da sucessão, à medida que as interações bióticas se tornam direcionadores cada vez mais importantes da montagem da comunidade, particularmente em escalas espaciais menores (Chazdon, 2008b; Comita et al., 2010a).

10.6 Conclusão

Os atributos funcionais das espécies de plantas são determinantes importantes do estabelecimento, crescimento, competição e sobrevivência durante diferentes estágios da sucessão. Entretanto, a maior parte dos estudos sobre os atributos funcionais das plantas e sua relação com taxas vitais tem sido conduzida em florestas maduras (Poorter et al., 2008; Wright et al., 2010). Pesquisas futuras precisam preencher a lacuna entre inventários da dinâmica da vegetação e pesquisas descritivas dos atributos funcionais e das relações evolutivas entre espécies, o que fornecerá ideias importantes sobre os mecanismos da montagem de comunidades em florestas tropicais.

Apesar das altas taxas de substituição de indivíduos em florestas secundárias, o processo de reconstruir a estrutura, a composição, a função e a rica herança evolucionária de florestas maduras requer escalas de tempo longas, frequentemente mais de um século, em grande parte por causa dos longos ciclos de vida de muitas espécies de árvores tropicais. A substituição de espécies pode levar a mudanças na riqueza de espécies, nos atributos funcionais e na diversidade filogenética ao longo do tempo, direcionando nosso foco para os fatores que influenciam a natureza dessas transições. Os atributos funcionais e demográficos dos clados são, agora, reconhecidos como os determinantes mais importantes da montagem das comunidades das florestas tropicais. Durante a regeneração florestal, a paisagem circundante também muda, exercendo fortes influências nas manchas de vegetação ao redor e na composição do conjunto regional de espécies. Abordagens sintéticas combinando dados de cronossequência em áreas de idades diferentes com monitoramento de longo prazo dentro dos sítios e áreas do entorno devem ser o único caminho para compreender os fatores que controlam a taxa e a natureza da montagem da comunidade durante a regeneração florestal.

Enquanto se observam os processos de longo prazo da montagem da comunidade em florestas em regeneração, as florestas maduras nas paisagens circundantes continuam a ser transformadas. Florestas em regeneração não irão se tornar florestas diversas e completamente funcionais na ausência de florestas maduras. É apenas por meio da redução das taxas de desmatamento e de crescentes taxas de reflorestamento das paisagens tropicais que será possível apressar a regeneração natural de ecossistemas de florestas tropicais funcional e taxonomicamente diversas.

RECUPERAÇÃO DE FUNÇÕES ECOSSISTÊMICAS DURANTE A REGENERAÇÃO FLORESTAL

11

O debate científico sobre o papel das florestas tropicais no ciclo global de carbono transcende as dificuldades óbvias causadas pela pobreza das bases de dados. Em vez disso, o debate é focado na percepção acerca do que são as florestas tropicais e como elas funcionam. (Lugo; Brown, 1992, p. 240).

Quando uma floresta tropical é cortada, queimada ou convertida em cultivos ou pastos, uma porção substancial da biomassa viva é perdida do ecossistema, exportada para a atmosfera ou lixiviada pela chuva. Aproximadamente 48% da biomassa viva acima do solo nas florestas tropicais é composta de carbono, que é liberado para a atmosfera na forma de CO_2 pelas queimadas. Os desmatamentos e a degradação de florestas tropicais contribuem com 10% a 15% das emissões globais de carbono (Van der Werf et al., 2009; Achard et al., 2010; Asner et al., 2010). O nitrogênio, facilmente volatilizado pela queima, é liberado para a atmosfera ou mineralizado para nitrato no solo, que é facilmente lixiviado. Nutrientes minerais contidos na biomassa, como potássio, magnésio e cálcio, são menos sujeitos à volatilização durante queima de baixa temperatura e são acumulados nas cinzas, mas podem ser perdidos por meio de lixiviação. Além dessas perdas de carbono e nutrientes, os desmatamentos reduzem a evapotranspiração, aumentando o fluxo de rios e a frequência de enchentes e diminuindo a precipitação local (Giambelluca, 2002).

Será que o restabelecimento de florestas nessas áreas restaura as funções e os estoques de nutrientes perdidos pelo ecossistema florestal original? A resposta curta é sim, mas alguns processos demoram mais tempo do que outros. Há milhares de anos, agricultores nômades reconheceram que os solos que anteriormente deram suporte às florestas tropicais estavam sustentando seus cultivos com nutrientes provenientes da degradação da biomassa existente poucos anos atrás. O pousio é essencial para a restauração da fertilidade do solo para que a área possa ser cortada e cultivada novamente. De fato, os primeiros estudos realizados por Nye e Greenland (1960) sobre a ciclagem de nutrientes em sistemas de agricultura itinerante nos trópicos levaram à atual compreensão da ciclagem de nutrientes e do funcionamento dos ecossistemas nas florestas tropicais (Denslow; Chazdon, 2002). O conhecimento do funcionamento dos ecossistemas durante a sucessão primária e secundária tem aplicação direta em projetos de restauração, assim como na compreensão da dinâmica de ecossistemas florestais intactos (Walker; Walker; Hobbs, 2007; Walker; Del Moral, 2009).

O destino dos estoques de carbono e nutrientes após ciclos de desmatamento, cultivo e regeneração pós-abandono depende de muitos fatores, incluindo fertilidade do solo, textura do solo, precipitação e sazonalidade, frequência de incêndios, colonização inicial de espécies, temperatura e produtividade do sítio. A produtividade e a ciclagem de nutrientes são fortemente relacionadas, porque a biomassa é composta de carbono e elementos minerais. Quanto maior for a produtividade da biomassa acima do solo da vegetação recolonizante, mais rápida será a recuperação total dos estoques de carbono e nutrientes no ecossistema em desenvolvimento (Brown; Lugo, 1990). Mudanças na composição de espécies, na estrutura da vegetação e na acumulação de biomassa após o abandono da terra ou distúrbios naturais de larga escala são intrinsecamente relacionadas. Essas alterações governam a recuperação dos estoques de carbono e nutrientes acima e abaixo do solo durante a sucessão secundária (Fig. 11.1). As características da folha que originam as diferenças entre espécies em relação a taxas de crescimento durante a sucessão, como conteúdo foliar de nitrogênio, área específica foliar e dureza foliar, afetam significativamente as taxas de decomposição, reabsorção de nutrientes em folhas senescentes e concentração de nutrientes na serapilheira (Bakker; Carreno-Rocabado; Poorter, 2011; Wood; Lawrence; Wells, 2011).

À medida que a vegetação lenhosa aumenta em diversidade e estatura, a biomassa da floresta e o estoque de carbono crescem e o solo superficial torna-se enriquecido com matéria orgânica proveniente da decomposição de serapilheira (Sang et al., 2012). As mudanças de condições nos solos, nos estoques de nutrientes e nos microambientes das florestas, por sua vez, influenciam as taxas de colonização de espécies e crescimento da vegetação. Todos os três aspectos da integridade florestal – biodiversidade, estrutura e funções ecossistêmicas – são alterados em sincronia durante a regeneração florestal. Essas mudanças podem não ocorrer nas mesmas taxas, mas a recuperação da estrutura e das funções do ecossistema parece ser mais rápida do que a recuperação da composição de espécies (Chazdon et al., 2007). Apesar de essas mudanças coordenadas serem pobremente compreendidas, o conhecimento atual sugere que há um aumento na redundância funcional das espécies arbóreas durante fases finais da sucessão em florestas tropicais (Lohbeck et al., 2012; Chazdon; Arroyo, 2013).

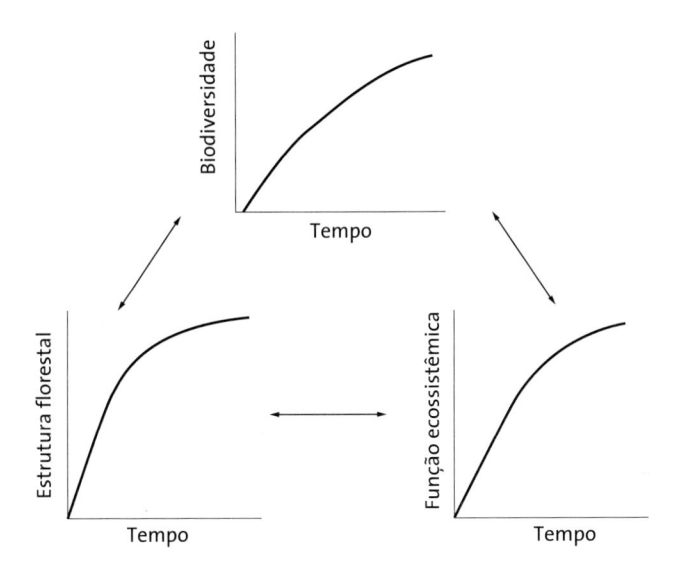

Fig. 11.1 *Mudanças coordenadas na biodiversidade, na estrutura florestal e nas funções ecossistêmicas ocorrem durante a regeneração florestal. As taxas de mudança dessas medidas da integridade florestal e suas inter-relações complexas são pobremente compreendidas nos ecossistemas de florestas tropicais. As mudanças podem não ocorrer continuamente ou linearmente ao longo do tempo*

11.1 Perda de nutrientes e carbono durante a conversão de floresta para agricultura

A maior parte das florestas tropicais do mundo cresce sobre solos profundamente intemperizados, pobres em nutrientes, incluindo solos nas porções central e leste da bacia amazônica e nas florestas sobre as areias brancas da América do Sul e da Indonésia. O desenvolvimento exuberante dessas florestas é atribuído aos mecanismos de conservação de nutrientes, incluindo o desenvolvimento de uma grossa rede de raízes, que pode ter a espessura de 15 cm a 40 cm, onde os nutrientes são diretamente absorvidos por fungos micorrízicos e translocados para tecidos vegetais acima e abaixo dessa rede. As condições ácidas da rede de raízes inibem as bactérias desnitrificantes, prevenindo perdas de íons de nitrato altamente móveis. Folhas resistentes, sempre verdes e de vida longa, assim como baixas taxas de crescimento, também minimizam as perdas de nutrientes por parte da vegetação. Quando essas florestas e as camadas associadas de húmus são destruídas para conversão em áreas agrícolas, os nutrientes são rapidamente perdidos, uma vez que o solo mineral tem baixa capacidade de retê-los (Boxe 11.1; Stark; Jordan, 1978; Jordan, 1989; Jordan; Herrera, 1981).

Boxe 11.1 Um estudo pioneiro sobre a dinâmica de nutrientes e biomassa após agricultura itinerante na região do Rio Negro, na Venezuela

Os oxissolos inférteis, altamente intemperizados e ricos em argila da região do Rio Negro, na Venezuela, são predominantes na bacia amazônica (Markewitz et al., 2004). Em 1975, foram iniciados estudos sobre fluxos de nutrientes, crescimento arbóreo e produção de serapilheira em uma parcela de 1 ha de florestas maduras. Um ano depois, uma área adjacente de florestas maduras foi cortada e queimada após vários meses de seca (não houve exploração madeireira). A regeneração nessa parcela seguiu por cinco anos sem qualquer manipulação (Uhl; Jordan, 1984). Outra parte da parcela cortada e queimada foi destinada ao cultivo de mandioca, abacaxi, banana-da-terra e caju durante três anos com o emprego de métodos tradicionais (Uhl et al., 1982; Jordan et al., 1983; Uhl, 1987). A parcela cultivada foi, então, abandonada, e padrões de sucessão foram observados utilizando-se as mesmas abordagens usadas por Uhl e Jordan (1984).

Após cinco anos, o dossel da parcela cortada e queimada (não cultivada) tinha crescido e atingido uma altura de 14 m (Fig. 11.2). A biomassa viva total acima do solo alcançou 16% da biomassa presente na floresta-controle (Uhl; Jordan, 1984). A madeira morta da floresta preexistente representou mais biomassa do que a biomassa viva. Folhas e raízes, que são mais ricas em nutrientes do que madeira, compuseram 27% do total da biomassa viva na floresta secundária em fase inicial de sucessão, em comparação a 18% na floresta-controle. Além disso, as concentrações de nutrientes nos tecidos foram mais altas nas espécies pioneiras dominantes na área em regeneração. Por essas razões, as porcentagens dos estoques de fósforo (23%), nitrogênio (39%), cálcio (48%) e magnésio (45%) da floresta antes da queima foram mais altas do que a porcentagem de biomassa (16%).

Os reservatórios de nitrogênio foram mais lentamente recuperados do que a biomassa. Na floresta-controle, os reservatórios de nutrientes foram concentrados em troncos e raízes, ao passo que, na área em regeneração, a maior parte dos estoques de nutrientes estava contida na fração de madeira morta. Apesar de as concentrações de potássio, magnésio e nitrato terem inicialmente aumentado na água lixiviada do solo após o corte e a queima, as concentrações de nutrientes diminuíram, após dois anos, até níveis similares aos da floresta que não foi cortada.

Quando as parcelas cultivadas foram abandonadas, no final de 1979, 20% do estoque de nitrogênio original do ecossistema tinha sido perdido. As folhas continham aproximadamente 3% desses estoques na floresta-controle; o nitrogênio nas folhas secas remanescentes após o corte da floresta foi, provavelmente, todo volatilizado durante a queima. A maior parte da redução em nitrogênio foi decorrente da decomposição da matéria orgânica que não foi queimada completamente (especialmente troncos e raízes) ao longo de três anos. O nitrogênio absorvido pelas plantas cultivadas e pela vegetação regenerante constituiu uma porção pequena do estoque total desse elemento. A quantidade de nitrogênio no solo não diminuiu depois do corte, da queima e do cultivo durante três anos. Ainda assim, a acumulação de biomassa acima do solo após cinco anos foi 16% mais baixa na parcela de corte e queima. Depois de cinco anos de sucessão, os estoques da matéria orgânica no solo equivaliam a 35%-40% daqueles encontrados na floresta-controle (Jordan et al., 1983; Uhl, 1987).

Esses resultados demonstraram pela primeira vez que, mesmo após o corte e a queima, ou após a agricultura itinerante tradicional nos oxissolos pobres em nutrientes, os nutrientes e o carbono se acumulam rapidamente durante a regeneração da floresta. É pouco provável que os níveis de nitrogênio tenham limitado a regeneração da floresta tanto na parcela cultivada quanto na parcela não cultivada. Os estudos no Rio Negro mostraram claramente que a chave para a recuperação do ecossistema após o desmatamento é o gradual acúmulo de biomassa e nutrientes nos tecidos da vegetação que recoloniza a área. Além disso, eles mostraram que os usos de solo intensivos que exaurem os nutrientes ou removem a matéria orgânica do solo inibem o crescimento da vegetação e diminuem significativamente a velocidade de acumulação de biomassa e nutrientes durante a sucessão (Uhl, 1987).

FIG. 11.2 *(A) Parcela experimental em área de corte e queima (sem cultivo) no Rio Negro em 1982*

Fonte: Christopher Uhl, reimpresso com permissão.

Fig. 11.2 *(B) A mesma parcela três anos mais tarde, com uma área cultivada à frente*
Fonte: Christopher Uhl, reimpresso com permissão.

Aproximadamente 55% do carbono estocado nas florestas do mundo está nas florestas tropicais, de acordo com estimativas recentes (Pan et al., 2011). Esse é um cenário subestimado, uma vez que os estoques de carbono do solo são geralmente quantificados apenas para a camada mais superficial do solo, com apenas 0,3 m a 1 m de profundidade. Estoques substanciais de carbono a profundidades abaixo de 1 m já foram reportados para a parte leste da Amazônia e para as terras baixas da Costa Rica, em solos profundamente intemperizados (Nepstad et al., 1994; Veldkamp et al., 2003). Algo em torno de um terço do estoque global total de carbono no solo está nos primeiros 3 m de solo sob as florestas tropicais perenifólias e decíduas (Jobbágy; Jackson, 2000). As estimativas de emissões de carbono a partir dos solos nos trópicos totalizam 0,2 Gt por ano, correspondendo a 10% a 30% do total das emissões provenientes de desmatamentos (Houghton, 1999; Achard et al., 2010). Entre as florestas tropicais, os estoques totais de carbono e a distribuição do carbono entre reservatórios acima e abaixo do solo variam grandemente. Os estoques ecossistêmicos de carbono de algumas florestas neotropicais maduras podem ser até quatro vezes maiores do que os de outras, variando de 141 Mg a 571 Mg por hectare (Clark et al., 2001; Kauffman; Hughes; Heider, 2009). Os estoques de carbono em florestas úmidas variam de 249 Mg a 488 Mg por hectare, enquanto florestas secas possuem de 141 Mg a 344 Mg de carbono por hectare.

Em geral, 32% do estoque de carbono estimado para as florestas tropicais está estocado no primeiro metro de solo superficial (Boxe 11.2; Pan et al., 2011). Os estoques de carbono no solo são equivalentes a 39% a 77% do reservatório total de carbono das florestas neotropicais que não queimam com frequência. Nas florestas estacionais secas do norte da península de Yucatán, no México, 51,4% do reservatório total de carbono no ecossistema está localizado em solos rasos (Vargas; Allen; Allen, 2008), ao passo que nas florestas estacionais secas de Jalisco, no México, em solos mais profundos, o carbono do solo compõe 54% do reservatório total do ecossistema (Jaramillo; Ahedo-Hernandez; Kauffman, 2003).

> **Boxe 11.2 Sequestro de carbono em florestas tropicais regenerantes**
>
> Durante o início da década de 1980, como parte dos esforços para compreender as alterações no balanço global de carbono, ecólogos, geofísicos e profissionais das ciências atmosféricas começaram a quantificar as perdas de CO_2 para a atmosfera causadas por desmatamentos, queimadas, exploração madeireira e outras formas de degradação nos trópicos, assim como começaram a mensurar o sequestro de carbono e o seu armazenamento na biomassa da vegetação ao longo da sucessão florestal (regeneração natural), de reflorestamentos (plantações, recuperação de áreas degradadas), de agroflorestas e em estoques crescentes de carbono orgânico no solo. Os primeiros modelos de balanço de carbono global deram pouca importância ao fato de que os distúrbios naturais são comuns nas florestas maduras e afetam os estoques de carbono na biomassa e na matéria orgânica do solo (Houghton et al., 1983). Assumiu-se que o fluxo de carbono em florestas maduras existia em um estado estável, em um equilíbrio entre a absorção de carbono pela fotossíntese e a sua emissão pela respiração.
>
> Lugo e Brown (1992) colocaram essa suposição do estado estável em cheque. Eles propuseram que tanto as florestas regenerantes quanto as florestas maduras funcionavam como sumidouros de carbono e estimaram que, em 1980, entre 1,5 Pg e 3,2 Pg de carbono foram sequestradas – removidas da atmosfera – nas áreas tropicais de todo o globo terrestre. O carbono sequestrado foi aproximadamente igual ao liberado como resultado de desmatamentos naquele ano. Diversos estudos com base em dados de inventários de florestas, bem como estudos do balanço de carbono na escala do ecossistema realizados com torres de fluxo, provaram que a suposição do estado estável para o fluxo de carbono em florestas maduras é errada (ver Boxe 4.1, p. 82). Nessas florestas, o carbono acumula-se na forma de resíduos lenhosos (0-1 Mg C ha^{-1} ano^{-1}), aumento da biomassa de árvores (1-2 Mg C ha^{-1} ano^{-1}) e carbono orgânico no solo (0,02-0,03 Mg C ha^{-1} ano^{-1}). As taxas de acumulação de carbono acima do solo são mais altas em plantações de crescimento rápido (15 Mg C ha^{-1} ano^{-1}) e em florestas secundárias com menos de 20 anos de idade (2-3,5 Mg C ha^{-1} ano^{-1}). Esses dados dão suporte à conclusão de que

muitas das florestas tropicais maduras do mundo ainda estão se recuperando de impactos humanos no passado e de distúrbios naturais.

Apesar do grande aumento na habilidade de contabilizar as fontes e os sumidouros de carbono resultantes de mudanças no uso do solo nas regiões tropicais, as estimativas são associadas a muitas fontes de erros (Houghton, 2010). Nosso conhecimento é limitado quando se fala de reservatórios de carbono, das taxas e padrões de perda de biomassa após diferentes tipos de mudança no uso do solo, e da quantificação do potencial de estocagem de carbono das florestas secundárias (Kauffman; Hughes; Heider, 2009). As incertezas com relação às taxas de correspondem a mais da metade das estimativas do fluxo global de carbono (Houghton; Goodale, 2004). Houghton (2010) estimou que o carbono estocado nos solos e na vegetação de florestas tropicais secundárias entre 1990 e 2005 era de 1,5 Pg por ano, enquanto Shevliakova et al. (2009) reportaram uma estimativa consideravelmente menor de 0,35-0,6 Pg de carbono por ano. As diferenças nessas estimativas aparentemente refletem diferenças nas taxas de desmatamento utilizadas e nas estimativas de perda de carbono de solos (Houghton, 2010).

Pan et al. (2011) separaram os sumidouros florestais globais em florestas intactas e secundárias com base na estimativa dos estoques de carbono cobrindo 95% das florestas do globo. Depois disso, eles estimaram os três maiores fluxos nos trópicos: absorção de carbono por florestas intactas, absorção de carbono por florestas secundárias regenerando após distúrbios antrópicos, e perdas de carbono como resultado de desmatamentos. O sequestro global de carbono proveniente da regeneração florestal foi estimado em 1,7 ± 0,5 Pg por ano de 2000 a 2007, de acordo com dados da Organização das Nações Unidas para a Alimentação e a Agricultura (FAO). Emissões provenientes de mudanças no uso do solo nas regiões tropicais diminuíram entre 1990 e 2000-2007 como resultado das decrescentes taxas de desmatamento e da crescente regeneração florestal. Mais da metade das perdas de carbono provenientes de desmatamentos foi compensada pela absorção de carbono durante o crescimento das florestas regenerantes em áreas agrícolas abandonadas, em áreas que sofreram exploração de madeira ou em áreas desmatadas. Na escala global, o sequestro de carbono resultante do crescimento das florestas tropicais secundárias foi estimado em 43% do sequestro total, mas correspondeu a apenas 14% quando se considerou a área florestal total de 2000 a 2007.

O sequestro estimado de carbono pelas florestas regenerantes variou consideravelmente nas regiões tropicais. Desde 1990, o maior aumento estimado nos estoques de carbono ocorreu nas Américas (Pan et al., 2011). É necessário ter cuidado nesse caso, pois as estimativas de emissões totais de carbono de áreas desmatadas na América do Sul de 2000 a 2007 feitas por Pan et al. (2011) são aproximadamente o dobro das estimativas de Eva et al. (2012), que utilizaram imagens de satélite em vez de estatísticas nacionais da FAO. Por meio do reflorestamento e da proteção das florestas regenerantes existentes, o sequestro global de carbono pelas florestas tropicais em regeneração pode ser expandido (Brown et al., 1993;

Chazdon, 2008a). Esse é o objetivo do Programa Colaborativo das Nações Unidas sobre Redução de Emissões por Desmatamento e Degradação Florestal em Países em Desenvolvimento, ou REDD+, que será discutido mais adiante, nos Caps. 14 e 15 (Gibbs et al., 2007).

Apesar do alto grau de incerteza existente em estimar os sumidouros de carbono e as taxas de desmatamento (Ramankutty et al., 2007), não há discordância quanto ao fato de as florestas em regeneração nos trópicos serem os principais sumidouros de carbono (Yang; Richardson; Jain, 2010). Entretanto, essa tendência não deve continuar. A vegetação em regeneração nos trópicos está sendo novamente desmatada a altas taxas (Chazdon et al., 2009b) e múltiplos ciclos de desmatamento e queima podem comprometer a regeneração dessas florestas (ver Boxe 7.1, p. 151, e Boxe 9.2, p. 207). As mudanças climáticas também podem afetar negativamente a acumulação de biomassa na vegetação em regeneração. Esses fatores podem reduzir a estocagem futura de carbono pelas florestas em regeneração nos trópicos. Grandes incentivos são necessários para promover a regeneração florestal e para fortalecer o sequestro de carbono por parte das florestas intactas e daquelas em regeneração (ver Boxe 14.2, p. 359).

Após a floresta ser cortada e queimada, os reservatórios de carbono e nutrientes acima do solo são mais empobrecidos que aqueles que estão abaixo. Florestas com grandes quantidades de carbono estocado abaixo do solo perdem uma quantidade total desse elemento proporcionalmente menor após serem desmatadas, pelo menos considerando o solo superficial até 1 m. Quando as florestas tropicais são convertidas em pastagem, os reservatórios de nitrogênio total no ecossistema decrescem mais que os de carbono (Kauffman; Cummings; Ward, 1998; Jaramillo; Ahedo-Hernandez; Kauffman, 2003). Nas florestas úmidas da Amazônia brasileira, a queima dos resíduos vegetais após o corte de florestas maduras consumiu de 29% a 57% da biomassa total acima do solo, enquanto, nas florestas secas do México, essa prática resultou no consumo de porcentagens ainda mais altas (62%-80%) da biomassa acima do solo existente originalmente (Kauffman; Hughes; Heider, 2009). Na região tropical úmida de Los Tuxtlas, no México, a conversão de florestas em pastagens ou milharais levou à perda de 95% do reservatório de carbono acima do solo, 91% do reservatório de nitrogênio acima do solo e 83% do reservatório de fósforo acima do solo (Fig. 11.3; Hughes; Kauffman; Jaramillo, 2000). Aproximadamente metade dos reservatórios abaixo e acima do solo combinados foi perdida como resultado de desmatamento e manejo da terra. Em contraste aos reservatórios acima do solo, os de carbono e nitrogênio não foram fortemente afetados pela conversão de floresta para agricultura na região de Los Tuxtlas.

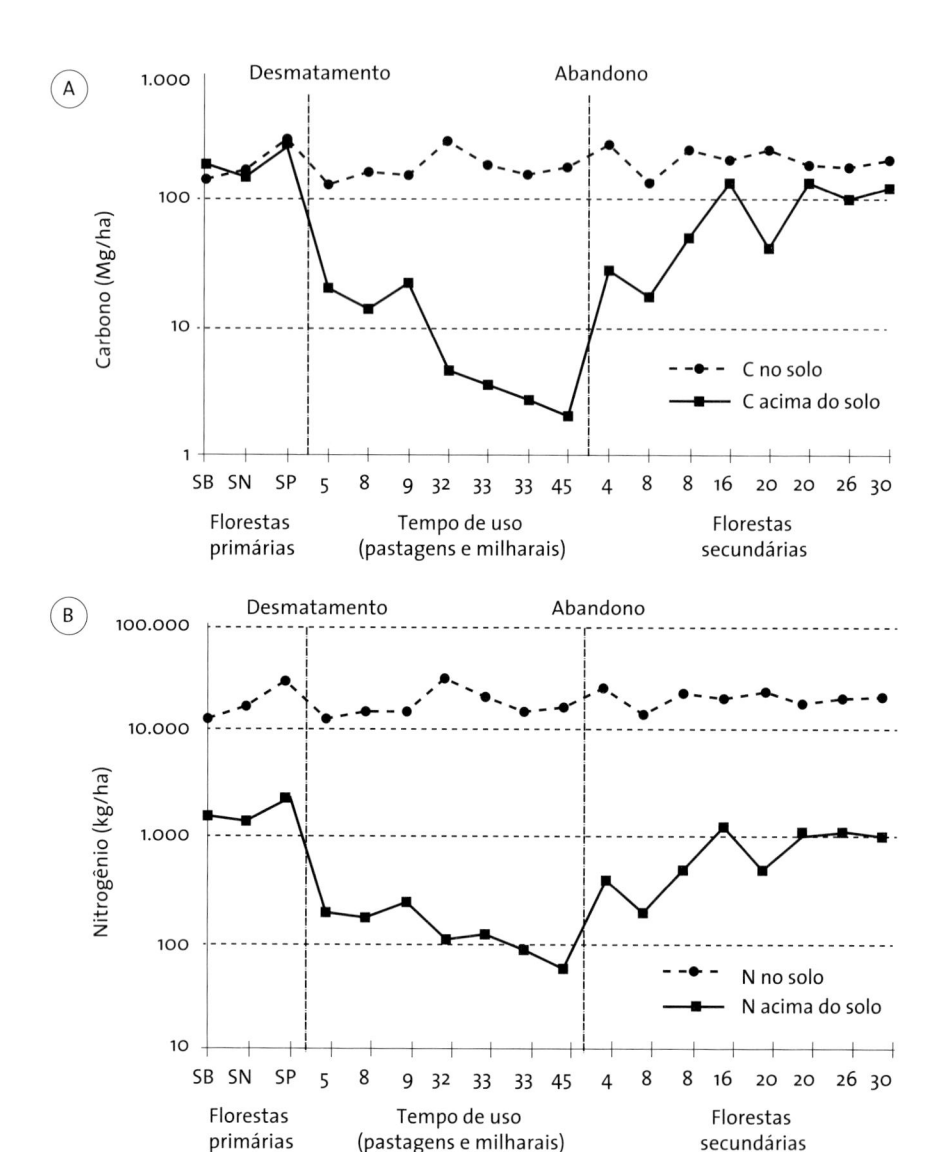

Fig. 11.3 *Dinâmica do carbono (A) e do nitrogênio (B) nos reservatórios da biomassa acima do solo e nos reservatórios do solo mineral em florestas maduras intactas, pastos, milharais e florestas em regeneração na região de Los Tuxtlas, em Veracruz, no México. Os valores são apresentados em escala logarítmica. Os valores do eixo x representam o número de anos pelos quais a área foi utilizada ou o número de anos após o abandono. SB, SN e SP são três áreas diferentes de florestas maduras*

Fonte: Hughes, Kauffman e Jaramillo (1999, Fig. 3). Os dados de florestas maduras, pastagens e milharais foram obtidos de Hughes, Kauffman e Jaramillo (2000), ao passo que os dados de florestas em regeneração foram obtidos de Hughes, Kauffman e Jaramillo (1999).

O destino do carbono e dos nutrientes no solo depois de desmatamentos varia enormemente dependendo do tipo e da intensidade de uso do solo, assim como de sua textura e conteúdo de argila. De acordo com uma metanálise global de 385 estudos, em média, a conversão de florestas tropicais maduras em áreas cultivadas resulta em uma perda de 25% do carbono orgânico do solo, duas vezes mais do que aquela resultante da conversão em pastagem (Fig. 11.4; Don; Schumacher; Freibauer, 2011). Essas perdas são subestimadas, uma vez que não levam em conta a perda de carbono do solo entre 1 m e 3 m de profundidade nos solos profundamente intemperizados após a conversão em pastagem (Veldkamp et al., 2003).

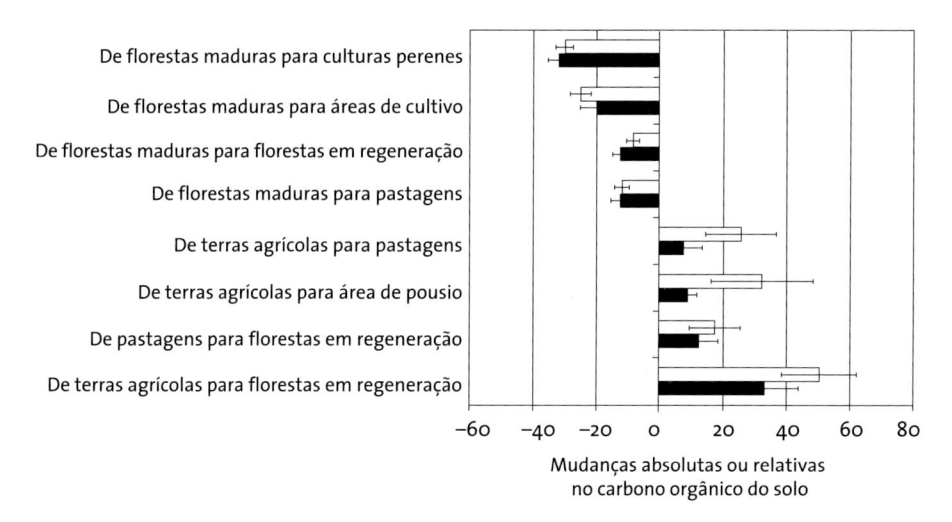

Fig. 11.4 *Médias de mudança absoluta (barras pretas) e relativa (barras brancas) nos estoques de carbono orgânico no solo durante três tipos distintos de mudança no uso do solo. Barras de erro são desvios padrão. Mudanças absolutas foram medidas em megagramas por hectare, enquanto as relativas foram medidas em porcentagem. Os dados são baseados em 385 estudos sobre a influência da mudança no uso do solo sobre o carbono orgânico (0-30 cm de profundidade) em 39 países tropicais*
Fonte: Don, Schumacher e Freibauer (2011, Tab. 1).

Geralmente, os pastos não são lavrados ou cultivados, e uma pequena quantidade de carbono é perdida no primeiro metro de solo (McGrath et al., 2001). A conversão de floresta em pastagens ativas no nordeste da Costa Rica não levou a perdas significativas de carbono do solo (Reiners et al., 1994; Powers, 2004; Powers; Veldkamp, 2005). Em alguns casos, o carbono do solo aumenta após a conversão de floresta em pastagem, uma vez que as gramíneas mantêm a cobertura, reduzem as temperaturas do solo e adicionam a ele matéria orgânica (Brown; Lugo, 1990; Neill et al., 1997; Guo; Gifford, 2002). Quando os pastos são estabelecidos diretamente após os desmatamentos, os solos das pastagens tendem a acumular carbono (Neill et al., 1997). O estoque superficial de carbono na floresta antes da conversão em pastagem é o preditor mais poderoso das alterações nos estoques de carbono no solo após a conversão (Neill; Davidson, 2000). O conteúdo de argila nos solos também é um fator importante afetando a acumulação de carbono e nitrogênio nos solos de pastagens (Hughes; Kaufman; Cummings, 2002; López-Ulloa; Veldkamp; De Koning, 2005; Paul; Veldkamp; Flessa, 2008). Os reservatórios de carbono do ecossistema em pastos originados da conversão de florestas perenifólias variaram de 96 Mg a 178 Mg por hectare (Hughes; Kauffman; Cummings, 2000, 2002). Em regiões de florestas tropicais secas, os reservatórios de carbono do ecossistema dos pastos alcançaram 77% dos níveis encontrados em florestas maduras (Jaramillo; Ahedo-Hernandez; Kauffman, 2003).

Em contraste aos pastos, o cultivo de solos com culturas anuais ou perenes, como agricultura itinerante, causa redução significativa de carbono e nutrientes do solo (Guo; Gifford, 2002; Don; Schumacher; Freibauer, 2011). Após o corte e a queima, as taxas de mineralização de nitrogênio aumentam um pouco (Matson et al., 1987). A exposição da camada superficial do solo eleva a temperatura do solo e as taxas de decomposição microbiana e mineralização de nitrogênio e fósforo. A incineração da matéria orgânica produz carbonatos que aumentam o pH. A erosão também causa perdas de nutrientes em solos expostos. A redução de estoques de carbono e nitrogênio nos solos sujeitos à agricultura itinerante persiste por muitos anos em florestas secundárias regenerando sobre terras antes cultivadas (McGrath et al., 2001). Na Amazônia Central, os efeitos do uso da terra e da queima frequente das pastagens foram detectáveis durante mais de duas décadas após o abandono, por meio das concentrações de nutrientes foliares das espécies que dominaram a vegetação (Gomes; Luizão, 2012). A perda de nutrientes e carbono dos solos após o desmatamento pode ser exacerbada por anos de uso extensivo da terra, particularmente em solos arenosos. Essas perdas podem ser mitigadas por meio de práticas de manejo que protejam a camada superficial do solo, previnam a erosão e reduzam o revolvimento do solo.

11.2 Acumulação de carbono e nutrientes durante a regeneração florestal

A regeneração florestal reverte as perdas de carbono e nutrientes dos solos ao longo do tempo, à medida que a biomassa acima do solo e os estoques de nutrientes se acumulam e repõem os estoques do solo. O desenvolvimento inicial da área foliar e a rápida ciclagem do tecido foliar nos talhões em regeneração são fatores-chave para a recuperação da qualidade do solo. Em longo prazo, a acumulação de biomassa e nutrientes na vegetação florestal leva à recuperação e à retenção de carbono e nutrientes no solo e no ecossistema florestal como um todo.

11.2.1 Biomassa foliar, índice de área foliar e produção de serapilheira foliar

O acúmulo de carbono e o acúmulo de nutrientes são fortemente relacionados durante a regeneração florestal. Os nutrientes são requeridos para a produção dos tecidos vegetais, e a produção vegetal é requerida para a ciclagem de nutrientes e a deposição da matéria orgânica nos solos. A concentração de nitrogênio nas folhas é de cinco a oito vezes maior do que na madeira. Durante os períodos de pousio, a maior fonte de nutrientes nos solos superficiais é a decomposição da serapilheira de folhas. Nas florestas estacionais decíduas secas das terras baixas do leste da Guatemala, a produção de serapilheira em áreas de pousio de agricultura itinerante aumentou com a idade da vegetação até um máximo de 10 Mg por hectare por ano em um talhão de 14 anos (Ewel, 1976). Esse nível foi similar ao da produção de serapilheira de florestas maduras na região. Em contraste, a produção total de serapilheira foliar não variou com a idade da floresta nas florestas da costa atlântica em Ilha Grande, no Brasil. Florestas em regeneração com 5 e 25 anos de idade produziram 9,9 Mg e 8,7 Mg de serapilheira por hectare por ano, respectivamente, que foram quantidades semelhantes às produzidas por florestas maduras (10 Mg ha^{-1} ano^{-1}), apesar de existir um forte gradiente sucessional de área basal (Oliveira, 2008).

A produção de folhas ricas em nutrientes e a sua subsequente decomposição na serapilheira aumentam os estoques de biomassa acima do solo e repõem os nutrientes perdidos da camada superficial do solo. À medida que áreas de pousio jovens e pastos regeneram, a fração da biomassa alocada nas folhas e raízes finas é alta inicialmente e, depois, declina conforme as estruturas lenhosas se desenvolvem (Ewel, 1971; Brown; Lugo, 1990). Em áreas de pousio em Sarawak, na Malásia, as folhas corresponderam a 3,4%-4,5% da biomassa total acima do solo durante a primeira década; essa porcentagem diminuiu para 2,6% em florestas em regeneração de 17 anos de idade (Kenzo et al., 2010).

O índice de área foliar (IAF) – a área foliar total dividida por área de solo – cresce rapidamente durante os estágios iniciais da sucessão, reduzindo significativamente a disponibilidade de luz ao nível do solo (Kalacska et al., 2004). Nas áreas de pousio estudadas por Kenzo et al. (2010) na Malásia, um IAF de 5 foi alcançado aos 17 anos. Em contraste, antigas áreas de pastagem na Amazônia Central atingiram um IAF de apenas 3,2 depois de 12-14 anos de regeneração. A recuperação do IAF é mais lenta após uso intensivo da pastagem do que após agricultura itinerante (Feldpausch et al., 2005). Os perfis verticais de IAF obtidos por escaneamento do tipo LiDAR (da expressão inglesa *light detection and ranging*) do sensor a *laser* de imagem de vegetação da Estação Ecológica La Selva, no nordeste da Costa Rica, mostraram que o IAF médio aumentou de 2,3, em florestas em regeneração mais jovens (6-17 anos), para 5,2, em talhões mais antigos (18-34 anos), alcançando os níveis mais altos, 5,6, em florestas maduras (Tang et al., 2012).

11.2.2 Acumulação de biomassa e estoque de carbono acima do solo

Durante a fase inicial de crescimento, a biomassa total acima do solo acumula-se linearmente com o tempo desde o abandono da área (Szott; Palm; Buresh, 1999). A biomassa aumentou linearmente ao longo de 40 anos durante a regeneração de uma área de pousio situada na parte alta do Rio Negro, na bacia amazônica (ver Boxe 11.1, p. 246; Saldarriaga et al., 1988). Nesse ponto, a biomassa acima do solo alcançou 50% do valor encontrado em florestas maduras. Após 40 anos, as árvores dominantes no dossel entraram em senescência e começaram a morrer e novas árvores de dossel foram recrutadas, fazendo com que a biomassa florestal alcançasse um platô. Com base nesses dados, Saldarriaga et al. (1988) estimaram que os valores da biomassa acima do solo encontrados em florestas maduras seriam alcançados após 190 anos de sucessão naquela paisagem de agricultura itinerante.

Com o crescimento dos troncos em altura e diâmetro, a área basal aumenta e os tecidos lenhosos tornam-se o componente dominante da biomassa florestal (Brown; Lugo, 1990). Pelo fato de uma grande proporção da biomassa total ter sido, então, investida em tecidos não produtivos, a taxa de ganho de biomassa diminui. A variação na alocação de biomassa em folhas e a variação no IAF foram fatores-chave que afetaram a acumulação de biomassa em áreas de pousio na Malásia (Kenzo et al., 2010). A fase linear de acumulação de biomassa parece ser mais longa durante a sucessão sobre solos mais pobres em nutrientes, uma vez que os nutrientes podem limitar a produção de tecidos vegetais. O IAF cresceu mais lentamente em antigas pastagens do que em áreas de pousio de agricultura itinerante na Amazônia Central, o que diminuiu a taxa de acumulação de biomassa acima do solo (Feldpausch et al., 2005).

Após a fase de crescimento inicial, o aumento em biomassa desacelera e pode diminuir com a morte de indivíduos de árvores pioneiras (Chazdon et al.,

2007). A taxa de crescimento da biomassa eventualmente atinge um platô, ponto no qual a mortalidade de árvores pioneiras é balanceada pelo recrutamento de novas árvores. Esses processos estendem o período de tempo requerido para alcançar os estoques de carbono e nutrientes de talhões de florestas maduras, pois a acumulação de biomassa reflete as mudanças na distribuição de tamanho e na área basal das árvores. A biomassa total de árvores em pé e os estoques de carbono são altamente sensíveis à presença de árvores muito grandes (Brown et al., 1995). Em uma floresta antiga no nordeste da Costa Rica, as árvores com diâmetro à altura do peito (DAP) maior ou igual a 10 cm corresponderam a menos de 2% dos fustes amostrados, mas foram responsáveis por mais de 25% da biomassa acima do solo (Clark; Clark, 1996).

Um componente substancial da biomassa total durante os estágios iniciais de regeneração florestal após agricultura itinerante existe na forma de biomassa residual resultante de queima incompleta da floresta e manutenção de árvores selecionadas (remanescentes) (Fearnside; Barbosa; De Alencastro Graça, 2007). A quantidade de madeira residual após a conversão de florestas para outros tipos de uso do solo afeta fortemente os estoques de carbono em pastagens e campos cultivados. Na região de Los Tuxtlas, no México, a biomassa total acumulada acima do solo variou de 7 Mg a 48 Mg por hectare em pastos e de 5 Mg a 42 Mg por hectare em milharais. No Pará e em Rondônia, no Brasil, de 48% a 64% da biomassa acima do solo em florestas em regeneração correspondia à biomassa residual da floresta original (Hughes; Kauffman; Jaramillo, 2000). Nos pastos amazônicos com menos de 20 anos de idade, a madeira residual compreendeu de 47% a 87% da biomassa total acima do solo (Kauffman; Cummings; Ward, 1998). Em áreas de pousio de 9 e 11 anos, na cronossequência do Rio Negro, a biomassa residual da floresta anterior ao desmatamento correspondeu a 42% e 30% da biomassa total acima do solo, respectivamente (Saldarriaga et al., 1988).

Os estoques de carbono na vegetação são estimados diretamente com base na biomassa acima do solo existente no talhão, que, por sua vez, é estimada com base em equações alométricas que relacionam a biomassa arbórea ao diâmetro e à altura da árvore e à gravidade específica da madeira (Alves et al., 1997; Chave et al., 2005; Nogueira; Fearnside; Nelson, 2008). A maior parte das estimativas do estoque de carbono assume que 50% do carbono corresponde à biomassa, mas estudos recentes indicam que o conteúdo de carbono da madeira, que é o maior componente da biomassa, varia significativamente entre as espécies, com uma margem de 42% a 52% (Elias; Potvin, 2003; Martin; Thomas, 2011). As concentrações de carbono nos diferentes componentes da biomassa acima do solo nas florestas em regeneração da região de Los Tuxtlas, no México, variaram de 41% a 48% (Tab. 11.1; Hughes; Kauffman; Jaramillo, 1999).

TAB. 11.1 Concentrações de nitrogênio (N), carbono (C), enxofre (S) e fósforo (P) em componentes da biomassa acima do solo em florestas em regeneração da região de Los Tuxtlas, no México

Componente da vegetação/solo	C (%)	N (%)	S (%)	P (%)
Serapilheira	45 ± 0,6	1,5 ± 0,06	0,18 ± 0,02	0,09 ± 0,01
Indivíduos regenerantes	43 ± 0,4	1,5 ± 0,09	0,20 ± 0,01	0,14 ± 0,01
Gramíneas	41 ± 1,8	1,0 ± 0,11	0,26 ± 0,06	n/a
Palmeiras	47 ± 0,3	0,7 ± 0,13	0,11 ± 0,02	0,10 ± 0,02
Folhas de árvores < 10 cm de DAP	45 ± 0,5	2,6 ± 0,11	0,31 ± 0,01	0,19 ± 0,01
Folhas de árvores > 10 cm de DAP	47 ± 0,4	2,5 ± 0,14	0,27 ± 0,03	0,20 ± 0,03
Madeira de árvores > 10 cm de DAP	48 ± 0,2	0,3 ± 0,02	0,04 ± 0,01	0,04 ± 0,01
Madeira de árvores < 10 cm de DAP	47 ± 0,2	0,5 ± 0,05	0,06 ± 0,01	0,10 ± 0,01

Fonte: Hughes, Kauffman e Jaramillo (1999, Tab. 5).

A estimação de biomassa é uma ciência imprecisa, pois dados robustos sobre relações alométricas estão disponíveis apenas para poucas áreas naturais e tipos de vegetação (Chave et al., 2005; Van Breugel et al., 2011). A estimativa de biomassa de florestas secundárias em Rondônia, no Brasil (Alves et al., 1997), e no nordeste da Costa Rica (Letcher; Chazdon, 2009b) variou substancialmente quando equações alométricas diferentes foram utilizadas. Outra fonte de erro na estimativa de biomassa é o fato de os dados de gravidade específica da madeira frequentemente serem baseados em bancos de dados globais ou informações provenientes de outras espécies do mesmo gênero coletadas em outras regiões, sem levar em conta a variação para a mesma espécie em diferentes regiões ou estágios sucessionais (Williamson; Wiemann, 2010). Estimativas das taxas de acumulação de biomassa e carbono durante a regeneração florestal deveriam ser escrutinizadas com cuidado, pois muitas fontes de erro podem levar a estimativas inexatas (ver Boxe 11.2, p. 249; Kauffman; Hughes; Heider, 2009).

O clima, a textura do solo e a sua mineralogia, além da duração e do tipo de uso do solo, influenciam as taxas de acumulação de carbono e biomassa durante a regeneração de florestas tropicais (Uhl; Buschbacher; Serrão, 1988; Moran et al., 2000; Zarin et al., 2001). Durante os primeiros dez anos do crescimento vegetal de uma área de pousio, a biomassa acima do solo acumula-se a taxas mais rápidas nos trópicos úmidos (4-15 Mg ha^{-1} ano^{-1}) do que em áreas estacionais secas também nos trópicos (1-8 Mg ha^{-1} ano^{-1}; Szott; Palm; Buresh, 1999). Dentro de 12-14 anos, a biomassa das florestas em regeneração sobre áreas ocupadas anteriormente por pastagens na Amazônia Central alcançou 25%-50% dos níveis de florestas maduras (Feldpausch et al., 2004), enquanto a biomassa de florestas de 18 anos de idade crescendo após uso moderado do solo em Rondônia, na Amazônia Ocidental, chegou a 40%-60% dos níveis de florestas maduras (Alves et al., 1997). As florestas em regeneração acumulam carbono mais rapidamente quando crescem em solos não arenosos do que quando crescem em solos arenosos e em áreas com uma estação seca mais curta (Zarin et al., 2005).

A biomassa acima do solo aumenta rapidamente durante a sucessão em florestas estacionais secas e pode alcançar valores de florestas maduras dentro de 50 a 80 anos (Becknell; Kissing Kucek; Powers, 2012). As taxas de acumulação de biomassa durante a sucessão são fortemente influenciadas pela precipitação anual média. Em uma comparação da acumulação de biomassa feita entre 178 florestas tropicais secas em regeneração, Becknell, Kissing Kucek e Powers (2012) encontraram que a acumulação de biomassa após 40 anos alcançou de 50 Mg a 100 Mg, de 100 Mg a 150 Mg e mais de 200 Mg por hectare nas florestas secas, intermediárias e úmidas, respectivamente (Fig. 11.5).

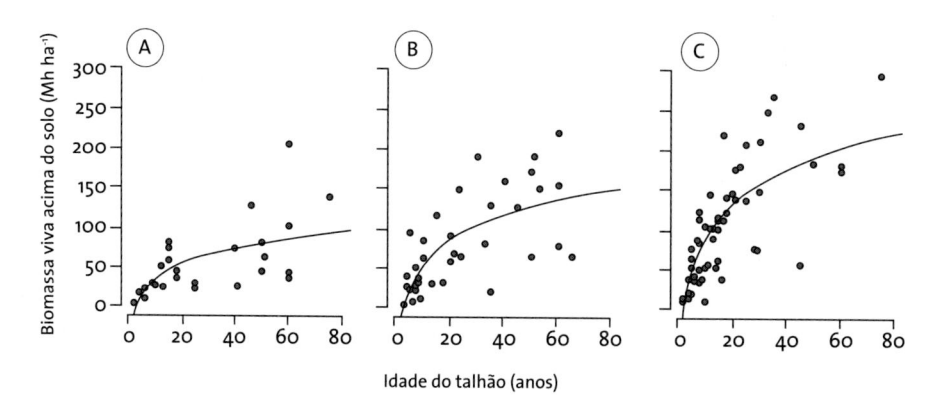

Fig. 11.5 *A taxa de acumulação de biomassa acima do solo aumenta com a precipitação anual nas florestas tropicais secas. A figura mostra a biomassa acima do solo em função da idade da floresta (após transformação logarítmica) para áreas com precipitação anual média entre (A) 500 mm e 1.000 mm, (B) 1.000 mm e 1.500 mm e (C) 1.500 mm e 2.000 mm*
Fonte: Becknell, Kissing Kucek e Powers (2012, Fig. 4).

Durante os primeiros 20 anos de sucessão, as taxas de acumulação de carbono acima do solo e de biomassa acima do solo são geralmente mais altas nas florestas tropicais mais úmidas do que nas mais secas, bem como mais altas quando o uso anterior da terra era cultivo agrícola em vez de pastagem. Áreas desmatadas que não foram cultivadas mostraram taxas mais altas de acumulação de carbono do que áreas utilizadas para agricultura (Fearnside; Guimarães, 1996; Silver; Ostertag; Lugo, 2000; Marín-Spiotta et al., 2008). Zarin et al. (2005) não encontraram diferenças sistemáticas na acumulação de carbono entre áreas anteriormente usadas como pastagens e áreas na bacia amazônica utilizadas para agricultura itinerante que tinham um longo histórico de queimadas. As taxas de acumulação de biomassa durante a regeneração florestal ao longo da bacia amazônica foram fortemente afetadas pelo número de incêndios sofridos, o que frequentemente serve como um indicador do número de ciclos de cultivo diferentes pelos quais a área passou na agricultura itinerante. Na região úmida de Los Tuxtlas, no México, as taxas de acumulação média anual de biomassa acima do solo nas florestas em regeneração foram inversamente relacionadas à duração do uso da terra em cada área (Hughes; Kauffman; Jaramillo, 1999). As baixas taxas de acumulação de biomassa foram causadas por uma reduzida disponibilidade de nutrientes após uso intensivo do solo.

As estimativas do tempo necessário para que o estoque de carbono e a biomassa acima do solo de florestas maduras sejam alcançados por florestas em regeneração variam amplamente entre regiões geográficas e tipos de floresta (Tab. 11.2). Essas estimativas são baseadas primariamente em dados de florestas em regeneração relativamente jovens. Com base em dados de LiDAR, a estimativa do estoque de carbono acima do solo em florestas de 80 a 130 anos na ilha Barro Colorado, no Panamá, chegou a 85% dos valores encontrados nas florestas maduras (Mascaro et al., 2011). Vários estudos de cronossequência em florestas úmidas do Panamá, da Costa Rica e de Porto Rico encontraram valores mais altos de biomassa acima do solo em florestas em regeneração do que em florestas maduras (Denslow; Guzman, 2000; Marín-Spiotta; Ostertag; Silver, 2007; Letcher; Chazdon, 2009b). Pelo menos quatro fatores podem explicar esses altos valores de biomassa durante a sucessão. As florestas em regeneração possuem menos clareiras do que as florestas maduras (Montgomery; Chazdon, 2001) e têm densidade mais alta de árvores dicotiledôneas ricas em biomassa e densidade mais baixa de palmeiras de dossel e subdossel que dispõem de biomassa menos densa (Marín-Spiotta; Ostertag; Silver, 2007). Esses valores aparentemente altos de biomassa arbórea durante a sucessão também podem ser um artefato de parcelas de tamanho pequeno, que geralmente superestimam a biomassa acima do solo (Clark; Clark, 2000). Por último, a biomassa de florestas em regeneração é frequentemente superestimada quando se usam equações baseadas na alometria de florestas maduras (Van Breugel et al., 2011).

TAB. 11.2 Estimativa do tempo necessário para que florestas em regeneração alcancem os níveis de biomassa acima do solo encontrados em florestas maduras em diferentes regiões e tipos de floresta

Região	Tempo (anos)	Referência
Rio Negro, Venezuela	144-189	Saldarriaga et al. (1988)
Amazônia, Brasil	100	Fearnside e Guimarães (1996)
Los Tuxtlas, México	73	Hughes, Kauffman e Jaramillo (1999)
Yucatán, México	55-95	Read e Lawrence (2003)
Amazônia Central	175	Gehring, Denich e Vlek (2005)
Yucatán, México	80	Vargas, Allen e Allen (2008)

Nota: as estimativas são baseadas em extrapolações modeladas com base em padrões observados em cronossequências.

11.2.3 Reservatórios de nutrientes acima do solo

Nos trópicos úmidos, as plantas lenhosas são essenciais para a restauração da fertilidade da vegetação regenerante por causa de suas raízes profundas e de vida longa (Ewel, 1986). A absorção pelas raízes traz novamente para a superfície os nutrientes lixiviados para as camadas profundas do solo através dos tecidos das plantas. A rápida absorção dos nutrientes disponíveis pode reduzir substancialmente os estoques de nutrientes nos solos superficiais (0-15 cm). Em florestas jovens regenerando sobre antigas pastagens na Amazônia Oriental, as concentrações de nutrientes nos solos foram pouco relacionadas à regeneração da vegetação, mas foram associadas à intensidade do uso anterior. Após oito anos em regeneração, os estoques totais de nutrientes no ecossistema foram maiores em áreas em que as pastagens foram abandonadas pouco depois de formadas e menores em áreas compactadas por retroescavadeiras (Buschbacher et al., 1988). Os reservatórios de nutrientes acima do solo foram rapidamente restaurados durante os primeiros 14 anos de regeneração a partir de pastagens na Amazônia Central, com a maior parte dos nutrientes estocada nos tecidos vegetais. Em geral, os estoques totais de nutrientes do ecossistema cresceram durante a sucessão, com exceção do fósforo (Feldpausch et al., 2004).

Em áreas de regeneração sobre pastos em Los Tuxtlas, no México, os reservatórios de nutrientes acima do solo também aumentaram com a idade da floresta (Hughes; Kauffman; Jaramillo, 1999). Os reservatórios de nitrogênio do solo aumentaram com a idade desde o abandono, enquanto o fósforo extraível nos solos de até

45 cm de profundidade diminuiu dramaticamente após seis anos, como também foi observado na Amazônia Central (Feldpausch et al., 2004). Os reservatórios de nitrogênio do solo até 1 m de profundidade permaneceram relativamente estáveis ao longo da cronossequência mexicana e não diferiram significativamente entre áreas previamente ocupadas por pastagens ou por cultivos agrícolas ou com o tempo de uso (Hughes; Kauffman; Jaramillo, 1999). Esses resultados devem refletir a capacidade dos solos vulcânicos jovens dessa região (andossolos) de sequestrar grandes quantidades de matéria orgânica. As concentrações de fósforo em solos minerais foram aproximadamente dez vezes mais altas em florestas em regeneração na região de Los Tuxtlas do que nos solos do sudoeste da Amazônia (Kauffman et al., 1995).

11.2.4 Estoques de carbono e reservatórios de nutrientes nos solos

Os solos fornecem os nutrientes para a regeneração da floresta após desmatamentos. A matéria orgânica do solo estabiliza os agregados de partículas, eleva a capacidade de retenção de água do solo, fornece uma fonte de energia para decompositores microbianos e aumenta a fertilidade do solo (Brown; Lugo, 1990; Guariguata; Ostertag, 2001). Durante a regeneração florestal, os estoques de carbono da camada superficial do solo recuperam-se mais rapidamente do que os estoques acima do solo porque a biomassa abaixo do solo geralmente não é eliminada por completo (Powers; Pérez-Aviles, 2012). Não se conhece virtualmente nada a respeito da dinâmica dos reservatórios de carbono abaixo de 1 m de profundidade no solo das florestas tropicais em regeneração.

O uso anterior do solo afeta fortemente as taxas de acumulação de carbono durante a regeneração florestal. Nos primeiros 20 anos de sucessão, os solos acumulam carbono nos primeiros 50 cm quase duas vezes mais rapidamente em pastos abandonados em comparação a outras culturas agrícolas (Silver; Ostertag; Lugo, 2000; Marín-Spiotta et al., 2008). Após a queima de florestas tropicais sazonalmente secas na península de Yucatán, no México, os estoques de carbono do solo alcançaram 90% dos valores encontrados em florestas maduras em um período de 18 anos, mas os estoques acima do solo demoraram 50 anos para atingir o mesmo nível. Os reservatórios de carbono no solo permaneceram altos após queimadas, uma vez que essas florestas não foram utilizadas para agricultura. Em florestas em regeneração de 5-29 anos, os estoques abaixo do solo foram significativamente mais altos do que os acima do solo (Vargas; Allen; Allen, 2008).

Tendências contraditórias em relação ao carbono no solo foram observadas durante a regeneração florestal em diferentes contextos, pois a profundidade do solo, o seu tipo, a sua mineralogia e o seu uso podem influenciar a estocagem de carbono orgânico no solo e a dinâmica de diferentes frações desse carbono (Paul; Veldkamp; Flessa, 2008; Neumann-Cosel et al., 2011). O carbono no solo não mostrou variação significativa com a idade das florestas em regeneração em diversos estudos (Marín-Spiotta et al., 2008; Schedlbauer; Kavanagh, 2008; Kauffman; Hughes; Heider, 2009; Neumann-Cosel et al., 2011; Marín-Spiotta; Sharma, 2012). Estudos realizados por Brown e Lugo (1990), Erickson, Keller e Davidson (2001), López-Ulloa, Veldkamp e De Koning (2005) e Rhodes, Eckert e Coleman (2000) mostraram níveis crescentes de carbono orgânico no solo durante a regeneração florestal. A idade das plantações de Acacia mangium e Eucalyptus urophylla e de florestas em regeneração no sul e no norte do Vietnã também afetou significativamente as propriedades do solo; o solo de áreas mais antigas apresentou menor densidade, pH mais baixo, concentração de carbono mais alta e níveis mais elevados de fósforo extraível (Sang et al., 2012). O tipo de solo, o uso anterior da área e a natureza da vegetação regenerante influenciam as mudanças no carbono do solo durante a regeneração florestal.

A acumulação de biomassa na vegetação durante a regeneração florestal fornece a adição de matéria orgânica ao solo, levando a aumentos coordenados de carbono e suprimento de nutrientes durante a sucessão. Os fatores que limitam a acumulação de biomassa acima do solo, portanto, também reduzirão a produção foliar e o suprimento de nutrientes nos solos. Os efeitos do clima e dos solos sobre os processos ecossistêmicos durante a regeneração florestal são muito mais compreendidos do que os efeitos da composição de espécies e dos atributos funcionais das espécies arbóreas dominantes.

11.3 Ciclagem de nutrientes e limitação nutricional

O crescimento de florestas jovens pode ser limitado pela disponibilidade de nutrientes em solos altamente intemperizados e oligotróficos ou em áreas onde as práticas de manejo (particularmente queimadas frequentes) tenham esgotado os estoques de nutrientes (Tanner et al., 1990; Gehring et al., 1999). Na Amazônia Oriental, Davidson et al. (2004) fertilizaram experimentalmente algumas parcelas em uma floresta jovem regenerando em áreas anteriormente utilizadas para pastagem de modo moderado a intenso. Após dois anos, as taxas de acumulação de biomassa arbórea quase dobraram nos tratamentos de fertilização com nitrogênio e com nitrogênio mais fósforo. Entretanto, o efeito da fertilização teve curta duração, e, cinco anos após a aplicação, as taxas médias de acumulação de biomassa lenhosa das parcelas não fertilizadas alcançaram as das parcelas fertilizadas. A adição de fósforo e nitrogênio favoreceu algumas poucas espécies responsivas em relação a espécies não responsivas e reduziu a diversidade de espécies em comparação às parcelas não fertilizadas (Siddique et al., 2010). A adição experimental de serapilheira foliar em florestas em regeneração no nordeste da Costa Rica também levou a um aumento em curto prazo na produção de serapilheira e nas entradas de nutrientes, mas não influenciou significativamente os incrementos de área basal das árvores (Wood et al., 2009).

Assim como na sucessão primária, em que o crescimento da floresta é inicialmente limitado pela disponibilidade de nitrogênio e depois se torna limitado pela disponibilidade de fósforo, as limitações de nutrientes devem mudar durante a sucessão secundária (Vitousek et al., 1993; Davidson et al., 2007). A fixação de nitrogênio pelas leguminosas durante os estágios iniciais de sucessão permite a recuperação rápida dos níveis de nitrogênio nas áreas de pousio de agricultura itinerante na Amazônia (Gehring; Denich; Vlek, 2005; Gehring; Muniz; Gomes de Souza, 2008). Um estudo em três cronossequências na Amazônia Oriental mostrou que florestas jovens em regeneração possuem um ciclo de nitrogênio conservativo, mas a disponibilidade de nitrogênio nos solos cresce durante a sucessão, levando a crescentes concentrações de nitrogênio foliar e a razões nitrogênio:fósforo mais elevadas na serapilheira foliar. Concentrações decrescentes de fósforo nas folhas com o aumento da idade da floresta, em contraste, sugerem que o fósforo se torna mais limitante em um momento posterior na sucessão (Feldpausch et al., 2004; Davidson et al., 2007).

Durante a sucessão florestal no sul da península de Yucatán, no México, a concentração de nitrogênio na serapilheira tende a elevar-se, enquanto a concentração de fósforo decresce com a idade da floresta (Read; Lawrence, 2003). A ciclagem de fósforo muda dramaticamente durante a regeneração florestal, levando a uma maior eficiência de uso do fósforo. As entradas de nitrogênio no ecossistema aumentam durante o crescimento da floresta. Os reservatórios de fósforo acima do solo permanecem constantes, enquanto a área foliar total e as taxas de produção de serapilheira se elevam, reduzindo, portanto, a concentração de fósforo na serapilheira (Lawrence; Foster, 2002). A fertilização experimental de florestas em regeneração em Yucatán utilizando nitrogênio e fósforo aumentou a riqueza e a sobrevivência de regenerantes (Ceccon; Huante; Campo, 2003). Além disso, a adição de nitrogênio e fósforo conduziu ao aumento da concentração de fósforo nas folhas das espécies arbóreas dominantes e também a entradas mais altas de nutrientes na serapilheira foliar de florestas em regeneração de 10 a 60 anos de idade no nordeste de Yucatán (Campo; Dirzo, 2003; Campo; Solís; Valencia, 2007).

Estudos experimentais em uma gama de florestas tropicais sugerem que múltiplos nutrientes podem influenciar a ciclagem de carbono durante a regeneração florestal, assim como em florestas maduras (Townsend et al., 2011). Foi demonstrado que o molibdênio limita a fixação de nitrogênio em florestas de terras baixas no Panamá (Barron et al., 2009) e que as plantas fixadoras de nitrogênio possuem maior capacidade de extrair fósforo do solo (Houlton et al., 2008). Limitações de nutrientes podem variar entre estações, espacialmente e temporalmente durante a regeneração florestal (Townsend et al., 2011). Mostrou-se que o crescimento de espécies de árvores em plantações difere em relação às taxas de absorção de nitrogênio e à capacidade de mobilizar nitrogênio do solo a partir da matéria orgânica (Russell; Raich, 2012). O conjunto complexo de interações que influenciam a ciclagem de carbono e nutrientes nas florestas em regeneração e nas florestas maduras nos trópicos está longe de ser completamente compreendido.

11.3.1 Atributos de raízes e colonização por micorrizas durante a regeneração florestal

Pelo menos 80% das árvores tropicais têm relações simbióticas com fungos micorrízicos (Bâ et al., 2012), o que permite atingir taxas mais altas de absorção de fósforo e nitrogênio em solos de baixa fertilidade. A associação micorrízica mais comum e mais antiga entre espécies vegetais tropicais e fungos é aquela entre raízes e fungos endomicorrízicos, cujas hifas penetram no córtex da raiz e formam estruturas arbusculares ou vesículas dentro do tecido radicular (Janos, 1980). As hifas de fungos ectomicorrízicos, em contraste, formam um invólucro ao redor de raízes finas, mas não penetram no tecido radicular. As associações ectomicorrízicas são comuns nas latitudes temperadas frias e nas boreais, mas também ocorrem entre árvores tropicais em um número de famílias e subfamílias botânicas importantes econômica e ecologicamente, incluindo as Caesalpinioideae (Fabaceae) e as Dipterocarpaceae. A proximidade em relação a uma árvore coespecífica adulta aumenta a sobrevivência de regenerantes em algumas, mas não todas, espécies ectomicorrízicas examinadas (Newbery; Alexander; Rother, 2000; Onguene; Kuyper, 2002; Bâ et al., 2012).

Poucos estudos examinaram a variação na abundância e na composição dos propágulos de micorrizas nos solos e as consequências das associações com micorrizas para o estabelecimento e o crescimento das árvores durante a regeneração natural. A conversão de florestas em pastagens ou cultivos agrícolas pode alterar a composição de comunidades de micróbios e fungos no solo, afetando potencialmente as taxas de colonização micorrízica no início da sucessão (Janos, 1980; Allen et al., 2003; Haug et al., 2010). Em uma cronossequência de florestas secas de 27 anos em Oaxaca, entretanto, o comprimento das hifas, a colonização por micorrizas arbusculares e a densidade de esporos não variaram com a idade da floresta (Guadarrama et al., 2008). Em uma floresta seca em Jalisco, no México, o desmatamento e a queima da floresta, seguidos por agricultura itinerante, não tiveram efeito significativo na abundância de esporos micorrízicos, na riqueza de espécies ou na colonização de raízes (Aguilar-Fernández et al., 2009). Diversos estudos utilizando solo inoculado proveniente de áreas em estágio sucessional inicial ou tardio examinaram os efeitos da inoculação sobre o crescimento de regenerantes. Huante et al. (2012) descobriram que o aumento no crescimento de regenerantes foi similar usando inóculos de pastagem ou de florestas maduras em uma região de florestas secas no México. Em outra floresta estacional seca em Yucatán, no México, Allen et al. (2003) constataram que os inóculos de estágios sucessionais iniciais foram mais benéficos para o crescimento das plantas do que os inóculos de estágios mais tardios.

Durante os estágios iniciais da regeneração florestal, a colonização de raízes pelas micorrizas arbusculares pode ser importante para suportar as altas taxas de crescimento das espécies pioneiras. Espécies arbóreas do início da sucessão têm taxas mais altas de colonização por micorrizas do que espécies finais da sucessão tanto em casas de vegetação como em estudos de campo realizados no sul do Brasil (Zangaro et al., 2003). As respostas à inoculação de micorrizas foram inversamente relacionadas ao peso da semente. Em três regiões diferentes do Brasil, os solos mostraram aumentos contínuos de fertilidade durante a sucessão, e a colonização por micorrizas diminuiu à medida que a sucessão avançou (Zangaro et al., 2012). A massa de raízes finas e o diâmetro das raízes aumentaram durante a sucessão, enquanto o comprimento específico das raízes, o comprimento dos pelos radiculares e a densidade de esporos diminuíram. Os altos custos de carbono para manter as associações micorrízicas devem ser uma das razões para a diminuição da colonização durante a sucessão, à medida que a luz se torna mais limitante e as espécies de crescimento lento passam a predominar.

A massa de raízes, o seu comprimento e a colonização de micorrizas foram mais altos em uma floresta madura em comparação a uma floresta de 40 anos em Xishuangbanna, no sudoeste da China, enquanto a densidade de esporos e o comprimento específico das raízes foram maiores nas florestas em regeneração. A porcentagem do comprimento das raízes colonizada pelas micorrizas foi negativamente correlacionada com o diâmetro de raízes grossas e finas (Muthukumar et al., 2003). Em uma cronossequência em florestas secas no nordeste da Costa Rica, a biomassa de raízes finas variou significativamente com a fertilidade do solo, mas não com a idade da floresta (Powers; Pérez-Aviles, 2012).

11.4 Hidrologia e balanço hídrico

A vegetação florestal nos trópicos funciona como um duto para o movimento da água dos solos para a atmosfera. A transpiração das florestas tem implicações importantes para o clima regional. De 25% a 56% da precipitação na bacia amazônica é proveniente da "reciclagem" da água evaporada dentro da bacia (Eltahir; Bras, 1996). A ciclagem de água dos solos florestais de volta para a atmosfera é interrompida após desmatamentos. Quando as florestas são derrubadas, as taxas de fluxo de água dos rios crescem significativamente e com frequência causam alagamentos e erosão. A remoção de mais do que 33% da cobertura florestal provoca aumentos significativos nas taxas anuais de fluxo dos rios durante os três anos seguintes (Bruijnzeel, 2004).

A regeneração das florestas pode restaurar rapidamente muitas funções hidrológicas. As taxas de evapotranspiração em uma floresta em regeneração de 2,5 anos no Pará, no leste da Amazônia, foram similares às de florestas maduras na mesma região (Hölscher et al., 1997). O balanço hídrico de uma floresta em regeneração de 3,5 anos em Bragantina, na Amazônia Oriental, não foi diferente do de uma floresta madura crescendo sob condições climáticas e edáficas similares (Sommer et al., 2003). As taxas de evapotranspiração de florestas de 15 a 18 anos no Pará, no Brasil, foram virtualmente idênticas às de florestas maduras próximas durante um período de estudo de quatro anos (Nepstad; Moutinho; Markewitz, 2001). Sistemas radiculares profundos de árvores de florestas em regeneração ou de florestas maduras captaram água de profundidades de pelo menos 8 m. Árvores resistentes à seca são mais abundantes em florestas maduras, levando a taxas mais altas de abscisão foliar em florestas em regeneração jovens durante a estação seca e também a uma maior inflamabilidade.

Nas florestas tropicais, a chuva não é interceptada e penetra diretamente até o solo em forma de precipitação interna, flui pelos galhos e troncos, ou é interceptada pelo dossel, pelo solo do dossel ou por emaranhados de epífitas. Em muitas florestas tropicais maduras, de 80% a 95% da precipitação incidente infiltra-se no solo. Desse total, aproximadamente 1.000 mm por ano são liberados para a atmosfera por meio da transpiração e o restante escoa para os rios (Bruijnzeel, 2004). Mesmo após 40 anos, florestas tropicais montanas em regeneração na Costa Rica apresentaram taxas de interceptação da precipitação mais baixas em comparação a florestas maduras (Köhler; Hölscher; Leuschner, 2006). O escoamento pelos troncos correspondeu a até 17% da precipitação incidente, em comparação a apenas 2% em florestas maduras (Hölscher et al., 2004). Essas diferenças foram determinadas principalmente pelas diferenças na densidade de fustes e na estrutura do dossel. Devido ao lento estabelecimento de epífitas vasculares e não vasculares, devem ser necessários mais de cem anos para que o peso e as funções hidrológicas do emaranhado de epífitas alcancem os valores de florestas maduras (Köhler et al., 2007).

A condutividade hidráulica do solo saturado (K_s) determina a taxa com que a água se movimenta através da matriz do solo em condições de saturação. Quando K_s é baixa, a percolação vertical de água é impedida durante eventos chuvosos de grande intensidade, levando a escoamento superficial. Vários estudos descobriram valores de K_s mais baixos em solos de pastagens em comparação a solos florestais em regiões tropicais (Hassler et al., 2011). A recuperação da K_s após o abandono da pastagem levou 15 anos na região das terras baixas da Amazônia (12,5 cm de profundidade; Zimmermann; Elsenbeer; De Moraes, 2006) e 12 anos na parte central do Panamá (0-6 cm de profundidade; Hassler et al., 2011).

11.5 Conclusão

Lugo e Brown (1992) descreveram as florestas tropicais em regeneração como tendo uma capacidade implacável de acumular carbono. À medida que regeneram, as florestas acumulam muito mais do que carbono. Quando as árvores crescem, elas acumulam nitrogênio, fósforo, cálcio e outros nutrientes nas folhas, troncos, galhos e raízes e os reciclam por meio da serapilheira e da matéria orgânica vegetal morta. As florestas são as maiores agentes de reciclagem. Elas enriquecem os solos com matéria orgânica, que eleva a fertilidade e sequestra carbono, bombeiam água dos solos para a atmosfera, aumentam em altura e complexidade estrutural, criando arranjos espaciais de micro-*habitat* para a diversificação de espécies de plantas e animais. Esses processos ecossistêmicos também ocorrem em florestas restauradas ativamente nos trópicos e são a base para a provisão de serviços ecossistêmicos valiosos para suporte e regulação em florestas em regeneração e restauradas (ver Boxe 14.2, p. 359), como o sequestro de carbono (ver Boxe 11.2, p. 249), a ciclagem de nutrientes e a regulação hidráulica.

Com base em estudos conduzidos nos trópicos, as taxas de acumulação de carbono e nutrientes durante a regeneração florestal aparentam ser mais fortemente influenciadas pelo clima e pelo tipo de solo do que pela composição de espécies (Marín-Spiotta; Sharma, 2012). As mudanças funcionais e estruturais que ocorrem durante a sucessão são amplamente similares entre as regiões e fortemente mediadas pelo clima e pelos solos. O efeito da variabilidade espacial na composição de espécies e na estrutura da floresta sobre a ciclagem de carbono e nutrientes durante a regeneração florestal é ainda menos estudado. A aplicação de métodos de sensoriamento remoto de alta resolução para detectar variações em pequena escala na estrutura e na composição da vegetação (LiDAR, imagens hiperespectrais, radar) fornece uma oportunidade sem precedentes para explorar o papel da composição de espécies e da estrutura das florestas na mediação das mudanças sucessionais em ecossistemas florestais tropicais (Asner et al., 2011; Gallardo-Cruz et al., 2012; Tang et al., 2012).

DIVERSIDADE ANIMAL E INTERAÇÕES PLANTA-ANIMAL NAS FLORESTAS EM REGENERAÇÃO

12

Para planejar políticas de conservação nos trópicos úmidos, é necessário ter muito mais conhecimento sobre a sucessão secundária e sobre as florestas em regeneração, mas nosso nível inadequado de conhecimento atual sugere que uma parte considerável da fauna e da flora florestais existentes deve sobreviver nas florestas secundárias e em outras comunidades serais do futuro, especialmente se alguns relictos de comunidades em estágio próximo ao clímax puderem ser preservados na paisagem para servirem de núcleos de recolonização. (Richards, 1971, p. 178).

Interações complexas entre espécies são a marca registrada da diversidade das florestas tropicais. A árvore chamada de manduvi (*Sterculia apetala*), do Pantanal, no Brasil, representa um ótimo exemplo de dois tipos de interações entre árvores e pássaros carismáticos (Pizo et al., 2008). Essas árvores altas do dossel de manchas de florestas semidecíduas e florestas de galeria fornecem 95% dos locais de nidificação da arara-azul-grande (*Anodorhynchus hyacinthinus*). Os frutos dessas árvores são comidos por 14 espécies de aves, mas apenas um desses frugívoros, o tucano-toco (*Ramphastos toco*), efetivamente dispersa as sementes para longe das árvores matrizes. Sementes não dispersas que caem abaixo da copa são consumidas por porcos-do-mato e pacas. Os tucanos-toco realizam 83% de toda a dispersão de sementes dessas árvores, aumentando a probabilidade de que as plântulas sejam bem distribuídas e encontrem sítios favoráveis para sobreviver e crescer até se tornarem adultas. As atividades de forrageio dos tucanos promovem diretamente o crescimento das manduvis necessárias para a arara-azul-grande. Porém, a história não termina aí. Os tucanos-toco também predam os ovos da arara-azul-grande, sendo responsáveis por 53% da predação total a cada ano. Os resultados da reprodução dessas três espécies estão intimamente entrelaçados.

As interações entre espécies de plantas, agentes de dispersão, polinizadores, herbívoros e patógenos dirigem o curso das trajetórias sucessionais. Na perspectiva das populações de animais, as mudanças na estrutura da vegetação e na composição de espécies durante a regeneração de florestas tropicais determinam a qualidade geral de *habitat* das florestas em regeneração. A visitação, colonização, alimentação e reprodução das espécies de animais dependem fortemente dos recursos fornecidos pelas espécies de planta, como comida, abrigo e locais para descanso, nidificação e reprodução. Como é sempre o caso quando se consideram interações entre espécies, a dependência caminha nos dois sentidos. A reprodução, colonização, estabelecimento e recrutamento das espécies vegetais também dependem fortemente dos animais que polinizam as flores, dispersam as sementes, predam as sementes e folhas, enterram as sementes e protegem as plantas dos herbívoros.

Relações mutualísticas chave promovem mudanças sucessionais relacionadas nas comunidades de plantas e animais, unindo os destinos desses dois grupos. Um conjunto de interações mutualísticas facilita a chegada de novos atores, que trazem consigo novos parceiros mutualistas para a comunidade. Essas dependências mútuas criam uma retroalimentação positiva tanto para a diversidade vegetal como animal nas florestas em regeneração, levando ao aumento da diversidade de espécies e da diversificação funcional. Por exemplo, a regeneração de florestas tropicais frequentemente segue um modelo de sucessão em núcleos, em que manchas de vegetação se desenvolvem no entorno de árvores remanescentes ou plantadas que atraem dispersores frugívoros (ver Boxe 7.2, p. 154). Árvores de espécies pioneiras que produzem pequenos frutos carnosos que são consumidos por um grande número de espécies frugívoras generalistas servem como ancoradouros interespecíficos e criam manchas de diversidade na chuva de sementes em áreas agrícolas abandonadas, gerando heterogeneidade espacial nas florestas em regeneração (Boxe 12.1; Franklin; Rey, 2007; Cole; Holl; Zahawi, 2010). A dispersão de sementes que ocorre abaixo de árvores pioneiras nos campos abandonados pode ser considerada uma forma de dispersão direta, uma vez que árvores pioneiras de frutos carnosos funcionam essencialmente como um tipo de "berçário" e aumentam a germinação de sementes e o estabelecimento de plântulas germinadas por meio das sementes que são depositadas sob suas copas (Carlo; Aukema; Morales, 2007). Mesmo que as árvores remanescentes sejam cortadas mais tarde, elas podem deixar no banco de sementes dos pastos uma herança da chuva de sementes enriquecida (Howe et al., 2010).

> **Boxe 12.1 Redes de interação e relações móveis**
> Interações mutualísticas entre múltiplas espécies podem ser visualizadas como uma rede em que as espécies individuais são os nós e as interações entre as espécies são as ligações ou bordas (Jordano, 1987; Bascompte; Jordano, 2007). A estrutura dessas

redes descreve o funcionamento das interações entre as espécies. A compreensão da estrutura das redes de interação pode gerar conhecimento acerca da sua estabilidade ou fragilidade em resposta às perdas ou ganhos de parceiros mutualistas nas paisagens dinâmicas dos trópicos (Montoya; Pimm; Solé, 2006; Mello et al., 2011b).

Uma rede de interações de estrutura aninhada emerge quando especialistas interagem com generalistas em vez de com outros especialistas (Bascompte; Jordano, 2007). Redes mutualistas entre plantas e animais são altamente aninhadas, com um conjunto central interatuante de espécies generalistas. Grupos de generalistas interatuantes fornecem redundância funcional, promovendo estabilidade se uma espécie for perdida temporariamente ou permanentemente da comunidade. Além disso, a estrutura assimétrica da dependência promove a persistência dos especialistas. É provável que as redes de polinização sejam mais modulares (com subconjuntos distintos) em comparação a redes de dispersão, porque as flores podem restringir o acesso de visitantes por meio de barreiras morfológicas. As características dos frutos são menos restritivas do que as características das flores (Donatti et al., 2011).

Mello et al. (2001b) compararam as redes de interação de frutos e morcegos e de frutos e aves com base em 17 bancos de dados publicados. De maneira geral, as aves frugívoras interagiram com mais espécies de plantas do que os morcegos frugívoros. As redes de morcegos e frutas foram mais aninhadas e as relações observadas constituíram uma fração maior do número total possível de relações entre as espécies. Os morcegos frugívoros tiveram uma dieta menos diversificada do que os pássaros frugívoros, conduzindo a interações mais gerais entre morcegos dentro das sub-redes em comparação aos pássaros. Análises de nove redes de morcegos frugívoros de florestas neotropicais indicaram uma média de quatro módulos, com espécies de morcegos agrupadas juntamente com os seus gêneros de planta preferidos. A redundância dentro dos módulos e a complementaridade entre eles levam à alta robustez para a remoção dos nós tanto de plantas quanto de morcegos das redes de interação entre eles (Mello et al., 2011a). Entretanto, o tamanho total menor das redes de interação entre morcegos e plantas foi associado à maior vulnerabilidade de extinção dessas redes em comparação àquelas entre aves e plantas quando as espécies foram aleatoriamente removidas em simulações (Mello et al., 2011b).

A maior rede de interações entre plantas e frugívoros mapeada até o presente foi encontrada no Parque Estadual Intervales, no sudeste do Brasil. Dentro de 42.000 ha de florestas maduras e secundárias, 207 espécies de plantas com frutos foram dispersas por 110 espécies de animais. Em média, cada planta teve 5,4 parceiros animais e cada frugívoro teve 10,2 plantas parceiras. A rede é altamente assimétrica, com especialistas frequentemente dependendo dos generalistas, levando a um alto grau de aninhamento (Silva et al., 2007). Simulações sugerem que mudanças na abundância de uma espécie particular raramente se propagarão através de toda a rede do Parque Estadual Intervales, mas um distúrbio aleatório que elimine um "supergeneralista" provavelmente afetará muitas espécies na rede.

A rede de plantas e frugívoros da floresta de Kakamega, no Quênia, consiste de 88 espécies de frugívoros e 33 espécies de plantas (Schleuning et al., 2011a). Plantas típicas de florestas maduras e de florestas em regeneração mostraram graus semelhantes de especialização em relação a espécies particulares de frugívoros. Descobriu-se que plantas do dossel dependiam predominantemente de frugívoros obrigatórios, plantas do subdossel dependiam em sua maioria de frugívoros parciais, e plantas do sub-bosque dependiam em sua maioria de frugívoros oportunistas, cuja opção de dieta é mais restrita. Essas diferenças levaram a interações mais generalizadas entre frugívoros e plantas no dossel e mais especializadas nos estratos mais baixos.

As espécies de plantas visitadas por muitas espécies de frugívoros são candidatas promissoras para programas de restauração, pois provavelmente atrairão um número maior de espécies dispersoras e, portanto, acelerarão a regeneração florestal (Silva et al., 2007). Entretanto, os frugívoros presentes no interior da floresta não necessariamente dispersarão as sementes por pastos ou áreas abertas na paisagem. O pássaro *Tyrannus dominicensis*, que tem uma pequena importância na rede florestal, foi responsável pela maior parte da deposição de sementes em áreas de pasto e pelo maior número de travessias na pastagem, onde ele se alimenta primariamente de insetos, e em manchas de floresta, onde se alimenta de frutos (Carlo; Yang, 2011).

Pássaros como os da espécie *Tyrannus dominicensis* servem como ligações móveis que conectam diferentes elementos da paisagem e redes múltiplas de interação (Gilbert, 1980; Lundberg; Moberg, 2003). A raposa-voadora-de-samoa (*Pteropus samoensis*), frugívora e nativa de Samoa e de outras ilhas do Pacífico, é a única espécie remanescente capaz de polinizar e dispersar sementes de uma ampla porção das espécies de dossel da ilha. Essa espécie quase ameaçada também é o principal polinizador de uma espécie de liana (*Freycinetia reineckei*). A perda de ligações móveis impacta múltiplas redes de interação e pode ter efeitos cascata em diferentes *habitat*. Ligações móveis, enquanto mantidas por grandes fragmentos na região, podem desempenhar funções importantes, como a dispersão de sementes para áreas perturbadas e florestas em regeneração distantes.

As dependências entre dois parceiros também criam vulnerabilidades tanto para as populações de plantas como para as de animais se mutualistas-chave se tornarem raros, forem localmente extintos ou forem incapazes de colonizar *habitat* do começo da sucessão ou de estágios mais tardios da regeneração florestal (Babweteera; Brown, 2009). A produção de frutos de duas espécies de Ficus que colonizaram o vulcão Anak Krakatau, recentemente formado, tornou-se limitada por uma diminuição de vespas polinizadoras espécie-específicas (ver Boxe 6.1, p. 127; Compton; Ross; Thornton, 1994).

Os mutualistas variam ao longo de um espectro desde obrigatórios até facultativos, e as espécies envolvidas podem ser generalistas ou especialistas na interação. Algumas aves, por exemplo, são frugívoros obrigatórios, mas elas podem alimentar-se de um grande número de espécies. Além disso, essas relações são geralmente assimétricas, com um parceiro mais dependente da interação do que o outro. A extensão a que o mutualismo envolve especialistas e generalistas afeta fortemente a vulnerabilidade e a resiliência dos ecossistemas. Espécies lenhosas de sementes grandes, como a árvore manduvi, geralmente dependem de uma ou de poucas espécies de generalistas frugívoros para a dispersão efetiva das sementes, enquanto espécies de sementes pequenas são dispersas por muitas espécies de frugívoros generalistas (Loiselle; Blake, 2002; Wheelwright et al., 1984). Portanto, as espécies de sementes grandes são mais vulneráveis à limitação de dispersão e possuem habilidade reduzida de colonizar áreas em regeneração ou fragmentos florestais se frugívoros grandes forem localmente extintos (Cordeiro et al., 2009; Moran; Catterall; Kanowski, 2009; Sethi; Howe, 2009).

As espécies de árvores especialistas de sementes grandes típicas de florestas maduras estão desaparecendo de fragmentos florestais isolados circundados por áreas abertas e por *habitat* em início de sucessão e sendo substituídas por espécies de árvores características do início da sucessão (Martínez-Garza; Howe, 2003; Tabarelli; Lopes; Peres, 2008). Esse cenário foi encontrado em Samoa, Tonga e outras ilhas do Pacífico, onde grandes aves e morcegos (raposas-voadoras) são dispersores importantes de árvores nativas (Cox; Elmqvist, 2000). Apenas uma espécie de pomba nativa (*Ducula pacifica*) ainda existe em Tonga, e sementes maiores do que 3 cm de diâmetro possuem apenas um único vertebrado dispersor – a raposa-voadora-de-tonga (*Pteropus tonganus*; McConkey; Drake, 2002). Espécies com sementes pequenas, por outro lado, conseguem ser dispersadas efetivamente por um grande número de espécies frugívoras diferentes. Essa redundância funcional favorece sua resiliência após distúrbios.

Campos agrícolas abandonados e florestas jovens em regeneração fornecem diferentes tipos e quantidades de recursos (comida e abrigo) para animais em comparação a florestas secundárias mais velhas, florestas que sofreram exploração madeireira ou florestas maduras (DeWalt; Maliakal; Denslow, 2003; Bowen et al., 2007). Portanto, comunidades de diferentes *taxa* animais mudam dramaticamente durante a regeneração florestal e são intimamente relacionadas às mudanças na estrutura florestal e na composição de espécies de planta. As espécies que necessitam de cavidades no tronco das árvores para nidificar, como a arara-azul-grande, não nidificam em florestas jovens, entretanto provavelmente se alimentam lá. Árvores de manduvi não desenvolvem cavidades nos seus troncos até que tenham pelo menos 60 anos (Santos et al., 2006). Os taxa animais variam amplamente em abundância nos estágios iniciais da regeneração florestal devido a diferenças em mobilidade, história de vida e especialização para acessar recursos específicos (Harvey et al., 2006; Barlow et al., 2007a; Chazdon et al., 2009b). Morcegos da subfamília Phyllostominae foram mais abundantes em florestas maduras e nas florestas em regeneração dominadas por *Cecropia* do que em campos agrícolas abandonados em regeneração tomados por *Vismia* (Bobrowiec; Gribel, 2009).

Este capítulo foca o estado atual de conhecimento sobre como a diversidade animal e a composição de espécies mudam durante a regeneração florestal e como as interações entre plantas e animais dirigem os processos sucessionais. Como as interações mutualistas e os parceiros mudam à medida que as comunidades de plantas e animais se alteram durante a sucessão florestal? A importância das interações entre plantas e animais durante a regeneração florestal estende-se além das fases de polinização e dispersão. Muitas espécies de animais servem como polinizadores obrigatórios para a maioria das espécies de plantas tropicais. A maior parte dos frutos das árvores é removida e consumida por frugívoros e depois dispersa por meio da digestão animal, da manipulação das sementes e da movimentação. A dispersão das sementes por diversos agentes dispersores primários e secundários, entretanto, não assegura a germinação das sementes nem a sua sobrevivência (Wang; Smith, 2002; Carlo; Yang, 2011). Animais e patógenos atacam as sementes e as plântulas, bem como as folhas e a madeira de plantas adultas, afetando seu crescimento e sobrevivência (Fig. 12.1).

A distância de polinização e dispersão de sementes tem consequências importantes para a composição genética das populações durante a regeneração florestal. Distâncias de dispersão longas são particularmente importantes para a colonização de áreas agrícolas abandonadas ou após distúrbios naturais (Nathan; Muller-Landau, 2000) e para a redução dos efeitos sobre a mortalidade de plântulas dependente da densidade (Comita et al., 2010a; Metz; Sousa; Valencia, 2011). Um número crescente de estudos fornece evidências moleculares para as longas distâncias de dispersão do pólen e de sementes e para o estabelecimento de plântulas de espécies dispersas pelo vento e por animais (Jones et al., 2005; Sezen; Chazdon; Holsinger, 2005; Hardesty; Hubbell; Bermingham, 2006). Eventos de colonização durante os estágios iniciais da sucessão podem criar gargalos genéticos se os fundadores forem dominados por um pequeno número de genótipos (Sezen; Chazdon; Holsinger, 2005, 2007; Davies et al., 2010). Para garantir a diversidade genética de espécies de árvores em populações em regeneração, são necessárias tanto a manutenção de alta diversidade genética nas populações-fonte como a conservação dos animais que polinizam as flores e dispersam as sementes por longas distâncias.

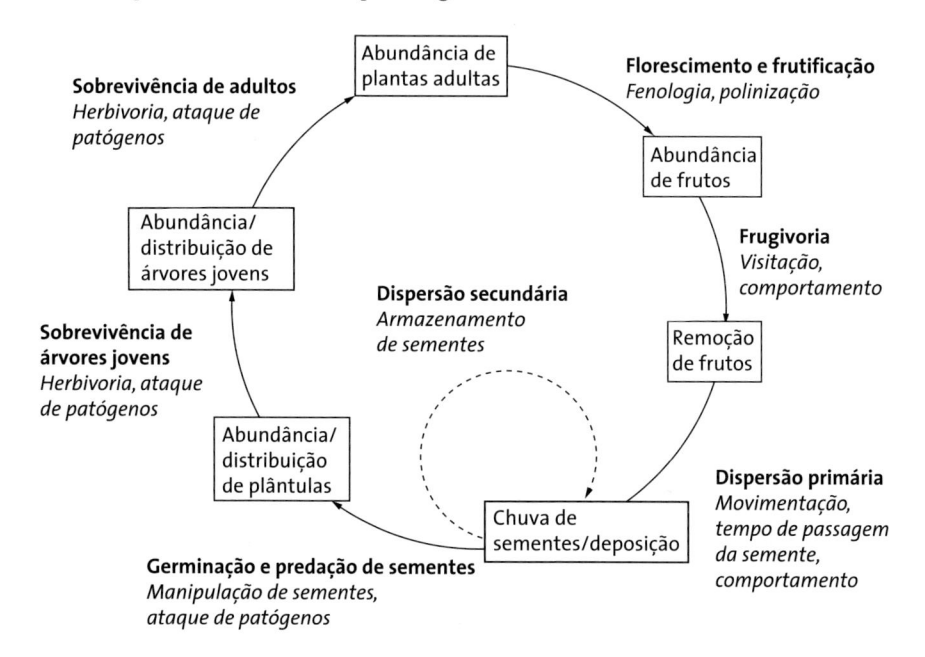

Fig. 12.1   *As interações entre espécies ocorrem em todas as fases do ciclo de vida das plantas. Processos gerais (em negrito) e específicos (em itálico) determinam a abundância de frutos, sementes dispersas, plântulas, árvores jovens e plantas adultas*
Fonte: redesenhado de Wang e Smith (2002, Fig. 1).

12.1 Diversidade animal em florestas em regeneração

Dunn (2004b) conduziu o primeiro estudo de metanálise sobre a riqueza e a composição de espécies de diferentes *taxa* animais em florestas em regeneração de diferentes idades. Com base em um conjunto de dados de 39 estudos abrangendo diversos *taxa*, ele observou que as métricas padronizadas da riqueza de espécies aumentaram assintoticamente até os níveis encontrados na floresta madura durante os 30 primeiros anos da regeneração da floresta. Mais tarde, esses mesmos estudos revelaram que a composição de espécies de aves e formigas não se recuperou tão rapidamente quanto a riqueza das espécies. Um número crescente de estudos tem indicado que a diversidade animal aumenta durante a sucessão e que a composição de espécies se recupera lentamente devido ao influxo gradual de especialistas provenientes das florestas maduras (Bowen et al., 2007; Chazdon et al., 2009b; Karthik; Govindhan Veeraswami; Kumar Samal, 2009).

Estudos de 15 grupos taxonômicos na região do Jari, no Brasil, mostraram padrões altamente idiossincráticos de ocorrência nas florestas em regeneração em comparação às florestas maduras; 95% das espécies de abelhas que polinizam orquídeas típicas de florestas maduras ocorreram nas florestas em regeneração, mas menos do que 60% dos lagartos, besouros coprófagos, anfíbios da serapilheira e pássaros típicos de florestas maduras foram encontrados (Barlow et al., 2007a). Dent e Wright (2009) examinaram 65 estudos que compararam a diversidade da fauna (aves, herpetofauna, invertebrados e mamíferos) em florestas tropicais maduras e florestas regenerando após corte raso. Em média, 58% das espécies presentes nas florestas secundárias também ocorreram nas maduras. Além disso, a similaridade da composição de espécies entre florestas maduras e aquelas em regeneração jovens (estimada pelo índice de forma de Sørensen) foi semelhante aos níveis de similaridade avaliados considerando-se apenas as áreas de florestas maduras. Em um subconjunto de estudos, a similaridade entre florestas em regeneração e maduras cresceu significativamente com o aumento do tempo de abandono. Esse aumento na similaridade advém da porcentagem crescente de espécies típicas de florestas maduras que se estabelecem nas florestas em regeneração ao longo do tempo, alcançando até 80% em florestas com mais de 50 anos. A composição de espécies de florestas em regeneração crescendo sobre áreas que passaram por uso agrícola intensivo ou foram utilizadas para pastagens foi menos semelhante à de florestas maduras do que a daquelas áreas que estavam regenerando após agricultura itinerante ou corte raso não seguido por cultivo agrícola. Não é de se surpreender que florestas em regeneração adjacentes a florestas maduras foram mais similares a estas do que aquelas que não eram adjacentes. Essas descobertas são semelhantes aos padrões sucessionais de composição observados para espécies de árvores.

12.1.1 Vertebrados

O tamanho do corpo e a habilidade de voar são fatores importantes que afetam a diversidade de invertebrados em florestas em regeneração. Os frugívoros de corpo grande do dossel florestal e os insetívoros do sub-bosque são afetados adversamente por perturbações de *habitat* e frequentemente restritos a florestas maduras (Karthik; Govindhan Veeraswami; Kumar Samal, 2009). As florestas secundárias da região do Jari, no Brasil, possuem uma abundância mais alta de ungulados e pequenos primatas do que as florestas maduras; entretanto, têm uma abundância menor de aves e primatas de grande porte (Parry; Barlow; Peres, 2007). Os vertebrados não voadores geralmente apresentam taxas mais baixas de influxo de espécies nas florestas em regeneração do que os vertebrados de *taxa* voadores (Chazdon et al., 2009b). Das 30 espécies de mamíferos não voadores encontradas em florestas maduras na região tropical úmida de Los Tuxtlas, no México, apenas 11 também foram localizadas em florestas de 25 a 35 anos e apenas oito em florestas de 5 a 15 anos (Estrada; Coates-Estrada; Meritt Jr., 1994). A riqueza e a composição de espécies de anfíbios, por sua vez, não variaram com a idade da floresta entre as florestas em regeneração e as maduras do nordeste da Costa Rica (Hilje; Aide, 2012).

Uma alta proporção das aves típicas de florestas maduras é encontrada em florestas em regeneração. Com base em uma revisão de dez anos de estudos, Karthik, Govindhan Veeraswami e Kumar Samal (2009) reportaram que 70% das aves típicas de florestas maduras foram recuperadas em um período de 25 anos após o abandono em áreas de pousio de agricultura itinerante. Na parte central de Sulawesi, na Indonésia, a riqueza de espécies de aves foi semelhante em florestas secundárias jovens e florestas maduras, mas o número de aves endêmicas foi significativamente menor nas florestas secundárias (Waltert; Mardiastuti; Mühlenberg, 2004). Nas florestas tropicais de terras baixas da Costa Rica, a riqueza de espécies de aves foi mais alta em uma área secundária de quatro anos em comparação a áreas secundárias mais antigas (25 a 35 anos) e também em comparação a uma floresta madura. A alta riqueza de espécies de aves em florestas secundárias foi atribuída a diversos fatores, incluindo a proximidade às florestas maduras fonte, a alta produção de frutos e flores nas florestas em regeneração para aves frugívoras e nectarívoras e a importância das florestas secundárias para aves migratórias sazonais. As aves migratórias corresponderam a 15% a 30% das espécies e a 6% a 44% das capturas nessas florestas (Blake; Loiselle, 2001). As aves migratórias que passam o inverno no Panamá comumente possuem bicos de larguras pequenas e se concentram em florestas secundárias onde frutos pequenos são abundantes (Martin, 1985).

Estudos realizados na Amazônia apresentaram padrões contrastantes de riqueza de espécies de aves durante a regeneração florestal. A riqueza de espécies foi semelhante em florestas de 7 a 35 anos e florestas maduras a oeste do Rio Negro, entretanto a composição de espécies foi diferente (Borges, 2007). Por outro lado, as florestas secundárias com 14 a 19 anos na região do Jari, no Brasil, possuem uma menor riqueza de espécies de aves do que as florestas maduras na mesma área (Barlow et al., 2007b). Essas diferenças geográficas em relação à diversidade de aves nas florestas em regeneração devem ser, pelo menos em parte, um reflexo das diferenças na concentração de espécies de aves migratórias. A Amazônia está ao sul de uma das áreas mais importantes para a maioria das espécies de passarídeos da América do Norte passar o inverno (Stotz et al., 1992) e as aves migratórias correspondem a apenas uma pequena proporção das espécies de aves na Amazônia Central. As aves noturnas apresentaram riqueza e composição de espécies semelhantes entre florestas maduras e secundárias nas áreas de terra firme da Amazônia Central (Sberze; Cohn Haft; Ferraz, 2010).

A riqueza das espécies de morcegos recupera-se rapidamente durante a regeneração florestal. A riqueza de espécies, a diversidade e a abundância de morcegos não variaram significativamente ao longo de quatro estágios de sucessão florestal em florestas tropicais perenifólias no Parque Estadual Agua Blanca, em Tabasco, no México, mas a maioria das espécies mais raras foi capturada apenas em florestas maduras (Castro-Luna; Sosa; Castillo-Campos, 2007). A riqueza de espécies de mamíferos foi semelhante entre áreas de pousio de seis anos e áreas de floresta madura intacta na região da Selva Lacandona de Chiapas, no México (Medellín; Equihua, 1998). Das 34 espécies registradas, apenas nove foram restritas às florestas maduras. Em uma região de florestas secas em Jalisco, no México, a diversidade e a abundância de morcegos filostomídeos não foram significativamente diferentes entre os diversos estágios sucessionais, mas as espécies nectarívoras foram mais abundantes nas florestas em início de sucessão, e espécies raras (representadas por apenas um indivíduo) foram capturadas apenas na floresta madura (Avila-Cabadilla et al., 2009). Em áreas anteriormente ocupadas por clareiras próximas a Iquitos, no Peru, a riqueza de espécies de morcegos filostomídeos foi menos afetada pelo *habitat* do que a abundância de espécies. Entre as 37 espécies encontradas na floresta madura, todas ocorreram em áreas de pousio e florestas secundárias, e 32 espécies ocorreram em ambas. Frugívoros e nectarívoros foram particularmente abundantes em áreas ocupadas anteriormente por cultivos agrícolas (Willig et al., 2007).

12.1.2 Artrópodes

Durante a regeneração florestal no Parque Nacional Kinabalu, em Sabah, na Malásia, a abundância e a diversidade das comunidades de artrópodes tornaram-se crescentemente mais semelhantes às de florestas maduras à medida que a sucessão progrediu (Floren; Linsenmair, 2001). Florestas secundárias jovens apresentaram comunidades de formigas mais simples, mas a curva de abundância ranqueada de florestas de 40 anos de idade chegou próximo da de florestas maduras (Fig. 12.2). Com o progresso da sucessão, essas curvas tornaram-se mais achatadas em resposta ao aumento da riqueza das espécies e à crescente uniformidade na abundância entre as espécies. A diversidade de formigas recuperou-se rapidamente durante a regeneração florestal em Porto Rico, com composição de espécies semelhante entre florestas de 25 a 35 anos e florestas com mais de 60 anos (Osorio-Pérez; Barberena-Arias; Aide, 2007). A riqueza de espécies de formigas arbóreas de florestas secas estacionais no sudeste do Brasil não variou significativamente com a idade da floresta, mas a composição de espécies apresentou um gradiente sucessional claro em direção à recuperação dentro de um período de 25 anos (Neves et al., 2010). A diversidade de espécies e a diversidade funcional de formigas que forrageiam o chão da floresta aumentaram rapidamente durante a sucessão em áreas de Mata Atlântica na Reserva Natural Rio Cachoeira, no Paraná, Brasil. Entretanto, a composição de espécies em florestas secundárias permaneceu diferente daquela encontrada em florestas maduras, e a composição da macrofauna edáfica recuperou-se mais lentamente do que a da macrofauna da serapilheira (Bihn et al., 2008; Bihn; Gebauer; Brandl, 2010).

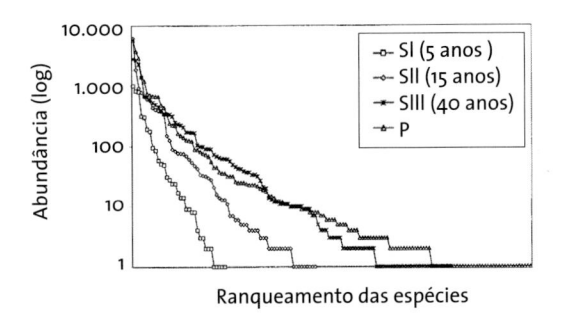

FIG. 12.2 *Abundância ranqueada de todas as formigas em três florestas em regeneração de diferentes idades (5, 15 e 40 anos) e em uma floresta madura (P)*
Fonte: Floren e Linsenmair (2001, Fig. 4).

A riqueza de espécies de formigas arbóreas foi substancialmente maior em uma floresta madura em comparação a uma floresta secundária de dez anos de idade na Papua-Nova Guiné. Com base em um censo completo dos formigueiros em todas as árvores de uma parcela de 1 ha, 80 espécies de formigas foram encontradas na floresta madura em comparação a apenas 42 espécies na floresta secundária (Klimes et al., 2012). A riqueza média de espécies de formigas por árvore (diversidade alfa) não foi significativamente diferente entre os tipos de florestas. As diferenças na estrutura da vegetação foram mais importantes do que as diferenças na diversidade de árvores, considerando sua influência sobre as mudanças na riqueza de espécies de formigas arbóreas ao longo da sucessão.

A riqueza e a composição de espécies de besouros da serapilheira das florestas montanas secundárias da costa sudeste do Brasil foram semelhantes às das florestas maduras após 35 a 50 anos (Hopp et al., 2010). A recuperação rápida das comunidades de besouros da serapilheira foliar durante a sucessão nessa região foi atribuída às altas taxas de dispersão, ao curto tempo de vida de cada geração, à existência de micro-*habitat* apropriados e à existência de grandes manchas de florestas maduras dentro da área de estudo. As diminuições nas temperaturas mensais médias e outras alterações microclimáticas associadas ao desenvolvimento da estrutura da floresta foram relacionadas ao aumento da diversidade de besouros da serapilheira foliar durante a sucessão nessas áreas (Ottermanns et al., 2011). As mudanças microclimáticas também promovem a rápida colonização das populações de besouros coprófagos em florestas secundárias (Boxe 12.2).

> **Boxe 12.2 Besouros coprófagos, dispersão secundária de sementes e regeneração florestal**
>
> Quando mamíferos frugívoros dispersam sementes viáveis por meio de suas fezes, elas ficam altamente vulneráveis à predação por roedores ou ao ataque de patógenos. Entretanto, se as sementes forem rapidamente enterradas abaixo do solo, elas podem ser poupadas desse fim. Os besouros coprófagos (Coleoptera), utilizando seu olfato aguçado, são atraídos pelas fezes de mamíferos. Os adultos e as larvas de besouros coprófagos verdadeiros (subfamília Scarabaeinae) alimentam-se de e criam sua prole sobre fezes de mamíferos, possuindo preferência por fezes de mamíferos herbívoros e onívoros. Pouco tempo após chegarem a um monte de fezes, alguns tipos de besouros denominados roladores processam as fezes enrolando-as em formato de bolas e as enterrando em uma área próxima; outros tipos, os cavadores, enterram as fezes no mesmo lugar onde as encontraram; e outros tipos, os moradores, colocam seus ovos no monte de fezes sem enterrá-las (Hanski; Cambefort, 1991). Se as fezes forem enterradas, as sementes presentes nelas também são enterradas inadvertidamente e, portanto, escapam à predação por roedores (Estrada; Coates-Estrada, 1991; Vulinec, 2000; Andresen, 2002). A interação entre os besouros coprófagos e as sementes que eles enterram é uma forma de dispersão secundária com implicações importantes para a regeneração de plântulas nas florestas tropicais.
>
> O fato de os besouros coprófagos enterrarem as sementes reduz significativamente a habilidade dos roedores de encontrá-las e destruí-las. Nas florestas tropicais de Los Tuxtlas, no México, as sementes de 28 espécies de árvores foram encontradas nas fezes dos macacos bugios (*Alouatta palliata*), mas mais de 90% das sementes foram destruídas por roedores que forragearam os montes de fezes. Vinte espécies de besouros coprófagos foram atraídas até as fezes dos macacos bugios e removeram os

montes de fezes em um tempo médio de 2,5 horas (Estrada; Coates-Estrada, 1991). O hábito dos besouros coprófagos de enterrar as sementes duplicou a probabilidade de estabelecimento de plântulas para 15 espécies da Amazônia Central, no Brasil (Andresen; Levey, 2004). A dispersão secundária por meio desses besouros remove sementes dos montes de fezes e deve reduzir os efeitos dependentes da densidade sobre o estabelecimento de plântulas. Os cavadores, por outro lado, enterram sementes de um número maior de espécies, incluindo sementes maiores, do que os besouros roladores. Pesquisas conduzidas no México, Peru, Brasil, Guiana Francesa e Uganda mostraram que o percentual de sementes enterradas pelos besouros coprófagos diminuiu em função do tamanho da semente (Andresen; Feer, 2005). Sementes com mais de 30 mm de comprimento raramente foram enterradas pelos besouros coprófagos.

As comunidades de besouros coprófagos são particularmente sensíveis à perturbação do *habitat* e à caça por causa de sua dependência em relação às fezes de mamíferos herbívoros. Áreas desmatadas possuem poucas espécies de besouros coprófagos se comparadas a áreas de florestas tropicais intactas. Uma metanálise dos padrões globais da diversidade de besouros coprófagos em florestas tropicais revelou que paisagens com grande cobertura florestal, incluindo florestas que sofreram exploração madeireira, florestas secundárias e agroflorestas, possuem comunidades de besouros coprófagos semelhantes àquelas encontradas em florestas maduras preservadas (Nichols et al., 2007). Os besouros coprófagos são mais abundantes e diversificados em florestas secundárias de cinco áreas de floresta de terra firme na bacia amazônica (Vulinec; Lambert; Mellow, 2006). Em uma região da floresta seca no México, a riqueza e a composição de espécies de besouros coprófagos foram semelhantes entre florestas maduras e secundárias (Andresen, 2008). Em uma exceção a essa generalização, pesquisas sobre besouros coprófagos realizadas em florestas secundárias no nordeste da Amazônia brasileira mostraram uma comunidade empobrecida que não possuía espécies de grande porte características da floresta madura (Gardner et al., 2008). Fragmentos florestais secundários em Cingapura também apresentaram riqueza de espécies reduzida e ausência de espécies de grande porte quando comparadas a fragmentos de florestas maduras, particularmente próximos a áreas urbanas e que possuem baixa abundância de mamíferos de grande porte (Lee et al., 2009).

Depois do isolamento experimental de fragmentos de floresta de diferentes tamanhos na parte central da Amazônia, o tamanho das populações e a riqueza de espécies de besouros coprófagos diminuíram em fragmentos florestais pequenos em comparação a florestas contínuas, reduzindo as taxas de decomposição de fezes em fragmentos florestais pequenos (Klein, 1989; Andresen, 2003). Quinze anos depois, a regeneração de florestas secundárias progrediu substancialmente em áreas que circundavam fragmentos florestais, levando à recuperação completa das comunidades de besouros coprófagos (Quintero; Roslin, 2005; Quintero; Halffter, 2009).

A cobertura do dossel é o principal fator que regula a distribuição dos escarabeíneos em florestas úmidas de Chiapas, no México (Navarrete; Halffter, 2008). A transformação da paisagem na região das florestas de neblina na parte central de Veracruz, no México, levou a um aumento da diversidade de besouros coprófagos (Rös; Escobar; Halffter, 2011). As comunidades desses besouros nas florestas secundárias, nos pastos e em outros *habitat* alterados foram ricas em espécies da região biogeográfica paleoamericana tropical e pobres em espécies da região montana mesoamericana. Consequentemente, florestas secundárias nessa região têm maior riqueza de espécies de besouros coprófagos do que a floresta original que elas substituíram.

Primatas de pequeno porte são importantes dispersores primários de sementes em florestas secundárias jovens dominadas por espécies pioneiras no nordeste do Peru. Os besouros coprófagos enterraram 24% das sementes presentes nas fezes de duas espécies de saguis, reduzindo significativamente a pressão de predação sobre as sementes dispersadas (Culot et al., 2009, 2010). Os saguis das espécies *Saguinus mystax* e *Saguinus fuscicollis* dispersaram sementes relativamente grandes de árvores adultas de *Parkia panurensis* presentes em florestas maduras para florestas jovens em regeneração (Knogge; Heymann, 2003). A regeneração de *Parkia* em florestas secundárias aumentou quando os besouros coprófagos realizaram dispersão secundária e enterraram suas sementes (Culot et al., 2011). Apesar de as comunidades de besouros coprófagos nessa floresta jovem conterem menos espécies e de essas espécies terem menor porte em comparação àquelas encontradas em comunidades de florestas maduras, o valor ecológico da dispersão secundária durante a regeneração florestal é muito alto. As interações entre a cobertura arbórea, os mamíferos, os besouros coprófagos e as sementes que eles enterram afetam significativamente a regeneração de plântulas nas florestas tropicais.

12.1.3 Conservação da biodiversidade animal em florestas em regeneração

A diversidade de animais aumenta nas florestas em regeneração ao longo do tempo e essas florestas podem oferecer *habitat* apropriados para a maior parte das espécies, equivalentes aos *habitat* encontrados em florestas maduras. Além disso, as florestas em regeneração próximas a florestas maduras, como as zonas-tampão de unidades de conservação, apresentam recuperação mais acelerada do seu valor de conservação, desde que sejam protegidas (Chazdon et al., 2009b). A recuperação da biodiversidade em florestas em regeneração depende das áreas de florestas maduras próximas, o que ressalta a tremenda importância de proteger as florestas maduras remanescentes em paisagens intactas, assim como os fragmentos florestais maduros em paisagens antropizadas.

Apesar de as métricas da diversidade de fauna durante a sucessão florestal indicarem recuperação baixa e estável ao longo do tempo, as florestas tropicais jovens em regeneração não possuem muitas espécies que viviam na área antes do corte raso (Dent; Wright, 2009; Gibson et al., 2011). Taxa não voadores, espécies raras, espécies endêmicas e *taxa* que possuem dieta especializada ou requerimentos especiais para nidificação têm menor probabilidade de colonizar áreas isoladas e pequenas de florestas em regeneração durante as fases iniciais (Chazdon et al., 2009b). Consequentemente, a comunidade de animais das florestas em regeneração é frequentemente um subconjunto aninhado das comunidades existentes em florestas maduras. As florestas em regeneração, particularmente no estágio de formação da estrutura florestal, favorecem espécies generalistas ou espécies tolerantes a distúrbios, enquanto os *taxa* com dietas altamente especializadas ou que necessitam de *habitat* especiais são frequentemente ausentes (Liebsch; Marques; Goldenberg, 2008; Renner; Waltert; Muhlenberg, 2006; Petit; Petit, 2003). Diversas espécies de lagartos especialistas em florestas não foram encontradas em um fragmento florestal de 28 anos na Mata Atlântica do nordeste do Brasil, apesar de a riqueza de espécies de lagartos, sua abundância total e a biomassa terem sido semelhantes aos valores encontrados em florestas maduras (Guerrero; Da Rocha, 2010). Além disso, as manchas de florestas em regeneração são pequenas, isoladas e próximas a rodovias, tornando ainda mais difícil sua ocupação por espécies raras e espécies incapazes de cruzar áreas abertas (Laurance; Gomez, 2005; Lees; Peres, 2009). A pressão de caça também é muito alta nas florestas em regeneração adjacentes a áreas de cultivo agrícola e a comunidades humanas (Karthik; Govindhan Veeraswami; Kumar Samal, 2009). A caça de grandes mamíferos pode causar uma ruptura na dispersão de sementes de espécies arbóreas típicas de florestas maduras (Peres; Palacios, 2007; Stoner et al., 2007a; Wang et al., 2007; Wright; Hernandéz; Condit, 2007; Nuñez-Iturri; Olsson; Howe, 2008).

Em muitos estudos que comparam a diversidade de espécies e a composição de *taxa* animais entre florestas maduras e secundárias, estas últimas são amostradas muito cedo, além de serem circundadas por áreas de uso intensivo e terem uma extensão espacial menor do que a porção interna das florestas maduras protegidas. Espécies típicas de florestas maduras que são ausentes em florestas secundárias devem estar refletindo os efeitos do tamanho pequeno dessas áreas, os efeitos de borda e os efeitos da fragmentação, e não o estágio sucessional dessas áreas. Mesmo quando os protocolos de amostragem são padronizados entre todas as áreas de floresta, essas características da paisagem podem contribuir para os níveis mais baixos de biodiversidade observados nas florestas em regeneração. Além disso, a maior parte dos estudos raramente leva em conta os efeitos do uso anterior da terra, a sazonalidade ou as mudanças temporais de longo prazo (Gardner et al., 2009). Ainda assim, esses resultados são consistentemente interpretados de maneira a sugerir que as florestas secundárias possuem valores de conservação intrinsecamente baixos (Gibson et al., 2011).

As informações sobre os padrões de diversidade animal, funcionamento e composição de espécies nos estágios mais tardios da sucessão ou nas florestas em regeneração ao longo do tempo são esparsas. O registro de espécies é um primeiro passo nessa direção, mas não revela em que extensão as florestas são capazes de suportar essas populações (Bowen et al., 2007; Chazdon et al., 2009a; Gardner et al., 2007a). Alguns animais podem usar as florestas em regeneração para complementar sua dieta, mas não como áreas de reprodução ou nidificação. Os animais também utilizam as florestas em regeneração como corredores quando elas conectam áreas de florestas maduras.

12.2 Interações entre plantas e herbívoros durante a regeneração florestal

Os estudos sobre as interações entre plantas e animais envolvendo a reprodução das plantas (frugivoria, dispersão de sementes e polinização) durante a regeneração de florestas tropicais são muito mais numerosos do que os estudos sobre as interações entre plantas e animais herbívoros (Quesada et al., 2009). Nas florestas tropicais, os herbívoros removem entre 10% e 30% da área foliar das plantas a cada ano (Coley; Barone, 1996). As interações entre herbívoros e plantas podem afetar potencialmente os padrões de abundância de árvores e as regras de montagem da comunidade durante a sucessão, pois as espécies de planta variam em relação à sua tolerância à herbivoria, aos herbívoros especialistas e aos investimentos em defesa (Bazzaz et al., 1987). Ademais, as taxas de herbivoria e a abundância de herbívoros, além da riqueza das espécies, podem ser fortemente afetadas pela abundância e pela composição da vegetação circundante e também pelas condições abióticas (Brown; Ewel, 1987; Silva; Espírito-Santo; Melo, 2012). As plântulas são particularmente vulneráveis aos efeitos da herbivoria, pois possuem áreas foliares menores e habilidade limitada de recuperar-se dos danos se comparadas a plantas maiores. Sementes grandes com órgãos de estocagem hipógeos (abaixo do chão) são mais capazes de rebrotar após a perda de folhas do que as sementes pequenas com órgãos de estocagem epígeos (acima do chão) (Harms; Dalling, 1997).

Espécies de plantas características do início da sucessão suportam densidades maiores de herbívoros e toleram graus mais altos de herbivoria do que espécies típicas das fases mais tardias da sucessão (Lewinsohn; Novotny; Basset, 2005). A hipótese da disponibilidade de recursos prediz que as plantas crescendo em ambientes do início da sucessão exibem taxas mais altas de fotossíntese e crescimento e investem menos em defesas químicas e estruturais contra herbívoros em comparação às plantas de fases tardias da sucessão, que crescem em ambientes com limitação de recursos (Coley; Bryant; Chapin, 1985). Essa hipótese afirma que os danos sofridos pelas folhas por causa da herbivoria são mais altos nas espécies de árvores pioneiras durante os estágios iniciais da sucessão e diminuem mais tarde em virtude da substituição das espécies pioneiras, de crescimento rápido, por espécies tolerantes à sombra, de crescimento lento, que possuem mais defesas contra herbívoros. As espécies do início da sucessão acumulam menos danos nas folhas em razão de seus ciclos de vida mais curtos, enquanto as espécies do final da sucessão evitam a herbivoria utilizando-se de maiores investimentos em defesas mecânicas e químicas.

Apesar dos aumentos na riqueza de espécies de insetos herbívoros na escala da comunidade durante a regeneração florestal, a riqueza de espécies de herbívoros por planta hospedeira parece não variar de acordo com o estágio sucessional da planta (Novotny, 1994; Basset, 1996; Leps; Novotny; Basset, 2001). Que fatores, então, podem explicar o aumento geral na riqueza de espécies de herbívoros durante a regeneração florestal? Esse aumento poderia ser causado por mudanças sincronizadas na diversidade de plantas e insetos durante a sucessão ou por níveis crescentes de especialização do hospedeiro (Lewinsohn; Novotny; Basset, 2005). A despeito de os dados serem limitados, a especificidade do hospedeiro parece não mudar muito durante a sucessão florestal (Basset, 1996; Leps; Novotny; Basset, 2001; Marquis, 1991).

Diversos estudos compararam a variação do dano causado pelos herbívoros e dos atributos de defesa das folhas ao longo da sucessão nas florestas tropicais. Poorter et al. (2004) encontraram que os níveis de herbivoria das árvores jovens diminuíram ao longo de um gradiente sucessional na Bolívia. Vasconcelos (1999) não encontrou nenhuma diferença significativa nos níveis de danos causados por herbívoros nas árvores do dossel ao comparar florestas maduras e florestas de sete a dez anos de idade dominadas por *Vismia* na Amazônia Central, apesar de as formigas cortadeiras *Atta laevigata* terem demonstrado uma preferência clara pelas folhas das árvores de florestas em regeneração. Um longo estudo sobre herbívoros não voadores na Papua-Nova Guiné envolveu o corte completo de todas as árvores com diâmetro à altura do peito (DAP) maior ou igual a 5 cm em 1 ha de floresta secundária jovem (dez anos de idade) em comparação a 1 ha de floresta madura (Whitfeld et al., 2012). Lagartas (Lepidoptera) foram duas vezes mais abundantes na floresta jovem, enquanto a abundância do bicho-mineiro não foi diferente entre os tipos de floresta. A floresta em regeneração suportou um número mais alto de insetos herbívoros por hectare, por árvore e por unidade de biomassa de folha (Fig. 12.3). Árvores típicas de florestas em regeneração tiveram área foliar específica maior e conteúdo de nitrogênio mais alto, e essas características foliares explicaram 30% da variação da abundância de lagartas.

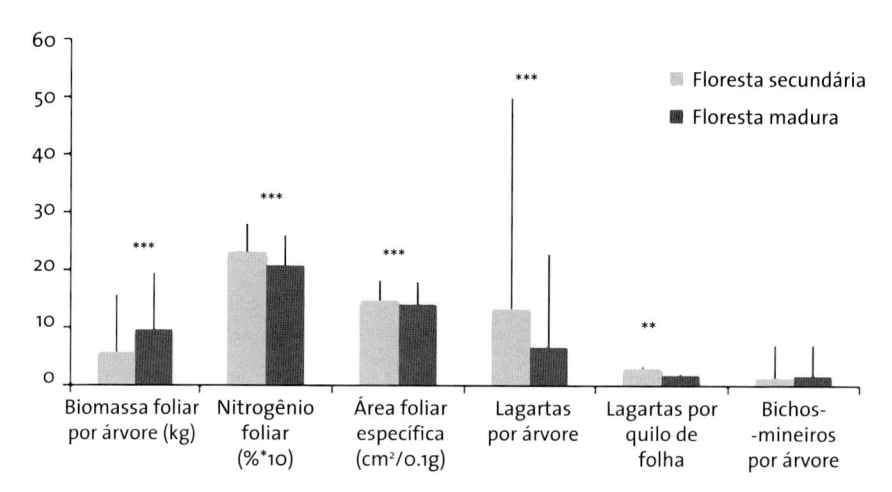

Fig. 12.3 *Características de plantas e abundância de herbívoros em parcelas de 1 ha em florestas maduras e florestas em regeneração na Papua-Nova Guiné. ***P < 0,0001; **P < 0,01*
Fonte: Whitfield et al. (2012, Tab. 1).

12.3 Dispersão de sementes e predação durante a regeneração florestal

As florestas tropicais são notáveis pela sua alta diversidade de frugívoros que dependem da produção anual de frutos e sementes. Globalmente, de 50% a 90% das espécies arbóreas das florestas tropicais produzem frutos carnosos que são consumidos por pássaros e mamíferos (Howe; Smallwood, 1982). A dispersão de frutos grandes com grandes sementes é realizada por frugívoros especialistas, enquanto a de frutos pequenos com pequenas sementes pode ser realizada por inúmeros frugívoros generalistas. O tamanho da semente também influencia as taxas de predação de sementes e dispersão secundária, além da produção total de sementes, da dormência das sementes e da sobrevivência das plântulas. Esses fatores criam interações complexas entre frutos, frugívoros e o destino das sementes ao longo da sucessão florestal. Mais do que isso, essas interações relacionam a dinâmica local da floresta à estrutura e à composição da paisagem circundante.

12.3.1 Frugivoria e dispersão de sementes

Diferentemente das folhas, os frutos carnosos são feitos para serem comidos. Os frutos constituem pelo menos 50% das dietas dos frugívoros (Terborgh, 1986; Fleming; Breitwisch; Whitesides, 1987). Esses animais podem promover a regeneração de florestas de que precisam para sobreviver ao levar as sementes para longe das árvores matrizes (Janzen, 1970; Connell, 1971), transportando-as até sítios apropriados para a germinação (Wenny; Levey, 1998) e aumentando a taxa de germinação das sementes ingeridas e manipuladas (Traveset; Robertson; Rodríguez-Pérez, 2007). As sementes de frutos carnosos podem ser dispersas por meio de ingestão e defecação (endozoocoria), transporte na boca do animal e deposição abaixo de poleiros (estomatocoria) ou transporte sobre o corpo do animal (epizoocoria). A dispersão de sementes pode ocorrer em duas fases (diplocoria), envolvendo a dispersão secundária por roedores, formigas ou besouros coprófagos após terem sido dispersas por agentes dispersores primários (ver Boxe 12.2, p. 282).

As taxas de produção de frutos pelas espécies que colonizam áreas agrícolas abandonadas e pastagens nos estágios iniciais da sucessão são elevadas devido aos altos níveis de disponibilidade de luz, e, durante longos períodos, os frutos são produzidos por espécies pioneiras, e não por espécies típicas das fases finais da sucessão (Kang; Bawa, 2003; Bentos; Mesquita; Williamson, 2008). De maneira geral, a diversidade de frugívoros é mais baixa no sudeste da Ásia em comparação à África e aos Neotrópicos (Fleming; Breitwisch; Whitesides, 1987). As florestas do início da sucessão nos Neotrópicos são um paraíso para espécies frugívoras generalistas (Blake; Loiselle, 2001; DeWalt; Maliakal; Denslow, 2003). A abundância de espécies de aves generalistas foi o melhor preditor para a riqueza das espécies entre as sementes dispersadas em uma paisagem antrópica no sul da Costa Rica (Pejchar et al., 2008). Com o aumento da diversidade taxonômica e estrutural da vegetação durante a regeneração, a disponibilidade de poleiros e recursos alimentares cresce, atraindo um número maior de espécies de frugívoros de pequeno e grande porte, que se tornam visitantes mais frequentes ou residentes. Aves e morcegos visitantes carregam frutos e sementes de espécies típicas de floresta madura das áreas circundantes (Wunderle, 1997). O desenvolvimento da vegetação durante a regeneração facilita a colonização de novas espécies de árvores com frutos, gerando uma retroalimentação positiva.

A frequência da dispersão por animais entre as espécies de árvores aumentou de 86%, em florestas secundárias, para 90%, em florestas maduras, mas a abundância relativa foi similar entre os tipos de floresta; de 73% a 77% de todas as árvores foram dispersas por animais (Chazdon et al., 2003). As florestas no início da sucessão são dominadas por espécies de sementes pequenas, enquanto as espécies de sementes grandes se tornam mais importantes nos estágios sucessionais mais avançados. A predominância da dispersão animal aumenta durante a regeneração da floresta (Del Castillo; Pérez Ríos, 2008; Liebsch; Marques; Goldenberg, 2008). Na Mata Atlântica do sul da Bahia, no Brasil, a proporção de espécies de árvores dispersas por animais elevou-se de 76% para 89% ao longo de uma cronossequência sucessional (Piotto et al., 2009). O crescimento do número de espécies dispersas por animais durante a sucessão é associado aos aumentos do tamanho das sementes e dos frutos e da proporção de espécies tolerantes à sombra (Tabarelli; Peres, 2002; Del Castillo; Pérez Ríos, 2008; Piotto et al., 2009). Em seis cronossequências de florestas regenerando após agricultura itinerante no sudeste do Brasil, a porcentagem de espécies de planta dispersas por vertebrados foi positivamente correlacionada com a idade da parcela. A porcentagem de espécies de plantas com sementes pequenas (< 0,6 cm) diminuiu significativamente com o aumento da idade da floresta, enquanto a porcentagem de espécies com sementes de tamanho médio (0,6 cm a 1,5 cm) foi positivamente correlacionada com a idade da floresta (Fig. 12.4A). Resultados semelhantes foram observados para o tamanho do fruto em relação à idade da floresta (Fig. 12.4B; Tabarelli; Peres, 2002).

A limitação da dispersão pode ser o obstáculo mais importante para a regeneração florestal de áreas agrícolas abandonadas (Wijdeven; Kuzee, 2000; Martínez-Garza et al., 2009; Corlett, 2011). A limitação da dispersão durante a sucessão é mais pronunciada quando se consideram espécies de sementes grandes com frutos carnosos ou frutos secos não alados (Corlett, 2011). Durante os estágios intermediários e tardios da sucessão, as maiores barreiras à dispersão de sementes são as distâncias das fontes de sementes ou a frutificação rara ou pouco frequente das árvores, a disponibilidade de agentes de dispersão e o tempo. Mesmo após cem anos de regeneração, as florestas na porção central de uma reserva em Cingapura não possuíam muitas das espécies de árvores encontradas em florestas maduras próximas devido à falha na dispersão (Turner et al., 1997). Um padrão semelhante foi observado em florestas de 19 a 62 anos na região da Mata Atlântica, onde as espécies de sementes grandes compõem apenas 5% a 8% da chuva de sementes, em comparação a 31% nas florestas maduras adjacentes (Costa et al., 2012). As populações de frugívoros que comem frutos grandes estão diminuindo ou foram localmente extintas.

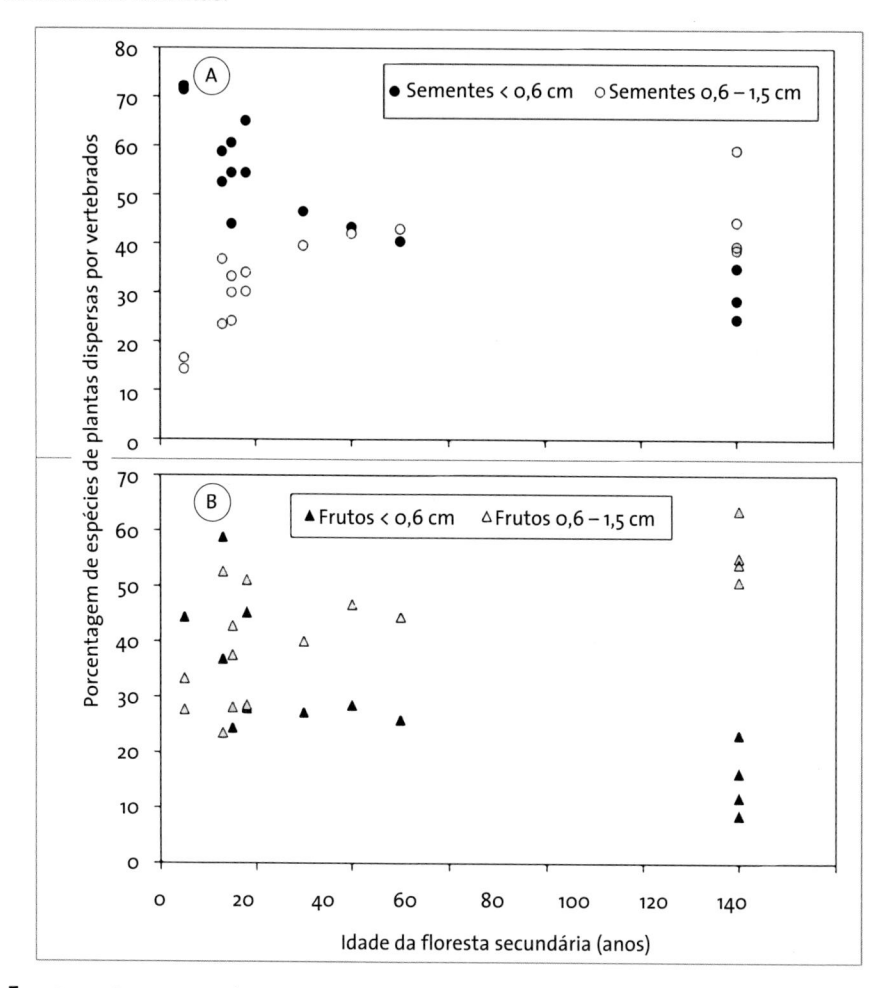

FIG. 12.4 *Porcentagem de espécies dispersas por vertebrados em florestas secundárias de diferentes idades regenerando após agricultura itinerante na Mata Atlântica do sudeste do Brasil. Assume-se que florestas maduras possuem 120 anos. As espécies são classificadas em duas categorias de tamanhos de (A) sementes e (B) frutos. Espécies com sementes e frutos pequenos (< 0,6 cm) diminuem, enquanto espécies com sementes e frutos de tamanho médio (0,6-1,5 cm) aumentam com a idade da floresta*
Fonte: desenhado com base em dados de Tabarelli e Peres (2002, Tab. 3).

A maior parte dos animais frugívoros não se aventurará em grandes áreas abertas a menos que eles encontrem recursos alimentares disponíveis ou locais para se abrigar (Silva; Uhl; Murray, 1996). Essas áreas abertas expõem os frugívoros a riscos de predação e possuem menor disponibilidade de frutos carnosos. Esses fatores levam a uma queda brusca na dispersão de sementes mediada por animais de acordo com o aumento da distância até a borda da floresta (Gorchov et al., 1993; Holl, 1999; Cubiña; Aide, 2001; Ganade, 2007). Árvores remanescentes isoladas, arbustos e árvores pioneiras em antigas áreas de pastagem e em áreas agrícolas cultivadas atraem frugívoros, aumentando a deposição de sementes e a densidade de plântulas recrutadas (ver Boxe 7.2, p. 154). No Parque Nacional Kibale, em Uganda, a chuva de sementes abaixo de árvores isoladas foi 90 vezes maior do que em um campo adjacente (Duncan; Chapman, 1999).

Os morcegos frugívoros desempenham um papel particularmente importante na dispersão de sementes tanto durante a sucessão primária quanto durante a secundária (ver Boxe 6.1, p. 127; Muscarella; Fleming, 2007; Whittaker; Jones, 1994; Foster; Arce; Wachter, 1986). As espécies que frequentemente dominam os estágios iniciais de sucessão nos Neotrópicos são concentradas em quatro das cinco famílias de plantas mais consumidas por morcegos frugívoros: Solanaceae, Moraceae, Piperaceae e Clusiaceae (Muscarella; Fleming, 2007). Pelo menos 549 espécies de plantas, em 191 gêneros e 63 famílias, são dispersas por morcegos nos Neotrópicos (Lobova; Geiselman; Mori, 2009). Nas áreas de florestas úmidas em Chiapas, no México, os morcegos dispersam mais sementes do que as aves em áreas no início da sucessão (Medellín; Gaona, 1999). As aves tendem a depositar sementes abaixo de árvores que estão frutificando ou a carregar os frutos até poleiros ou ninhos, onde elas as deixam cair ou as defecam (Corlett, 1998). Os morcegos depositam as sementes abaixo de árvores frutificando, mas, diferentemente das aves, eles também defecam pequenas sementes durante o voo (Charles-Dominique, 1986). As sementes dispersas por morcegos têm, portanto, maior probabilidade do que as dispersas por aves de alcançar áreas abertas ou pastagens que não possuem poleiros nem são utilizadas como áreas de nidificação (Silva; Uhl; Murray, 1996; Muscarella; Fleming, 2007).

As dietas de morcegos frugívoros neotropicais e paleotropicais sobrepõem-se mais às dietas de mamíferos arbóreos não voadores do que às de aves (Hodgkison et al., 2003; Lobova; Geiselman; Mori, 2009). Apesar de os frutos de algumas *Piper* (Piperaceae), *Vismia* (Hypericaceae), *Lycianthes* (Solanaceae), *Solanum* (Solanaceae) e *Cecropia* (Urticaceae) serem comidos tanto por aves quanto por morcegos nos Neotrópicos, as aves e os morcegos frugívoros geralmente consomem e dispersam frutos de espécies diferentes em áreas do início da sucessão secundária (Palmeirim; Gorchoy; Stoleson, 1989; Gorchov et al., 1995). Em florestas jovens em regeneração dominadas por *Cecropia* ou *Vismia* na Amazônia Central, 89% das sementes dispersas por aves durante o dia foram sementes de *Miconia* (Melastomataceae), enquanto 72% das sementes dispersas por morcegos durante a noite foram sementes de *Vismia* (ver Fig. 5.1, p. 99; Wieland et al., 2011).

Nos Paleotrópicos, plantas dispersas por morcegos raramente dominaram os estágios iniciais de sucessão, com exceção de espécies de *Ficus* e *Musanga*. Espécies pioneiras com frutos carnosos eram dispersas nos Paleotrópicos primariamente por aves (Ingle, 2003; Gonzales et al., 2009). Os *Pycnonotus* são aves encontradas em todos os tipos de *habitat* e os agentes dispersores de sementes mais importantes em áreas tropicais e subtropicais desmatadas no Leste Asiático (Corlett, 1998). As dietas de aves e morcegos se sobrepõem pouco em áreas no início da sucessão secundária nos Neotrópicos, diferentemente do que ocorre com os frugívoros paleotropicais (Fleming; Breitwisch; Whitesides, 1987). Nas florestas subtropicais úmidas da Austrália, os morcegos frugívoros podem servir como agentes de dispersão de muitas das espécies de plantas que também são dispersas por aves (Moran; Catterall; Kanowski, 2009).

O porte do animal frugívoro determina sua habilidade de alimentar-se de frutos de um determinado tamanho. Espécies de florestas maduras com sementes grandes, e, portanto, frutos grandes, geralmente precisam de frugívoros de grande porte para dispersar suas sementes (Wheelwright, 1985), mas esses frugívoros, incluindo diversas espécies de calau, estão agora extintos em Cingapura (Corlett, 1992; Corlett; Turner, 1997). Consequentemente, as florestas em regeneração em Cingapura são compostas quase que inteiramente de espécies de frutos pequenos (Corlett, 1991; Turner et al., 1997).

Nas áreas altamente perturbadas das paisagens tropicais nos Neotrópicos, a fauna dispersora de sementes compreende frequentemente um subconjunto da fauna original, que é dominado por roedores de tamanho pequeno a médio, pequenas aves e morcegos que geralmente dispersam sementes pequenas de espécies pioneiras (Melo; Dirzo; Tabarelli, 2006). Essa composição alterada de espécies cria um filtro importante para o recrutamento de plântulas em paisagens florestais em sucessão secundária (Tabarelli; Peres, 2002; Corlett; Turner, 1997; Duncan; Chapman, 1999). Alguns morcegos frugívoros são dispersores de sementes de espécies de frutos grandes, como a *Artibeus watsoni* em florestas úmidas neotropicais. A dispersão de sementes por estomatocoria abaixo de poleiros utilizados por essa espécie aumentou significativamente a riqueza e a abundância de espécies de sementes grandes nas florestas em regeneração do nordeste da Costa Rica (Lopez; Vaughan, 2004; Melo et al., 2009).

Os primatas de pequeno porte podem ser importantes dispersores de sementes grandes nas florestas em regeneração (ver Boxe 12.2, p. 282). Grupos formados por diferentes espécies de saguis (*Saguinus mystax* e *S. fuscicollis*) dispersaram 63 espécies de sementes grandes (> 1 cm) em uma floresta em regeneração vizinha a uma floresta madura no nordeste do Peru (Culot et al., 2010). Na Reserva Biológica Una, na Mata Atlântica do sul da Bahia, Brasil, a espécie ameaçada mico-leão-da-cara-dourada (*Leontopithecus chrysomelas*) é um agente de dispersão importante para pelo menos 24 espécies de árvores e epífitas com sementes de até 2,3 cm de comprimento de 13 famílias (Catenacci; De Vleeschouwer; Nogueira-Filho, 2009). Os micos dispersam as sementes em áreas de agrofloresta de cacau (cabruca) de três estágios sucessionais diferentes.

Dada a predominância de espécies dispersas por animais nas florestas tropicais, não é de se surpreender que a regeneração florestal dependa fortemente da dispersão de sementes por generalistas e por frugívoros especialistas. Esses frugívoros, por sua vez, dependem de que as florestas forneçam comida e abrigo.

12.3.2 Dispersão secundária e destino das sementes após a dispersão

Apesar de a dispersão primária das sementes realizada pelos animais poder transportá-las com sucesso para longe das árvores matrizes, esse modo de dispersão pode não oferecer condições apropriadas para a germinação e o estabelecimento de plântulas (Wang; Smith, 2002). As sementes depositadas junto com as fezes dos vertebrados caem diretamente sobre a superfície do solo ou sobre a serapilheira de folhas, frequentemente em montes densos, e ficam altamente vulneráveis à mortalidade por ação de predadores e patógenos, competição intensa ou dessecação (Vander Wall; Longland, 2004). Três grupos de animais processam, transportam e consomem as sementes presentes nas fezes: roedores, formigas e besouros coprófagos (ver Boxe 12.2, p. 282). Em algumas áreas tropicais defaunadas, os roedores podem dispersar grandes quantidades de sementes na ausência de agentes dispersores vertebrados (Cao et al., 2011). Os benefícios potenciais da dispersão secundária são o aumento do sucesso da germinação e o escape da predação. As formigas carnívoras que habitam o solo da floresta são fortemente atraídas por diásporos (sementes e frutos juntos como unidade de dispersão) ricos em lipídeos e os encontram em oito minutos após a deposição. A dispersão secundária realizada por formigas reduz a probabilidade de infecção por fungos e pode aumentar o sucesso da germinação em 19% a 63% na Mata Atlântica do sudeste do Brasil (Pizo; Passos; Oliveira, 2005).

Poucos estudos sobre a dispersão secundária de sementes pelas formigas e roedores foram conduzidos em florestas em regeneração. Nas florestas montanas secundárias do sul da Costa Rica, a dispersão secundária de sementes realizada por roedores foi rara (Cole, 2009). As formigas são tanto predadoras quanto agentes secundários de dispersão das sementes de espécies iniciais da sucessão que são primariamente dispersas por aves ou morcegos. A remoção das sementes presentes nas fezes dos animais frugívoros realizada por roedores e formigas é geralmente considerada predação, mas uma pequena fração das sementes de Miconia spp. removidas por formigas Pheidole na Estação Biológica La Selva, na Costa Rica, foi depositada em montes ricos em nutrientes e germinou com sucesso (Levey; Byrne, 1993). As formigas de serapilheira de duas subfamílias (Myrmicinae e Ponerinae) removeram, em média, 45% das sementes de quatro espécies pioneiras dispersas por animais em um estudo experimental no Panamá (Fornara; Dalling, 2005).

Após a dispersão das sementes, elas ficam sujeitas ao ataque de vertebrados, invertebrados e fungos. As taxas de predação de sementes em pastagens frequentemente excedem 50% (Scariot et al., 2008; Nepstad et al., 1996; Myster, 2008b). Altas taxas de predação de sementes podem influenciar fortemente os estágios iniciais da sucessão em pastagens (Nepstad; Uhl; Serrão, 1991; Holl; Lulow, 1997). Sementes pequenas dispersas nas pastagens são consumidas por formigas e outros insetos, enquanto sementes de tamanho médio são frequentemente consumidas por roedores (Myster, 2008b). As taxas de predação de sementes foram mais altas em áreas de pousio do que em clareiras de florestas maduras (Uhl, 1987) ou áreas de dossel fechado (Hammond, 1995), e a taxa de remoção das sementes diminuiu com a idade desde o abandono (Peña-Claros; De Boo, 2002). Nas florestas em regeneração, os mamíferos parecem ser mais importantes predadores de sementes do que os insetos considerando espécies de sementes grandes, como as palmeiras (Peña-Claros; De Boo, 2002; Notman; Villegas, 2005). Para as espécies de árvores e lianas nas florestas de terras baixas do Peru, as taxas de predação de sementes e plântulas não foram significativamente diferentes entre as áreas de pousio jovens e as áreas de florestas maduras (Notman; Gorchov, 2001).

Diminuições na abundância de vertebrados causadas pela caça podem alterar os níveis tanto da dispersão quanto da predação de sementes, levando a mudanças na composição de espécies da vegetação regenerante. A caça pode reduzir a abundância de mamíferos de porte médio e grande e aumentar a de pequenos roedores (Donatti; Guimarães; Galetti, 2009). Nas florestas defaunadas no México, espécies com sementes pequenas foram fortemente atacadas por pequenos roedores abundantes, enquanto espécies de sementes grandes escaparam da predação e formaram densos tapetes de plântulas em volta de árvores que estavam frutificando (Dirzo; Mendoza; Ortiz, 2007). Os declínios nas populações de mamíferos predadores de sementes em áreas de caça podem levar ao aumento do recrutamento de espécies de sementes grandes ou de espécies que são menos suscetíveis à predação por insetos (Guariguata; Arias-Le Claire; Jones, 2002; Stoner et al., 2007b). Na parte central do Panamá, a caça aumentou a abundância relativa de sementes de lianas, de espécies com sementes grandes, de espécies dispersas por morcegos e de espécies com dispersão mecânica (Wright; Hernandéz; Condit, 2007).

Populações reduzidas de predadores de sementes em áreas não protegidas têm levado ao aumento da abundância de plântulas recrutadas e de árvores jovens, particularmente considerando espécies com sementes grandes. Depois de mais de 40 anos de proteção contra a caça, as populações de mamíferos caçados anteriormente, como a paca (*Agouti paca*) e o porco-do-mato (*Pecari tajacu*), tornaram-se notavelmente maiores na Estação Biológica La Selva, no nordeste da Costa Rica, do que em áreas circundantes (Guariguata; Adame; Finegan, 2000; Hanson; Brunsfeld; Finegan, 2006). As sementes de espécies de palmeira que não possuem defesas mecânicas ou químicas são particularmente preferidas pelos porcos-do-mato (Beck, 2005; Kuprewicz, 2013). Os efeitos da caça estendem-se além das mudanças na abundância, pois os mamíferos e pássaros de grande porte também desempenham um papel crítico na dispersão de sementes e influenciam a estrutura genética das populações de árvores (Sezen; Chazdon; Holsinger, 2005; Wright; Hernandéz; Condit, 2007).

12.4 A polinização nas florestas em regeneração

Mais de 90% das espécies de plantas com flores dependem dos animais para a polinização e para a reprodução sexuada (Ollerton; Winfree; Tarrant, 2011). Os insetos realizam a maior parte da polinização, mas o vento e os vertebrados também são importantes vetores. Poucos estudos compararam os modos de polinização nas florestas tropicais de diferentes estágios de sucessão. Nas florestas perenifólias úmidas do nordeste da Costa Rica, 70% das espécies e 80% dos indivíduos arbóreos nas florestas em regeneração são polinizados por insetos (Chazdon et al., 2003). A polinização por aves ocorre em 7% das árvores nas florestas em regeneração, mas muitas dessas espécies são do gênero *Inga* e também são polinizadas por mariposas (Sphingidae). A polinização por mamíferos, por outro lado, é menos frequente em florestas em regeneração do que em florestas maduras (Fig. 12.5). Padrões similares também foram observados em florestas secundárias na Mata Atlântica brasileira, onde a polinização por vertebrados é completamente ausente (Lopes et al., 2009; Kimmel et al., 2010).

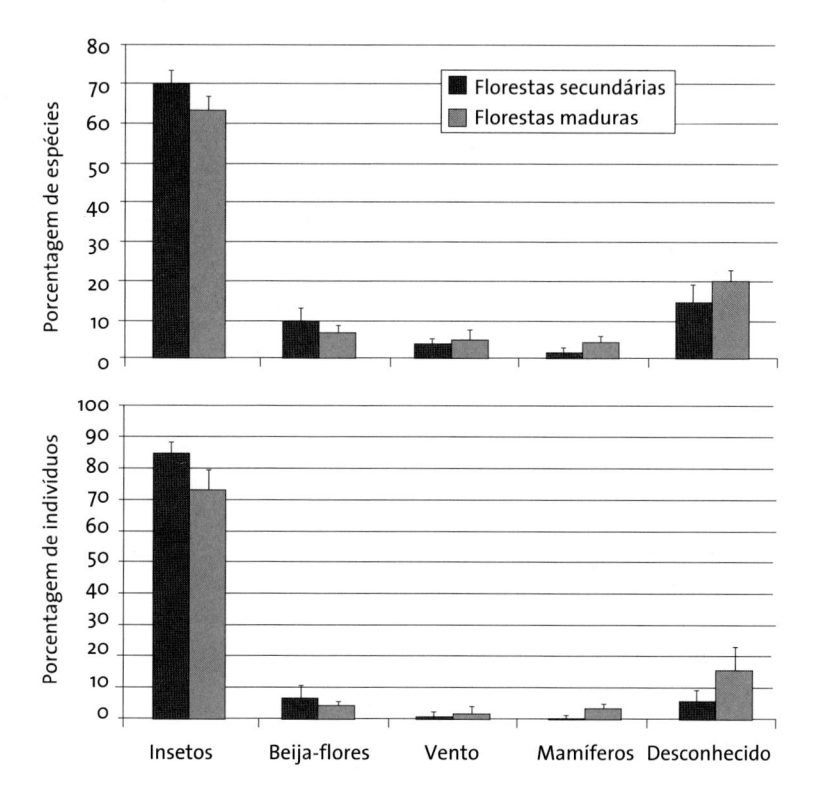

Fig. 12.5 Porcentagem de espécies e indivíduos arbóreos com DAP maior ou igual a 5 cm com diferentes síndromes de polinização em cinco áreas secundárias e três florestas maduras no nordeste da Costa Rica. A idade das florestas secundárias variou de 15 a 25 anos e todas correspondiam a antigas áreas de pastagem. As barras representam médias e as barras de erro correspondem ao desvio padrão

Fonte: redesenhado com base em dados de Chazdon et al. (2003).

Nas regiões neotropicais úmidas, as áreas em início de sucessão possuem muitas espécies não lenhosas que são polinizadas por beija-flores, como as *Heliconia* e as epífitas vasculares (Piacentini; Varassin, 2007). Os picos de florescimento escalonados de espécies simpátricas de *Heliconia* recebem a visita contínua de beija-flores, que competem pelo néctar e forrageiam oportunisticamente qualquer flor disponível. As corolas de *Heliconia*, em áreas no início da sucessão, são curtas o suficiente para permitir que a maior parte dos beija-flores consiga acessar o néctar, mas são longas o suficiente para excluir a maioria dos insetos. As espécies de *Heliconia* encontradas em florestas mais antigas possuem flores morfologicamente especializadas para atrair beija-flores de maior porte (Stiles, 1975; Feinsinger, 1978).

A existência de sistemas de polinização generalista nas áreas com vegetação no início da sucessão também é observada na polinização por insetos. As abelhas são o grupo mais importante de polinizadores nas florestas tropicais. Abelhas sociais e não sociais polinizam 50% das 270 espécies de plantas estudadas em uma floresta de dipterocarpáceas de terras baixas em Sarawak, na Malásia (Momose et al., 1998), e 42% das espécies de árvores estudadas na Estação Biológica La Selva, na Costa Rica (Kress; Beach, 1994). Apesar de as redes de polinização não terem sido analisadas ao longo de uma sere sucessional com várias idades, é provável que um grupo central de polinizadores generalistas persista ao longo da sucessão (ver Boxe 12.1, p. 272), com especialistas aumentando em número durante os últimos estágios da sucessão. A estrutura de uma rede de polinização formada por bromélias e beija-flores foi estudada em áreas secundárias em regeneração na Mata Atlântica do Paraná, no Brasil (Piacentini; Varassin, 2007). A rede formada por 12 espécies de bromélias e dez espécies de beija-flores foi altamente assimétrica e aninhada, com beija-flores especialistas dependendo de parceiros generalistas abundantes e com bromélias especialistas dependendo de beija-flores generalistas para sua polinização. A maior parte das espécies de planta de uma floresta tropical seca perenifólia na Índia exibiu um sistema de polinização generalista envolvendo vários insetos, incluindo abelhas sociais, abelhas solitárias, vespas, mariposas e moscas (Nayak; Davidar, 2010).

O desmatamento e a fragmentação florestal nas regiões tropicais têm sido claramente associados à perda de diversidade dos atributos reprodutivos e à ruptura de relações de mutualismo entre plantas e animais em todos os continentes (Cordeiro; Howe, 2003; Vamosi et al., 2006; Girão et al., 2007; Moran; Catterall; Kanowski, 2009). Poucas pesquisas foram dedicadas a entender como essas relações mutualistas podem ser restauradas durante a regeneração natural das florestas (Kaiser-Bunbury; Traveset; Hansen, 2010; Menz et al., 2011). Os remanescentes de floresta e a composição da paisagem devem desempenhar um papel importante para dar suporte às populações de parceiros mutualistas durante a regeneração de florestas secundárias. As interações entre plantas e animais são determinantes-chave das trajetórias sucessionais e constituem ligações móveis que conectam florestas em regeneração a fragmentos florestais e a florestas intactas dentro dos mosaicos da paisagem nos trópicos.

12.5 Conclusão

Muito da compreensão acerca da diversidade de interações entre plantas e animais durante a regeneração florestal é baseado em estudos detalhados de um pequeno número de espécies, grupos taxonômicos e tipos de floresta. Os estudos disponíveis mostram um amplo espectro de variação na colonização e nos padrões de diversidade durante a regeneração florestal. Apesar de o potencial de recuperação de interações existentes entre populações de animais e plantas durante a regeneração florestal ser alto, ele geralmente não se manifesta (Chazdon et al., 2009b; Gibson et al., 2011). A diversidade animal pode não ser capaz de se recuperar em áreas isoladas distantes de florestas maduras ou de remanescentes florestais, em áreas com um histórico de uso intensivo ou ainda que sofreram extinção local da fauna de vertebrados. Essas barreiras podem ser reduzidas por meio de esforços para promover a regeneração florestal de áreas adjacentes a fragmentos de floresta e para proteger áreas florestais maduras remanescentes. A estrutura e a composição da matriz da paisagem são criticamente importantes para os animais que dispersam ou que consomem sementes e que polinizam as plantas em florestas em regeneração (Turner; Corlett, 1996).

O potencial das florestas em regeneração para abrigar muitas das espécies de animais que ocorrem em florestas maduras aumenta ao longo do tempo, um padrão que também tem sido observado com relação às espécies de árvores (Chazdon et al., 2009b). Um tempo maior é necessário para a chegada das espécies endêmicas e especialistas, pois suas necessidades ecológicas podem não ter sido atendidas durante os estágios iniciais da sucessão. O processo de recuperação das comunidades de animais durante a regeneração florestal é intimamente relacionado à recuperação da diversidade de plantas. Os estudos filogenéticos constituem uma ferramenta promissora para a investigação das relações entre a diversidade de plantas e animais durante a regeneração florestal, particularmente quando combinados com dados de longo prazo sobre as mudanças em abundância relativa e diversidade das espécies.

RECUPERAÇÃO DAS FLORESTAS TROPICAIS

13

Tentativas de plantar árvores para acelerar a regeneração ou de influenciar sua trajetória deveriam ser baseadas em uma compreensão completa das trajetórias prováveis da regeneração que ocorre sem intervenções. (Sayer; Chokkalingam; Poulsen, 2004, p. 8).

Mais de 350 milhões de hectares de áreas desmatadas nos trópicos possuem solos inférteis, erosão, infestação de ervas daninhas ou incêndios recorrentes em consequência das práticas insustentáveis de uso da terra. O cenário de degradação da terra não é uniforme em toda a área onde as florestas foram desmatadas ou exploradas seletivamente. Como os capítulos anteriores deste livro afirmaram, a maior parte das áreas desmatadas tem potencial de regeneração natural (Lamb; Erskine; Parrotta, 2005). Entretanto, a qualidade e a velocidade de regeneração nas áreas desmatadas são altamente variáveis. Nos casos em que ocorreram degradação do solo e perda da produtividade agrícola, a regeneração pode ser acelerada por meio de intervenções adequadas. A degradação da terra corresponde a um ponto extremo de um espectro de possíveis estados que se seguem ao desmatamento e à utilização da terra pelas populações humanas. Em uma ponta do espectro estão as áreas degradadas cuja estrutura, biomassa e composição de espécies tenham sido reduzidas temporariamente ou permanentemente por causa da exploração madeireira, da caça, de cultivos em sistema agroflorestal ou da ocorrência de incêndios (Lamb, 2011). Nas condições intermediárias ao longo desse gradiente, estão as áreas desmatadas para agricultura itinerante, cultivo permanente ou pastagens que têm potencial para regeneração natural após o abandono. No contexto da restauração, a distinção entre áreas degradadas e não degradadas não é simples nem superficial.

A restauração é o processo de retornar uma floresta à sua condição "original". A definição exata da condição "original" é (ou pode ter sido) desafiadora, se não impossível, por diversas razões. Em primeiro lugar, as florestas estão em um estado de fluxo constante por causa das fases de perturbação e recuperação. Em segundo lugar, as florestas maduras já não existem em muitas das regiões tropicais. Em terceiro lugar, em razão dos efeitos irreversíveis das mudanças climáticas, alguns ecossistemas e algumas comunidades não podem mais ser recriados (Jackson; Hobbs, 2009). Em quarto lugar, muitas das florestas tropicais dos dias atuais apresentam heranças das atividades humanas passadas, pondo em questão qual era, ou qual deveria ser, sua condição original. Apesar de as florestas não poderem ser restauradas completamente ao seu estado original, é possível recuperar áreas desmatadas por meio de processos sucessionais espontâneos (passivos) ou pelo plantio de árvores e pela regeneração assistida. Caso se defina *floresta* como um tipo de cobertura natural da terra, então *reflorestamento* é o processo de regeneração dessa cobertura natural.

Nos capítulos anteriores, este livro focou a regeneração natural (restauração passiva) de áreas desmatadas nos trópicos por meio de processos sucessionais espontâneos. Extensas áreas antes ocupadas por pastagens e áreas de cultivo agrícola em Porto Rico e na Costa Rica regeneram naturalmente desde a década de 1950 e se tornaram florestas secundárias (Aide et al., 1995; Arroyo-Mora et al., 2005a). Este capítulo foca as abordagens de *restauração ativa* ou *restauração ecológica* nos trópicos. (A restauração da paisagem florestal [RPF] é discutida no Cap. 14.) Os projetos de restauração ecológica usam plantios de árvores, recuperação do solo, semeadura direta ou plantios de enriquecimento para acelerar a regeneração natural e restaurar a cobertura florestal natural com foco primário na regeneração natural de espécies nativas (Chazdon, 2008a; Lamb, 2011). A restauração ativa envolve a intervenção humana deliberada com o objetivo de superar as barreiras específicas que impedem a regeneração natural da floresta (Rey Benayas; Bullock; Newton, 2008) e é explicitamente direcionada por objetivos estabelecidos pelos humanos, mas, na prática, os métodos de restauração envolvem uma combinação de processos tanto ativos quanto passivos.

As espécies pioneiras de vida curta e as de vida longa são os atores mais importantes no estabelecimento inicial de florestas secundárias e recursos-chave para os esforços de restauração ativa (ver Boxe 5.1, p. 104). Essas espécies são adaptadas para colonizar, estabelecer-se e crescer em situações em que a vegetação foi danificada, sofreu corte raso, foi queimada ou foi completamente perdida. Como discutido na seção 10.3 (p. 219), os atributos funcionais evoluíram para maximizar a captura de carbono e nutrientes, a fim de favorecer a assimilação e o crescimento rápidos. As pioneiras são prontamente dispersas pelo vento e por animais frugívoros. Elas catalisam a colonização e o estabelecimento de espécies de crescimento lento, que constroem as novas florestas ao longo de décadas e séculos. As espécies pioneiras são parceiros essenciais no trabalho de restauração.

13.1 Objetivos e decisões na restauração

O principal objetivo da restauração de florestas tropicais é criar uma comunidade autossustentável que promova a substituição natural de espécies e seja capaz de responder de maneira resiliente ao regime local de distúrbios (Walker; Walker; Del Moral, 2007). O planejamento e a prática da restauração ecológica são, portanto, intimamente relacionados à compreensão dos processos sucessionais (Kageyama; Castro, 1989). "A prática da restauração fora de um arcabouço conceitual de sucessão", segundo Walker, Walker e Del Moral (2007, p. 4), "deve ser como construir pontes sem atentar às leis da Física". Tomar decisões corretas a respeito do tipo de espécies e métodos a serem utilizados na restauração requer uma compreensão das condições ambientais locais, dos processos ecológicos, do que as espécies necessitam para crescer, das interações entre as espécies e do valor econômico das espécies de árvores.

A seção de número 2 da *Introdução à restauração ecológica*, publicada pela Sociedade para a Restauração Ecológica, definiu restauração ecológica como "o processo de auxiliar a recuperação de um ecossistema que foi degradado, danificado ou destruído" (SER, 2004, p. 3). A restauração ecológica conduz um ecossistema degradado em direção a uma trajetória sucessional que o levará a uma condição mais próxima das propriedades e da composição de espécies do ecossistema original. Esses esforços representam os pontos 2 e 3 da "escada" da restauração, com foco em áreas em um estado baixo ou moderado de degradação (Fig. 13.1; Chazdon, 2008a). Em áreas altamente degradadas, a restauração é um processo de múltiplos passos, pois a reabilitação do solo é necessária antes de a restauração ecológica poder ser iniciada. O plantio de árvores é usado frequentemente como um pontapé inicial para a regeneração natural, uma vez que a restauração passiva será encarregada do trabalho nos estágios mais avançados (Lugo, 1997). Em outros casos, os projetos de restauração podem pular a fase inicial da sucessão dominada por espécies pioneiras plantando árvores típicas de florestas maduras, com limitação de dispersão, diretamente nos pastos para aumentar sua abundância na matriz da paisagem (Martínez-Garza; Howe, 2003). Todas essas atividades podem ser consideradas formas de restauração.

Os objetivos das iniciativas de reflorestamento são heterogêneos. Muitos grupos diferentes de pessoas têm interesse no reflorestamento de áreas tropicais, incluindo silvicultores, agricultores itinerantes, pequenos proprietários rurais, ecólogos e biólogos da conservação (Fig. 13.2; Clewell; Aronson, 2006). Se esses objetivos estiverem cuidadosamente alinhados com o potencial da regeneração natural da paisagem, os reflorestamentos terão maior probabilidade de serem bem-sucedidos (Holl; Aide, 2011). Os objetivos do reflorestamento podem ser agrupados em três categorias gerais: (1) produção comercial de produtos madeiráveis e não madeiráveis, (2) regeneração natural das florestas e recuperação dos serviços ecossistêmicos e (3) conservação da biodiversidade.

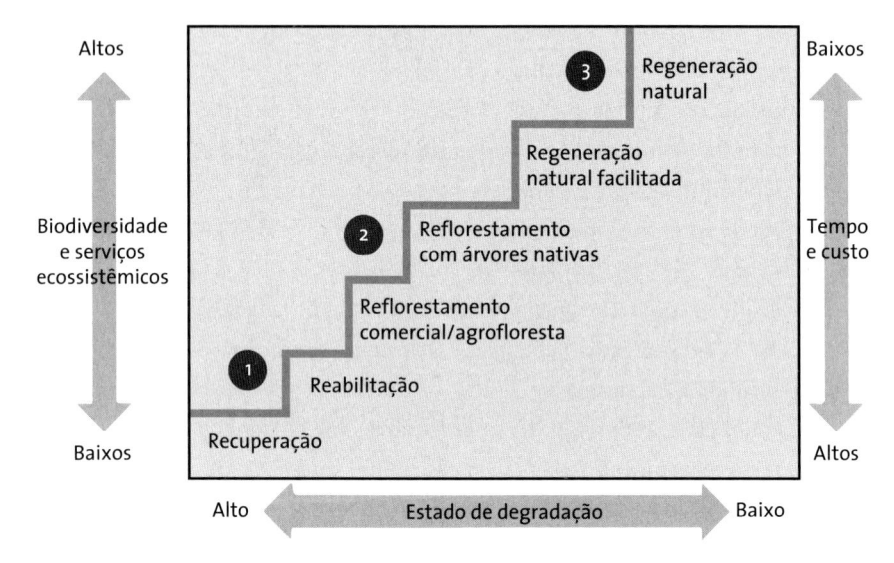

Fig. 13.1 *A escada da restauração. Dependendo do estado de degradação da terra, uma gama de abordagens de manejo pode restaurar pelo menos parcialmente os níveis de biodiversidade e serviços ecossistêmicos dentro de um período adequado de tempo (anos), com algum investimento financeiro (capital, infraestrutura e trabalho). Resultados de abordagens específicas de restauração são (1) a restauração da fertilidade do solo para uso agrícola ou florestal, (2) a produção de produtos madeiráveis e não madeiráveis ou (3) a recuperação da biodiversidade e dos serviços ecossistêmicos*
Fonte: Chazdon (2008a, Fig. 1).

Grupos diferentes de atores priorizam alguns objetivos em detrimento de outros, levando a potenciais conflitos. Grupos formados por múltiplos atores compartilham alguns objetivos, sugerindo que parcerias entre esses grupos podem ser formadas para planejar atividades de reflorestamento que cumpram os objetivos de todos os grupos. Tanto silvicultores e pequenos proprietários como biólogos da conservação apoiam o plantio de árvores para uso doméstico da madeira e dos produtos não madeireiros. Ecólogos e agricultores itinerantes compartilham um interesse nos reflorestamentos como forma de restaurar a fertilidade do solo e acelerar a regeneração natural. Silvicultores, ecólogos e pequenos proprietários valorizam o potencial das florestas regenerantes e restauradas para o sequestro de carbono e também para a produção de madeira. Ecólogos e biólogos da conservação enxergam os reflorestamentos como uma maneira de criar *habitat* para espécies raras e ameaçadas. Por meio do reconhecimento desses objetivos compartilhados, os diferentes atores podem unir-se para alcançar seus objetivos coletivamente.

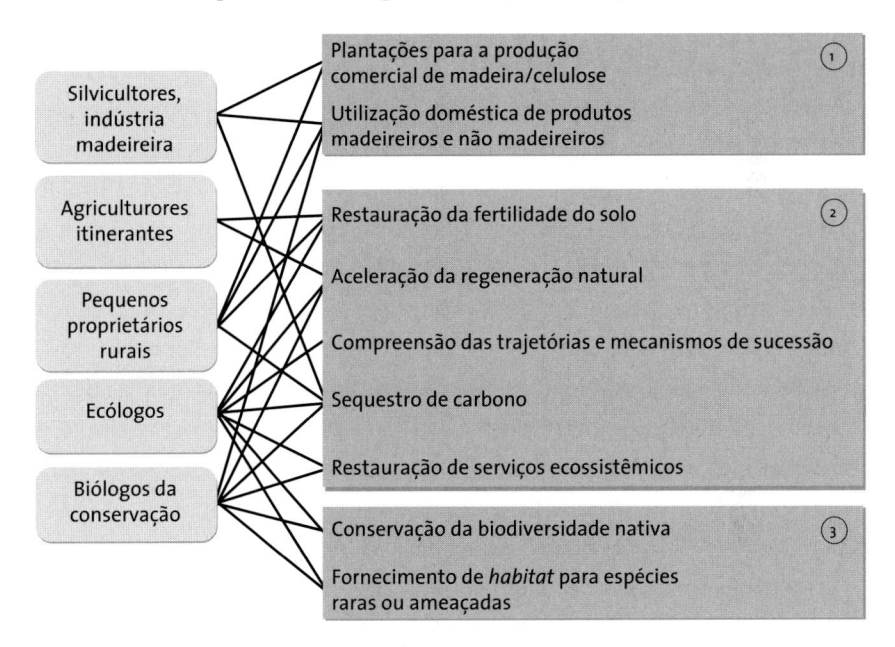

Fig. 13.2 *Diversos grupos de atores (à esquerda) e seus objetivos no reflorestamento de áreas tropicais (à direita). Os objetivos de reflorestamento são agrupados em três grandes categorias: (1) uso comercial e doméstico de produtos florestais, (2) regeneração natural e serviços ecossistêmicos e (3) conservação da biodiversidade. Apesar de cada grupo de atores ter um conjunto de objetivos e prioridades únicas, diferentes tipos de atores se sobrepõem consideravelmente em relação aos objetivos de reflorestamento, sugerindo que alianças fortes podem ser formadas entre esses grupos diversos*

13.1.1 Florestamento *versus* reflorestamento

Por volta de 2007, mais de 57% dos projetos de reflorestamento financiados pelo governo da Indonésia, com o fundo para a restauração, foram destinados ao plantio de mais de um milhão de hectares de plantações para a produção comercial de madeira e celulose na parte de Bornéu que pertence à Indonésia (Kettle, 2010). Essas plantações são frequentemente estabelecidas em áreas de "florestas degradadas", que incluem áreas de pousio em regeneração natural, áreas que sofreram exploração seletiva de madeira e essencialmente qualquer floresta que tenha sido queimada. Esse problema estende-se além da semântica. A questão de se as plantações comerciais de árvores em larga escala devem ser consideradas restauração tem sido debatida por mais de uma década (Sayer; Chokkalingam; Poulsen, 2004; Brockerhoff et al., 2008; Lindenmayer et al., 2012). As plantações comerciais em monocultivo são necessárias para suprir as demandas de madeira, celulose e biocombustíveis, da mesma maneira que as fazendas são necessárias para a produção de comida para as pessoas e para os animais domesticados. Entretanto, as plantações de árvores em monocultivo não são florestas, tanto quanto não o são os milharais, os pastos ou os campos. Aqui, é feita uma distinção entre o *florestamento* com florestas comerciais e a *restauração* atingida por meio da promoção da regeneração florestal por métodos ativos ou passivos. A Organização das Nações Unidas para a Alimentação e a Agricultura (FAO, 2010, p. 95), em sua Avaliação dos Recursos Florestais Mundiais (FRA), define florestamento como "o ato de estabelecer florestas por meio de plantio e/ou semeadura deliberada em áreas que não são classificadas como floresta", enquanto define reflorestamento como "o restabelecimento de florestas por meio de plantio e/ou semeadura deliberada em áreas classificadas como floresta, por exemplo, após incêndios, tempestades ou cortes rasos". É importante notar que as taxas de reflorestamento publicadas na FRA de 2010 não incluem a regeneração natural ou facilitada e são baseadas em dados enviados por apenas 68% dos países participantes.

O principal objetivo do reflorestamento, como discutido aqui, é restaurar uma área desmatada de volta a uma área de floresta por meio da promoção do estabelecimento da biodiversidade nativa, fomentando o desenvolvimento de serviços ecossistêmicos múltiplos e permitindo usos sustentáveis da floresta, incluindo cortes seletivos e manejo florestal de madeira e produtos não madeireiros. Plantações comerciais em monocultivo sem manejo silvicultural podem promover a regeneração no sub-bosque, oferecendo pequenos benefícios para a biodiversidade e para os serviços ecossistêmicos (Brockerhoff et al., 2008; Bremer; Farley, 2010; Tomimura; Singhakumara; Ashton, 2012). Contudo, áreas manejadas intensivamente e com plantações de árvores comerciais – particularmente aquelas manejadas para a produção de celulose ou biocombustíveis ou para o sequestro de carbono – simplesmente não são compatíveis com a facilitação da regeneração natural da floresta ou com a restauração da biodiversidade e das múltiplas funções do ecossistema florestal (Lindenmayer et al., 2012; Hall et al., 2012).

No caso das áreas desmatadas, deve-se tomar a decisão entre reflorestar ou utilizar a terra para a expansão da agricultura e das plantações comerciais, de maneira a evitar novos desmatamentos. Wilcove e Koh (2010) propuseram utilizar os incentivos financeiros para encorajar o uso de áreas degradadas para a expansão das plantações de palmeira-de-óleo no sudeste da Ásia como uma maneira de evitar novos desmatamentos. Para serem efetivas do ponto de vista da conservação, tais ações devem ser baseadas em definições claras do que constitui uma área degradada e devem ter uma análise cuidadosa dos possíveis usos alternativos da terra. Se os incentivos financeiros forem idealizados e executados de maneira incorreta, muito mais áreas serão condenadas a se tornarem degradadas do que a extensão real de áreas que serão efetivamente restauradas, beneficiando exclusivamente a indústria de palmeira-de-óleo.

As decisões e as abordagens relacionadas à restauração deveriam ter a participação ativa dos residentes locais, pois seu ambiente e sua subsistência serão fortemente afetados (Chazdon et al., 2009a; Lamb, 2011; Newton et al., 2012). Áreas com potencial de regeneração natural ou que poderiam passar por ações de restauração ecológica são frequentemente condenadas a permanecerem "degradadas" para promover o desenvolvimento de monocultivos (geralmente, de árvores exóticas), que têm impactos sociais e consequências ecológicas negativos. Em áreas rurais na província de Ha Tinh, no Vietnã, áreas desmatadas que forneceram vários produtos madeireiros e não madeireiros foram intensamente utilizadas pelas populações locais e definidas como "colinas nuas" pelas autoridades governamentais, que pretendiam estabelecer plantios de *Eucalyptus* e *Acacia* a fim de suprir as demandas locais de consumo de madeira de baixa qualidade e de lenha (McElwee, 2009).

13.1.2 Restauração *versus* regeneração natural

Um problema central do planejamento dos esforços de restauração é a dúvida sobre quando a restauração ativa é de fato necessária e como deve ser feita. Essa decisão deveria idealmente ser baseada na compreensão do potencial para regeneração natural de cada área, das condições de solo, dos objetivos específicos do programa de reflorestamento na escala espacial do projeto, e dos fundos disponíveis para apoiar um programa de longo prazo com monitoramentos periódicos (Holl; Aide, 2011; Cantarello et al., 2011). A regeneração natural deve ser o método mais bem-sucedido considerando-se a escala da paisagem e a escala regional, e a restauração ativa deve ser aplicada dentro de áreas específicas que perderam o potencial de regeneração natural devido à degradação do solo ou à limitação da dispersão (Holl; Aide, 2011). Uma abordagem de duas fases envolvendo o estabelecimento inicial de plantações de uma única espécie seguido pela introdução de espécies nativas (ou misturas de espécies nativas e exóticas) após a recuperação do solo pode levar à restauração bem-sucedida de áreas severamente degradadas (Lugo, 1997). A espécie exótica de crescimento rápido *Acacia mangium* (Fabaceae) é plantada para servir de árvore facilitadora em Bornéu com o objetivo de melhorar a fertilidade do solo em áreas de solo arenoso (Norisada et al., 2005). A adição de camada superficial de solo ou de serapilheira pode ser necessária para promover a restauração de áreas de onde o solo tenha sido removido, como áreas mineradas ou retroescavadas (Lamb; Gilmour, 2003; Parrotta; Knowles, 1999).

A restauração ecológica tem por objetivo eliminar ou reduzir as barreiras existentes que impedem a regeneração natural, motivo pelo qual os projetos destinados à efetiva restauração na escala local necessitam de um diagnóstico específico para cada área. As barreiras ecológicas que impedem a regeneração natural podem ser classificadas em quatro categorias gerais: (1) áreas com solo empobrecido por causa da erosão e de perda da camada superficial, (2) colonização inadequada de espécies devido à limitação de dispersão, (3) dominância de ervas daninhas ou gramíneas invasoras e (4) condições microclimáticas alteradas. Os métodos de restauração precisam abordar as barreiras ecológicas específicas que impedem a regeneração natural na escala local (Griscom; Ashton, 2011). Essas limitações variam entre regiões geográficas e florísticas. Por exemplo, limitações à dispersão de sementes e ao estabelecimento de plântulas entre espécies de Dipterocarpaceae sugerem que a restauração das florestas de Dipterocarpaceae do sudeste da Ásia após agricultura itinerante deve ter mais sucesso quando feita por meio de plantios de enriquecimento, coroamento cuidadoso das árvores plantadas e estabelecimento de um dossel de árvores facilitadoras, em comparação à regeneração natural atuando sozinha (Kettle, 2010). Em outras áreas de florestas, a regeneração pode ser impedida por ocorrência recorrente de fogo, pastejo, remoção da serapilheira ou outros distúrbios que impossibilitem o estabelecimento da vegetação lenhosa. Os esforços de restauração ecológica estão condenados a falhar se as principais barreiras locais que impedem a regeneração natural não forem bem compreendidas. Muitos projetos caros de restauração foram perdidos por causa de incêndios, baixa sobrevivência das mudas e monitoramento e manejo inadequados.

Como ponto de início, Lamb (2011) sugeriu uma série de nove princípios gerais para guiar a restauração ecológica de florestas tropicais:

1. As florestas podem ser restauradas pela proteção contra futuros distúrbios, eliminação das barreiras que impedem a colonização e melhoria das condições ambientais.

2. As espécies utilizadas para iniciar a sucessão terão uma influência sobre as trajetórias futuras. O estabelecimento inicial das espécies deveria promover crescimento rápido para que as árvores capturem os recursos disponíveis, suprimam o crescimento das ervas daninhas, atraiam dispersores de sementes e promovam o desenvolvimento da sucessão.
3. A sucessão será mais lenta em áreas altamente degradadas e em ambientes com uma forte sazonalidade. Nas áreas mais degradadas, poucas espécies da composição original serão capazes de colonizar e tolerar as condições locais. Nesses casos, espécies exóticas podem ser necessárias para facilitar o estabelecimento inicial das espécies nativas.
4. Não é necessário imitar precisamente a sucessão natural; espécies de estágios diferentes podem ser plantadas ao mesmo tempo para garantir o rápido fechamento do dossel e o controle de ervas daninhas.
5. O plantio de espécies com uma variada faixa de longevidade deve garantir o desenvolvimento continuado das clareiras no dossel e fornecer oportunidades para recrutamento.
6. É melhor utilizar um grande número de espécies no plantio inicial do que apenas poucas espécies. Ter um número maior de espécies aumenta a probabilidade de produzir uma floresta complexa estrutural e funcionalmente que seja autossustentável e resiliente.
7. Algumas espécies do final da sucessão não serão capazes de se estabelecer nas etapas iniciais e precisarão ser plantadas ou semeadas nas etapas mais avançadas.
8. O contexto da paisagem é importante. Espécies não plantadas só colonizarão se houver florestas relativamente intactas nas proximidades e a fauna dispersora de sementes visitar a área.
9. Plantios jovens podem ser atrativos para os animais selvagens dispersores de sementes quando oferecem árvores poleiro, são estruturalmente complexos e proporcionam recursos alimentares. Misturas de espécies bem planejadas com esses atributos têm maior probabilidade de ser efetivas do que misturas aleatórias.

Esses princípios emergem de numerosos estudos de caso realizados em diferentes países e condições ecológicas. Se a restauração ativa for escolhida, outras decisões importantes são a utilização de uma ou várias espécies e a escolha de espécies nativas ou exóticas (Lamb, 2011). Além dessas considerações, o uso de espécies exóticas em uma dada região é um problema importante no planejamento de projetos de restauração (Lugo, 1997; Ewel; Putz, 2004; Brockerhoff et al., 2008). Nos casos de degradação severa do solo, as espécies exóticas podem ser utilizadas efetivamente para iniciar a regeneração natural, restaurar a fertilidade do solo e melhorar a ciclagem de nutrientes, como observado na região de Xiaoliang, na província de Guangdong, na China (Boxe 13.1). Uma vez que as condições de solo tenham sido melhoradas e a regeneração natural tenha sido iniciada, essas espécies exóticas podem ser colhidas, mas algumas espécies, como *Gmelina arborea* e *Tectona grandis* (teca), rebrotam após a colheita.

> **BOXE 13.1   A restauração de áreas degradadas em Guangdong, na China**
>
> Após mais de cem anos de exploração madeireira e coleta de madeira para lenha na região de Xiaoliang, na província de Guangdong, na China, extensas áreas de florestas tropicais de monções foram transformadas em áreas degradadas (Yu; Wang; He, 1994; Ren et al., 2007). Por volta de 1959, os solos lateríticos tinham se tornado solos nus e altamente erodidos, com pouca matéria orgânica, baixa capacidade de retenção de água e alta densidade (ver Fig. 13.3A). Mais de 100 cm da camada superficial do solo foram perdidos em algumas áreas. Pesquisadores do Instituto de Botânica do Sul da China, da unidade de conservação de água de Xiaoliang e da Academia Sínica começaram um experimento pioneiro de longo prazo em 1959 para determinar se a floresta seria capaz de retornar a essa paisagem nua e se a fertilidade do solo poderia ser restaurada. Inicialmente eles plantaram *Pinus massoniana* e *Eucalyptus exserta* com o objetivo inicial de controlar a erosão do solo e restaurar a sua fertilidade (ver Fig. 13.3B). As árvores cresceram bem no início, mas as taxas de crescimento diminuíram depois de oito a dez anos (Yu; Wang; He, 1994). A coleta de serapilheira e de madeira pelos habitantes locais impediu a acumulação de matéria orgânica nas plantações florestais. As áreas-controle não mostraram qualquer sinal de regeneração natural. O programa de restauração não estava indo bem.
>
> Em 1974, depois de várias tentativas malsucedidas de estabelecer mudas de árvores de folhas largas abaixo dessas plantações, o time de pesquisadores colheu 20 ha de plantações de eucalipto e realizou um plantio misto de dez espécies de árvores nativas. Dessa vez, as mudas receberam adubação e foram cuidadosamente coroadas, e a coleta de serapilheira e de lenha foi proibida. Ao longo do tempo, outras espécies foram plantadas, incluindo várias espécies exóticas fixadoras de nitrogênio. Foram estabelecidos plantios mistos utilizando oito combinações diferentes. Por volta de 1980, 320 espécies, incluindo 75 leguminosas, tinham sido plantadas na área experimental (Yu; Wang; He, 1994; Ren et al., 2007).
>
> Os plantios mistos cresceram bem e atraíram aves que trouxeram mais sementes de árvores nativas dos fragmentos florestais próximos. Em um bloco de 1,4 ha

onde 41 espécies de árvores tinham sido plantadas em 1980, 119 espécies foram encontradas em 1982. Treze dessas espécies foram dispersas por aves (Yu; Wang; He, 1994). As espécies nativas alcançaram o mesmo tamanho das espécies exóticas leguminosas dentro de 15 anos. De 1959 a 2004, a matéria orgânica do solo aumentou na plantação mista de 0,64% para 2,95% e a quantidade total de nitrogênio no solo duplicou. Em torno de 1986, o plantio misto tinha reduzido efetivamente o escoamento superficial e a erosão do solo para zero, enquanto a erosão continuou a acontecer nas áreas plantadas com *Eucalyptus* (Ren et al., 2007; Liu; Li, 2010). A matéria orgânica do solo continuava mais baixa do que nas florestas remanescentes da região, entretanto os especialistas estimaram que, dentro de 150 anos, a fertilidade do solo seria completamente restaurada (Yu; Wang; He, 1994). O aumento da fertilidade do solo nas plantações foi suficiente para permitir o cultivo de árvores frutíferas comerciais em algumas áreas.

Após 45 anos, a área-controle ainda possuía solo nu e erodido, sem sinal de recuperação. A plantação de *Pinus* morreu completamente em 1964 em decorrência dos ataques de insetos e estresse térmico resultante de altas temperaturas na superfície do solo (Ren et al., 2007). As plantações de *Eucalyptus* permaneceram, mas o sub-bosque continuava pobre. Apenas nos plantios mistos o desenvolvimento da estrutura florestal e uma composição diversificada de espécies de árvores, arbustos e ervas foram atingidos. As espécies de árvores e arbustos dominantes foram as mesmas das áreas de florestas em regeneração natural na região. Em 2004, cem espécies de aves foram registradas. A diversidade da fauna edáfica cresceu rapidamente à medida que a matéria orgânica do solo aumentou e a crescente diversidade microbiana no solo promoveu a ciclagem de nutrientes. Trinta anos após o início do plantio misto, essa floresta "artificial" começou a ter vida própria, com uma estrutura trófica complexa incluindo formigas, cupins, aranhas, gafanhotos, besouros, borboletas, aves insetívoras, anfíbios arborícolas e roedores. Predadores de topo de cadeia e mamíferos de grande porte ainda não tinham chegado (Fig. 13.3C; Ren et al., 2007).

Desde 2007, as plantações de *Eucalyptus* estabelecidas em 1959 têm sido cortadas para a plantação de outras variedades de *Eucalyptus* de crescimento rápido e rotação curta (3-5 anos) para a produção de papel em toda a região (Liu; Li, 2010). A floresta mista de 20 ha na região de Xiaoliang tornou-se agora uma pequena ilha em um mar de árvores de *Eucalyptus*.

O funcionamento do ecossistema em áreas em regeneração natural é melhor do que o de áreas com a mesma idade que passaram por restauração ativa, em regiões com o mesmo histórico de uso do solo, mesmo tipo de vegetação e paisagem com características semelhantes, sugerindo que ações de restauração ativa nem sempre são necessárias (essa situação é discutida mais adiante, na seção 13.5, p. 331). Florestas

Fig. 13.3 *Fotografias de (A) uma área erodida com solo descoberto, (B) uma plantação de* Eucalyptus *após 35 anos e (C) plantios mistos em 2004, 45 anos após o início do experimento de reflorestamento em Xiaoliang*

Fonte: Hai Ren, reimpresso com permissão.

que regeneram naturalmente oferecem a vantagem de proteger a biodiversidade a um custo substancialmente reduzido. Existe uma necessidade urgente de desenvolver um "critério para avaliação rápida" do potencial de regeneração natural de uma área ou de uma região para, assim, permitir a avaliação de quanto alguns métodos específicos são apropriados para o alcance dos objetivos específicos da restauração. Rodrigues et al. (2011) descreveram cinco critérios diagnósticos mínimos que podem ser avaliados para determinar o potencial de regeneração natural de uma área:

1. As condições dentro da área são favoráveis para o estabelecimento e o crescimento de espécies nativas de plantas?
2. Existe número suficiente de propágulos disponíveis no banco de sementes, brotos provenientes de rebrota e plantas jovens de espécies nativas de árvores e arbustos?
3. Diferentes formas de vida e grupos sucessionais estão presentes entre as plantas regenerantes?
4. Os fragmentos florestais estão suficientemente próximos da área de restauração para servirem como fonte de propágulos de uma diversidade de espécies?
5. Os animais dispersores de sementes estão presentes na área?

Se a resposta para todas essas perguntas for sim, a área em restauração provavelmente exibirá um padrão de regeneração natural que se autopropaga com pouca ou nenhuma intervenção humana. Esses critérios podem ser utilizados como diretrizes ecológicas gerais, mas cada caso deve ser avaliado individualmente com base em considerações históricas, da paisagem, sociais, econômicas e políticas. Em geral, o potencial de regeneração natural das florestas tropicais secas é maior do que o das florestas úmidas devido à porcentagem mais alta de árvores dispersas pelo vento e à maior abundância de espécies com capacidade de rebrotar (Holl; Aide, 2011; Cantarello et al., 2011).

A escala espacial de áreas focais e a composição da paisagem circundante também influenciam fortemente o potencial para a restauração passiva, e a dispersão de sementes pode limitar a regeneração em áreas distantes de fontes de sementes. Plantios mistos de espécies nativas dispersas pelo vento e por animais, em áreas de pastagens cercadas, aceleraram o estabelecimento de espécies de árvores e arbustos zoocóricas características de estágios mais tardios da sucessão (De la Peña-Domene; Martínez-Garza; Howe, 2013). Espécies zoocóricas do final da sucessão acumularam-se dez vezes mais rapidamente nas parcelas plantadas em comparação às parcelas onde não foram plantadas árvores.

Trajetórias de áreas de restauração ativa, assim como de restauração passiva, são limitadas pelos usos atuais e passados do solo e pelo isolamento das fontes de semente ou pela eliminação da fauna dispersora de sementes. As abordagens de restauração florestal precisam ser embasadas nas limitações ecológicas, sociais e econômicas e nas oportunidades específicas de cada local. Em alguns casos, é necessário primeiro reabilitar o solo para permitir o crescimento da vegetação nativa (Parrotta; Turnbull; Jones, 1997). Em outros casos, a restauração florestal simplesmente requer a prevenção contra o fogo (Durno; Deetes; Rajchaprasit, 2007; Omeja et al., 2011), a construção de cercas para isolar o gado (Griscom; Ashton, 2011) ou a eliminação de espécies exóticas (Durigan; Melo, 2011) ou não necessita de qualquer intervenção (Holl; Aide, 2011). As agroflorestas podem ser parte de um sistema de agricultura itinerante rotativa envolvendo longos períodos de pousio e silvicultura (Michon et al., 2007; Cairns, 2007; Vieira; Holl; Peneireiro, 2009). Áreas reflorestadas e agroflorestas podem fornecer alimentos importantes para as espécies de animais e plantas e podem ser componentes integrais da conservação e restauração na escala da paisagem (Bhagwat et al., 2008; Parrotta, 2010; Reid; Harris; Zahawi, 2012). Plantações comerciais de árvores que são abandonadas também podem originar áreas biodiversas por meio da regeneração natural se houver fragmentos de floresta próximos. No Parque das Neblinas, no Estado de São Paulo, Brasil, 44% das espécies de árvores de fragmentos arbóreos vizinhos foram encontradas regenerando em uma área abandonada há 15 anos e utilizada anteriormente para o cultivo de *Eucalyptus saligna* durante três rotações (Onofre; Engel; Cassola, 2010).

13.2 Restauração por meio do manejo de áreas de pousio

Bem antes de a palavra *restauração* sequer existir, os agricultores tradicionais que praticavam agricultura itinerante nas regiões tropicais realizavam a restauração e manejavam áreas de pousio como um componente integral de seus sistemas agrícolas (ver Boxe 2.1, p. 33; Gómez-Pompa, 1987; Denevan et al., 1984; Michon et al., 2007; Wangpakapattanawong et al., 2010). Hoje, essas práticas ainda são evidentes em algumas regiões, apesar de os sistemas de agricultura itinerante terem mudado dramaticamente em virtude de escassez de terra, pressões para o cultivo de variedades comerciais, intensificação da produção, períodos de pousio mais curtos e políticas governamentais que restringem o uso da floresta e evitam o corte raso (Padoch et al., 2007; Rerkasem et al., 2009; Ziegler et al., 2011). A agricultura itinerante de pequena escala na Amazônia peruana era realizada com a adoção de práticas que melhoravam as áreas de pousio para restaurar a produtividade agrícola nas áreas em que a fertilidade do solo estava em queda (Marquardt; Milestad; Salomonsson, 2013). Os intervalos curtos entre os ciclos de cultivo podem resultar na degradação severa dos solos e na formação de campos de gramíneas sujeitos a incêndios ou resultar em outras formas de sucessão estagnada (ver Boxe 7.1, p. 151; Durno; Deetes; Rajchaprasit, 2007; Ramakrishnan, 2007).

O manejo adequado de áreas de pousio é uma forma efetiva de restauração (Kammesheidt, 2002; Michon et al., 2007). Os campos anteriormente cultivados não são abandonados; os agricultores continuam tomando conta dessas áreas, plantando e fazendo uso de técnicas silviculturais que são comprovadamente efetivas e têm efeitos que duram décadas e até mesmo séculos. Essa forma de manejo garante a continuidade ecológica e cultural entre a floresta original, os campos cultivados e as áreas de pousio. O que começou como um sistema agrícola é transformado em um sistema agroflorestal, ou sistema de *taungya*, em que as árvores são intercaladas com cultivares agrícolas e crescem naturalmente lado a lado com a vegetação regenerante. Quando, em muitas regiões tropicais, os agricultores realizam o corte raso e a queima de uma porção de floresta para estabelecer cultivos agrícolas, eles promovem ativamente a regeneração florestal, pois deixam árvores remanescentes selecionadas e estimulam a rebrota de árvores de crescimento rápido durante as fases de cultivo (Quadro 13.1). Essas "áreas de pousio enriquecidas", "florestas domésticas", "florestas feitas pelo homem", "jardins florestais" e "agroflorestas" representam possíveis trajetórias para a restauração florestal e fornecem, simultaneamente, ecossistemas florestais funcionais e produtos madeireiros e não madeireiros que são explorados seletivamente pelos agricultores locais e suas famílias.

QUADRO 13.1 Principais espécies de árvores plantadas ou manejadas seletivamente em sistemas de pousio enriquecidos nas regiões tropicais do mundo

Região	Principais espécies de árvores plantadas e colhidas	Referências
Indonésia	Seringueira (*Hevea brasiliensis*)	Dove (1993) e Penot (2007)
	Shorea javanica	Michon (2005)
	Styrax spp.	García-Fernández e Casado (2005)
	Pomares frutíferos mistos	De Jong (2002) e Michon (2005)
	Ratã (*Calamus caesius*)	Weinstock (1983) e García-Fernández e Casado (2005)
Tailândia	Chá (*Camellia sinensis* var. *assamica*)	Sasaki (2007)
	Lenha, madeira, frutas, plantas medicinais	Durno, Deetes e Rajchaprasit (2007)

QUADRO 13.1 Principais espécies de árvores plantadas ou manejadas seletivamente em sistemas de pousio enriquecidos nas regiões tropicais do mundo (continuação)

Região	Principais espécies de árvores plantadas e colhidas	Referências
Vietnã	Frutas, plantas medicinais	Dao, Tran e Le (2001)
	Bambu (*Neohouzeaua dulloa*, outras espécies)	Ty (2007)
Xishuangbanna, no sudoeste da China	Chá, ratã, frutas, árvores aromáticas	Xu (2007)
Laos	Resina de benzoína, cardamomo (*Elettaria* spp.)	Michon (2005)
	Broussonetia papyrifera	Fahrney et al. (2007)
	Teca (*Tectona grandis*)	Hansen, Sodarak e Savathvong (2007)
Austrália	Árvores frutíferas	Hynes e Chase (1982)
Melanésia do Pacífico	Frutas, árvores que produzem castanhas	Clarke e Thaman (1993) e Hviding e Bayliss-Smith (2000)
	Casuarina oligodon	Clarke (1966) e Bourke (2007)
	Gnetum gnemon, *Areca catechu*, *Metroxylon sagu*, *Pandanus* spp.	Kennedy e Clarke (2004)
Polinésia do Pacífico e Micronésia	Árvores frutíferas	Clarke e Thaman (1993)
Sul da península de Yucatán, no México	Frutas, madeira e árvores aromáticas	Chowdhury (2007)
Terras baixas de Chiapas, no México	Frutas, madeira e árvores aromáticas	Nations e Nigh (1980), Levy Tacher et al. (2002) e Diemont et al. (2011)
Petén, na Guatemala	Frutas, madeira, outras árvores úteis	Atran (1993)
Leste do Peru	Frutas, madeira, outras espécies úteis	Denevan et al. (1984) e Unruh (1990)
Planície Napo-Amazônica, nas terras baixas do Peru	*Maquira coriacea*, outras espécies madeireiras	Padoch e Pinedo-Vásquez (2006)
Amazônia brasileira	Babaçu (*Attalea phalerata*)	Hecht, Anderson e May (1988)
	Castanha-do-pará (*Bertholletia excelsa*)	Posey (1985)

Fonte: adaptado de Lamb (2011, Tab. 5.6).

Áreas de pousio enriquecidas fornecem alimentos essenciais, remédios, materiais de construção e áreas de caça para agricultores que praticam agricultura itinerante. As árvores frutíferas atraem inúmeros frugívoros, incluindo os animais que são comumente caçados, como os veados (Nations; Nigh, 1980; Denevan et al., 1984; Posey, 1985; Barrera-Bassols; Toledo, 2005). No passado, agricultores itinerantes supriam todas as suas necessidades materiais e espirituais utilizando suas florestas heterogêneas, suplementando o fornecimento de alimento obtido nos campos de cultivo efêmero com inúmeros recursos fornecidos pela vegetação de áreas de pousio em diferentes estágios, enriquecidas pelo plantio de espécies-chave de árvores e pelo coroamento de regenerantes e rebrotas. Esses esforços levaram a altas concentrações de espécies úteis em florestas locais que ainda são evidentes nos dias de hoje (Posey, 1985; Hecht; Anderson; May, 1988). As áreas de pousio e agricultura itinerante ainda funcionam como uma garantia para a população pobre das áreas rurais de muitos países tropicais (Rerkasem et al., 2009). Pequenos proprietários geralmente empregam uma estratégia mista de cultivos permanentes e itinerantes.

O manejo das áreas de pousio começa antes mesmo de essas áreas serem desmatadas para queima e cultivo. Durante a derrubada da floresta, as árvores são manejadas para promover a regeneração rápida da área de pousio (Rerkasem et al., 2009). A rebrota é considerada o método mais efetivo e mais comum para a regeneração em sistemas de agricultura itinerante (Kammesheidt, 1999; Wangpakapattanawong et al., 2010). Com frequência, árvores grandes são protegidas do corte para servirem de matrizes. Os Lawa, do norte da Tailândia, deixam todas as árvores com diâmetro acima de 12 cm e podam seletivamente as árvores maiores para reduzir o sombreamento sobre as plantas agrícolas (Schmid-Vogt, 1997). A rebrota é estimulada por meio de tocos deixados para trás com alturas entre 0,5 m e 1 m, os quais não são danificados pela queima da clareira. Os Hani, de Mensong, em Xishuangbanna, Yunnan, China, praticam sistemas de cultivo itinerante com pousios de longa duração que são enriquecidos. Certas espécies de árvores que atraem as aves são plantadas nos pousios, garantindo uma diversificada chuva de sementes e a regeneração. Suas práticas tradicionais promovem uma estrutura complexa na vegetação, maior diversidade de espécies de plantas e maior diversidade de aves do que na região dos Jinuo, onde a agricultura tradicional de derrubada e queima não é mais praticada (Wang; Young, 2003).

Os maias da Lacandonia são bem conhecidos por seus sistemas de pousio enriquecido altamente desenvolvidos (Nations; Nigh, 1980; Toledo et al., 2003; Diemont; Martin, 2009). Depois de quatro a seis anos de cultivos mistos, eles semeavam árvores de balsa (*Ochroma pyramidale*) em seus campos. A serapilheira foliar de árvores jovens de *Ochroma* suprime as plantas daninhas, inibe os nemátodos e enriquece a matéria orgânica do solo (Levy Tacher; Golicher, 2004). Os plantios de *Ochroma* previnem a invasão da samambaia agressiva *Pteridium caudatum*, que causa a estagnação da sucessão (ver Boxe 7.1, p. 151, e Fig. 13.4; Douterlungne et al., 2010). O conhecimento ecológico tradicional do povo da Lacandonia fornece orientações importantes para a restauração de florestas tropicais nessa região. Mais de 30 espécies de árvores são plantadas em campos de cultivo agrícola ou são protegidas e adubadas após a colonização espontânea com o objetivo de enriquecer o solo e suprimir as ervas daninhas (Diemont et al., 2006, 2011). Uma característica comum de todos esses sistemas maias é a utilização de estágios sucessionais distintos no manejo das áreas de pousio, o uso de espécies com propriedades que enriquecem o solo ou facilitam a sucessão e o consumo humano direto de produtos florestais em todos os estágios da sucessão.

Fig. 13.4 *Plantio experimental de balsa (*Ochroma pyramidale*) com um ano sobre um campo infestado de samambaias invasoras (*Pteridium caudatum*) por mais de 30 anos em Chiapas, no México. As árvores de balsa alcançaram uma altura de 6 m e uma área basal de 4,1 m² por hectare e aparecem sombreando a camada de samambaias invasoras abaixo do dossel*
Fonte: David Douterlungne, reimpresso com permissão. Douterlungne et al. (2010).

Fortes paralelos têm sido observados entre sistemas agroflorestais, sistemas de manejo de pousio em longo prazo e métodos de restauração (Michon et al., 2007; Vieira; Holl; Peneireiro, 2009). Sistemas de pousio enriquecidos imitam e promovem as mudanças na vegetação que ocorrem durante a regeneração natural. O conhecimento ecológico tradicional serve para identificar espécies com potencial comprovado de sobrevivência e crescimento e que facilitem a regeneração florestal, ofereçam recursos aos animais selvagens e forneçam uma grande variedade de produtos madeireiros e não madeireiros para as populações locais, incluindo espécies medicinais (Voeks, 1996; Chazdon; Coe, 1999).

O conhecimento indígena sobre sucessão florestal pode ser diretamente aplicado aos programas de restauração. Com base no seu conhecimento sobre a ecologia da floresta, o povo Akha, das montanhas do norte da Tailândia, desenvolveu um modo de facilitar a regeneração da floresta no entorno de sua vila (Durno; Deetes; Rajchaprasit, 2007). Eles transformaram áreas de pousio dominadas por *Imperata* em florestas por meio da prevenção contra o fogo e da promoção da regeneração a partir da rebrota de raízes e da semeadura (ver Fig. 13.5 e Boxe 13.2).

Fig. 13.5 *Práticas de regeneração natural assistida em campos de* Imperata *nas Filipinas: (A) localização e coroamento de mudas regenerantes; (B) estagiário aprendendo a técnica de compressão para plantio; (C) visão da área antes da restauração; (D) visão da área seis anos após a regeneração natural assistida*

Fonte: cortesia da Fundação Bagong Pagasa e da FAO, reimpresso com permissão.

De fato, a população descobriu que a regeneração natural é mais efetiva do que o reflorestamento (plantio de árvores) para a recuperação da cobertura florestal. Durno, Deetes e Rajchaprasit (2007, p. 135) perceberam que "o processo de sucessão natural e o conhecimento dos agricultores podem ser utilizados hoje em dia para a regeneração e a conservação das florestas da bacia hidrográfica, que são críticas para a saúde ambiental de todo o país".

> **Boxe 13.2 A regeneração natural assistida nas pastagens das Filipinas**
> Por volta de 1997, as Filipinas tinham perdido 80% de sua cobertura florestal (Lasco; Visco; Pulhin, 2001). Mais de dois milhões de hectares de antigas áreas de florestas nas Filipinas foram convertidas em pastagens dominadas por gramíneas agressivas e resistentes ao fogo, tais como *Imperata cylindrica* e *Saccharum spontaneum* (ver Boxe 7.1, p. 151). Se forem protegidas do fogo, essas pastagens lenta e naturalmente voltarão a ser florestas (Durno; Deetes; Rajchaprasit, 2007). Entretanto, esse processo sucessional lento pode ser acelerado. Por mais de 30 anos, os métodos de regeneração natural assistida têm sido usados com sucesso para restaurar as florestas sobre pastagens nas Filipinas (Ganz; Durst, 2003; Shono; Cadaweng; Durst, 2007). Essa abordagem pode restabelecer a cobertura florestal efetiva e rapidamente em áreas ecologicamente sensíveis, tais como áreas íngremes de bacias hidrográficas importantes e áreas onde a restauração da biodiversidade é urgentemente necessária, como dentro de áreas de conservação e reservas biológicas (Sajise, 2003). Além disso, o custo da regeneração natural assistida representa metade do custo dos métodos convencionais de restauração florestal, incluindo o plantio de árvores (Durst; Sajise; Leslie, 2011).
>
> O objetivo da regeneração natural assistida foi acelerar o estabelecimento, o crescimento e a sobrevivência de espécies de árvores nativas que colonizaram naturalmente as pastagens. Essa abordagem requer que existam áreas de florestas remanescentes próximas e uma densidade mínima de mudas regenerando naturalmente que tenham conseguido se estabelecer abaixo do dossel denso das gramíneas. São necessários, geralmente, de 200 a 800 indivíduos regenerantes por hectare (Shono; Cadaweng; Durst, 2007). Uma densidade de 800 regenerantes é suficiente para formar um dossel fechado dentro de três anos e para eliminar as gramíneas por sombreamento.
>
> A regeneração natural assistida praticada nas Filipinas tem quatro elementos-chave: o controle de fogo por meio de aceiros, a restrição do pastejo, a supressão do crescimento de *Imperata* e outras gramíneas agressivas, e a promoção do crescimento das mudas regenerantes naturalmente existentes. Essa abordagem requer a participação ativa da comunidade local. Os sistemas agroflorestais e os plantios de enriquecimento utilizando espécies de árvores com sementes grandes típicas de florestas

maduras também podem ser utilizados para melhorar a qualidade de vida da população local e promover a biodiversidade nativa.

Shono, Cadaweng e Durst (2007) fizeram uma descrição detalhada dos métodos empregados para a regeneração natural assistida. De início, realizaram um levantamento das mudas de espécies lenhosas (ver Fig. 13.5A). As árvores regenerantes foram marcadas e sua sobrevivência foi monitorada. O crescimento de cada muda foi favorecido pela remoção da vegetação competidora dentro de um raio de 0,5 m e as mudas foram adubadas quando necessário. O controle de gramíneas foi realizado em toda a área por meio de amassamento ou abafamento das gramíneas utilizando uma tábua ou rolando um barril nas áreas inclinadas (ver Fig. 13.5B). Nesse processo, a base do caule das gramíneas é dobrada, mas não quebrada, para prevenir o perfilhamento. Esse processo precisava ser repetido de duas a três vezes por ano até que as gramíneas morressem. Ainda mais importante é a necessidade de proteger a área contra incêndios, utilizando aceiros, e de cercá-la para mantê-la isolada dos animais (ver Fig. 13.5C).

A Agência Florestal nas Filipinas tem sido lenta na adoção dessas abordagens. Em vez disso, promove as abordagens silviculturais convencionais que utilizam espécies exóticas de crescimento rápido, tais como *Gmelina arborea*, *Acacia mangium*, *Pterocarpus indicus* e *Swietenia macrophylla* (Lasco; Pulhin, 2006). Esses métodos convencionais não apenas são mais caros, mas também apresentam uma baixa taxa de sucesso (frequentemente menos de 30%) por causa de fogo, falha na manutenção e corrupção política (Lasco; Visco; Pulhin, 2001).

Em 2006, um projeto de regeneração natural assistida de três anos foi inaugurado por meio de uma parceria entre a FAO, o Departamento de Meio Ambiente e dos Recursos Naturais das Filipinas e a Fundação Bagong Pagasa. O governo das Filipinas, impressionado com o alto sucesso e o baixo custo desses métodos, alocou fundos especiais para dar suporte à regeneração natural assistida de florestas em mais de 9.000 ha. As comunidades locais também foram beneficiadas, pois esses projetos permitiram que elas se tornassem parceiras na tarefa de recuperar suas florestas.

13.3 A restauração ecológica de florestas nos trópicos

Os métodos de restauração variam grandemente em relação aos custos, aos níveis de biodiversidade que eles suportam, ao tempo necessário para o desenvolvimento da floresta e às necessidades de pesquisas especializadas (Quadro 13.2; Kettle, 2010). Os primeiros projetos de reflorestamento foram fortemente focados em plantios de espécies comerciais, tais como espécies de *Eucalyptus* e *Pinus*, para acelerar a regeneração natural, uma vez que essas eram as únicas espécies disponíveis para plantio e necessitavam de pouca pesquisa. A facilitação da regeneração natural custa muito menos do que o plantio de mudas e requer pouca pesquisa, mas leva a taxas mais lentas de desenvolvimento da estrutura florestal. A regeneração natural impõe grandes riscos aos pequenos proprietários de terra nos estágios iniciais da sucessão, uma vez que a área pode parecer abandonada e é mais suscetível a incêndios. O plantio de mudas de árvores de espécies nativas é atualmente um método de restauração popular, pois o conhecimento das práticas silviculturais e de viveiro está se expandindo rapidamente. O plantio de árvores de espécies nativas nas áreas degradadas do Parque Nacional Kibale, em Uganda, aumentou significativamente a recuperação da floresta, a biomassa arbórea e a dispersão e a regeneração de espécies nativas não plantadas em um período de dez anos (Omeja et al., 2010). Praticados amplamente na região da Mata Atlântica, no Brasil, os plantios com alta diversidade de espécies nativas promovem o desenvolvimento rápido de florestas com níveis relativamente altos de biodiversidade, mas com um custo elevado (Boxe 13.3; Rodrigues et al., 2009).

QUADRO 13.2 Méritos das diferentes abordagens da restauração ecológica de florestas

Método de restauração	Custos (trabalho ou dinheiro)	Biodiversidade	Tempo para o desenvolvimento da floresta	Necessidade de pesquisa
Monocultivo de espécies comerciais (facilitadoras)	Altos	Baixa a média	Rápido	Baixa
Regeneração natural assistida (sem enriquecimento)	Baixos	Baixa a média	Baixo a médio	Baixa
Regeneração natural assistida (com enriquecimento)	Baixos a médios	Média	Médio	Baixa a média
Espécies-chave	Médios a baixos	Média	Médio	Alta
Plantio de mudas nativas em alta diversidade	Altos	Alta	Rápido	Alta
Semeadura direta de espécies arbóreas florestais	Baixos a médios	Alta	Rápido	Alta
Plantios de nucleação	Médios	Média a alta	Médio a rápido	Alta

Fonte: Shono, Cadaweng e Durst (2007).

Boxe 13.3 A restauração da Mata Atlântica do Brasil
A Mata Atlântica já foi uma extensa floresta perenifólia e sazonalmente seca cobrindo 1,5 milhão de quilômetros quadrados entre 3° e 30°S ao longo da costa atlântica brasileira. Milhares de anos atrás, os agricultores itinerantes foram os primeiros povos a cortar a Mata Atlântica para o plantio de cultivares agrícolas (Dean, 1995; Oliveira, 2007). A chegada dos colonizadores portugueses, em 1500, levou a um padrão muito mais devastador de desmatamento, fragmentação de *habitat* e degradação florestal (Dean, 1995; Rodrigues et al., 2009; Tabarelli et al., 2010). Atualmente, pouco menos de 12% da cobertura original ainda existe (Ribeiro et al., 2009). Essa região é onde 70% da população do Brasil reside, criando enormes demandas por terra, água e produtos florestais. É reconhecida como um *hotspot* global da biodiversidade com base em seus altos índices de biodiversidade, elevadas taxas de endemismo local e altos níveis de desmatamento (Tabarelli et al., 2010).

A restauração é um dos maiores desafios na região da Mata Atlântica e possui o apoio de instrumentos legais e políticos e parcerias entre agências governamentais, agências de pesquisa e empresas privadas (Wuethrich, 2007). Em 1980, a nova legislação ambiental federal exigiu o reflorestamento de áreas afetadas por barragens hidrelétricas. Em 2000, para áreas desmatadas depois de 1965, todos os proprietários rurais foram obrigados legalmente a restaurar 20% da sua terra (80% na região da Amazônia). Essa obrigação criou uma enorme demanda por projetos de restauração e estimulou o desenvolvimento de vários métodos (Durigan; Melo, 2011). Em 2006, o governo federal brasileiro criou um fundo para a restauração com o objetivo de estimular projetos e pesquisas na região da Mata Atlântica (Rodrigues et al., 2009).

As abordagens para a restauração da Mata Atlântica brasileira têm mudado dramaticamente desde a década de 1970 e o início da década de 1980, quando *Pinus* e *Eucalyptus* foram plantados para a produção de madeira (Rodrigues et al., 2009; Brancalion et al., 2010; Durigan; Melo, 2011). Após a abertura do caminho por Kageyama e Castro (1989), vários pesquisadores desenvolveram métodos de restauração com base na teoria sucessional na tentativa de acelerar ou melhorar a regeneração natural. O plantio de espécies nativas tornou-se amplamente praticado, com foco no restabelecimento de florestas autossustentáveis que sigam uma trajetória para alcançar os níveis de biodiversidade encontrados nos fragmentos de florestas maduras na paisagem circundante.

Os objetivos da restauração de áreas específicas geralmente incluem a eliminação ou a redução do impacto humano, criando florestas com estruturas capazes de fornecer sombreamento permanente, manter ou aumentar o número de espécies lenhosas, promover a colonização de espécies nativas não arbóreas, fornecer abrigo e alimento para a fauna local e suprimir gramíneas invasoras (Rodrigues et al., 2009). Áreas reflorestadas estão sendo destinadas à criação de corredores ecológicos entre reservas biológicas existentes, à proteção de recursos hídricos e à criação de novos *habi-*

tat para espécies endêmicas de primatas ameaçados, tais como o mico-leão-dourado (*Leontopithecus rosalia*; Sansevero et al., 2011).

Alguns pesquisadores chegaram à conclusão de que a restauração da Mata Atlântica é mais bem-sucedida quando uma alta diversidade de espécies é plantada desde o início (Brancalion et al., 2010; Aronson et al., 2011). De acordo com a Resolução SMA 21, aprovada em 2001 pelo governo do Estado de São Paulo, é necessário plantar no mínimo 30 espécies em todos os projetos de restauração dessas florestas altamente diversas. Desde então, a resolução tem sido revisada, com sua versão mais recente, de 2007, exigindo que pelo menos 80 espécies estejam presentes na área de restauração ao final do processo, incluindo as espécies recrutadas por meio da regeneração natural. A alta diversidade de espécies é uma maneira de garantir o sucesso do projeto de restauração, pois algumas espécies não conseguem colonizar, estabelecer-se ou persistir na nova floresta (Wuethrich, 2007). Em alguns casos, entretanto, a alta diversidade da regeneração em áreas de restauração pode ser alcançada com o plantio inicial de poucas espécies, sugerindo que características do local podem limitar mais a regeneração do que a colonização (Durigan et al., 2010).

Na região da Mata Atlântica, os projetos de restauração utilizam uma mistura de espécies pioneiras e uma alta diversidade de espécies não pioneiras, às vezes plantadas em linhas alternadas para promover o desenvolvimento da estrutura florestal e aumentar a diversidade funcional em longo prazo (Nave; Rodrigues, 2007). Durante os primeiros 10 a 20 anos, a abundância de espécies pioneiras diminui, enquanto aumenta o número de indivíduos e a abundância de espécies tolerantes à sombra.

O Pacto pela Restauração da Mata Atlântica foi criado em 2009 para lançar um dos programas de restauração ecológica mais ambiciosos do mundo. Seu objetivo é restaurar um total de 15 milhões de hectares de áreas degradadas na Mata Atlântica no Brasil até 2050. Os membros do pacto incluem 96 organizações não governamentais, 34 instituições do governo, 25 empresas privadas e sete institutos de pesquisa. As atividades de restauração gerarão potencialmente mais de três milhões de empregos e necessitarão de um investimento de 77 bilhões de dólares (Calmon et al., 2011). Vários incentivos são fornecidos para estimular pequenos proprietários a aderirem aos programas de restauração. Se o programa for bem-sucedido, pelo menos 30% da cobertura florestal existente antes da colonização europeia será restaurada (Aronson; Milton; Blignaut, 2007). Espera-se que esses esforços reduzam o risco de extinção de muitas espécies endêmicas que perderam seus *habitat*.

A competição com espécies exóticas agressivas e a fertilidade reduzida do solo podem ser barreiras importantes para a regeneração natural nos trópicos. Nesses casos, árvores facilitadoras são geralmente plantadas para melhorar as condições locais e promover o estabelecimento de árvores por meio da regeneração natural (Parrotta; Turnbull; Jones, 1997). Para serem efetivas, as árvores facilitadoras devem viver o suficiente para que as gramíneas e outras herbáceas sejam excluídas e novas árvores consigam colonizar e se estabelecer na área (Lamb, 2011). As árvores facilitadoras podem ser nativas ou exóticas e podem tolerar condições extremas, excluir herbáceas e melhorar a qualidade do solo. Por exemplo, as árvores de balsa (*Ochroma pyramidale*), que são capazes de suprimir a samambaia (*Pteridium aquilinum*), em Chiapas, no México (ver Fig. 13.4, p. 318; Douterlungne et al., 2010). Os plantios das leguminosas fixadoras de nitrogênio *Acacia mangium* e *Paraserianthes falcataria* facilitaram a regeneração natural de 63 espécies de 24 famílias em áreas dominadas por *Imperata cylindrica* no sul de Kalimantan, na Indonésia (Otsamo, 2000). A utilização de árvores facilitadoras é relativamente barata, mas depende da dispersão de sementes oriundas de áreas circundantes com vegetação natural. Em alguns casos, as árvores facilitadoras podem tornar-se um impedimento ao recrutamento e precisam ser colhidas ou desbastadas (Lamb, 2011).

A abordagem conhecida como "espécies-chave" utiliza um grande número de espécies para dar um salto inicial na sucessão. De 20 a 30 espécies são plantadas para iniciar o processo e fornecer as condições para o desenvolvimento futuro da sucessão. A mistura de espécies inclui pioneiras de vida curta e pioneiras de vida longa (ver Boxe 5.1, p. 104) e espécies que produzem frutos para atrair os animais. Esse método é bastante apropriado para áreas que estão próximas a florestas naturais remanescentes, que servem de fonte de propágulos. Em regiões tropicais sazonalmente secas, algumas das espécies plantadas devem ser tolerantes ao fogo e capazes de rebrotar (Lamb, 2011).

A abordagem de restauração com máxima diversidade usa um número de espécies ainda maior nos plantios iniciais. São plantadas mudas de 80 a 100 espécies, incluindo espécies raras de várias formas de vida e tipos funcionais (Goosem; Tucker, 1995; Rodrigues et al., 2009). Muitas das espécies que são adaptadas a estágios sucessionais mais tardios possuem sementes grandes e dispersão limitada e, portanto, teriam pouca chance de chegar até as áreas restauradas. Esse método garante uma diversidade de espécies e uma diversidade funcional relativamente altas em áreas restauradas e um rápido aumento na diversidade em comparação a outros métodos de plantio. Tanto sementes quanto mudas podem ser utilizadas em plantios.

A semeadura direta e a nucleação são abordagens promissoras para restauração com alta diversidade que possuem custo menor do que o plantio de árvores;

ambos os métodos têm recebido crescentes esforços de pesquisa. A semeadura direta reduz os custos de transporte e de trabalho consideravelmente e não requer o desenvolvimento de técnicas de propagação em viveiro para espécies pouco estudadas (ver Quadro 13.2, p. 322). Parrotta e Knowles (1999) utilizaram um *mix* de sementes com 27 espécies nativas coletadas de uma floresta tropical úmida próxima para restaurar uma área de 17 ha após a exploração de bauxita na Amazônia brasileira. O primeiro passo foi espalhar camada superficial de solo por toda a área. Vários estudos mostraram que taxas de germinação e sobrevivência são altas quando se utiliza a semeadura direta em áreas anteriormente ocupadas por pastagens, particularmente quando se trata de espécies de sementes grandes (Camargo; Ferraz; Imakawa, 2002; Cole et al., 2011). As espécies arbóreas com sementes de tamanho intermediário ou grande, redondas ou ovais, com conteúdo de água baixo ou médio e envoltórios relativamente grossos tiveram taxas altas de sobrevivência das plântulas após a semeadura direta em pastagens dominadas por *Imperata* no sul da Tailândia (Tunjai; Elliott, 2012). As taxas de predação de sementes podem ser altas e a qualidade das sementes é altamente variável. Com base nos seus estudos realizados no Laos, Sovu et al. (2010) recomendaram enterrar as sementes para prevenir a predação e a desidratação. A semeadura direta sem enterrar a semente resultou em baixo estabelecimento e alto desperdício de sementes em três áreas dos trópicos úmidos no nordeste de Queensland. Sementes maiores apresentaram taxas de estabelecimento mais elevadas, mas apenas nos tratamentos em que as sementes foram enterradas a 5-20 mm de profundidade. A semeadura direta deve ser mais apropriada como um complemento ao plantio de mudas ou como uma forma de enriquecer as áreas após os primeiros estágios de regeneração (Doust; Erskine; Lamb, 2006; Cole et al., 2011). Esse não é um método apropriado quando não se faz controle de herbáceas. Além disso, são necessárias grandes quantidades de sementes, causando potencial impacto nas populações naturais de árvores matrizes e restringindo o número de espécies que podem ser usadas (Lamb, 2011).

A nucleação é baseada em princípios de sucessão de paisagens não florestadas (Reis; Bechara; Tres, 2010; Corbin; Holl, 2012). Mudas de espécies facilitadoras ou fundadoras são plantadas em grupos de "ilhas" em vez de serem plantadas em um padrão uniforme, imitando os processos de nucleação ao redor de arbustos ou árvores remanescentes durante os estágios iniciais de sucessão (ver Boxe 7.2, p. 154; Yarranton; Morrison, 1974). Como menos árvores são plantadas, os custos são reduzidos a um quarto ou um terço dos custos típicos de plantios de restauração (Rey Benayas; Bullock; Newton, 2008; Holl et al., 2011). Os plantios de nucleação criam um ambiente mais heterogêneo do que plantações uniformes e podem, portanto, favorecer a regeneração de uma diversidade mais alta de espécies (Rey Benayas; Bullock; Newton, 2008; Corbin; Holl, 2012). Os núcleos de restauração precisam ter um tamanho mínimo para atrair os dispersores de sementes. Cole et al. (2011) descobriram que núcleos maiores do que 64 m² são mais efetivos para facilitar a chuva de sementes rica em espécies no sul da Costa Rica em comparação a núcleos menores (Fig. 13.6). Plantios de árvores cercados dentro de áreas de pastagens ativas são uma maneira efetiva de estabelecer pequenas manchas de floresta para facilitar a conectividade entre fragmentos de floresta na paisagem circundante (De la Peña--Domene; Martínez-Garza; Howe, 2013).

Fig. 13.6 *Experimento de restauração em áreas com pastos degradados perto da Estação Biológica Las Cruces, no sul da Costa Rica (Cole; Holl; Zahawi, 2010). A imagem mostra três tratamentos: plantio (P), controle (C) e ilhas de árvores (I). A fotografia foi tirada quatro anos depois do plantio*
Fonte: Rebecca Cole, reimpresso com permissão.

A utilização de espécies-chave e árvores facilitadoras tem sido os métodos de restauração mais amplamente adotados nos trópicos. A fase de estruturação da floresta desenvolve-se começando pelo plantio de mudas, em vez da colonização de regenerantes vindos de áreas vizinhas ou do banco de sementes. Durante a restauração, as espécies pioneiras que colonizam a área naturalmente ou que são plantadas influenciam fortemente a dinâmica, a estrutura e a composição da cobertura florestal em desenvolvimento. O plantio de mudas em áreas degradadas ou abandonadas deve resultar em um estabelecimento mais rápido e previsível, promovendo a dispersão de sementes e o estabelecimento de diversas espécies de árvores nativas que, de outra maneira, não seriam capazes de colonizar a área.

Poucos estudos investigaram em longo prazo as trajetórias de restauração após o estabelecimento de diferentes espécies pioneiras, árvores facilitadoras ou espécies-chave (Powers; Haggar; Fisher, 1997; Erskine et al., 2007). Essas avaliações geralmente ignoram os impactos socioeconômicos dos projetos de restauração (Dinh Le et al., 2012). O sucesso dos projetos de restauração ecológica requer a manutenção contínua dos tratamentos experimentais e o monitoramento cuidadoso das áreas-controle e das áreas manejadas para determinar se os tratamentos realmente levam aos objetivos ecológicos desejados, os quais podem incluir a chuva de sementes, a regeneração da vegetação natural, a restauração das funções do ecossistema e o retorno da biodiversidade nativa. Uma das dificuldades de utilizar os resultados de monitoramento para avaliar os objetivos da restauração é que a escala de tempo da regeneração natural é bem maior do que o tempo normal dos projetos de restauração (geralmente de três a cinco anos). Antes de 2010, nenhum dos principais programas de restauração nos trópicos úmidos na região de Queensland, na Austrália, incorporava um programa formal de monitoramento (Kanowski; Catterall; Neilan, 2008). Muitos projetos de restauração não têm programas de monitoramento porque possuem financiamentos de curto prazo, dependem de trabalho voluntário de grupos comunitários e não contam com especialistas entre os voluntários e os praticantes. Dois terços dos plantios de restauração no norte de Queensland entre 1997 e 2002 estavam em condições subótimas devido à falta de manutenção. Cinco a dez anos após o plantio, os investimentos iniciais nesse projeto estavam sob sério risco de serem confiscados (Kanowski et al., 2010). Um conjunto de ferramentas para a manutenção de projetos de restauração foi desenvolvido por Kanowski et al. (2010) e inclui critérios detalhados de monitoramento das condições da área, da estrutura da floresta, da composição de espécies de plantas, do sequestro de carbono e da composição de espécies de aves.

13.4 A recuperação da biodiversidade durante a restauração florestal

Um pequeno número de projetos utilizando plantios nativos possui, atualmente, idade suficiente para permitir avaliações da biodiversidade e dos serviços ecossistêmicos em comparação a outros usos na terra, incluindo florestas maduras e áreas não plantadas em regeneração natural na mesma região. Vários estudos nas regiões tropicais do norte de Queensland, na Austrália, mostraram que plantios de restauração com alta diversidade de espécies nativas podem formar dosséis fechados com estrutura complexa dentro de dez anos e podem dar suporte a uma diversidade moderada da fauna típica de florestas tropicais úmidas (Kanowski et al., 2003, 2006; Catterall et al., 2012). Plantios de restauração densos nos trópicos úmidos podem alcançar o fechamento do dossel dentro de três a cinco anos em áreas favoráveis (Goosem; Tucker, 1995). A diversidade animal deve aumentar durante a restauração ecológica da mesma maneira que ocorre durante a regeneração natural. A colonização das áreas de restauração por espécies florestais especialistas é fortemente influenciada pelas mudanças na estrutura florestal e no microclima do sub-bosque e também pelos padrões espaciais da vegetação da paisagem circundante (Erskine et al., 2007). Nas regiões de florestas sazonalmente secas nos trópicos onde ocorrem incêndios naturais, a queima controlada de áreas restauradas e reabilitadas pode ser necessária para aumentar a colonização por espécies nativas (Brady; Noske, 2010).

O aumento da altura do dossel, da cobertura vegetal e da cobertura de serapilheira com a idade do plantio relaciona-se fortemente à riqueza de espécies de besouro e à similaridade na composição de espécies entre áreas restauradas e áreas naturais de floresta tropical úmida na região tropical. Áreas plantadas mais antigas, com idade entre 6 e 17 anos, e áreas adjacentes a florestas remanescentes tiveram composição de espécies de besouros mais semelhante à encontrada em áreas de florestas tropicais úmidas naturais (Grimbacher; Catterall, 2007). A presença de répteis de florestas tropicais nesses plantios de restauração só ocorreu após as áreas possuírem 60% de cobertura de dossel; áreas reflorestadas completamente isoladas de florestas naturais têm poucas chances de ser colonizadas por espécies de répteis se corredores ecológicos não forem plantados (Kanowski et al., 2006).

Dez anos após o plantio, áreas de restauração ecológica tiveram metade do número de espécies de aves florestais encontradas em áreas remanescentes (Catterall et al., 2012). Com o aumento da idade dos plantios de 1 a 24 anos, a riqueza e a abundância de espécies típicas de áreas abertas diminuíram, enquanto aumentaram para espécies típicas de áreas florestais. As espécies endêmicas típicas de florestas úmidas da região foram as mais lentas para recolonizar as áreas e tiveram 50% menos probabilidade de colonizar áreas reflorestadas mais antigas do que as espécies não endêmicas.

Pesquisas na floresta de Kakamega, no Quênia, também ilustram a recolonização de árvores e espécies de aves dependentes das árvores em áreas de plantios mistos de espécies nativas com 60 a 70 anos de idade. A composição de espécies de aves nos plantios mistos foi semelhante à de florestas naturais na região. A riqueza e a abundância de plântulas das espécies tardias da sucessão foram recuperadas em plantios mistos e em plantios de árvores em monocultivo (Farwig; Sajita; Böhning--Gaese, 2008, 2009). Apesar de possuírem valor como *habitat* complementar, as florestas plantadas não substituem adequadamente as florestas maduras perdidas. Plantios mistos de espécies nativas são utilizados por espécies de primatas diurnos (*Colobus guereza, Cercopithecus mitis, C. ascanius*), mas suportam apenas grupos de baixa densidade (Fashing et al., 2012).

Poucos estudos compararam a riqueza de espécies de plantas ou animais em plantios de restauração e áreas em regeneração natural de mesma idade e condições ambientais semelhantes. Na Floresta Experimental de Luquillo, em Porto Rico, plantações pequenas não manejadas de pínus (*Pinus caribaea*) e mogno (*Swietenia macrophylla*) apresentaram números baixos de espécies lenhosas no sub-bosque em comparação às florestas em regeneração de idade semelhante. Entretanto, após 50 anos, a riqueza de espécies no sub-bosque das plantações de mogno atingiu os níveis das florestas em regeneração (Lugo, 1992). Plantios de 30 anos de *Alnus acuminata*, nativa dos Andes da Colômbia, tiveram estrutura da vegetação e área basal semelhantes às de florestas em regeneração natural com a mesma idade, mas os plantios tiveram 33% menos espécies e composição de espécies diferente da encontrada nas florestas da região (Murcia, 1997). A abundância e a composição de espécies de aves não foram significativamente diferentes entre plantios de restauração da espécie chinesa *Fraxinus chinensis* com 40 anos e florestas em regeneração natural (Durán; Kattan, 2005). Esses exemplos ilustram que a biodiversidade pode recuperar-se pelo menos com a mesma velocidade em áreas de regeneração natural e em plantios de restauração.

A maior diversidade de espécies de árvores plantadas durante a restauração não necessariamente leva à maior diversidade de árvores regenerando no sub--bosque. Nas terras baixas do Caribe, na Costa Rica, os plantios mistos de espécies nativas para restauração com 15 a 16 anos tiveram abundância, riqueza e composição de espécies lenhosas regenerando no sub-bosque semelhantes às encontradas em plantações em monocultivo (Butler; Montagnini; Arroyo, 2008). A riqueza de espécies lenhosas regenerando no sub-bosque foi inversamente relacionada ao percentual de abertura do dossel em todas as plantações e foi menos desenvolvida em áreas não plantadas em regeneração natural.

13.5 A recuperação das propriedades do ecossistema durante a restauração florestal

O maior estímulo para a restauração ecológica das florestas tropicais é a restauração da fertilidade do solo para aumentar a provisão de bens e serviços ecossistêmicos perdidos durante o desmatamento e a degradação florestal (Montagnini; Finney, 2011). Os serviços ecossistêmicos são definidos de maneira ampla como os benefícios que os humanos obtêm dos ecossistemas nas escalas local, regional e global. Esses benefícios incluem produtos florestais madeireiros e não madeireiros, restauração da fertilidade do solo, estoque de carbono acima e abaixo do solo, regulação dos fluxos hídricos, conservação da biodiversidade, recreação e ecoturismo (Rey Benayas et al., 2009). Apesar de áreas restauradas ativamente por meio do plantio de espécies nativas poderem desempenhar uma ampla gama de serviços ecossistêmicos, existem ganhos e perdas importantes desses serviços que devem ser reconhecidos (Hall et al., 2012). Por exemplo, o manejo silvicultural de plantios de restauração pode aumentar a produtividade de madeira, mas também pode reduzir o estoque de carbono e alterar a composição das comunidades de plantas e animais.

A restauração ecológica de pastagens degradadas com plantios de ilhas de árvores na Costa Rica aumentou a deposição de serapilheira, a regeneração de árvores e o estoque de carbono mais rapidamente do que em áreas que não foram plantadas (Celentano et al., 2011a, 2011b). Plantações das mesmas quatro espécies recuperaram essas propriedades ainda mais rapidamente. Três tratamentos diferentes de restauração no Parque Nacional Kibale, em Uganda, resultaram em rápidas taxas de acumulação de biomassa acima do solo depois de 12 a 32 anos, com custos diferentes para estabelecimento e manutenção (Omeja et al., 2012). O método mais barato, a proteção contra o fogo por meio da construção de aceiros, custou aproximadamente 500 dólares por quilômetro quadrado por ano e foi altamente efetivo para promover a regeneração natural e a acumulação de biomassa. Os métodos de restauração também variaram em relação à sua ramificação social; os conflitos com a comunidade local surgiram por causa da contratação de trabalhadores de fora para a colheita de plantações de *Pinus* e também por causa da degradação das estradas locais provocada pelo transporte da madeira.

Vários estudos compararam o estoque de carbono e a ciclagem de nutrientes em florestas regenerando naturalmente e em plantações de árvores em monocultura, ambas com mesma idade, uso anterior do solo e condições ambientais. Lugo (1992) observou que plantações não manejadas na Floresta Experimental de

Luquillo, em Porto Rico, tiveram maior biomassa acima do solo, maior biomassa de raízes, maior profundidade de penetração das raízes e taxas mais rápidas de ciclagem de nutrientes no solo do que florestas naturais não manejadas em regeneração natural. Entretanto, a contribuição da biomassa do sub-bosque para a biomassa total da floresta foi menor em plantações do que em florestas em regeneração natural de mesma idade. Uma plantação de *Pinus* de 20 anos e uma floresta secundária crescendo na mesma fazenda em Porto Rico apresentaram níveis semelhantes de carbono orgânico do solo (0 a 25 cm de profundidade), mas o solo da floresta acumulou uma fração maior do carbono orgânico, aumentando o potencial de estocagem de carbono em longo prazo (Li et al., 2005). As taxas de decomposição da serapilheira e de biomassa total de raízes também foram maiores na floresta em regeneração natural. Uma metanálise de 48 estudos realizados nos trópicos mostrou que a acumulação de biomassa acima do solo foi significativamente maior em plantios em monocultivo do que em áreas de regeneração natural, mas essas diferenças foram pequenas e diminuíram nas áreas com mais de 18 anos (Bonner; Schmidt; Shoo, 2013).

As propriedades ecossistêmicas dos plantios de restauração também são influenciadas pelo número de espécies plantadas e pelas características delas. Em plantios mistos, o estoque de carbono na vegetação é maior do que em plantios de uma única espécie, para áreas com mesma idade e condições ambientais. Na região dos trópicos úmidos de Queensland, na Austrália, o estoque de carbono foi maior em plantios de restauração de alta diversidade do que em plantios de coníferas em monocultivo ou plantios mistos de mesma idade (Kanowski; Catterall, 2010). Os níveis mais altos de carbono acima do solo nos plantios de restauração devem-se à maior densidade de indivíduos, ao maior diâmetro das árvores e às densidades mais altas da madeira nessas áreas do que nas monoculturas de coníferas. Na Costa Rica, a biomassa acima do solo em plantios mistos de 15 a 16 anos foi mais alta do que em plantios monoespecíficos (Piotto et al., 2010). O número de espécies de árvores em reflorestamentos jovens em Sardinilla, no Panamá, não afetou significativamente o estoque de carbono acima do solo, mas as taxas de respiração e decomposição de resíduos lenhosos grandes e da serapilheira de folhas foram significativamente mais altas na monocultura (Potvin et al., 2011). As taxas anuais de respiração na escala da floresta foram de 14% a 56% mais altas em plantios mistos do que nas monoculturas, o que foi parcialmente atribuído aos maiores diâmetros e à área basal mais elevada das árvores crescendo nos plantios mistos (Kunert et al., 2012).

Na porção leste da Austrália subtropical, tanto a restauração ativa quando a restauração passiva levaram à recuperação de uma grande faixa das propriedades do solo. A nitrificação, o pH, a densidade total e o nitrato e o fosfato disponíveis para as plantas foram semelhantes em plantios de restauração e florestas maduras. Entre as nove propriedades avaliadas, apenas a biomassa de raízes finas foi semelhante entre os plantios florestais e as pastagens. A restauração teve diferentes efeitos sobre as propriedades do solo e sobre o crescimento inicial de mudas de espécies pioneiras (Paul et al., 2010a, 2010b). Áreas dominadas pela árvore exótica *Cinnamomum camphora* cobrem 25% dessa região. Essas áreas, com idade entre 20 e 40 anos, apresentaram taxas mais lentas de recuperação das propriedades do solo quando comparadas a plantios de restauração com alta diversidade de espécies, após 12 a 20 anos. A eliminação das árvores de *Cinnamomum camphora* por meio do anelamento restaurou as propriedades do solo para valores semelhantes aos observados em áreas de florestas remanescentes próximas e promoveu a regeneração de várias espécies de árvores da floresta tropical úmida (Kanowski; Catterall, 2010). O manejo de grandes áreas dominadas por *Cinnamomum camphora* é uma opção promissora para a restauração e representa, de longe, uma alternativa com um custo-efetividade mais baixo do que os plantios de restauração (Paul et al., 2010b).

As mudanças nas propriedades do solo foram semelhantes em áreas-controle (regeneração natural) e em dois tipos de plantio de restauração na região da Mata Atlântica de São Paulo, no Brasil (Nogueira et al., 2011). A ciclagem de nutrientes, a matéria orgânica do solo e a porosidade do solo aumentaram durante dez anos de crescimento de plantios com alta diversidade de mudas, utilizando 40 espécies, e plantios de baixa diversidade estabelecidos por meio de semeadura direta de cinco espécies de árvores pioneiras. Esses diferentes tratamentos não foram significativamente distintos em relação aos estoques de carbono no solo, mas o plantio de baixa diversidade promoveu mudanças mais rápidas nas propriedades do solo como consequência do crescimento das árvores e do desenvolvimento da floresta mais acelerados. A restauração experimental de áreas no nordeste da Costa Rica indicou diferenças importantes entre seis espécies de árvores nativas quanto a seus efeitos sobre as propriedades do solo superficial (de 10 cm a 15 cm de profundidade) até mesmo 15 anos após o plantio. O carbono orgânico em solos superficiais teve correlação significativa com o crescimento de raízes finas, mas não foi relacionado à produção de serapilheira não lenhosa, sugerindo que a dinâmica microbiana juntamente com as características das raízes são fortes determinantes da estocagem de carbono no solo durante a restauração (Russell et al., 2007). A recuperação em curto prazo da ciclagem de carbono e nitrogênio no solo em áreas cercadas de pastagem em Vera Cruz, no México, foi maior em áreas de plantio incluindo espécies de árvores leguminosas (Roa-Fuentes et al., 2013).

13.6 Conclusão

A experiência em Xiaoliang (ver Boxe 13.1, p. 310) fornece diversas lições valiosas para a restauração de áreas degradadas. A mais valiosa delas é a necessidade de prevenir a degradação contínua de áreas florestais por meio de manejo adequado dos ecossistemas de florestas tropicais. Para obter sucesso na restauração, é necessário superar as duas maiores limitações: (1) o ambiente físico severo e (2) a baixa diversidade aliada à limitação de dispersão das áreas degradadas. Para superar essas limitações, a intervenção humana é necessária, geralmente, em várias etapas. A escolha correta das espécies do plantio inicial influencia a trajetória da sucessão e a colonização espontânea de espécies nativas. O manejo inadequado dos plantios de restauração e o insucesso no desenvolvimento do sub-bosque podem levar à falha do estabelecimento de espécies nativas e à erosão contínua do solo.

O desenvolvimento de métodos efetivos e custeáveis de restauração e de métricas para quantificar seus efeitos de curto e longo prazo sobre a estrutura da floresta tropical, a diversidade e as funções do ecossistema ainda está em fase experimental. Menz, Dixon e Hobbs (2013, p. 527) descreveram essencialmente o estado atual da pesquisa em restauração ecológica: "a restauração não é uma fórmula mágica para fornecer imediatamente ecossistemas do tipo desejado, e sim uma ciência emergente com menos de quatro décadas de idade". Poucos estudos de longo prazo relataram as trajetórias das mudanças sofridas pelas florestas em restauração ou compararam métodos de restauração ativa com a regeneração natural por mais do que alguns poucos anos. O papel das interações entre espécies (incluindo as interações na rizosfera) durante a restauração é pobremente compreendido e tem uma importância crítica. A incorporação do conhecimento local e das práticas tradicionais comprovadamente bem-sucedidas em algumas regiões em particular poderá possibilitar o desenvolvimento de métodos mais efetivos para restaurar a biodiversidade e as funções do ecossistema por meio do plantio de árvores e do manejo das florestas secundárias existentes. Esses métodos também têm maior probabilidade de serem compatíveis com o bem-estar das populações locais. Apesar de questões técnicas ainda impedirem os esforços de restauração em muitas áreas, questões sociais (econômicas, políticas e comportamentais) representam os maiores obstáculos à restauração em todo o mundo nos dias de hoje (Kettle et al., 2011).

É tentador pensar na restauração como um processo inverso ao desmatamento, mas esse não é o caso. Os métodos de restauração, sejam passivos ou ativos, levam ao desenvolvimento de novos ecossistemas florestais e agrupamentos de espécies que não existiam anteriormente e que representam um "trabalho em andamento". Para algumas pessoas, essas "novas" florestas geram esperanças para o futuro; para outras, elas são meras sombras das florestas que ocuparam a área antes: "O 'alcançável' é um hiperespaço de n dimensões, em constante mudança e em constante negociação, produzido pelas características intrínsecas de uma área selvagem entrelaçadas ao mosaico das energias sociais e às suas agendas" (Janzen, 1997, p. 275).

REGENERAÇÃO FLORESTAL NAS PAISAGENS TROPICAIS

14

A globalização é frequentemente vista como uma causa do desmatamento, mas há contextos em que ela promove a recuperação da floresta. (Hecht et al., 2006, p. 208).

Em 1978, pouco antes do começo da guerra civil em El Salvador, apenas 18% da cobertura florestal ainda existia na bacia do Cutumayo. Campanhas de bombardeio aéreo organizadas pelo exército federal de El Salvador durante a década de 1980 forçaram os sobreviventes de Cinquera a abandonar suas casas em campos. Em 1992, os residentes retornaram a seu vilarejo para reconstruir suas vidas depois da devastadora guerra civil. Durante o seu exílio, as áreas anteriormente cultivadas foram transformadas em 5.300 ha de florestas tropicais secas secundárias. O vilarejo foi colonizado por 70 espécies de árvores e 224 espécies de vertebrados. Após o retorno dos moradores, eles criaram uma associação para a reconstrução e o desenvolvimento municipal de Cinquera, e sua nova floresta cresceu como área protegida e é, atualmente, a base do desenvolvimento econômico de toda a região (Herrador Valencia et al., 2011). Em 2004, a cobertura florestal da bacia atingiu 61%. A regeneração da floresta proporcionou um recomeço e um novo propósito para as vidas dos moradores.

Durante a década de 1980, um sexto da população de El Salvador migrou para fora do país com o crescimento da guerra civil. Por volta do final da guerra, a produção agropecuária já não era o setor dominante da economia. A fração da agricultura na economia do país caiu de 81%, em 1970, para 10%, em 2000. Durante a década de 1990, a taxa de regeneração florestal em El Salvador (5,8%) foi mais alta do que a taxa de desmatamento (2,88%). A renda perdida com a agricultura foi substituída pela ajuda financeira enviada por membros das famílias que migraram para fora do país, a maior parte para os Estados Unidos. A taxa de regeneração florestal foi maior nas regiões em que os residentes recebiam as maiores remessas (Hecht et al., 2006; Hecht; Saatchi, 2007).

Apesar dos seus climas, biotas e condições ambientais contrastantes e das suas histórias sociais, econômicas e políticas distintas, El Salvador, Costa Rica e

Porto Rico compartilham um mesmo padrão. Esses países, entre outros da Europa e da América do Norte, têm mais cobertura florestal hoje do que 15 ou 20 anos atrás – eles passaram pela transição florestal (Mather, 1992; Walker, 1993; Rudel et al., 2005). As mudanças de uso do solo que marcam a transição florestal acontecem por reduções em desmatamento e aumentos em reflorestamento e regeneração florestal. Esses países tiveram históricos diferentes de desmatamento e possuem distintas trajetórias de aumento da cobertura florestal (Grainger, 2010).

Algumas trajetórias de transição florestal têm maior probabilidade de resultar em florestas de alta qualidade do que outras (Lambin; Meyfroidt, 2010; Lamb, 2011). As estatísticas de mudança no uso do solo que têm sido utilizadas para definir transição florestal geralmente não fazem distinção entre reflorestamento e restauração. No Vietnã, por exemplo, metade do aumento na cobertura florestal entre 1987 e 2006 foi atribuída a plantações em monocultivo de espécies de árvores exóticas de crescimento rápido (Meyfroidt; Lambin, 2009). Em contraste, virtualmente todo o aumento de cobertura florestal em Porto Rico de 1948 a 1990 foi resultado da regeneração natural espontânea (Boxe 14.1; Rudel; Perez-Lugo; Zichal, 2000).

> **BOXE 14.1** Determinantes socioeconômicos da regeneração florestal em Porto Rico
>
> Quando o desmatamento alcançou os níveis de pico no final da década de 1930, as florestas cobriam menos de 10% de Porto Rico, uma ilha caribenha com uma área total de 9.104 km². Nessa época, 90% da ilha era constituída por áreas de uso agrícola e 72% da população vivia em áreas rurais. A agricultura correspondia a 45% do Produto Interno Bruto (PIB) do país. A vida em Porto Rico mudou dramaticamente em 1948, quando os Estados Unidos investiram milhões de dólares na economia do país em um programa ambicioso chamado de Operação Bootstrap. Fábricas foram estabelecidas, usando matéria-prima dos Estados Unidos e exportando mercadorias de volta a custos mais baixos de mão de obra. Trabalhos de manufatura e de turismo atraíram trabalhadores que tinham deixado as zonas rurais. A regeneração natural espontânea das florestas ocorreu após o abandono de canaviais, cafezais e pastagens. Em torno de 1980, a agricultura tinha caído para menos de 5% do PIB (Grau et al., 2003). Em 1991, as florestas estavam crescendo em mais de 42% do território da ilha, apesar de a população ter continuado a crescer (Helmer et al., 2002).
>
> Em Porto Rico, a transformação geral de uma economia agrícola para uma de produtos manufaturados abriu uma oportunidade sem precedentes para estudar os fatores sociais e ecológicos associados com o crescimento das florestas em escalas espaciais diferentes através de uma topografia acidentada, diferentes usos do solo e diversas zonas ecológicas. As florestas secundárias estavam concentradas nas áreas de cultivo de

café das terras altas do centro-oeste, onde havia predominância de pequenos proprietários, com trabalho agrícola intensivo, terras de baixa aptidão agrícola e altas taxas de êxodo rural. As pequenas propriedades tiveram 2,7 vezes mais chances de regenerar (Rudel; Perez-Lugo; Zichal, 2000; Yackulic et al., 2011). O tamanho pequeno das fazendas (< 30 ha) e o uso pouco frequente de fogo facilitaram a recuperação rápida da estrutura florestal em antigas áreas agrícolas (Grau et al., 2003). A industrialização desempenhou um papel importante na migração para as áreas urbanas, promovendo um declínio na agricultura e a regeneração natural das florestas (Rudel; Perez-Lugo; Zichal, 2000).

Os fatores que afetaram o crescimento da cobertura florestal de Porto Rico mudaram ao longo do tempo. De 1977 a 1991, os fatores ecológicos, como alta declividade e altitude, foram determinantes mais importantes da regeneração florestal do que os fatores socioeconômicos (Yackulic et al., 2011). De 1991 a 2000, a cobertura florestal continuou a crescer, mas mais lentamente, devido ao aumento das pressões sobre as terras disponíveis (Parés-Ramos; Gould; Aide, 2008; Crk et al., 2009; Yackulic et al., 2011). Em contraste às décadas anteriores, a densidade populacional e a proximidade das áreas protegidas tornaram-se determinantes mais importantes da regeneração florestal nos municípios e bairros (Yackulic et al., 2011). A porcentagem de cobertura florestal dentro de um raio de 100 m foi um determinante importante do aumento da cobertura florestal de 1991 a 2000. Áreas íngremes, face norte e distância até rodovias primárias foram fatores associados à regeneração florestal. Os solos com potencial agrícola intermediário foram associados às taxas mais elevadas de regeneração, sugerindo que essas áreas eram menos rentáveis para a agricultura, mas tinham um potencial alto para o aumento da cobertura florestal (Crk et al., 2009).

Tanto os fatores sociais quanto os fatores ecológicos influenciaram a regeneração florestal em Porto Rico. Dentro do município de Luquillo, no nordeste, a proximidade à Floresta Experimental de Luquillo promoveu significativamente a regeneração florestal entre 1936 e 1988. Em 1936, os canaviais e as pastagens ocupavam cada um aproximadamente um terço dessa paisagem, e as florestas densas, apenas 15%. Em 1988, os canaviais desapareceram completamente, os pastos abrangiam somente 25% da área, as áreas urbanas, 10%, e as florestas densas, 54%. Áreas a até 1 km dos limites da Floresta Experimental de Luquillo apresentaram maior regeneração em comparação a áreas a mais de 2 km de distância. Manchas de floresta densa e corredores de matas ciliares serviram como núcleos de regeneração florestal (Thomlinson et al., 1996).

Por volta de 1980, dentro de um período de 30-40 anos de regeneração, as florestas secundárias de Porto Rico foram similares a florestas preexistentes em relação a fisionomia e estrutura do dossel, mas substancialmente diferentes em composição das espécies, abundância de árvores de grande porte e estrutura do solo. Nas florestas secundárias, as espécies endêmicas foram menos abundantes e as espécies arbóreas exóticas persistiram como dominantes no dossel. Em 1980, as espécies exóticas corres-

> pondiam a 11% da área basal e 2% das espécies nas florestas secundárias de Porto Rico. As árvores exóticas desempenharam um papel importante no aumento da cobertura florestal desse país e permanecem como uma característica distinta dessas novas florestas emergentes (Lugo; Helmer, 2004).

A regeneração espontânea das florestas requer a redução da pressão antrópica sobre a terra. Essa redução pode seguir uma ampla variedade de mudanças socioeconômicas, incluindo êxodo rural (Aide; Grau, 2004; López et al., 2006), emigração para outros países (Schmook; Radel, 2008), abandono das atividades agrícolas em áreas marginais (Arroyo-Mora et al., 2005b), adoção de sistemas agroflorestais ou desenvolvimento de atividades que possuem relação com as florestas, como ecoturismo, áreas de conservação privadas e projetos de restauração (Kull; Ibrahim; Meredith, 2007; Sloan, 2008). Apesar de as decisões sobre o abandono de áreas agrícolas serem baseadas primariamente em fatores socioeconômicos, condições biofísicas, como a topografia e a fertilidade do solo, podem desempenhar um papel importante, particularmente quando a conversão de floresta para agricultura ocorreu em terras com baixa aptidão agrícola. A recuperação da cobertura florestal requer a confluência de fatores socioeconômicos, políticos e ecológicos.

Capítulos anteriores deste livro focaram os processos ecológicos da regeneração florestal dentro de manchas da paisagem após distúrbios naturais ou o abandono de áreas agrícolas. Aqui, a visão é ampliada para considerar como as florestas tropicais se regeneram dentro de um contexto espacial mais amplo das paisagens antrópicas, em que *habitat* naturais ou seminaturais coexistem dentro da matriz de diferentes tipos e extensões de usos agrícolas (Perfecto; Vandermeer; Wright, 2009). Essa visão ampla permite olhar com maior nitidez as relações entre as atividades humanas e a regeneração das florestas, enfatizando a relação intrínseca entre os sistemas sociais e ecológicos. As trajetórias do desmatamento e do reflorestamento emergem da dinâmica conjunta dos sistemas sociais e ecológicos. Apesar do foco explícito nas *causas* da regeneração florestal nos trópicos, as *consequências* sociais e econômicas merecem um tratamento amplo e também detalhado.

14.1 Transições de uso do solo e transições florestais

A mudança na cobertura do solo não é um processo simples, linear ou irreversível. Os azulejos que compõem o mosaico da paisagem mudam de cor ao longo do tempo. Imagine-se um mosaico idealizado de paisagem composto de três cores de azulejos:

verde para florestas maduras, florestas secundárias ou plantios maduros; amarelo para florestas em estágios iniciais de sucessão (pousios jovens) ou plantações jovens; branco para áreas agrícolas (cultivares ou pastagens). Ao somar o número de azulejos que muda de verde para branco durante um dado período de tempo, chega-se à taxa de desmatamento, enquanto as mudanças de branco para amarelo representam o aumento da cobertura florestal. Três outros tipos de transição de uso de solo podem ocorrer dentro do mesmo intervalo de tempo. Os azulejos podem mudar de amarelo para verde, refletindo o aumento da cobertura florestal ou a sucessão; mudanças de amarelo para branco representam o corte de pousios para repetido uso agrícola; e mudanças de verde para amarelo indicam exploração madeireira ou outras formas de degradação florestal que não passam pelo estágio de cultivo agrícola.

Em uma dada escala espacial ou temporal (número de azulejos por unidade de tempo), as *transições de uso de solo* dentro de um mosaico da paisagem são *transições florestais* quando a taxa de reflorestamento excede a taxa de desmatamento. Entretanto, essas métricas são simples demais – na realidade, os mosaicos da paisagem têm mais do que três cores de azulejos. Como discutido previamente na seção 5.3 (p. 114), definições de florestas, florestas secundárias e degradação florestal variam amplamente através de regiões e entre espécies e pesquisadores (por exemplo, ver FAO, 2011).

A taxa de desmatamento dentro de uma paisagem não revela informações sobre as mudanças na composição e nas características das espécies, que são efeitos particularmente importantes sobre a biodiversidade, os serviços ecossistêmicos e o modo de vida das populações rurais (Rudel et al., 2005; Chazdon, 2008a). O aumento da cobertura vegetal ocorre por três vias principais: regeneração natural (espontânea), agroflorestas (ou áreas de pousio enriquecidas) ou plantio de árvores. Essas modalidades de aumento da cobertura florestal variam em importância nas diferentes regiões dos trópicos. A regeneração espontânea tem sido a modalidade mais comum na América Latina, enquanto o reflorestamento tem sido alcançado, na África, por meio de sistemas agroflorestais em pequenas propriedades e, na Ásia, por meio de uma combinação de plantios florestais e regeneração natural (Rudel, 2012).

A dinâmica do reflorestamento e desmatamento pode ser avaliada em múltiplas escalas espaciais e temporais. Uma paisagem é um conjunto de ecossistemas e tipos de uso do solo em escalas variando de dezenas a centenas de quilômetros. Da mesma maneira que as manchas dentro da paisagem passam por períodos de desmatamento, corte raso e regeneração, paisagens inteiras podem ser vistas como entidades dinâmicas que passam por fases de conversão florestal, conversão agrícola e regeneração florestal (Lambin; Geist; Lepers, 2003). Da mesma forma que as trajetórias sucessionais são influenciadas por eventos anteriores, as trajetórias de mudança no uso de solo o são pelo contexto biofísico, político, social, econômico e histórico (Rudel et al., 2005; Perz, 2007; Lambin; Meyfroidt, 2010).

O aumento e a diminuição da cobertura florestal são processos distintos com conjuntos únicos de fatores causais (Rudel et al., 2005; Lambin; Geist, 2006; Meyfroidt; Lambin, 2009). Na escala local, a regeneração florestal após distúrbios naturais e antrópicos é sempre mais lenta do que o corte de florestas. No entanto, nas escalas de paisagem, regional e nacional, tanto o aumento quanto a diminuição da cobertura florestal ocorrem simultaneamente em diferentes velocidades e sob circunstâncias geográficas, sociais e econômicas distintas (Tucker et al., 2005; Elmqvist et al., 2007; Morse et al., 2009; Sloan, 2008; Bray, 2010). Nas escalas nacional ou regional, as medidas do resultado líquido de aumento ou diminuição na cobertura florestal fornecem informações limitadas sobre os fatores específicos que determinam a mudança na paisagem.

Os determinantes do aumento da cobertura florestal e das transições são mais bem investigados nas escalas espaciais menores, para as quais a dinâmica pode ser quantificada dentro de unidades das paisagens ou geográficas. As inconsistências nos dados reportados pela Organização das Nações Unidas para a Alimentação e a Agricultura (FAO) geram desafios para se desenharem em gráficos as trajetórias de regeneração florestal na escala nacional (Grainger, 2010). A complexidade na dinâmica da cobertura florestal geralmente estende as fronteiras nacionais ou regionais, com aumento de cobertura florestal em uma região ou país acompanhado pela importação de madeira e produtos agrícolas de outras regiões (Meyfroidt; Lambin, 2009; Mansfield; Munroe; McSweeney, 2010; Walker, 2012). De 1990 a 2005, o aumento de 40% na cobertura florestal do bioma Mata Atlântica, no Brasil, foi devido, pelo menos em parte, à expansão da produção agrícola e madeireira no bioma amazônico no país (Pfaff; Walker, 2010). Entre os sete países tropicais que passaram pela transição florestal recentemente (a taxa de crescimento da cobertura florestal excede a de diminuição), os aumentos na cobertura florestal foram associados à transferência líquida de desmatamentos para outros países (Meyfroidt; Rudel; Lambin, 2010).

14.2 A regeneração florestal no contexto da paisagem

A distribuição espacial das áreas de aumento da cobertura florestal dentro das paisagens tropicais não é aleatória, em grande parte porque a distribuição do desmatamento anterior, o uso do solo e o abandono da terra não são aleatórios (Helmer, 2000). Três características principais da paisagem estão associadas à regeneração de florestas: terrenos dessecados em áreas altas, a proximidade a florestas remanescentes e a distância até rodovias (Quadro 14.1). O acesso à área e a aptidão agrícola influenciam fortemente os padrões espaciais de abandono da terra que leva à regeneração da floresta, assim como a persistência de remanescentes de floresta madura na paisagem (Helmer et al., 2008). Dentro de uma paisagem amplamente desmatada, os remanescentes de florestas maduras tendem a ser restritos a áreas marginais para o desenvolvimento de atividades agrícolas, com alta declividade e maiores altitudes (Helmer, 2000; Rudel, 2012). Com base em uma revisão de literatura de dados de imagem de satélite e de estudos realizados no campo, Asner et al. (2009) examinaram casos documentados de regeneração florestal em regiões tropicais por um período de pelo menos dez anos. Em aproximadamente 70% dos casos estudados, o aumento da área de floresta ocorreu em áreas de terras altas com topografia acidentada. Áreas íngremes e ravinas em colinas de relevo montanhoso são geralmente exploradas por pequenos proprietários rurais e frequentemente possuem qualidade marginal para agricultura ou pecuária. O abandono de áreas agrícolas em terras altas acontece quando a agricultura intensificada se expande para áreas relativamente planas, atraindo trabalhadores, infraestrutura e investimento financeiro (Rudel et al., 2009).

A regeneração natural espontânea requer condições de solo apropriadas para o estabelecimento de árvores pioneiras e a dispersão contínua de sementes vindas da vegetação de áreas próximas na paisagem. Como consequência, a localização espacial, a extensão e a qualidade dos fragmentos florestais remanescentes são bons determinantes da localização das florestas secundárias após o abandono de áreas agrícolas. Essas características de composição e estrutura da paisagem que podem ser chamadas coletivamente de *arquitetura da terra* refletem os padrões históricos e atuais de desmatamento, fragmentação florestal, uso do solo e abandono dentro de uma área (Turner, 2010a).

Quando o preço da carne de gado no mercado internacional caiu drasticamente no início da década de 1980, os pequenos proprietários da região de Guanacaste, no noroeste da Costa Rica, abandonaram suas pastagens em áreas marginais de acesso difícil e baixa produtividade, em áreas íngremes e com solos rasos (Fig. 14.1). De 1979 a 2005, a cobertura florestal nessa região aumentou de 24% para 48% (Calvo-Alvarado et al., 2009). A maior parte das florestas atuais nessa região são florestas secundárias localizadas em áreas marginais para a produção pecuária. Entre 1986 e 2000, o aumento da cobertura florestal foi mais pronunciado em solos de classes marginais caracterizadas por declividade acima de 50%, solos rasos, baixa fertilidade, drenagem externa excessiva, alta suscetibilidade à erosão e longos períodos secos (Arroyo-Mora et al., 2005b).

Quadro 14.1 Fatores biofísicos e da paisagem que podem favorecer a regeneração espontânea das florestas nas regiões tropicais

Fator	Explicação	Referência
Alta precipitação anual	Promove a regeneração de árvores e reduz a frequência de incêndios	Daly, Helmer e Quiñones (2003) e Brandeis, Helmer e Oswalt (2007)
Áreas íngremes, alta altitude	Áreas marginais para agricultura	Helmer et al. (2008) e Crk et al. (2009)
Fertilidade do solo intermediária ou baixa	Áreas marginais para agricultura	Chinea (2002) e Arroyo-Mora et al. (2005b)
Menos pastos nas redondezas	Áreas marginais para pecuária	Helmer et al. (2008)
Solos acidentados	Áreas marginais para agricultura	Helmer et al. (2008)
Cobertura florestal total	Facilita a dispersão de sementes, a colonização, a conservação de populações de animais selvagens	Thomlinson et al. (1996), Helmer et al. (2008) e Crk et al. (2009)
Acesso difícil, longe de rodovias	Terras agrícolas com maior probabilidade de abandono	Thomlinson et al. (1996)
Proximidade a fragmentos de florestas maduras ou áreas protegidas	Facilita a dispersão de sementes, a colonização, a conservação de populações de animais selvagens	Thomlinson et al. (1996), Helmer et al. (2008) e Crk et al. (2009)

Fonte: modificado de Yackulic et al. (2011, Tab. 1).

Como ocorre frequentemente nas transições de uso do solo, o aumento da cobertura florestal foi concentrado nas proximidades de fragmentos de florestas maduras. Na região de Guanacaste, onde áreas de pastagem regeneraram e se tornaram novamente florestas, essas áreas eram mais distantes de centros populacionais e rodovias e mais próximas de fragmentos florestais grandes (Daniels, 2010). Em uma região montanhosa da Costa Rica, a probabilidade de ocorrência de aumento da cobertura florestal cresceu em altas altitudes, maiores declividades, maiores distâncias das rodovias, em áreas de baixa densidade populacional humana e dentro de reservas florestais (Helmer, 2000). As manchas de florestas serviram como núcleos de regeneração após o abandono da terra em áreas adjacentes.

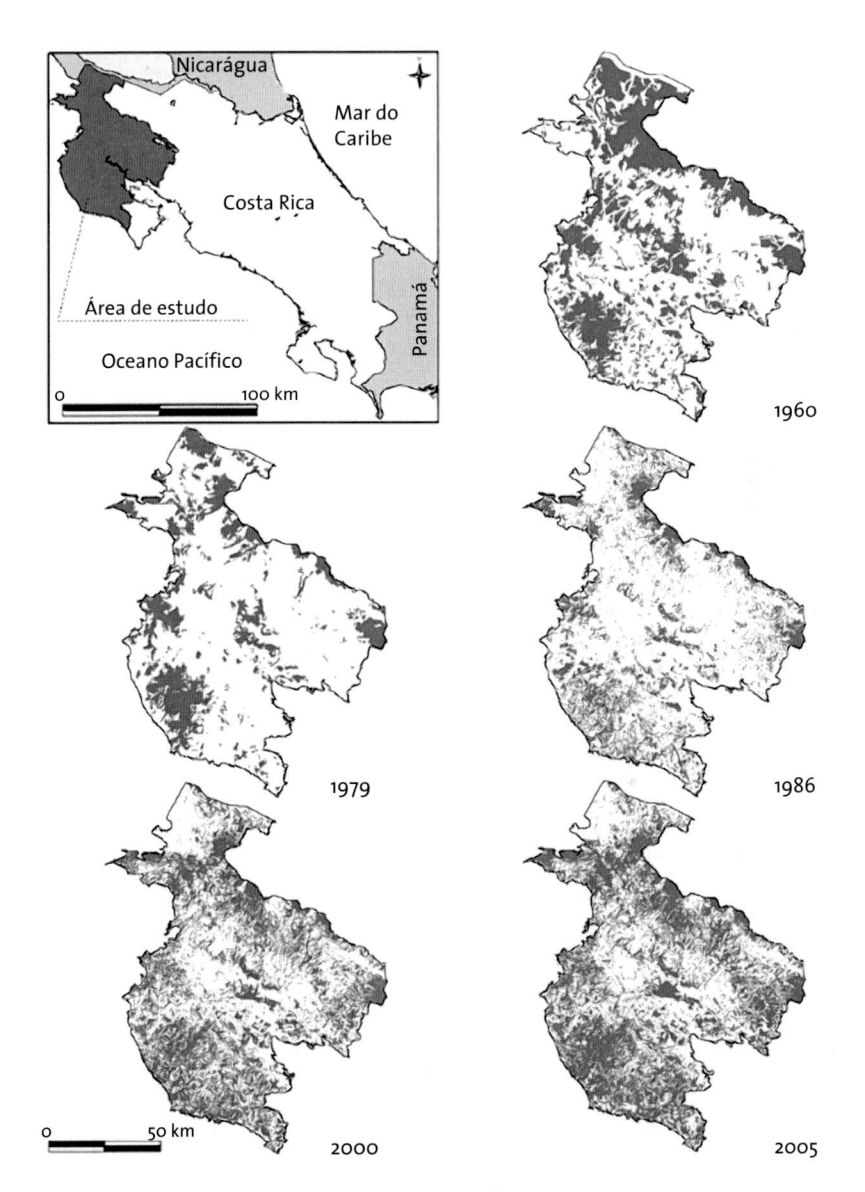

Fig. 14.1 *Mudanças na cobertura florestal na região de Chorotega, na Costa Rica, de 1960 a 2005. Em 1979, a cobertura florestal começou a aumentar na região após o abandono de pastagens*
Fonte: Calvo-Alvarado et al. (2009, Fig. 3).

Como consequência de mudanças socioeconômicas na República de Palau após a dominação pelos Estados Unidos em 1944, as florestas voltaram em áreas agrícolas abandonadas, pastagens e plantações (Endress; Chinea, 2001). Mais de 92% das áreas em regeneração florestal estavam localizadas a menos de 100 m de um fragmento florestal. Um padrão semelhante foi observado em áreas secundárias em Porto Rico (ver Boxe 14.1, p. 338; Thomlinson et al., 1996; Crk et al., 2009). Os padrões da paisagem podem ser amplamente explicados pelo declínio acentuado na dispersão de sementes resultante do aumento da distância até a borda da floresta.

As características da paisagem afetam a composição de espécies em áreas de pousio. As variáveis estruturais da paisagem, como a densidade de manchas e o índice de forma, são preditores significativos da densidade de espécies arbóreas em manchas de floresta seca secundária regenerando após agricultura itinerante na península de Yucatán, no México (Hernández-Stefanoni et al., 2011). Em áreas de agricultura itinerante no sul de Camarões, os padrões de fragmentação, de cobertura florestal local e de distância dos fragmentos podem ter um efeito mais forte sobre os padrões de abundância das espécies em áreas de pousio do que as características das parcelas locais (Robiglio; Sinclair, 2011). A riqueza de espécies típicas do início da sucessão nas áreas de pousio diminuiu com o crescente aumento do nível de fragmentação e desmatamento na escala da paisagem em regiões de Bornéu (Lawrence, 2004) e do México (Dalle; De Blois, 2006). A intensificação da agricultura também pode levar à infestação por plantas daninhas, que reduz o estabelecimento de árvores (ver Boxe 7.1, p. 151; Robiglio; Sinclair, 2011).

As alterações na estrutura geral da paisagem devido à regeneração espontânea de florestas podem mitigar alguns dos efeitos negativos do desmatamento e da fragmentação florestal sobre a biodiversidade. Os aumentos na cobertura florestal são associados à redução de áreas abertas ou desmatadas e ao crescimento no tamanho de fragmentos florestais, na conectividade entre eles e no seu número (Sitzia; Semenzato; Trentanovi, 2010). Em 1980, 11 fragmentos de floresta foram isolados em blocos, experimentalmente, da floresta madura contínua em um estudo sobre os efeitos da fragmentação florestal perto de Manaus, no Brasil. Ao longo do tempo, áreas de pastagem no entorno de fragmentos diminuíram, enquanto áreas de florestas secundárias aumentaram. Por volta de 2007, todos os fragmentos tornaram-se conectados às florestas maduras através de florestas secundárias de pelo menos seis anos de idade (Stouffer et al., 2011). Por meio do aumento da conectividade da paisagem, o desenvolvimento de uma matriz de florestas secundárias ao redor de fragmentos florestais incentivou a recolonização por algumas espécies de aves que tinham sido extintas de fragmentos individuais. Esse aumento na colonização aparenta ter causado redução nas taxas de extinção de espécies que são particularmente vulneráveis à fragmentação. O desenvolvimento de florestas secundárias na matriz da paisagem ao redor de fragmentos florestais fornece uma "corda salva-vidas" para essas espécies vulneráveis e pode eventualmente levar a um aumento de áreas de *habitat* apropriados para aves florestais.

Efeitos de borda espalhados em uma paisagem hiperfragmentada podem levar à substituição de espécies arbóreas tolerantes à sombra por espécies generalistas que demandam luz e que se proliferam em paisagens modificadas pelo homem (Tabarelli et al., 2010). Esse cenário aparenta estar ocorrendo na porção norte da Mata Atlântica brasileira, onde 48% dos fragmentos florestais possuem menos de 10 ha (Lôbo et al., 2011; Melo et al., 2013). A proliferação de espécies nativas pode levar à homogeneização biótica e a diminuições das populações de espécies florestais.

Apesar dos avanços recentes na detecção de florestas em regiões particulares, ainda não se dispõe de informações robustas a respeito da extensão e da dinâmica das florestas secundárias ao redor do mundo (Asner et al., 2011; Castillo et al., 2012; Gallardo-Cruz et al., 2012). O imageamento multiespectral por satélite possui limitações para detectar florestas secundárias com mais de 15 a 20 anos de idade, pois suas características espectrais são semelhantes àquelas de florestas maduras ou florestas secundárias antigas (Moran et al., 1994; Nelson et al., 2000). A maior parte dos estudos sobre regeneração é baseada em análise de uma única época e pode detectar confiavelmente apenas florestas secundárias jovens. Estudos multitemporais são necessários para identificar estágios mais antigos da regeneração florestal e para examinar a dinâmica da paisagem em detalhes (Helmer; Cohen; Brown, 2000; Da Conceição Prates-Clark; Lucas; Dos Santos, 2009). Como a regeneração natural tende a ocorrer em áreas pequenas e isoladas, em um processo espacialmente difuso, é muito difícil detectar essas áreas usando a maior parte dos métodos de sensoriamento remoto (Kolb; Galicia, 2012).

A idade das florestas secundárias é um determinante importante da biodiversidade na escala da paisagem, uma vez que a riqueza local de espécies de *taxa* de plantas e animais aumenta ao longo do tempo durante a regeneração das florestas (Chazdon et al., 2009b; Dent; Wright, 2009). Florestas secundárias jovens têm muito mais possibilidade de serem cortadas para desenvolvimento urbano ou cultivos do que florestas mais antigas (Etter et al., 2005; Helmer et al., 2008). As taxas de desmatamento na parte baixa na bacia do Mekong, no sudeste da Ásia, entre 1993 e 1997 foram três vezes mais altas em florestas secundárias do que em florestas maduras (Heinimann et al., 2007). O desmatamento repetido de florestas jovens levou à degradação dos solos e à estagnação da sucessão, com consequências negativas para a biodiversidade e para os serviços ecossistêmicos. Um balanço mais equilibrado da idade estrutural de florestas secundárias maximiza a conservação da biodiversidade na escala da paisagem e minimiza a degradação da terra (Chazdon et al., 2009b).

14.3 Causas socioecológicas do aumento da cobertura florestal nos trópicos

Múltiplos fatores e processos agem para favorecer ou limitar a regeneração de florestas em diferentes escalas temporais e organizacionais (Fig. 14.2; Perz; Almeyda, 2010). Cada nível de fatores é influenciado por fatores de níveis hierárquicos mais altos. Em áreas em que pequenos proprietários controlam o uso do solo, a qualidade e a quantidade da cobertura florestal são determinadas por decisões tomadas em escala doméstica que são influenciadas por *status* de apropriação da terra, ciclo de vida, histórico de migração, acesso ao trabalho e à terra, e qualidade do solo. Essas decisões em nível doméstico são influenciadas por políticas municipais, regionais e nacionais, tanto quanto por mercados globais, políticas de comércio e convenções ambientais. Entre os pequenos proprietários na parte norte da Amazônia equatoriana, as mudanças no uso do solo e na cobertura florestal de 1990 a 1999 podem ser explicadas por uma combinação de variáveis domésticas demográficas e socioeconômicas que são relacionadas aos recursos disponíveis nas propriedades rurais, ao acesso geográfico a outras propriedades e cidades consumidoras, aos preços de *commodities*, à disponibilidade de mão de obra e às características dos mercados e cidades locais (Walsh et al., 2008). Em uma vila camponesa no nordeste do Peru, a extensão e a idade das florestas secundárias, dos pomares e dos campos agrícolas variaram com o tamanho das propriedades rurais durante as primeiras reivindicações de terra (Coomes; Takasaki; Rhemtulla, 2011). Em nossa economia globalizada, migração, terceirização do emprego e relações de mercado relacionam o destino das florestas à produção agrícola e às populações humanas para além das fronteiras nacionais (Meyfroidt; Rudel; Lambin, 2010; Walker, 2012).

O aumento da cobertura florestal é um processo de longo prazo que requer apoio financeiro e capital humano também de longo prazo. Dinh Le et al. (2012) apresentaram um esquema para avaliar o sucesso da recuperação florestal para os países em desenvolvimento dos trópicos que integra causas socioeconômicas, institucionais, técnicas e biofísicas. As causas socioeconômicas do sucesso da recuperação florestal são baseadas na participação e na melhoria da qualidade de vida da população local (Quadro 14.2). As causas institucionais também são criticamente importantes, como governança efetiva, segurança a respeito da propriedade, mecanismos para a resolução de conflitos, manutenção em longo prazo nas áreas restauradas, programas de apoio à silvicultura, e liderança da comunidade. As causas técnicas incluem a seleção das espécies de árvores, a qualidade das sementes ou das mudas, o plantio na época apropriada, os tratos silviculturais, e a qualidade do sítio. É fácil entender por que tantos projetos de restauração fracassam, pois muitas condições diferentes precisam ser satisfeitas e apropriadamente alinhadas para se satisfazerem objetivos de restauração tanto em curto quanto em longo prazo. O sucesso da restauração não é alcançado pelo simples plantio de árvores. Sayer, Chokkalingam e Poulsen (2004) enfatizaram que o envolvimento dos atores na definição dos objetivos de restauração e o investimento nas comunidades e instituições locais aumentam os benefícios ambientais e sociais dos programas de restauração. O monitoramento de indicadores adequados e a aplicação dos princípios de manejo do ecossistema e de manejo da propriedade comum elevam ainda mais a probabilidade de obter sucesso.

Fig. 14.2 *Fatores causais da regeneração florestal e mudanças de uso do solo podem ser vistos em um esquema hierárquico. Esse esquema ilustra padrões causais de cima para baixo, mas as causas também podem ocorrer na direção reversa*
Fonte: redesenhado de Perz e Almeyda (2010, Fig. 4.1).

QUADRO 14.2 Causas socioeconômicas do sucesso da recuperação da cobertura florestal

Causas	Explicação
Planejamento dos meios de vida	O projeto deve tratar das necessidades de sustento das populações e assegurar sua participação e interesse pelo projeto
Participação e envolvimento locais	Atores-chave participam, e conhecimento ecológico e prática locais são incorporados
Incentivos socioeconômicos	Benefícios econômicos diretos ou indiretos e serviços deveriam ser oferecidos às comunidades locais
Viabilidade financeira e econômica	Requer sustentabilidade em longo prazo dos projetos de recuperação
Pagamentos por serviços ambientais	Assegura que o reflorestamento é uma alternativa atraente para proprietários que não participariam do projeto, caso não fosse atraente
Equidade social	Custos de mercado e não mercado e benefícios devem ser divididos por todos os envolvidos
Corrupção	Pode causar o fracasso dos projetos de reflorestamento
Grau de dependência dos produtos florestais tradicionais	É mais provável que o reflorestamento seja bem-sucedido se os produtos florestais forem valorizados e os suprimentos provenientes das florestas remanescentes estiverem se tornando escassos
Perspectivas de mercado	O planejamento do mercado leva a um bom resultado de produção em projetos de restauração
Conhecimento de mercados para madeira e outros produtos e serviços das florestas	A restauração é mais bem-sucedida quando há um mercado conhecido para produtos e serviços florestais
Ataque às causas por trás da perda e degradação de florestas	A restauração não será bem-sucedida se as causas por trás da perda de florestas não forem atacadas

Fonte: baseado em Dinh Le et al. (2012, Tab. 8).

Muitos fatores podem promover a expansão das florestas, levando a uma gama de possibilidades para a transição florestal através das diferentes regiões (Quadro 14.3; Nagendra; Southworth, 2010). Em muitos casos, mais de uma trajetória ou mecanismo é necessário para explicar a expansão florestal (Perz, 2007; Nagendra, 2009; Rudel, 2010; Lambin; Meyfroidt, 2010). A recuperação florestal pode acontecer como parte de um plano deliberado de nível local, regional ou nacional ou como uma consequência não planejada de mudanças econômicas e políticas (Rudel, 2012). No caso anterior, a cobertura florestal expande-se por meio de um mecanismo de resposta socioecológica endógena, por meio do qual as decisões de uso do solo são tomadas em resposta à degradação da terra, à escassez de produtos florestais dentro da região ou a iniciativas de conservação (Lambin; Meyfroidt, 2010). Essa trajetória de escassez florestal também é causada pelo aumento nos preços de produtos florestais, o que induz os proprietários a plantarem árvores (Rudel et al., 2005).

QUADRO 14.3 Causas socioeconômicas associadas à regeneração florestal em regiões particulares, com exemplos de estudos de caso

Causa	Efeito sobre a regeneração florestal	Região ou país	Referência
Êxodo rural causado por demanda de mão de obra fora da propriedade e emigração	+	Porto Rico	Rudel, Perez-Lugo e Zichal (2000) e Grau et al. (2003)
Disponibilidade de emprego fora da propriedade rural	+	Porto Rico e Michoacan, no México	Rudel, Perez-Lugo e Zichal (2000) e Klooster (2003)
Intensificação agrícola e abandono de áreas marginais	+/−	Vietnã e México	Tachibana, Nguyen e Otsuka. (2001) e García-Barrios et al. (2009)
Êxodo rural causado por conflito armado	+	El Salvador	Hecht et al. (2006) e Hecht e Saatchi (2007)
Histórico avançado de ocupação rural	+	Amazônia	Perz e Skole (2003)
Manutenção de práticas agrícolas tradicionais	+	Amazônia	Perz e Skole (2003)
Escassez de produtos florestais (e aumento do preço)	+	Vietnã e Índia	Rudel et al. (2005) e Meyfroidt e Lambin (2008)
Mudanças nas políticas florestais em nível regional ou nacional (proibição de exploração madeireira, incentivos para restauração)	+	Honduras e Vietnã	Southworth e Tucker (2001) e Meyfroidt e Lambin (2009)
Mudanças nas políticas de conservação (criação de áreas protegidas, reservas da biosfera, corredores biológicos; pagamentos por serviços ecossistêmicos)	+	Costa Rica	Kull, Ibrahim e Meredith (2007), Timm et al. (2009), Morse et al. (2009) e Montagnini e Finney (2011)
Desenvolvimento do ecoturismo	+	Costa Rica, Belize e África do Sul	Kull, Ibrahim e Meredith (2007) e Blangy e Mehta (2006)
Aumento da emigração internacional e remessas de dinheiro por parentes	+	El Salvador, Honduras e México	Hecht e Saatchi (2007)
Direitos de propriedade bem definidos	+	Vietnã e Madagascar	Tachibana, Nguyen e Otsuka. (2001) e Elmqvist et al. (2007)

Nota: O símbolo + representa um efeito positivo, e o símbolo −, um efeito negativo.

14.3.1 Transições florestais na Ásia

As transições florestais na China, na Índia e no Vietnã são, em grande parte, o resultado do planejamento deliberado envolvendo todos os níveis de governo, com forte envolvimento das agências florestais nacionais (Rudel, 2012). A adoção de políticas de fiscalização para expandir a cobertura florestal necessita de governança efetiva (Mather; Needle, 1999). Uma abordagem baseada na silvicultura para chegar à recuperação florestal é mais efetiva quando as práticas de manejo estão relacionadas às condições locais, o que requer, portanto, a participação da comunidade e o emprego das capacidades locais de manejo das florestas, dos recursos e das instituições (Boissiére et al., 2009; Nagendra, 2009). A China adotou políticas de restauração nacionais destinadas a aumentar a geração de produtos florestais e a reduzir as inundações e a erosão do solo causadas pelo desmatamento excessivo (Zhang; Song, 2006). Aproximadamente 80% do aumento na cobertura florestal na China é atribuído ao plantio de florestas (Song; Zhang, 2010). Mesmo com esse investimento em produção florestal, a importação de produtos florestais pela China levou à terceirização do desmatamento em outros países (Meyfroidt; Rudel; Lambin, 2010). A transição florestal na Índia também é amplamente causada por um aumento das plantações florestais manejadas pelas comunidades, que correspondiam a 51% da área de floresta em 2000 (Rudel, 2005; Grainger, 2010). Diferentemente da China, entretanto, a expansão florestal na Índia ainda não transferiu o desmatamento para outros países (Meyfroidt; Rudel; Lambin, 2010).

Em 1988, o Vietnã embarcou em um programa ambicioso para reflorestar 5 milhões de hectares de áreas degradadas quando a cobertura florestal foi reduzida a somente 25% a 31% da cobertura do solo. Por volta de 2005, a cobertura florestal tinha aumentado para 39%, com 8,1% correspondendo a plantações predominantemente de espécies exóticas (Fig. 14.3; Meyfroidt; Lambin, 2008). A regeneração natural foi concentrada nas regiões montanhosas, enquanto as plantações foram estabelecidas em áreas de altitude média e baixa (Meyfroidt; Lambin, 2010). Uma política nacional foi estabelecida no país e deu às comunidades a responsabilidade de preservar as florestas existentes e manejar a regeneração florestal em áreas degradadas. Entretanto, a alocação desigual das áreas deixou muitas comunidades pobres sem direito de propriedade sobre a terra e sem muitas áreas de florestas das quais eles dependiam para a obtenção de lenha e outros produtos (McElwee, 2009). As comunidades não tiveram permissão para participar do manejo das áreas de conservação locais. Os moradores foram realocados e forçados a abandonar as práticas tradicionais de agricultura itinerante (Boissiére et al., 2009). Além disso, uma proibição da exploração de madeira em todas as florestas naturais das províncias do norte levou ao crescimento da importação legal e ilegal de madeira dos países vizinhos, como Laos e Camboja (Meyfroidt; Lambin, 2009, 2011).

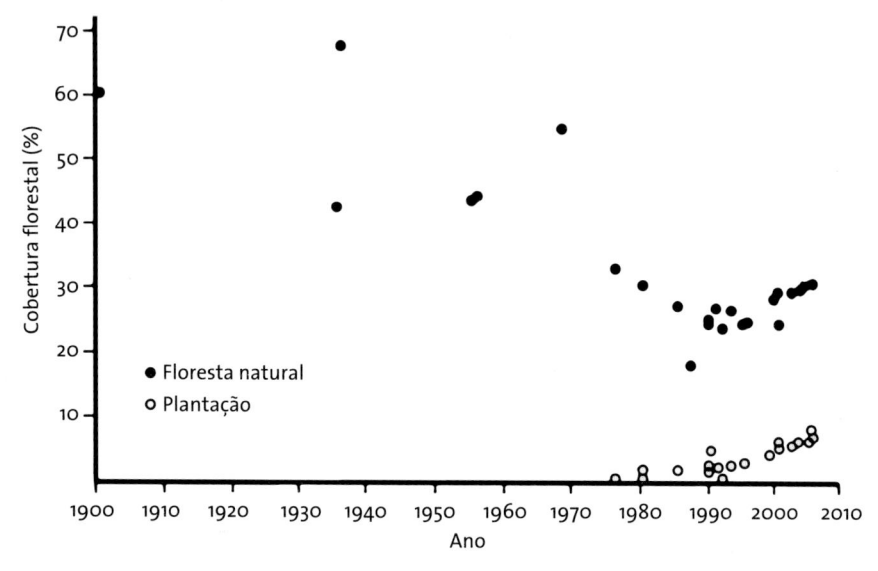

Fig. 14.3 *Mudanças na cobertura florestal do Vietnã de 1900 a 2005*
Fonte: redesenhado de Meyfroidt e Lambin (2008, Fig. 3).

14.3.2 Transições florestais na América Latina e no Caribe

Nos casos discutidos anteriormente, a cobertura florestal expandiu-se apesar do aumento nas populações rurais. Entretanto, a expansão florestal também pode ocorrer como uma consequência das políticas econômicas em nível nacional e global que causam redução do tamanho da população em áreas rurais, levando ao abandono de áreas agrícolas. Essa trajetória de "desenvolvimento econômico" aplica-se bem à transição florestal em Porto Rico (ver Boxe 14.1, p. 338).

O êxodo rural na Sierra Norte, no norte de Oaxaca, no México, levou ao abandono de até 60% das áreas agrícolas comunitárias desde 1980 (Robson, 2009; Robson; Berkes, 2011). A introdução de cafezais nas baixas altitudes atraiu a força de trabalho agrícola, deslocando-a de áreas mais altas e levando ao abandono dos cultivos tradicionais de milho. Povoados inteiros foram deslocados (Del Castillo; Blanco-Macías; Newton, 2007). Florestas regenerando naturalmente e áreas de pousio expandiram-se à medida que a dependência da população por suprimentos alimentares locais diminuiu. O abandono do cultivo itinerante de milho também é comum na região de florestas secas em Nizanda, no sudeste de Oaxaca (Lebrija-Trejos et al., 2008). Consequentemente, essas áreas oferecem oportunidades excelentes para estudar cronossequências replicadas após o abandono de áreas de pousio em regiões de florestas montanas e florestas secas de Oaxaca (Del Castillo; Blanco-Macías; Newton, 2007; Lebrija-Trejos et al., 2010a; Del Castillo; Pérez Ríos, 2008).

O abandono de áreas agrícolas é proximamente relacionado à marginalização regional da economia agrícola, à diversificação de rendas dos proprietários rurais e aos baixos preços das *commodities* agrícolas (Aide; Grau, 2004; Walsh et al., 2008). No Panamá, a cobertura florestal aumentou entre 1992 e 2000, enquanto a proporção de trabalhadores empregados na agricultura, na pesca e na caça diminuiu (Wright; Samaniego, 2008). O setor agrícola correspondeu a apenas 7% de toda a atividade econômica em 2007. No nordeste da Costa Rica, as quedas no preço da carne de gado levaram ao abandono de áreas agrícolas marginais nas maiores altitudes, o que conduziu a uma mudança para uma economia mais urbanizada e baseada em serviços, com fontes de renda diversificadas (ver Fig. 14.1, p. 345; Daniels, 2010; McClennan; Garvin, 2012). Os pagamentos realizados aos proprietários por serviços ambientais, prevenção contra incêndios e estabelecimento de áreas protegidas também promoveram a regeneração das florestas nessa região.

A disponibilidade crescente de empregos fora das propriedades rurais por meio do turismo é um componente importante da mudança do contexto socioecológico em algumas regiões tropicais que estão passando por transição florestal. Os empregos gerados pelo desenvolvimento do turismo no corredor Cancún-Tulum devem ter contribuído para o abandono de áreas rurais em Quintana Roo, no México (Bray; Klepeis, 2005). No vale Guabo, na região do Pacífico Central, na Costa Rica, a regeneração natural em antigas pastagens desde 1992 tem sido promovida pelo desenvolvimento do ecoturismo e pela compra de terras por expatriados e por organizações não governamentais para promover a conservação (Kull; Ibrahim; Meredith, 2007). Padrões semelhantes estão ocorrendo na península Osa, também na Costa Rica (Sierra; Russman, 2006; Zambrano; Broadbent; Durham, 2010).

Outro fator que contribui para o aumento da renda proveniente de fora das fazendas durante as transições florestais é a crescente importância do envio de dinheiro do exterior (Hecht; Saatchi, 2007). As remessas dos parentes que migraram para os Estados Unidos são uma fonte importante de renda para a população residente nas zonas rurais em muitas regiões do México, de El Salvador e da Nicarágua e têm contribuído para a expansão florestal (Klooster, 2003; Hecht, 2010; Turner, 2010a). As remessas também podem estabilizar efetivamente as populações rurais, quando acompanhadas pela intensificação agrícola (García-Barrios et al., 2009).

A expansão florestal também pode ocorrer em regiões com populações estáveis ou até mesmo crescentes. Nesses casos, as áreas anteriormente ocupadas por campos de cultivo ou pousios são modificadas para agroflorestas ou florestas manejadas que dão suporte ao sustento das populações em áreas rurais (Rudel, 2010). Essa trajetória de transição florestal é mais comumente observada em propriedades pequenas ou em áreas comunitárias que dão suporte a populações dependentes da floresta para o seu sustento dentro de paisagens multifuncionais e diversificadas. Em Michoacán, no México, a regeneração florestal fornece lenha para a população da vila de Purepecha, que possui meios de sustento diversificados (Klooster, 2003). Agroflorestas de produção de café fornecem uma trajetória importante para a expansão da cobertura florestal no México e na América Central (Bray, 2010). Nas terras altas da parte oeste de Honduras, a cobertura florestal aumentou 23% de 1987 a 2000 devido à expansão da produção de café sombreado (Redo; Bass; Millington, 2009). Em Candelaria Loxicha, em Oaxaca, no México, o cultivo de cana-de-açúcar foi substituído pelas plantações de café sombreado entre 1930 e 1970, aumentando dramaticamente a cobertura florestal, que, atualmente, corresponde a 66% da área (Aguilar-Støen; Angelsen; Moe, 2011).

Uma análise das transições florestais em toda a América Central entre 2001 e 2010 demonstra claramente que as causas socioecológicas das transições florestais variam entre escalas geográficas e entre zonas climáticas (Redo et al., 2012). Com base em análises de imagens de satélite do tipo Modis (*moderate resolution imaging spectroradiometer*, ou espectrorradiômetro de imageamento de resolução moderada), a região da América Central mostrou uma diminuição líquida na cobertura florestal durante esse período, apesar do aumento líquido na cobertura florestal da Costa Rica e do Panamá. O desmatamento foi concentrado em zonas de florestas úmidas ao longo das encostas caribenhas da Nicarágua e de Petén, no norte da Guatemala, enquanto o aumento da cobertura florestal foi concentrado nas áreas de florestas de coníferas e florestas secas em Honduras, Nicarágua, Costa Rica e El Salvador. O Índice de Desenvolvimento Humano foi significativa e positivamente associado aos aumentos líquidos de florestas úmidas e à distribuição estável da cobertura florestal na escala nacional. Essa associação sugere que os fatores que afetam a renda *per capita*, a educação e a saúde estão por trás dos padrões de transição florestal encontrados nos países da América Central. Países com as taxas mais altas de desmatamento também apresentaram as taxas mais altas de recuperação da cobertura florestal, mas em biomas diferentes. Esses padrões refletem a confluência de fatores sociais e econômicos operando em escalas geográficas múltiplas, incluindo o êxodo rural, os aumentos na produção de café sombreado em terras altas, o comércio internacional de *commodities* agrícolas e florestais e as políticas nacionais de conservação e silvicultura.

Aide et al. (2013) estenderam essa análise para 45 países (16.050 municípios) da América Latina e do Caribe. A dinâmica de desmatamento e recuperação da cobertura florestal variou amplamente entre as zonas florestais, com o desmatamento concentrado nas regiões de florestas úmidas e o aumento da cobertura florestal concentrado em áreas de vegetação arbustiva xérica no nordeste do Brasil e na parte norte e central do México (Fig. 14.4). De maneira geral, o aumento da população foi um pobre preditor das transições florestais em nível municipal. Considerando apenas aqueles municípios situados nas zonas de florestas úmidas onde houve uma mudança significativa em relação à vegetação lenhosa, as áreas em que estava ocorrendo aumento da cobertura florestal eram situadas em altitudes maiores do que aquelas em que estava ocorrendo desmatamento. O desmatamento foi concentrado em áreas com baixa densidade populacional (mediana de 17 pessoas por quilômetro quadrado) em comparação a áreas onde estava havendo aumento da cobertura florestal (mediana de 42 pessoas por quilômetro quadrado). Pelo menos para as florestas úmidas, o desmatamento está ocorrendo nas zonas de fronteira com baixa densidade populacional e em áreas de terras baixas adequadas para agricultura mecanizada. A recuperação da cobertura florestal, por outro lado, está ocorrendo em áreas com alta densidade populacional onde as florestas já foram derrubadas para a agricultura.

14.3.3 Transições florestais em áreas protegidas e em florestas manejadas pela comunidade

Apesar de a escassez de florestas e as mudanças de políticas econômicas serem as causas mais importantes do aumento da cobertura florestal na maioria das regiões tropicais, as ações de conservação em nível local, nacional e internacional também podem promover a regeneração das florestas (Harvey et al., 2008; Nagendra, 2010). A regeneração florestal dentro de parques nacionais pode compensar o desmatamento continuado ou promover o aumento líquido da cobertura florestal dentro das fronteiras dos parques. Uma história de sucesso é a Reserva Natural Cabo Blanco, na ponta sul da península de Nicoya, no noroeste da Costa Rica. Em 1963, quando o parque foi criado, 15% da sua área correspondia a florestas maduras e 85% eram campos cultivados e pastagens. A maior parte da península de Nicoya tinha sido desmatada. A floresta situada na transição entre florestas secas e úmidas rapidamente se regenerou dentro das fronteiras do parque. Atualmente, as florestas secundárias de 45 anos alcançam alturas de 20 m a 35 m, com estrutura semelhante a florestas maduras remanescentes, e dão suporte a uma fauna nativa diversificada, que consiste de mamíferos frugívoros, dispersores de sementes e diversas espécies de mamíferos predadores (Timm et al., 2009).

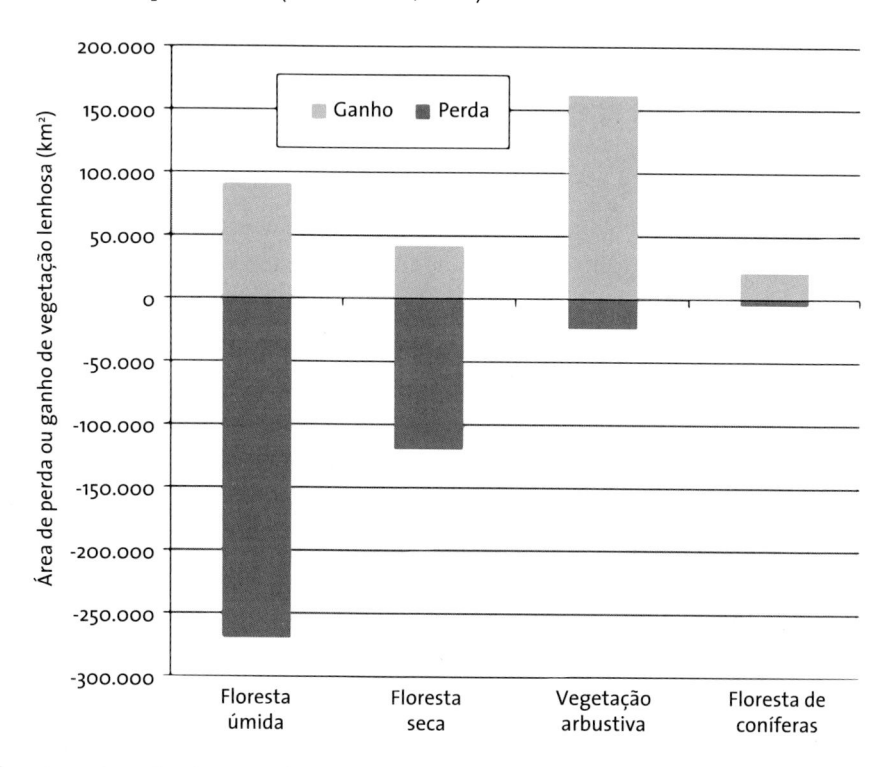

Fig. 14.4 *Os ganhos (aumento da cobertura florestal) e as perdas (desmatamento) de vegetação lenhosa em quatro zonas de vegetação entre 2001 e 2010 em todos os países da América Latina e do Caribe. O desmatamento foi maior em zonas de florestas úmidas, enquanto a recuperação da cobertura florestal foi mais alta em áreas de vegetação arbustiva seca*
Fonte: Aide et al. (2013, Tab. S4).

A criação de áreas protegidas nem sempre previne o desmatamento. Ele é frequentemente deslocado para áreas próximas (Dewi et al., 2013). No Parque Nacional Blue and John Crow Mountains, na Jamaica, 14% da área foi desmatada entre 1991 e 2002, enquanto 11% da área apresentou aumento da cobertura florestal. A taxa bruta de desmatamento foi semelhante aos níveis anteriores à criação do parque, mas a taxa líquida foi reduzida em 68% pelo reflorestamento (Chai; Tanner; McLaren, 2009). Quando a Reserva Florestal Kibale, no oeste de Uganda, tornou-se um parque nacional, em 1993, as plantações de Pinus dentro do parque foram colhidas e as áreas regeneraram, formando novas florestas. A cobertura florestal dentro do parque cresceu de 86% para 91% em 2003. Os fragmentos florestais aumentaram em tamanho e diminuíram em número (Hartter; Southworth; Binford, 2010). Apesar da continuação do desmatamento nas áreas densamente povoadas ao redor do parque, a diminuição das invasões na área levou ao aumento líquido da cobertura florestal dentro das fronteiras da área protegida. A redução das taxas de desmatamento e o crescimento da taxa de recuperação da cobertura também foram observados em parques nacionais na Costa Rica (Sánchez-Azofeifa et al., 2003), em Honduras (Southworth et al., 2004), no Peru (Oliveira et al., 2007) e no México (Mas, 2005). Entretanto, três estudos realizados em áreas protegidas de Sumatra, China e Guatemala encontraram taxas de desmatamento semelhantes ou mais altas após a criação dessas áreas (Liu et al., 2001; Hayes, 2006; Gaveau; Wandono; Setiabudi, 2007).

As taxas de desmatamento líquido em florestas de manejo comunitário do Nepal, de Butão e do México podem ser tão baixas quanto as encontradas em áreas protegidas ou até mais baixas (Nagendra, 2007; Bray; Velázquez, 2009; Meyfroidt; Lambin, 2010). Uma metanálise de estudos de 40 áreas protegidas e 33 florestas manejadas pela comunidade nos trópicos revelou que as taxas médias de desmatamento foram mais baixas nas florestas manejadas pela comunidade (Porter-Bolland et al., 2012). A proteção das florestas e a expansão florestal podem ocorrer nas regiões tropicais com uso comunitário da terra, políticas e instituições de conservação bem desenvolvidas, propriedade da terra pelo governo e manejo ativo de recursos naturais.

14.4 Melhorando a regeneração florestal e as condições de vida na matriz da paisagem

Reverter a onda de desmatamento e degradação da terra nas regiões tropicais não é simplesmente uma questão de criar as condições ecológicas apropriadas. A solução desse "problema perverso" deve ser embasada em uma análise compreensiva dos fatores ambientais, sociais, econômicos, políticos e culturais. Garrity (2004, p. 14-15) descreveu bem uma abordagem apropriada: "É fútil tentar conservar as florestas tropicais sem tratar das necessidades da população local pobre, e isso também não é desejável". A proteção das florestas maduras remanescentes deve continuar sendo uma prioridade para a conservação mesmo se as florestas remanescentes forem pequenas e isoladas (Schleuning et al., 2011b). Ainda que todas as áreas remanescentes de florestas maduras pudessem ser protegidas para sempre do desmatamento e da degradação, essas áreas ainda seriam insuficientes para reter os níveis existentes de biodiversidade florestal (Chazdon et al., 2009b). Nós devemos ser dependentes dessas florestas e dos *habitat* da matriz circundante para manter a memória ecológica necessária para restaurar a cobertura florestal e a biodiversidade na paisagem (Bengtsson et al., 2003).

É preciso adotar uma visão mais ampla sobre a conservação da biodiversidade e a provisão de serviços ecossistêmicos, que compreenda paisagens inteiras e que assegure o sustento dos meios de vida e a segurança alimentar das comunidades locais (Sayer; Chokkalingam; Poulsen, 2004; DeFries; Rosenzweig, 2010; Schroth; McNeely, 2011). Esse desafio requer que se tenha um foco na matriz da paisagem em que as florestas maduras estejam situadas e onde existam pessoas vivendo e realizando atividades agrícolas (Perfecto; Vandermeer, 2010; Newton et al., 2012). Até 90% das espécies tropicais vivem em paisagens modificadas pelos humanos, paisagens trabalhadas ou mosaicos da paisagem (Garrity, 2004; Perfecto; Vandermeer; Wright, 2009). A regeneração florestal e a expansão da cobertura arbórea dentro da matriz da paisagem devem ser uma parte integral da solução para aliviar a pobreza em áreas rurais, restaurar os serviços ecossistêmicos e fornecer *habitat* para as espécies florestais. Como essa matriz pode ser transformada para melhorar a conservação de espécies florestais, fornecer produtos e serviços ecossistêmicos, dar suporte a populações que têm empregos e assegurar a segurança alimentar? Será que os incentivos econômicos, sociais e políticos podem promover o aumento da cobertura florestal e a sustentação dos modos de vida rurais nos trópicos (Boxe 14.2)?

> **Boxe 14.2 Incentivos para a restauração e a regeneração das florestas em países tropicais**
>
> Restauração e regeneração florestal são altas prioridades para muitos países tropicais. Entretanto, a maior parte dos proprietários rurais não pode pagar pelas mudanças de uso do solo sem obter compensação pela redução na renda em virtude do abandono de atividades agrícolas ou dos custos do plantio de árvores e do monitoramento das mudanças de cobertura arbórea dentro da propriedade. Programas voluntários podem oferecer incentivos financeiros aos proprietários ou às comunidades rurais para o plantio de árvores, a promoção da regeneração natural nas propriedades ou o aumento da cobertura arbórea nos pastos e campos de cultivo. Programas de pagamento por serviços ecossistêmicos (PSE) regionais ou nacionais podem alcançar um sucesso considerável na redução do desmatamento, proteção de recursos hídricos, regeneração florestal, proteção de reservas florestais e desenvolvimento de corredores ecológicos

nas regiões tropicais (Pagiola; Zhang; Colom, 2010; Daniels et al., 2010). O suporte financeiro continuado para esses programas representa um desafio financeiro enorme para os países tropicais.

O Projeto Regional de Manejo Integrado de Sistemas Silvipastoris é pioneiro na utilização de PSE para promover a adoção de práticas silvipastoris na Nicarágua, na Colômbia e na Costa Rica (Pagiola et al., 2007; Montagnini, Finney, 2011). O projeto é financiado pelo Fundo Global para o Meio Ambiente (GEF) do Banco Mundial. Na região Matiguás-Rio Blanco, na Nicarágua, os proprietários participantes foram contratados para receber pagamentos anuais durante quatro anos com base em um sistema de pontos, em que a cobertura florestal, a regeneração florestal e melhorias no pasto pontuam mais do que pastos degradados ou cultivos agrícolas anuais. Os pagamentos são recebidos depois que as mudanças no uso do solo tenham sido cuidadosamente monitoradas. Proprietários de diferentes níveis de renda participam e se beneficiam do programa de PSE. Como resultado dessa iniciativa, os proprietários elevaram o uso de sistemas silvipastoris em mais de 24% da área total do projeto. A cobertura florestal cresceu 31% na paisagem e a conectividade da paisagem dentro das propriedades aumentou significativamente. Em um projeto colombiano, a mudança para sistemas silvipastoris levou a melhoras dramáticas na qualidade da água onde as margens dos rios foram reflorestadas e protegidas por meio do isolamento do gado. Em todas as regiões, as mudanças no uso do solo resultaram em sequestro de carbono significativo e em redução da erosão do solo e da infestação dos pastos por plantas daninhas.

O Projeto Agroflorestal Scolel Té vende créditos de carbono voluntários para instituições no México e em outros países que querem compensar suas emissões (ver Fig. 14.5; De Jong; Esquivel Bazán; Quechulpa Montalvo, 2007; Soto-Pinto et al., 2010; Paladino, 2011). Uma organização não governamental local administra o fundo e as atividades de campo. Os proprietários e suas associações comunitárias (*ejidos*) recebem incentivos financeiros e assistência técnica para aumentar a cobertura arbórea em seus campos e pastagens. Iniciado em 1997, o projeto dá apoio a 51 comunidades rurais e 2.400 famílias na parte central e norte de Chiapas, no nordeste de Oaxaca, e foi concebido desde o início para beneficiar famílias pequenas, camponesas e pobres.

Na Costa Rica e no Equador, programas de PSE baseados no governo oferecem múltiplos benefícios para a biodiversidade, o estoque de carbono e o manejo de recursos hídricos. O programa de PSE na Costa Rica, estabelecido pela quarta Lei Florestal, em 1996, agrupa diversos serviços ambientais – biodiversidade, funcionamento da bacia hidrográfica, beleza cênica e mitigação da emissão de gases do efeito estufa por meio de estocagem e sequestro de carbono – e paga os proprietários durante cinco a dez anos para protegerem florestas maduras e secundárias ou para estabelecerem plantações de espécies nativas. Os pagamentos são desembolsados de um fundo nacional baseado em taxação de impostos sobre combustíveis fósseis. Uma proibição da exploração de madeira estabelecida na mesma lei florestal tem funcionado em conjunto com o programa de PSE para reduzir as taxas de desmatamento dentro da Costa Rica e para promover a transição florestal na escala nacional. Os pagamentos pela restauração são, por hectare, duas vezes maiores do que os pagamentos pela conservação e têm incentivado o estabelecimento de aproximadamente 40.000 ha de plantações de árvores nativas. No Corredor Ecológico La Selva-San Juan, no nordeste da Costa Rica, dois terços dos proprietários que recebiam PSE não teriam plantado árvores nativas em suas propriedades caso o pagamento não existisse (Morse et al., 2009). No Equador, o programa de base governamental Socio Bosque, altamente bem-sucedido, atinge todo o país e conta com a participação de comunidades indígenas e de pequenos proprietários (De Koning et al., 2011). Os programas de restauração ainda não são um componente do programa, mas serão incorporados em planos futuros.

Vários fatores contribuem para o sucesso desses projetos. Em primeiro lugar, os projetos de escala regional não deslocaram o desmatamento para fora da área do projeto, atingindo o objetivo de aumentar o sequestro líquido de carbono e fornecer outros serviços ambientais. Em segundo lugar, todos os participantes (ou suas comunidades) possuem o direito de propriedade sobre a terra e o direito de uso. Em terceiro lugar, os benefícios econômicos alcançam as famílias e as comunidades que protegem as florestas existentes ou que alteram as práticas de uso do solo para aumentar a cobertura florestal. Em quarto lugar, os proprietários participam inteiramente das decisões do projeto e são empoderados por meio da participação. Por último, os pagamentos realizados aos proprietários são ligados ao programa de monitoramento, que possui objetivos específicos de *performance*.

Projetos de PES bem-sucedidos promovem a participação e o planejamento comunitários, o desenvolvimento de capacidades locais, a propriedade sobre os benefícios do carbono, a segurança dos meios de vida e benefícios mútuos do desenvolvimento sustentável. Eles precisam atingir objetivos específicos e são frequentemente projetos de escala pequena desenvolvidos com a participação ativa das comunidades locais. Mi Bosque (Minha Floresta), iniciado em 1999 em 11 municípios do oeste da Guatemala, tornou-se o primeiro projeto na América Central a mitigar as mudanças climáticas por meio de reflorestamento de base comunitária, práticas agroflorestais e conservação florestal (Hall et al., 2012; CARE, 2007).

14.4.1 A restauração da cobertura arbórea em agroflorestas e em sistemas silvipastoris

A restauração é frequentemente vista como um conflito direto com a produção agrícola. A maior parte dos pequenos proprietários não pode pagar o preço de deixar as florestas regenerarem nas suas terras sem receber alguns benefícios materiais na forma de produtos alimentícios, lenha ou outras mercadorias. Uma abordagem promissora na direção da restauração da cobertura florestal em mosaicos da paisagem é a produção de árvores comerciais para uso local ou exportação que cresçam abaixo do dossel da floresta, tais como café e cacau. Em comparação às culturas anuais ou pastos sem árvores, os sistemas agroflorestais são ecologicamente intensificados, fornecendo uma diversidade maior de *habitat* para a biodiversidade, bem como mais serviços ambientais (Ranganathan et al., 2008). De várias maneiras, os sistemas agroflorestais assemelham-se aos sistemas de pousios enriquecidos. Eles podem servir como um estágio de transição entre os cultivos agrícolas e a restauração florestal, enquanto fornecem benefícios econômicos e segurança alimentar aos proprietários (Vieira; Holl; Peneireiro, 2009). As agroflorestas também podem servir como uma rota importante para o direito de propriedade da terra (Kalame et al., 2011).

A intensificação ecológica por meio de sistemas agroflorestais ou *taungya* permite a transição de um sistema de agricultura itinerante de pousio enriquecido para um cultivo mais permanente que pode potencialmente ser integrado à economia regional, nacional e global. Como essa integração acontece é um aspecto crítico da sustentabilidade econômica e ecológica para pequenos proprietários do interior dos países tropicais. Sistemas agroflorestais podem imitar estágios da sucessão, com a adição gradual de espécies do final da sucessão e o aumento da complexidade estrutural ao longo do tempo (Ewel, 1986). Um sistema agrossucessional em Camarões substituiu com sucesso os campos de *Imperata cylindrica* por plantações de cacau dentro de 10 a 20 anos e resultou em aumento da matéria orgânica do solo, da diversidade de espécies de árvores, de árvores frutíferas e de palmeiras-de-óleo. Em média, foram plantadas 25 espécies de árvores juntamente com cacau (Jagoret et al., 2012; Jagoret; Michel-Dounias; Melézieux, 2011). Os jardins florestais, pomares e sistemas sucessionais enriquecidos que foram mais amplamente utilizados pelas culturas indígenas nos trópicos em todo o mundo (ver Boxe 2.1, p. 33; Schulz; Becker; Götsch, 1994) fornecem modelos relevantes para o desenvolvimento de sistemas agroflorestais modernos e formas de transição para a restauração agrossucessional em paisagens manejadas por humanos (Vieira; Holl; Peneireiro, 2009).

Agroflorestas de café e cacau são elementos-chave da cobertura florestal em muitas regiões tropicais (Garcia et al., 2010; Bray, 2010; Schroth et al., 2011). No povoado de Sierra Norte, no México, as florestas de café sombreado são chave para a transição florestal recente. As florestas de café dão suporte à subsistência de mais de 20 milhões de pessoas e tendem a estar localizadas em regiões de alta biodiversidade. As agroflorestas de café promovem a autossuficiência local, a segurança alimentar e a autogovernança local (Toledo; Moguel, 2012). Elas também fornecem *habitat* criticamente importantes para a conservação da biodiversidade nos mosaicos da paisagem (Moguel; Toledo, 1999; Philpott et al., 2008). Na Mata Atlântica do sul da Bahia, no Brasil, as agroflorestas de cacau e as florestas secundárias cobrem 45% da paisagem e fornecem *habitat* críticos para diversas espécies ameaçadas de mamíferos, como a preguiça-de-coleira (*Bradypus torquatus*) e o mico-leão-da-cara-dourada (*Leontopithecus chrysomelas*; Catenacci; De Vleeschouwer; Nogueira-Filho, 2009; Oliveira et al., 2010; Cassano; Kierulff; Chiarello, 2011). Em paisagens agrícolas da costa do Equador, onde florestas maduras praticamente desapareceram, as agroflorestas de café manejadas são um refúgio para espécies de árvores e aves e servem como fonte de sementes para a regeneração das florestas em plantações de café abandonadas (Lozada et al., 2007). Plantações de café sombreado também servem como refúgios para a biodiversidade em muitas regiões da América Latina (Perfecto et al., 1996; Philpott et al., 2008).

Sistemas agroflorestais são importantes reservatórios de biodiversidade em muitas regiões tropicais onde as florestas naturais remanescentes ocorrem em pequenos fragmentos (Bhagwat et al., 2008). Em Bangladesh, em que menos de 5% das terras ainda são florestas naturais, sistemas agroflorestais domésticos são responsáveis por 80% da geração anual de produtos florestais (Bardhan et al., 2012). As árvores são utilizadas para a produção de madeira, frutas, lenha e produtos medicinais e proveem suprimentos e renda para pequenos proprietários.

Além de oferecer segurança alimentar e produtos florestais e elevar a biodiversidade e a proteção de recursos hídricos, os sistemas agroflorestais e silvipastoris podem ser mecanismos importantes para aumentar o sequestro de carbono nos trópicos (De Jong; Tipper; Taylor, 1997; Soto-Pinto et al., 2010). Aproximadamente 27% da terra na América Latina e no Caribe é usada para a pecuária (Murgueitio et al., 2011). Sistemas silvipastoris intensivos são uma forma de agrofloresta que integra plantios de árvores e arbustos em alta densidade nas pastagens. Os projetos de PSE estão estimulando a implantação de sistemas silvipastoris em várias regiões da América Latina (ver Boxe 14.2; Ibrahim et al., 2010; Montagnini; Finney, 2011). Esses sistemas estão sendo adotados com sucesso em várias regiões da Colômbia, do México e do Panamá (Murgueitio et al., 2011). O projeto Scolel Té, em Chiapas e Oaxaca, no México, tem participado ativamente no mercado de carbono desde 1997 por meio da venda de créditos de carbono sob um esquema de PSE (Fig. 14.5;

Soto-Pinto et al., 2010). A estocagem de carbono nas pastagens pode aumentar significativamente pelo plantio de árvores ou cercas vivas, pelo cultivo intercalado de árvores e milho ou pelo plantio de árvores para a produção de madeira em áreas de pousio agrícola (Soto-Pinto et al., 2010).

Fig. 14.5 *Certificado de carbono emitido pelo ex-prefeito de Nova Iorque Michael Bloomberg pelo Plan Vivo em fevereiro de 2008*
Fonte: Paladino (2011), reimpresso com permissão.

14.4.2 Regeneração florestal em corredores ecológicos

A proximidade a fragmentos florestais ou a florestas de grandes extensões favorece a rápida recuperação da estrutura florestal e promove a colonização por diversas espécies de animais e plantas (ver Quadro 14.1, p. 344). A regeneração florestal de florestas em mosaico é mais efetiva para a conservação e a provisão de serviços ecossistêmicos quando leva ao alargamento de fragmentos de floresta existentes ou à criação de corredores ecológicos que liguem fragmentos isolados anteriormente. Na Mata Atlântica do sudeste de São Paulo, no Brasil, corredores de florestas secundárias aumentaram a riqueza de espécies de pequenos mamíferos nos fragmentos florestais (Pardini et al., 2005). As agroflorestas de cacau e as florestas secundárias formam corredores que conectam pequenos fragmentos de florestas à Reserva Biológica Una, criando uma matriz florestal que dá suporte a grupos diversificados de samambaias, borboletas, répteis que vivem na serapilheira foliar, anfíbios, morcegos, aves e pequenos mamíferos.

O ecoturismo pode representar um grande ímpeto para a restauração em corredores ecológicos ou em terras agrícolas abandonadas. Nos corredores ecológicos, a restauração está sendo realizada na forma de vários projetos de pequena escala associados a reservas privadas, empreendimentos de ecoturismo e áreas de conservação administradas pelo governo (Blangy; Mehta, 2006). Muitos desses pequenos projetos são focados no restabelecimento da cobertura florestal para promover a conservação e a diversidade genética de espécies ameaçadas. As florestas restauradas atrairão os turistas e também a vida selvagem. O Projeto de Restauração do Corredor Ecológico Monte Pascoal-Pau-Brasil, na Mata Atlântica do Brasil, também é um projeto certificado de sequestro de carbono (Alexander et al., 2011).

A regeneração florestal pode aumentar o valor de conservação na matriz da paisagem, criando corredores de manchas de *habitat* e expandindo as zonas-tampão que existem ao redor das reservas (Chazdon et al., 2009a; Perfecto; Vandermeer; Wright, 2009; Schroth; McNeely, 2011). Entretanto, florestas grandes e intactas são criticamente importantes para a conservação de muitas espécies. Muitas espécies de interior das florestas não encontram *habitat* apropriados nos mosaicos da paisagem (Chazdon et al., 2009b; Gardner et al., 2009; Mahood; Lees; Peres, 2012), sugerindo que deve haver um limiar de cobertura florestal, tamanho da mancha ou densidade das manchas que seja capaz de promover a existência dessas espécies sensíveis no mosaico da paisagem (Pardini et al., 2010; Melo et al., 2013).

14.4.3 Restauração de paisagens florestais

O conceito de restauração de paisagens florestais (RPF) representa uma nova abordagem para restabelecer funções ecossistêmicas em toda a paisagem (Dudley; Mansourian; Vallauri, 2005; Mansourian; Vallauri; Dudley, 2005). O objetivo da RPF é promover uma ampla faixa de opções para a provisão de produtos e serviços de base florestal na escala da paisagem, mais do que fazer com que as paisagens florestais retornem ao seu estado "original" (Maginnis; Rietbergen-McCracken; Jackson, 2007). A restauração da heterogeneidade e da complexidade estrutural da paisagem, que serve para manter a biodiversidade e os serviços ecossistêmicos, tem uma importância especial (Newton et al., 2012). As atividades de restauração na escala do sítio são planejadas para incluir os objetivos na escala da paisagem. Para alcançar os objetivos da sustentabilidade em longo prazo por meio do consenso e do comprometimento, a participação dos proprietários é um componente essencial do processo de tomada de decisão (Newton; Tejedor, 2011). Iniciativas de restauração da paisagem florestal estão sendo realizadas em regiões do Brasil, Índia, Malásia, Mali, Nova Caledônia e Tanzânia, assim como em algumas regiões de florestas temperadas. A regeneração natural das florestas é um dos componentes mais importantes da RPF, além do plantio de árvores e dos sistemas agroflorestais. Por meio da implementação da RPF, a restauração de paisagens florestais funcionais é diretamente ligada ao bem-estar da população residente encarregada de cuidar das áreas.

14.4.4 A relação entre regeneração florestal e programas globais de mitigação de emissões de carbono

A regeneração de florestas tropicais é um importante sumidouro de carbono global (ver Boxe 11.2, p. 249). Durante a décima sexta reunião da Convenção-Quadro das Nações Unidas sobre Mudança do Clima (United Nations Framework Convention on Climate Change, UNFCC), em Cancún, em dezembro de 2010, as partes envolvidas acordaram uma série de regras para estruturar um programa de mitigação de carbono conhecido como REDD+ (Redução de Emissões por Desmatamento e Degradação Florestal "mais" conservação, manejo sustentável das florestas e aumento dos estoques de carbono das florestas; Agrawal; Nepstad; Chhatre, 2011). O objetivo das regras é salvaguardar a conservação de florestas naturais e a diversidade biológica, a governança florestal, a participação de atores rurais, o respeito e o reconhecimento de direitos das populações indígenas e das comunidades locais e a redução do deslocamento do desmatamento (Grabowski; Chazdon, 2012; Scriven, 2012). Esses princípios foram reafirmados durante a 17ª Convenção das Partes da UNFCC, em Durban, na África do Sul, em 2011. Bilhões de dólares dos países industrializados poderiam ser transferidos para países tropicais em desenvolvimento a cada ano por meio de REDD+, criando essencialmente um grande programa de PSE em escala internacional. O princípio fundamental do REDD+ é que mecanismos de mercado podem ser aplicados à compra de carbono para manter as florestas em pé e para aumentar a regeneração florestal (Hall, 2012). Muitos países tropicais estão desenvolvendo ativamente estratégias ou planos de ação de escala nacional para ficarem preparados para projetos de REDD+.

Angelsen e Rudel (2013) argumentam que o delineamento e a aplicação de políticas de REDD+ deveriam ser condicionados ao estágio de transição florestal e a tipos de paisagem dentro de uma dada região ou país. Por exemplo, em países que possuem pouca ou nenhuma floresta madura, como El Salvador, os programas de REDD+ deveriam incentivar formas ativas e passivas de aumento da cobertura florestal. Por outro lado, em países com grandes estoques de florestas maduras, como o Suriname, as políticas de REDD+ deveriam ter como objetivo a proteção de florestas maduras existentes e o incentivo ao uso sustentável das florestas. No caso dos países ou regiões que estão passando por desmatamento rápido, como a Indonésia, os programas de REDD+ deveriam focar a redução ou a eliminação do desmatamento e o incentivo ao aumento da cobertura florestal no entorno de florestas maduras existentes.

O agrupamento de benefícios mútuos e as salvaguardas que estão sendo postas em prática representam um quadro positivo para as políticas de REDD+. Entretanto, ainda existem graves preocupações sobre os potenciais efeitos negativos de REDD+ em várias frentes (Huettner, 2012; Phelps; Friess; Webb, 2012). Em primeiro lugar, pode haver claros dilemas entre os objetivos da conservação e do sequestro de carbono (Alexander et al., 2011; Phelps; Friess; Webb, 2012). Monoculturas de espécies de árvores exóticas podem aumentar os estoques de carbono das florestas, mas representam pouco valor para a biodiversidade; essas plantações estão substituindo rapidamente a regeneração natural da floresta em muitas regiões. Em segundo lugar, a falta de direito de propriedade e uso da terra exclui da participação e da partição de benefícios populações rurais sem terra e grupos indígenas. Na ausência de reforma agrária, as políticas de REDD+ possivelmente favoreceriam os proprietários ricos, proporcionando pouco ou nenhum benefício para pequenos agricultores ou camponeses pobres. Os meios de subsistência locais são prejudicados pela perda de acesso a áreas florestais (Mustalahti et al., 2012). A participação local das partes interessadas é essencial para o sucesso das políticas de REDD+. Em terceiro lugar, essas políticas podem levar à grilagem de terras por investidores públicos e privados, elevando os preços das terras e das culturas e aumentando a insegurança alimentar das populações rurais. Em quarto lugar está a preocupação de que a descentralização da governança florestal, que tem sido alcançada em muitos países em desenvolvimento, seja revertida pelas políticas de REDD+ (Agrawal; Chhatre; Hardin, 2008). Finalmente, a corrupção e uma pobre governança também podem levar a uma distribuição injusta dos benefícios do REDD+ dentro dos países participantes (Huettner, 2012). Esses problemas precisam ser resolvidos para que o REDD+ seja capaz de resultar em benefícios para as florestas tropicais e para os povos tropicais em todo o mundo.

14.5 Conclusão

Mudanças nas condições econômicas e ambientais resultaram em um aumento na cobertura florestal de muitas regiões do mundo. As taxas de desmatamento estão realmente em declínio em muitos países tropicais, criando o potencial para a transição florestal. Esses cenários dão a esperança de que seja possível reverter as tendências de diminuição da cobertura florestal, de deterioração da qualidade das florestas, de perda da biodiversidade e de queda na provisão de serviços ambientais que têm dominado os últimos séculos. Entretanto, apesar dessas mudanças, a área acumulada de perda de floresta ainda excede em muito as áreas de regeneração de floresta ao longo dos trópicos. O aumento recente da cobertura florestal pode ter se igualado ao desmatamento, em alguns casos, mas essa dinâmica não anula as décadas ou séculos de transformações florestais. A "dívida histórica de desmatamento" pode nunca ser compensada.

Este capítulo destaca várias questões que incitaram novas pesquisas. Uma delas é o papel da globalização nas transições florestais. As forças da globalização levaram à maior parte da conversão de florestas maduras em pastagens e em agricultura industrial. Ao mesmo tempo, as forças da globalização levaram à expansão das florestas em regeneração (Meyfroidt; Rudel; Lambin, 2010; Rudel, 2012). O aumento da cobertura florestal em uma região é frequentemente associado ao desmatamento em outra, o que se assemelha a um sistema de agricultura itinerante de escala internacional. Novas ferramentas e aplicações de sensoriamento remoto podem, em breve, tornar possível a avaliação de diferentes modalidades de regeneração florestal em escalas regionais. A incapacidade de detectar os estágios mais antigos da regeneração natural, ou de distinguir as plantações de árvores ou as agroflorestas das áreas em estágios iniciais de regeneração natural, continua a limitar a compreensão sobre a natureza das transições florestais e as causas sociais e econômicas da regeneração florestal.

RENASCIMENTO DE FLORESTAS: REGENERAÇÃO NA ERA DO DESMATAMENTO (SÍNTESE)

15

Dizer que, sem a adoção de medidas de conservação, todas as florestas tropicais primárias serão "destruídas" até o final do século não é afirmar que em 2000 não haverá florestas de qualquer tipo ou que toda a flora e fauna de floresta existentes desaparecerão, mas é provável que, exceto nas encostas íngremes e em outros locais inacessíveis ou incultiváveis, todas as florestas maduras ou quase maduras desaparecerão. Haverá grandes áreas de cultivo sob dossel e também, sem dúvida, florestas mais ou menos artificiais com um número muito reduzido de espécies arbóreas, manejadas de acordo com o mercado da produção de madeira ou celulose. Também existirão, provavelmente, grandes áreas de florestas secundárias e outras comunidades serais. Como serão essas florestas e quanto da flora e da fauna atuais sobreviverá nessas florestas? A resposta a essa questão é importante para qualquer política de conservação e ela só pode ser respondida por meio do estudo das comunidades secundárias, que podem ser encontradas facilmente em todas as regiões dos trópicos atualmente. Infelizmente, tem-se dado muito pouca atenção às florestas secundárias e à biota das comunidades serais. (Richards, 1971, p. 176).

15.1 O poder de regeneração da floresta

Paul Richards (1971) tinha uma visão notável sobre o que o futuro reservava para as florestas tropicais. Mais de 40 anos atrás, ele previu que as florestas em regeneração se tornariam a forma predominante de cobertura florestal nos trópicos. Ele reconheceu claramente a importância de estudar as florestas secundárias e de compreender a dinâmica das espécies de plantas e animais durante a regeneração da floresta. O conhecimento de que as florestas tropicais são sistemas dinâmicos e resilientes é empoderador. É hora de usar esse poder para ajudar a regeneração das florestas tropicais, onde e sempre que possível. As florestas podem regenerar-se de várias maneiras. A regeneração da floresta e a restauração ecológica podem ter consequências positivas para os bilhões de pessoas que dependem das florestas para sua subsistência e bem-estar. Este livro foi escrito principalmente para transmitir essa mensagem urgente. Tem-se, agora, uma oportunidade de usar áreas de florestas maduras existentes como uma alavanca, em um esforço sem precedentes, para expandir as fronteiras das florestas remanescentes, construir corredores biológicos, aumentar a biodiversidade e os serviços ambientais em terras improdutivas ou não utilizadas e criar paisagens diversificadas e multifuncionais. Entretanto, caso não se aja logo, essa tarefa se tornará ainda mais difícil, cara e arriscada.

O poder de regeneração das florestas é um forte remédio contra os males da degradação ambiental global. Visitei recentemente três áreas de florestas secundárias no nordeste da Costa Rica, onde os meus colaboradores, alunos e eu temos acompanhado a evolução da vegetação por mais de 15 anos. Apesar de possuírem estruturas semelhantes e espécies em comum, cada floresta está marchando ao longo de sua própria trajetória sucessional. Em uma parcela de 50 anos de idade, árvores gigantes da espécie *Vochysia ferruginea* estão morrendo, criando oportunidades de recrutamento para mudas de árvores que estão no sub-bosque à espera desse exato momento. Em uma parcela de 36 anos de idade, as espécies *Iriartea deltoidea* e *Socratea exorrhiza* estão crescendo e projetando suas copas em direção ao dossel, preenchendo os espaços anteriormente vazios do subdossel. As folhas da espécie de sub-bosque *Geonoma cuneata* são, agora, suficientemente grandes para servir como abrigo para morcegos frugívoros que dispersam sementes grandes de árvores de áreas próximas de florestas maduras. Ao entrar em um fragmento de floresta de 18 anos de idade, eu fui cumprimentada por macacos bugios e aves dançarinas. Essa floresta jovem é cheia de uma grande diversidade de plântulas de árvores e mudas plantadas por pássaros e morcegos que vieram visitar árvores remanescentes deixadas para trás quando a floresta original foi derrubada e convertida em pastagem. Essas árvores jovens contam como vai ser o futuro da floresta, da mesma maneira que dão uma ideia sobre como será o futuro do mosaico da paisagem que as rodeia.

Entre 1997 e 2002, quatro *workshops* internacionais foram realizados no Peru, na Malásia, no Quênia e em Camarões com o objetivo de destacar o potencial das florestas tropicais secundárias para o manejo. Os resultados desses eventos enfatizaram a baixa prioridade e a falta de reconhecimento concedidas às florestas secundárias nos orçamentos nacionais, na investigação científica e nas agendas políticas de agências governamentais e organizações não governamentais. A gestão sustentável das florestas secundárias é muitas vezes ignorada na elaboração de políticas e na alocação de recursos, em grande parte por causa da falta de consciência a respeito do valor dos bens e serviços que as florestas secundárias produzem (FAO, 2003).

Uma visão semelhante foi enfatizada em um relatório da Organização Internacional de Madeiras Tropicais (ITTO) que apresentou 49 princípios e 160 recomendações para orientar a restauração, a gestão e a reabilitação de florestas degradadas e secundárias nos trópicos (ITTO, 2002). Esse relatório destaca uma grande lacuna nas políticas para restaurar, manejar e reabilitar as florestas degradadas e secundárias (Fig. 15.1). Existem orientações para estabelecer e gerenciar as florestas tropicais plantadas, por um lado, e para manejar de forma sustentável as florestas maduras, por outro. Entretanto, as florestas que se encontram entre esses extremos – as florestas secundárias em regeneração, que são discutidas neste livro – precisam seriamente da atenção dos setores de políticas e gestão. Essa negligência pode ser resultado da falta de integração entre o setor florestal e o setor agrícola e entre os interesses de desenvolvimento comercial e conservação. Florestas em regeneração são, de fato, uma ponte entre esses públicos distintos. Elas exigem políticas próprias e regras específicas de manejo que sejam relacionadas à silvicultura, à agricultura e às políticas nacionais e de uso da terra, com a participação local ativa das partes interessadas. As práticas indígenas são um excelente ponto de partida, uma vez que o manejo de áreas de pousio tem sido um componente integral das culturas indígenas por milênios.

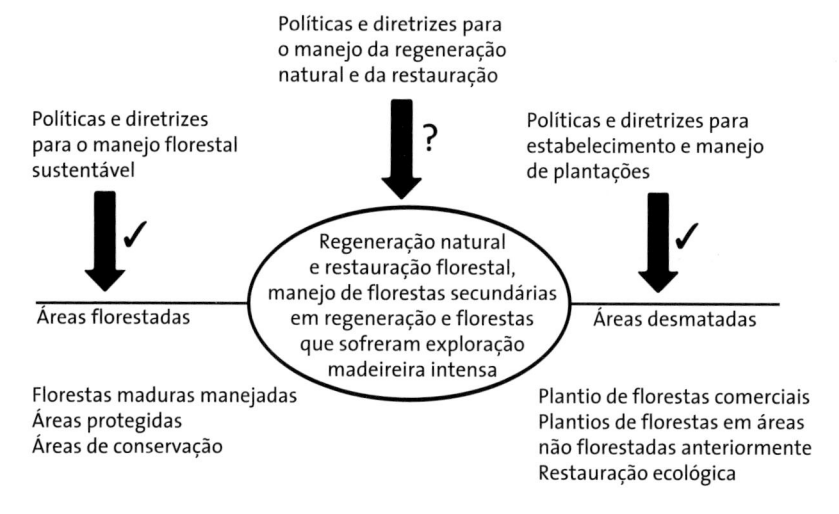

Fig. 15.1 *Representação gráfica das lacunas nas políticas e diretrizes para o manejo da regeneração natural e da restauração de florestas naturais. As políticas e diretrizes existentes referem-se à gestão de áreas recuperadas e desmatadas nos trópicos, mas não abordam a gestão de florestas secundárias em regeneração, florestas exploradas para retirada de madeira, florestas em regeneração natural ou áreas reflorestadas*
Fonte: redesenhado de ITTO (2002, Fig. 1).

15.2 As mudanças e a resiliência da floresta tropical

Olha-se para um futuro em que as taxas de regeneração da floresta vão superar as taxas de perda florestal (Meyfroidt; Lambin, 2011). A literatura está repleta de livros e artigos sobre o desmatamento, a degradação e a destruição nos trópicos. Este livro tem se concentrado em transformar essas tendências por meio de reflorestamento, regeneração, restauração e recuperação. A compreensão do processo de regeneração florestal revela o potencial de mudança e resiliência das florestas após distúrbios antrópicos, distúrbios naturais e alterações climáticas (Whitmore, 1998c). A seguir, são revisados os principais pontos e as mensagens dos capítulos anteriores.

15.2.1 Lições da história da floresta

Pode-se alcançar, olhando para o passado, uma compreensão importante sobre o potencial de regeneração da floresta no futuro. As florestas não são sistemas estáticos. As comunidades florestais estão mudando constantemente, à medida que as espécies e as populações se adaptam para responder às mudanças das condições bióticas e abióticas e a uma ampla gama de distúrbios naturais e antrópicos. As florestas tropicais constituem sistemas adaptativos complexos, onde perturbação e heterogeneidade são a regra (Chazdon; Arroyo, 2013). Elas crescem, são eliminadas, queimadas ou derrubadas e voltam a crescer novamente. Quando as florestas crescem após serem cortadas, não se parecem exatamente com as florestas que existiam anteriormente, mesmo que gradualmente adquiram as características estruturais e de composição de florestas maduras. O processo de regeneração é lento e pode demorar séculos – ou mesmo um tempo igual à idade das árvores mais antigas da floresta. Espécies de árvores típicas de florestas maduras crescem lentamente, e algumas árvores pioneiras de vida longa podem persistir por séculos. Muitas das florestas tropicais vistas como "florestas primárias" estão, na verdade, passando por estágios finais de sucessão secundária e ainda possuem indivíduos de espécies pioneiras de vida longa.

15.2.2 As florestas tropicais são resilientes a muitos tipos de distúrbio

Os distúrbios são um componente natural do ciclo de crescimento da floresta. As florestas têm crescido após a devastação completa das ilhas, vales de rios e encostas, sem qualquer intervenção humana. Por meio do processo de sucessão, elas constantemente se renovam. Espécies de plantas e animais são especializadas em colonizar e explorar áreas de florestas que sofreram distúrbios pequenos e grandes. Algumas espécies têm adaptações que permitem a persistência após o corte, a queima e os danos severos provocados à floresta pelo vento. Nutrientes e carbono perdidos durante o desmatamento são recuperados gradualmente no decurso da regeneração florestal. Ao estudar a ecologia dessas espécies e de seus agrupamentos, alcança-se uma visão sobre os atributos das espécies e as interações que conferem resiliência às florestas, como a redundância funcional, as interações entre espécies generalistas, e as redes de interação aninhadas. Além disso, pode-se identificar espécies nativas adequadas para o reflorestamento em áreas que não conseguem regenerar-se naturalmente após o uso intensivo da terra. As práticas de colheita, cultivo, e manejo de espécies úteis e melhoria do solo têm sido uma parte integral dos sistemas de manejo indígenas durante milhares de anos, construídos por meio de compreensão e observação dos processos de regeneração da floresta. Essas práticas oferecem modelos para o uso sustentável das florestas atualmente. De uma perspectiva ecológica, entendem-se os caminhos fundamentais da sucessão vegetal, e é possível identificar como as condições do local e da paisagem podem causar variação nas taxas de mudança da composição de espécies, da diversidade funcional e de processos ecossistêmicos durante a regeneração das florestas.

15.2.3 Os seres humanos são parte integrante da dinâmica das florestas tropicais

Durante o Holoceno, as florestas tropicais reorganizaram sua composição na presença de seres humanos. A caça e a domesticação de plantas impactaram essas florestas e foram associadas à sua queima. Os feitos iniciais da engenharia humana alteraram florestas úmidas sazonais, encostas e também os limites da savana. Muitas áreas florestais fortemente impactadas no passado foram capazes de se regenerar e apresentam, atualmente, poucos sinais superficiais de perturbação.

Os impactos humanos são muito mais difundidos hoje do que no passado e representam um enorme desafio para as florestas tropicais existentes e futuras. As mudanças climáticas e as espécies invasoras estão impactando o crescimento e as interações entre espécies das florestas tropicais, mesmo em áreas que não estão sendo submetidas à exploração madeireira, à fragmentação ou à derrubada para cultivo agrícola (Feeley et al., 2007b; Butt et al., 2013). O aumento da intensidade de uso do solo, a redução de períodos de pousio e a proliferação de espécies invasoras restringem o potencial de regeneração da floresta em muitas regiões.

O processo de regeneração florestal está intimamente ligado às atividades humanas. A regeneração florestal requer parcerias duradouras entre os seres humanos e suas paisagens. As áreas florestais fortemente impactadas dependem das pessoas para restaurar a estrutura e a função da floresta. Para adaptar uma frase de Hillary Clinton, "É preciso uma aldeia para fazer uma floresta crescer". Entretanto, o reflorestamento pode custar muito mais do que uma aldeia pode pagar.

15.2.4 A regeneração florestal reflete a paisagem circundante

A regeneração da floresta depende da dispersão de sementes provenientes de manchas de floresta, árvores remanescentes ou áreas de florestas intactas. Áreas fortemente desmatadas e fragmentadas na paisagem, portanto, têm um potencial de regeneração natural reduzido. Regiões tropicais com uma longa história de desmatamento, uso agrícola e fragmentação florestal podem ter perdido muitas espécies de plantas e animais dependentes da floresta (Tabarelli et al., 2012; Melo et al., 2013). Por outro lado, paisagens modificadas recentemente que ainda mantêm uma quantidade significativa de floresta madura têm populações intactas de animais dispersores de sementes e apresentam um elevado potencial de regeneração florestal.

Interações entre espécies vegetais e animais são essenciais para o funcionamento dos ecossistemas florestais tropicais e desempenham um papel importante na montagem da comunidade durante a regeneração da floresta. Essas interações incluem herbivoria, predação e dispersão de sementes e polinização. A regeneração florestal é mais fácil em regiões com fauna intacta e próximas a florestas maduras. A diversidade animal eleva-se durante a regeneração da floresta, juntamente com crescimentos na diversidade de plantas e na complexidade da estrutura da floresta, criando um ciclo de retroalimentação positiva que aumenta ainda mais a sucessão secundária da floresta.

15.3 O valor atual e futuro da regeneração das florestas tropicais

Caso se queira que a regeneração e a restauração atinjam o seu potencial para transformar as paisagens tropicais de um estado degradado a um estado revitalizado, é crucial reconhecer o valor atual e futuro dessas florestas. Hoje, áreas de pousio e terras agrícolas não utilizadas são frequentemente vistas como terras abandonadas ou *habitat* degradados quando comparadas a florestas mais antigas com níveis elevados de biodiversidade e grandes estoques de carbono. O valor futuro dessas áreas abandonadas raramente é considerado no planejamento para a conservação da natureza. Muitas florestas jovens ou que sofreram intervenções não são reconhecidas ou são subvalorizadas. A própria natureza do termo área abandonada implica que ninguém tem interesse na área.

Esse cenário está mudando lentamente, como programas internacionais e nacionais concentrados em esforços de reflorestamento e restauração. O reflorestamento oferece muitos benefícios mútuos, tais como oportunidades de renda para as famílias rurais, ganhos para a conservação da biodiversidade, produção sustentável de matérias-primas para as indústrias florestais, e um vasto leque de serviços ecossistêmicos de suporte e regulação (Barr; Sayer, 2012; Chazdon, 2008a). A meta de número 15 do Plano Estratégico 2011-2020 da Convenção sobre Diversidade Biológica afirmou que, "até 2020, a resiliência dos ecossistemas e a contribuição da biodiversidade para os estoques de carbono devem ser melhoradas, por meio da conservação e da restauração, incluindo a restauração de pelo menos 15% dos ecossistemas degradados, contribuindo para a mitigação das mudanças climáticas e para a adaptação e o combate à desertificação" (Secretariado da Convenção sobre Diversidade Biológica, 2010, p. 2). Uma análise realizada pela União Internacional para a Conservação da Natureza estimou que as florestas restauradas em 150 milhões de hectares de terras desmatadas terão um valor econômico de 85 bilhões de dólares por ano, com base unicamente no valor de mercado do carbono armazenado, da madeira e dos produtos não madeireiros produzidos. O Desafio de Bonn é um movimento global para restaurar 150 milhões de hectares de terras degradadas e desmatadas até 2020. Os governos da Costa Rica e de El Salvador comprometeram-se, cada um, a restaurar até 1 milhão de hectares de florestas tropicais. A Missão Nacional para uma Índia Verde tem como objetivo aumentar a cobertura florestal e a cobertura arbórea em 5 milhões de hectares de áreas florestais e não florestais e de melhorar a qualidade da cobertura florestal em outros 5 milhões de hectares. Em 1998, o Vietnã lançou uma grande iniciativa para reflorestar 5 milhões de hectares (McElwee, 2009).

As formas ativas de recuperação florestal estão sendo mais fortemente promovidas por agências governamentais e organizações não governamentais em comparação à regeneração natural (Kammesheidt, 2002). Isso é particularmente verdade na região da Ásia-Pacífico, onde os programas de "reflorestamento" são controlados pelas agências florestais do governo, com fortes interesses comerciais e laços estreitos com oficiais do governo e das forças armadas (Barr; Sayer, 2012). As políticas do estado para o reflorestamento muitas vezes resultam em incentivos perversos para a conversão de florestas secundárias e florestas exploradas seletivamente em plantios comerciais de árvores de rotação curta (Lindenmayer et al., 2012). Essas práticas são altamente sujeitas à corrupção, são contrárias aos objetivos de reflorestamentos de bases ecologicamente corretas e fracassam em proteger os interesses das populações rurais que dependem das florestas para sua subsistência.

Nos casos em que as condições são hostis para a regeneração natural, o plantio de árvores adequadas para a área (incluindo as espécies exóticas cuidadosamente selecionadas) pode iniciar o processo de sucessão secundária. Entretanto, em muitos casos, a regeneração natural pode fazer o trabalho de restaurar a biodiversidade e os serviços ecossistêmicos, no mínimo, com a mesma efetividade das florestas plantadas. Vários estudos têm mostrado que os estoques de nutrientes e carbono do solo e da vegetação não são substancialmente diferentes entre plantações e florestas secundárias de idade semelhante. Além disso, a regeneração natural é muito menos dispendiosa do que o plantio de árvores e sua manutenção. Os investimentos na forma de capital social são mais urgentemente necessários para a regeneração natural do que os investimentos financeiros. A regeneração natural promove a recuperação da biodiversidade e das interações entre espécies, pois as espécies nativas são adaptadas a crescer localmente e podem receber suporte das redes de mutualistas e das ligações móveis que facilitam a chegada, a sobrevivência e a reprodução de generalistas e especialistas florestais.

  Se a regeneração natural pode alcançar essas metas tão bem ou melhor do que as florestas plantadas, por que essa modalidade de reflorestamento é menos amplamente adotada e incentivada? Embora a regeneração natural seja, de longe, a forma de reflorestamento "mais barata", ela não se encaixa em um modelo centralizado de produção industrial e não fornece lucro às corporações. As políticas de gestão de florestas secundárias são escassas na maioria dos países (ITTO, 2002). As trajetórias de sucessão são intrinsecamente variáveis, e os resultados são muito menos previsíveis e uniformes do que os decorrentes do plantio de florestas. Consequentemente, a regeneração natural é vista como uma abordagem mais arriscada para o reflorestamento. As florestas jovens em regeneração natural simplesmente não são tão valorizadas quanto aquelas plantadas. As florestas em início da sucessão secundária – conhecidas comumente como "selvas" – são vistas como desagradáveis, emaranhados impenetráveis de vegetação, onde há cobras, vegetação espinhosa e insetos que picam, ao passo que as plantações são limpas, ordenadas, civilizadas e seguras. Também é difícil convencer os proprietários a deixar algumas áreas regenerarem naturalmente, uma vez que as terras improdutivas representam um convite para a ocupação por pessoas sem-terra e a regeneração natural pode ser interpretada como uma prática "imprópria" de uso do solo. As florestas secundárias em regeneração são muitas vezes referidas como florestas "degradadas", por apresentarem diversidade e função reduzidas em comparação a florestas primárias. A regeneração das florestas tropicais continua a ser mal interpretada, pouco estudada e desvalorizada, considerando-se o que elas realmente são – ecossistemas florestais jovens e auto-organizáveis que estão em fase de construção.

15.3.1 A avaliação do valor de conservação das florestas em regeneração

Houve um debate recente em torno da capacidade das florestas secundárias em fornecer *habitat* adequados para a regeneração de plantas e animais típicos de florestas primárias e também para as espécies endêmicas locais de alto valor de conservação (Wright; Muller-Landau, 2006; Laurance, 2007; Gardner et al., 2007a; Chazdon et al., 2009b; Gibson et al., 2011). A resolução desse debate apresenta vários desafios (Gardner et al., 2009):

1. Apenas um número limitado de classes de idade das florestas em regeneração é amostrado ou está disponível para o estudo.
2. Nas comparações realizadas, assume-se que as florestas primárias usadas como linha de base são estáveis em relação à composição de espécies e às condições ambientais durante o período de estudo.
3. A classificação de espécies em especialistas de florestas maduras é muitas vezes baseada em dados limitados ou em uma avaliação qualitativa limitada.
4. As florestas em regeneração e as maduras utilizadas como base para comparações tendem a ocupar zonas ecológicas, altitudes, tipos de solo, condições de declive diferentes e estar sujeitas a níveis distintos de acesso humano.
5. A comparação de réplicas verdadeiras de tipos de floresta muitas vezes não existe.
6. As florestas maduras podem já não existir na região, o que restringe as comparações, pois a linha de base, nesses casos, são as florestas em regeneração mais antigas.
7. Os efeitos de borda confundem os efeitos da idade da floresta sobre os padrões de biodiversidade.
8. A recuperação da biodiversidade durante a regeneração florestal é altamente dependente da qualidade da matriz na paisagem e não é uma simples função da idade da floresta.

Quase toda a informação disponível sobre as mudanças na composição de espécies durante a sucessão é baseada em estudos de curto prazo envolvendo áreas com menos de 50 anos de idade, e somente alguns estudos acompanham as mudanças durante a regeneração florestal ao longo do tempo. Apesar de a pouca idade das florestas em regeneração ser uma dura realidade em muitas áreas, essa limitação desvia a compreensão do potencial de recuperação da biodiversidade durante os estágios posteriores de sucessão. As florestas secundárias são muitas vezes cortadas novamente antes que haja uma oportunidade para avaliar as trajetórias de sucessão em longo prazo e o ganho de espécies nessas florestas (Chazdon et al., 2009b; Williams-Linera et al., 2011; Melo et al., 2013). As comparações da composição de espécies em florestas sucessionais e maduras devem levar em conta as mudanças observadas na composição de espécies ou na abundância das populações durante o mesmo intervalo de tempo nas áreas maduras que servem como referência. Essa informação temporal muitas vezes não está disponível. Além disso, a classificação de especialistas de florestas maduras em uma determinada região ou paisagem é, muitas vezes, altamente subjetiva e raramente é baseada em procedimentos estatísticos robustos (Chazdon et al., 2011).

Um problema adicional surge porque, em muitas regiões, as florestas maduras utilizadas como referência para a classificação de especialistas de florestas maduras não ocorrem dentro da mesma faixa de altitude ou tipo de solo das florestas secundárias devido à variação do desmatamento e do abandono das terras na paisagem (Helmer et al., 2008; Crk et al., 2009). A ausência de certas espécies típicas de florestas maduras pode ser atribuída a diferenças na altitude ou tipo de solo, e não ao estágio sucessional. As florestas em regeneração ocorrem frequentemente em pequenos fragmentos florestais rodeados por usos do solo não florestais. Por essa razão, o *status* da biodiversidade nas florestas muitas vezes é fortemente afetado por efeitos da fragmentação florestal ou pelo tamanho pequeno dos fragmentos, além de efeitos da idade ou do estágio de sucessão. Finalmente, a recuperação da biodiversidade nas florestas em regeneração depende da composição e da estrutura da matriz da paisagem circundante e não é uma simples função da idade das florestas. Por todas essas razões, as avaliações do valor de conservação das florestas em regeneração estão repletas de armadilhas metodológicas.

O contexto de paisagem de florestas em regeneração também afeta o papel local e regional delas na conservação da biodiversidade. Em uma paisagem com altos níveis de cobertura por florestas primárias intactas, as florestas secundárias contribuem relativamente pouco para a conservação da biodiversidade geral. Entretanto, em paisagens de matriz com um pequeno número de manchas remanescentes de floresta, as manchas de florestas em regeneração desempenham um papel fundamental na provisão de *habitat* florestais e trampolins ecológicos ou corredores que as liguem a outras áreas florestais (Harvey et al., 2008; Chazdon et al., 2009a; Tabarelli et al., 2012).

15.3.2 Os serviços ecossistêmicos providos pelas florestas em regeneração

A biomassa acima do solo, o carbono do solo, a ciclagem de nutrientes e as funções hidrológicas recuperam-se rapidamente durante a regeneração das florestas. Esses processos são a base para o fornecimento de muitos bens e serviços que beneficiam diretamente as pessoas. As florestas restauradas e em regeneração natural oferecem uma vasta gama de produtos e serviços ecossistêmicos (Quadro 15.1; Rey Benayas et al., 2009; Parrotta, 2010). O potencial das florestas em regeneração nos trópicos para sequestro de carbono é o grande foco dos programas globais para mitigar as emissões de carbono, como o REDD+ (ver Boxe 11.2, p. 249, e Boxe 14.2, p. 359). Naturalmente, as florestas em regeneração contêm uma alta abundância de espécies arbóreas úteis, muitas com valor comercial para a produção de produtos madeireiros e não madeireiros (Finegan, 1992; Chazdon; Coe, 1999; Apel; Sturm, 2003). Espécies que produzem madeira comercializável compõem entre 35% e 40% de todas as espécies e mais de 70% da área basal em florestas secundárias no nordeste da Costa Rica (Vílchez Alvarado; Chazdon; Milla Quesada, 2008).

QUADRO 15.1   Serviços ecossistêmicos providos pela regeneração natural e pelo reflorestamento de bacias hidrográficas nos trópicos

Tipo de serviço ecossistêmico	Descrição
A. *Serviços de provisão*	
Água	Água potável segura e limpa; abastecimento estável de água para uso doméstico, irrigação, fins industriais ou geração de eletricidade
Alimento e medicamento	Obtenção de peixes, caça, frutas, plantas medicinais
Matéria-prima	Materiais utilizados pela população local para construção, combustível e fibras (madeira, lenha, carvão vegetal, sapé, corda, artesanato)
B. *Serviços de regulação e suporte*	
Estoque de carbono	Sequestro de carbono pela vegetação e pelos solos para compensar as emissões desse elemento
Mitigação de eventos climáticos extremos	Controle de inundações e proteção contra tempestades
Regulação da qualidade do ar	Interceptação de poeira, substâncias químicas e outros elementos pela cobertura do solo
Prevenção de erosão	Prevenção de danos de erosão e assoreamento
Regulação de pestes	Manutenção da heterogeneidade natural e das populações de inimigos naturais para controle de populações de pragas de insetos

QUADRO 15.1 Serviços ecossistêmicos providos pela regeneração natural e pelo reflorestamento de bacias hidrográficas nos trópicos (continuação)

Tipo de serviço ecossistêmico	Descrição
Polinização e dispersão de sementes	Manutenção de populações de insetos, aves e mamíferos que polinizam as flores e dispersam sementes
Ciclagem de nutrientes	Prevenção das perdas de nutrientes e manutenção dos estoques de nutrientes nos solos para a absorção pelas plantas
C. *Serviços culturais*	
Beleza estética e experiências espirituais	Provisão de ambientes para apreciação da natureza, caminhadas e inspiração de experiências espirituais e religiosas
Herança cultural	Compartilhamento de heranças culturais e conhecimento ecológico com amigos e familiares; folclore; eventos especiais
Valor educativo	Aulas de campo para Botânica, Ecologia e Silvicultura
Recreação	Prática de esportes, pesca recreativa, prática de exercícios, caminhadas e eventos sociais em ambientes naturais

Fonte: baseado em Cremaschi, Lasco e Delfino (2013) e Brancalion et al. (2013).

15.4 Novas abordagens para promover a regeneração das florestas

A perspectiva de trazer as florestas de volta a paisagens desmatadas é desafiadora, mas não se pode ignorá-la. As causas do aumento da cobertura florestal são complexas e emergem de fatores biofísicos, socioeconômicos e culturais. Este livro abordou principalmente os fatores ecológicos que afetam a regeneração florestal após distúrbios naturais e antrópicos. A disponibilidade de recursos e a de espécies são os dois principais fatores ecológicos que determinam as trajetórias sucessionais. A variação geográfica de clima e de solos também influencia a regeneração natural e as características da vegetação, como a capacidade de rebrotar e as taxas de absorção de nutrientes. Embora as alterações climáticas não sejam algo novo para os trópicos, tem-se uma visão limitada sobre como a regeneração em regiões tropicais vai responder às mudanças climáticas rápidas (Whitmore, 1998c). É provável que o aumento da temperatura e as mudanças na precipitação e na sazonalidade afetem espécies de plantas e de animais em todos os tipos de florestas tropicais (Wright; Muller-Landau; Schipper, 2009).

Em última análise, a regeneração natural da floresta requer a redução da pressão antrópica sobre a terra, seja por meio do planejamento deliberado, seja como uma consequência de outras ações e políticas. Essa redução não deve comprometer os meios de sustento e subsistência das populações humanas, particularmente daquelas que vivem em áreas rurais. A redução da pressão humana sobre as florestas maduras remanescentes também é uma parte essencial desse desafio, pois a regeneração da floresta não ocorrerá se não houver áreas remanescentes de florestas maduras. As florestas secundárias que regenerarem não substituirão as florestas maduras. Esses dois tipos de florestas funcionam juntos na paisagem, protegendo grande parte da biodiversidade florestal dos trópicos e provendo serviços ecossistêmicos essenciais.

A disponibilidade de recursos e de espécies é diretamente afetada pela intensidade do uso da terra e pela localização e tipos florestais presentes na paisagem. Por meio dessas interações, os sistemas sociais impactam diretamente as taxas e a qualidade das formas ativas e passivas de aumento da cobertura florestal. O uso da terra e suas mudanças são, por sua vez, os produtos de políticas sociais e econômicas em diferentes esferas de governo. As políticas governamentais relacionadas ao uso da terra são muitas vezes carentes de informações ecológicas, especialmente as relacionadas à regeneração florestal (Menz; Dixon; Hobbs, 2013). As políticas florestais, de uso da terra e de conservação precisam ser baseadas em informações científicas sólidas sobre o potencial biofísico para a regeneração florestal, bem como nos valores da conservação da biodiversidade e dos bens e serviços ecossistêmicos que são fornecidos pelas florestas em regeneração natural e pelos plantios de espécies nativas.

O objetivo de aumentar a cobertura florestal nos trópicos, seja por meio da regeneração espontânea passiva, seja por meio de projetos de reflorestamento planejado, baseia-se no reconhecimento de que as florestas precisam das pessoas, assim como as pessoas precisam das florestas. O aumento bem-sucedido da cobertura florestal é uma parceria que beneficia ambos (Boxe 15.1). Os processos facilitados, participativos e que envolvem várias partes interessadas são componentes fundamentais das políticas de reflorestamento (Boedhihartono; Sayer, 2012). As causas sociais, econômicas e institucionais que definem o sucesso do aumento da cobertura florestal também são as bases do bem-estar humano, da harmonia social e da governança efetiva (Dinh Le et al., 2012). As nossas florestas refletem os nossos valores e os nossos sonhos. As florestas dos trópicos merecem uma segunda chance, e nós também.

Boxe 15.1 Criando florestas e esperança por meio das concessões para reflorestamento e restauração

Uma nova abordagem para promover a regeneração florestal em paisagens tropicais que está surgindo segue os princípios da restauração da paisagem florestal. A abordagem vem do conceito recentemente desenvolvido das concessões de conservação, que foram iniciadas em vários países com o apoio de organizações de conservação (Milne; Niesten, 2009). Ao contrário das concessões de conservação, que são projetadas para restringir o corte e a conversão de florestas comunitárias por meio de contratos de aluguel, as *concessões de reflorestamento* fornecem suporte financeiro, infraestrutura e capacitação para as comunidades locais, com o objetivo de trazer de volta as florestas por meio de projetos de restauração ecológica. As partes interessadas são ativamente envolvidas no planejamento, na execução e no monitoramento de programas locais de restauração. Os custos para pagar pela restauração e pelo arrendamento de terras comunitárias ou do governo anteriormente desmatadas são levantados por meio da participação global de indivíduos e organizações que prestam apoio financeiro a esses esforços de restauração e conservação enquanto compensam suas emissões de carbono.

De certa forma, o conceito de concessões de reflorestamento é semelhante ao modelo de agricultura apoiada pela comunidade (Sharp; Imerman; Peters, 2002), mas, em vez de produzir legumes, as fazendas produzem florestas tropicais jovens, um bem público global. Os acionistas não estão limitados a membros da comunidade local, mas são recrutados de todo o mundo na forma de parceiros, investidores e investigadores científicos em um projeto de reflorestamento de longo prazo. Seria necessário ter apoio institucional e governamental para fornecer treinamento sobre implantação, manejo e monitoramento de concessões de reflorestamento e de regeneração natural. Prioridade para as concessões de regeneração natural deve ser atribuída aos antigos terrenos agrícolas não utilizados perto de fragmentos florestais remanescentes que mostram um alto potencial de regeneração natural. Áreas agrícolas abandonadas próximas a florestas maduras deveriam ter prioridade para a criação de novas concessões de regeneração natural. Por outro lado, áreas agrícolas improdutivas situadas em áreas que possuem obstáculos significativos impedindo a regeneração natural deveriam ter prioridade para novas concessões de restauração ecológica.

Novas abordagens para restaurar florestas degradadas onde houve exploração madeireira também estão sendo desenvolvidas. A primeira concessão do mundo para a restauração de ecossistemas foi recentemente criada na floresta Harapan, nas terras baixas de Sumatra, em uma antiga concessão madeireira, parte do patrimônio florestal do governo. Uma empresa privada composta de um consórcio de organizações (Burung Indonesia, The Royal Society for the Protection of Birds e BirdLife International) administra a concessão por meio de licença paga ao governo da Indonésia (Normile, 2010; Rands et al., 2010). A licença é válida por 35 anos, período após o qual a floresta pode ser explorada ou protegida para a conservação. O projeto recebeu financiamento adicional dos governos da Dinamarca e da Alemanha.

Mais de 40.000 pessoas que vivem nas proximidades da floresta serão envolvidas nos esforços de reflorestamento e conservação. O projeto Harapan Rainforest visa restaurar cerca de 100.000 ha de florestas tropicais de terras baixas perturbadas e que sofreram exploração seletiva. Estão sendo desenvolvidos planos para reflorestamentos experimentais em áreas abertas e em áreas com cobertura florestal baixa ou alta com florestas secundárias em regeneração. Viveiros para a produção de mudas de espécies nativas para o plantio em áreas abertas e em florestas exploradas estão sendo construídos. O plantio de árvores e os viveiros fornecem formação técnica e representam meios de subsistência para as famílias dos índios Bathin Sembilan. O projeto também inclui o monitoramento em longo prazo da vegetação e da fauna em florestas exploradas, em florestas restauradas e em áreas de floresta não exploradas.

Harapan é a palavra em indonésio para "esperança". Como a primeira concessão de reflorestamento do mundo, o projeto Harapan Rainforest, nas terras baixas da Sumatra, dá esperanças de que abordagens bem-sucedidas para a restauração florestal na escala da paisagem sejam modelos de trabalho para restaurar, manejar e conservar as florestas tropicais em todo o mundo.

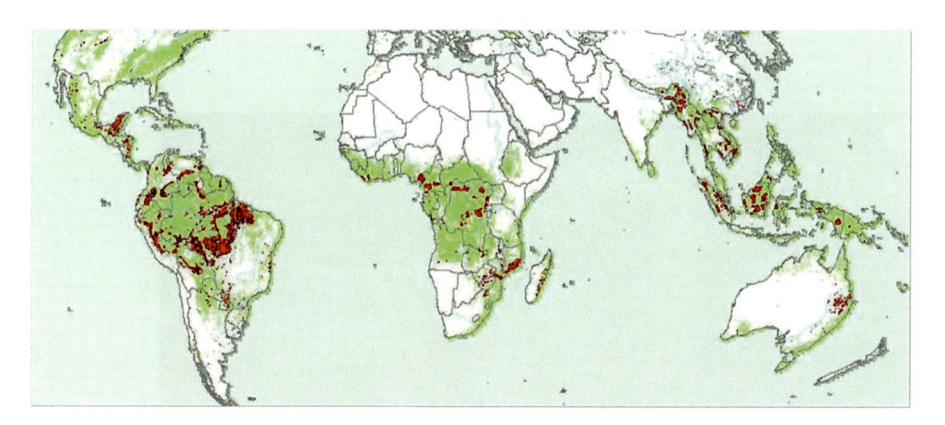

Fig. 1.3 *Principais frentes de desmatamento nos anos 1980 e 1990 dentro dos* hotspots *de desmatamento nos trópicos identificadas por três análises diferentes de cobertura florestal. A cor vermelha indica áreas com altas taxas de desmatamento, enquanto a cor verde indica florestas tropicais existentes*
Fonte: Mayaux et al. (2005, Fig. 3).

Fig. 3.4 *Solos naturais e modificados na Amazônia. (A) Um oxissolo, o solo mais comum na parte alta da Amazônia. (B) O solo conhecido como terra preta, modificado com a adição de cinzas e resíduos orgânicos*
Fonte: Bruno Glaser, reimpresso com permissão.

FIG. 4.3 *(A) Fotografia aérea de uma área derrubada por ventos ao norte de Manaus, no Amazonas, Brasil, tirada de um helicóptero dois anos após o evento. (B) Giuliano Guimarães estimando a dinâmica da vegetação em uma parcela onde a floresta foi derrubada pelo vento*
Fonte: *Jeffrey Chambers, reimpresso com permissão.*

Fig. 4.4 *Classes de idade de florestas em regeneração após abandono de áreas agrícolas ao norte de Manaus, no Amazonas, Brasil, definidas com base em análise sequencial de imagens de satélite entre 1973 e 2003. As idades em anos correspondem às cores indicadas. A cor verde-escura corresponde a florestas maduras. Em 2003, a maior parte das florestas em regeneração tinha menos de 30 anos. A porção externa da cidade de Manaus aparece na parte sul da imagem*

Fonte: Da Conceição Prates-Clark, Lucas e Dos Santos (2009, Fig. 4a).

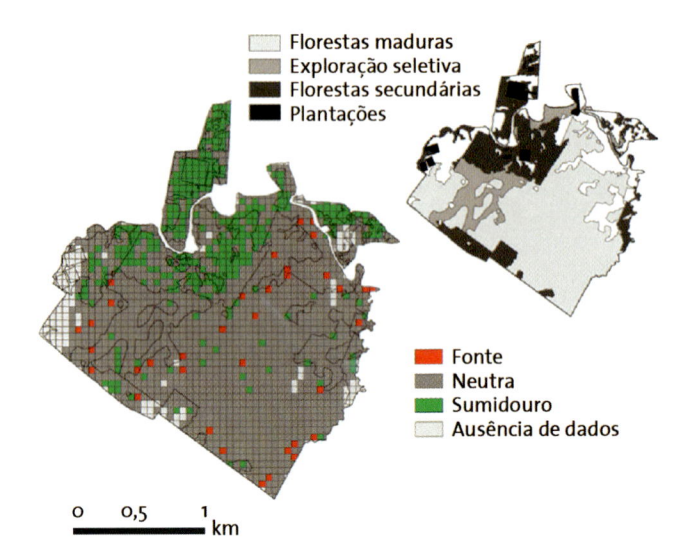

Fig. 4.6 *Mapa das áreas de floresta consideradas fontes de carbono (diminuição), sumidouros (aumento) ou áreas neutras (sem alteração) na Estação Biológica La Selva. Cada quadrado equivale a 1 ha. As mudanças na biomassa estimada acima do solo de 1998 a 2005 foram estimadas com base em dados de LiDAR. Florestas em regeneração e plantações aparecem uniformemente como sumidouros ou áreas neutras, enquanto florestas maduras e áreas que sofreram exploração seletiva são, em sua maioria, neutras, com áreas consideradas fonte e sumidouro espalhadas*

Fonte: adaptado de Dubayah et al. (2010, Fig. 11).

Fig. 5.1 *Florestas em regeneração na Amazônia Central (A) dominadas por diversas espécies de* Vismia *e (B) com dossel dominado por* Cecropia sciadophylla
Fonte: Rita G. C. Mesquita, reimpresso com permissão.

Fig. 6.1 Visão aérea do vulcão Anak Krakatau em 2005. A vegetação da sucessão primária é visível ao longo das porções costeiras baixas. Ver Boxe 6.1 para mais detalhes
Fonte: imagem de satélite obtida como cortesia do Observatório da Terra da Nasa.

Fig. 6.3 Série temporal de um deslizamento de terra na Floresta Experimental de Luquillo, em Porto Rico. Em 1991 (na porção de baixo, à direita, na figura do meio), a colonização foi mais rápida sobre o solo residual da floresta. Após cinco anos, as plantas lenhosas dominantes eram Cecropia schreberiana e a samambaia Cyathea arborea
Fonte: Lawrence Walker, reimpresso com permissão. Walker et al. (1996, Fig. 1).

Fig. 6.5 *A cicatriz do deslizamento de terra e lama no vulcão Casita, no oeste da Nicarágua, causado por fortes chuvas durante o furacão Mitch, em outubro de 1998*
Fonte: cortesia do US Geological Survey.

Fig. 6.6 *Imagem do rio Mamoré, nas terras baixas da Bolívia, na base dos Andes, tirada em 2003 pela Estação Espacial Internacional. Os meandros do rio Mamoré na planície com muitos traços de canais contorcidos indicam as posições anteriores do rio. As áreas de coloração mais escura são florestas ciliares, enquanto as mais claras são savanas tropicais*
Fonte: cortesia do Observatório da Terra da Nasa.

Fig. 7.1 *Exemplos de sucessão estagnada: (A) invasão de samambaia em áreas em pousio em Chiapas, no México; (B) antigas pastagens no Parque Nacional Soberania, no Panamá, agora cobertas por gramíneas da espécie* Saccharum spontaneum *de 1 m de altura*

Fig. 7.4 *Início da sucessão secundária em uma área desmatada na Reserva Florestal Atewa Range, em Gana. (A) Área de estudo em fevereiro de 1975, quando a transecção inicial foi estabelecida. Minério de bauxita foi removido nas áreas planas com uso intensivo de retroescavadeira, causando alta compactação do solo. (B) Dezoito meses após o desmatamento, árvores pioneiras estabeleceram-se, mas não no solo compactado pela retroescavadeira*
Fonte: Michael Swaine, reimpresso com permissão. Swaine e Hall (1983).

Fig. 7.4 *Início da sucessão secundária em uma área desmatada na Reserva Florestal Atewa Range, em Gana. (C) Quatro anos após o desmatamento, vê-se menos solo nu. Árvores pioneiras com dominância de* Musanga cecropioides *estão entrando em senescência, enquanto espécies da floresta madura aumentam em densidade e número de indivíduos. (D) Quinze anos mais tarde, a área já se regenerou consideravelmente e espécies não pioneiras são dominantes*
Fonte: Michael Swaine, reimpresso com permissão. Swaine e Hall (1983).

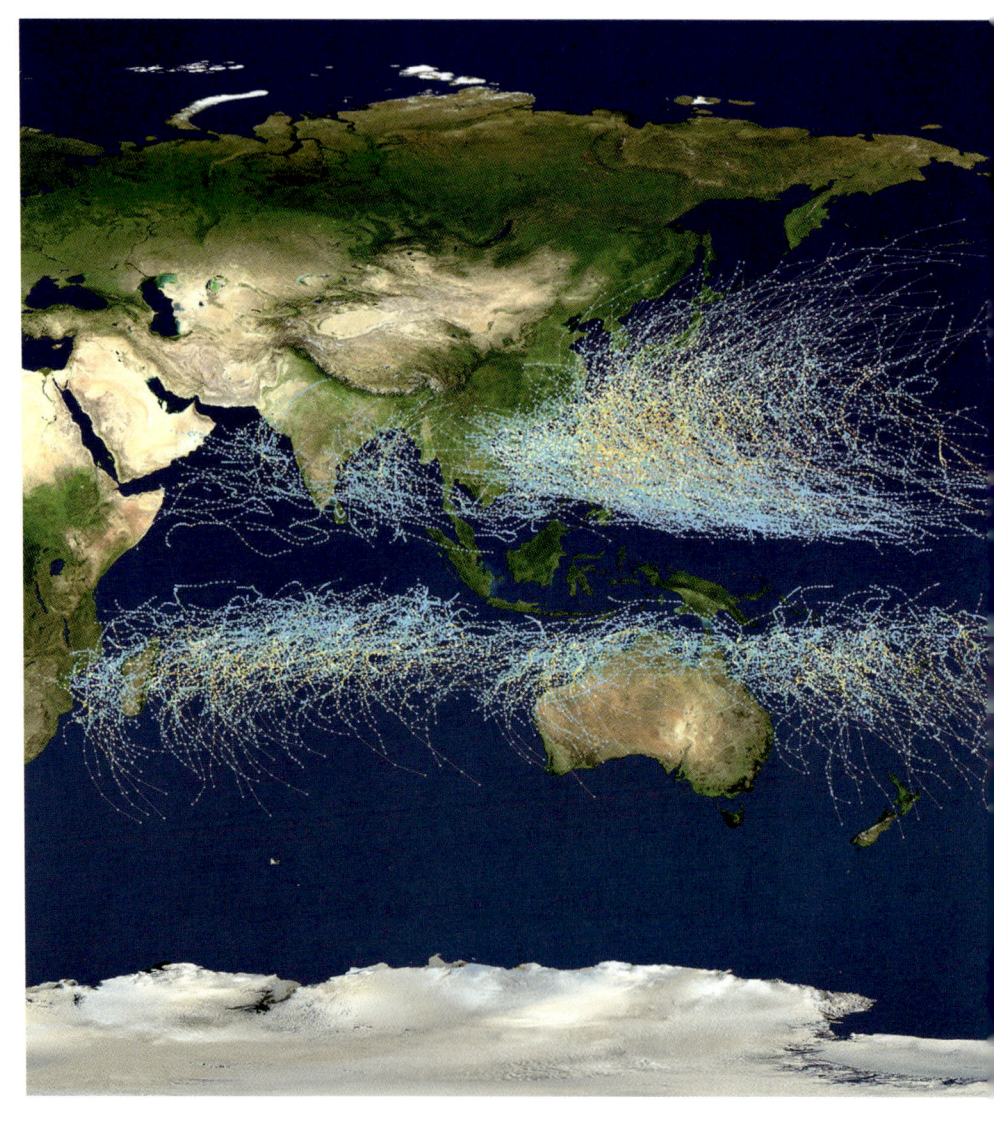

FIG. 8.1 Traçados dos caminhos percorridos por todos os ciclones tropicais que se formaram ao redor do globo de 1985 a 2005
Fonte: Wikipedia Commons.

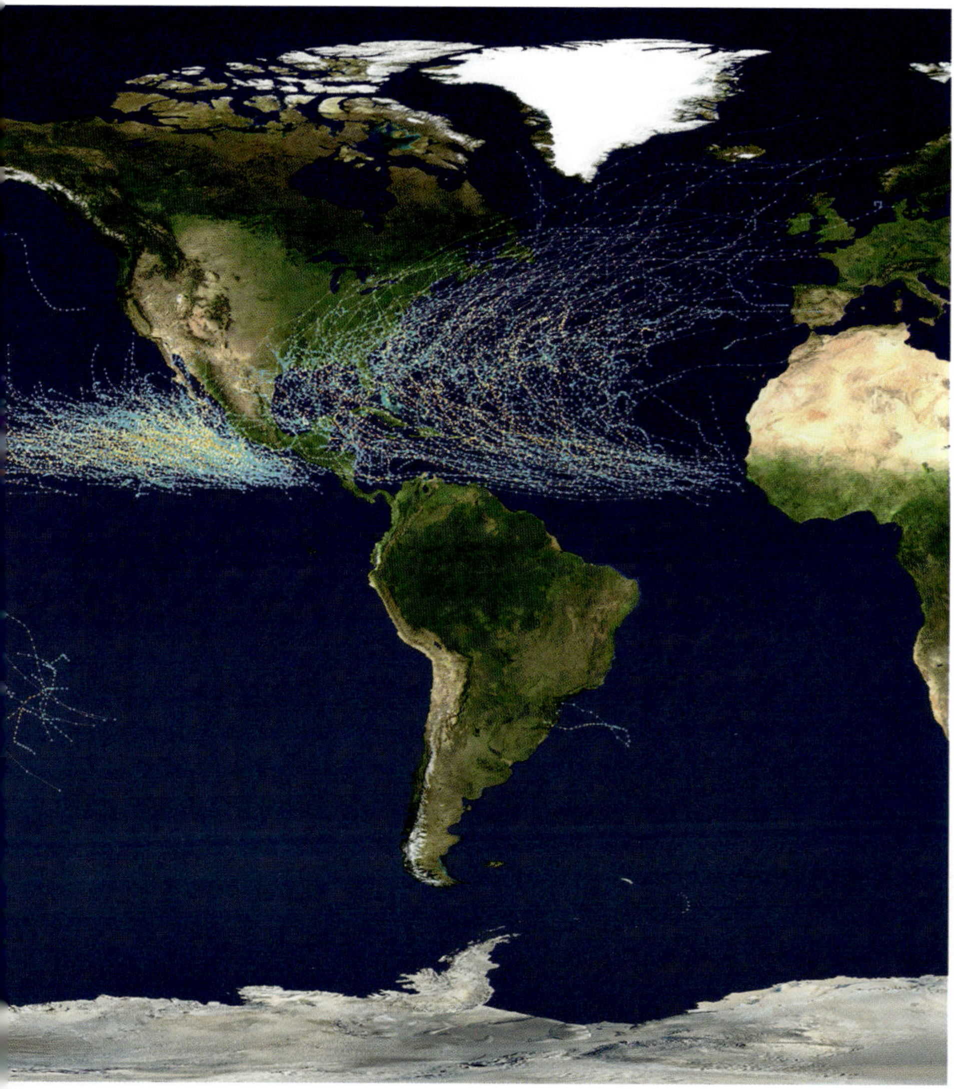

Fig. 8.2   *Regeneração de florestas queimadas no leste de Kalimantan*
Fonte: Ferry Slik, reimpresso com permissão.

Fig. 11.2 *(A) Parcela experimental em área de corte e queima (sem cultivo) no Rio Negro em 1982. (B) A mesma parcela três anos mais tarde, com uma área cultivada à frente*
Fonte: Christopher Uhl, reimpresso com permissão.

Fig. 13.3 *Fotografias de (A) uma área erodida com solo descoberto, (B) uma plantação de* Eucalyptus *após 35 anos e (C) plantios mistos em 2004, 45 anos após o início do experimento de reflorestamento em Xiaoliang*
Fonte: Hai Ren, reimpresso com permissão.

Fig. 13.4 *Plantio experimental de balsa (Ochroma pyramidale) com um ano sobre um campo infestado de samambaias invasoras (Pteridium caudatum) por mais de 30 anos em Chiapas, no México. As árvores de balsa alcançaram uma altura de 6 m e uma área basal de 4,1 m² por hectare e aparecem sombreando a camada de samambaias invasoras abaixo do dossel*

Fonte: David Douterlungne, reimpresso com permissão. Douterlungne et al. (2010).

Fig. 13.5 *Práticas de regeneração natural assistida em campos de* Imperata *nas Filipinas: (A) localização e coroamento de mudas regenerantes; (B) estagiário aprendendo a técnica de compressão para plantio; (C) visão da área antes da restauração; (D) visão da área seis anos após a regeneração natural assistida*
Fonte: cortesia da Fundação Bagong Pagasa e da FAO, reimpresso com permissão.

ÍNDICE REMISSIVO

A

Abelhas, polinização por 278, 298
Abertura de áreas, erosão e 68, 69, 71
Abobrinha, domesticação da 39
Acacia
    decurrens 153
    mangium 103, 263, 308, 321, 325
Acácia, plantios de 263, 307, 308, 325
Academia Sínica, China 310
Açaí (*Euterpe oleraceae*) 59
Acanthus pubescens 153
Aceiros 320, 321, 331
África
    Cobertura de florestas úmidas 23
    Emigração humana 30, 31
    Espécies arbóreas pioneiras 45, 105
    Florestas primárias 25
    Florestas secundárias 25
    Primeiros cultivos agrícolas 42
África Ocidental
    Regeneração florestal na 69, 70
    Solos antrópicos na 63, 64, 66
Agricultura de roçados
    Descrição de 317
    Impactos da 87
    Na Nova Guiné 52
Agricultura industrial 368
Agricultura itinerante, regeneração florestal e métodos de 15, 16, 18, 143, 146, 158, 159
Agrofloresta 157, 235, 249, 283, 294, 301, 314, 315, 319, 320, 340, 341, 355, 360, 361, 362, 363, 364, 366, 368

Água
    Capacidade de retenção de 131, 134, 216, 262, 310
    Reflorestamento e qualidade da 360
    Serviços ecossistêmicos e 379, 380
Akha, povo 319
Alchornea
    castaneifolia 141
    cordifolia 42, 43, 45
Algodão, domesticação do 39
Alimentar, segurança 359, 362, 363
Alimento, serviços ecossistêmicos e 379, 380
Alnus acuminata 330
Alstonia boonei 27
Amacayacu, Parque Nacional, Colômbia 218
Amazônia
    Alterações na paisagem 56
    Carvão no solo 61
    Cenários de exploração madeireira 315, 316
    Desmatamento pré-histórico 67
    Manchas de florestas secundárias 129
    Manutenção da floresta por meio do fogo 61
    Morte gradual 207, 208
    Povoados urbanos 59
    Regeneração florestal 157
    Retroalimentação positiva 206, 207
    Riqueza de espécies de aves 184, 199, 279

Sistemas de pousio enriquecidos 315, 316
Tendências na biomassa de lianas 93
Terra preta de índio 63
Amazônia, regiões da
Brasileira 44, 63, 88, 178, 187, 193, 207, 208, 251, 261, 283, 316, 326
Equatoriana 125, 139
Peruana 80, 139, 314
Amazônica, bacia
Carvão no solo 62
Grandes distúrbios 84, 92
Mudanças climáticas do Holoceno 43, 44, 45, 46
Pontas de projéteis encontradas na 36
Terra preta 63
América Central
Cobertura de floresta tropical úmida 23
Floresta primária 25
Florestas regeneradas naturalmente 25
Padrões de cultivos antigos 43
Queima de biomassa durante o Holoceno 61
Sociedades caçadoras-coletoras 70
América do Sul. Ver também os países específicos
Cobertura de floresta tropical úmida na 23
Floresta primária na 25
Florestas regeneradas naturalmente na 25
Padrões antigos de cultivo na 43
Pilhas de conchas (sambaquis) na 35
América Latina. Ver também cada país individualmente
Projetos de PSE na 363
Transições florestais na 353
Ampelocera ruizii 191
Anak Krakatau, vulcão
Visão aérea 126

Anéis de crescimento, estudo dos 81, 87
Anfíbios, riqueza de espécies de 279
Angkor Borei, Camboja 70
Animal, diversidade 145, 197, 276, 278, 286, 299, 329, 374
Anodorhynchus hyacinthinus 271
Aproteles bulmerae 37
Araçá (*Psidium cattleianum*) 205
Aranapu, rio, Brasil 139
Aranhas, impacto da exploração madeireira nas 199
Arapiuns, bacia do rio 208
Araucaria, florestas de 44, 46
Arboricultura, sistemas antigos de 34
Área agrícola
Abandono 146, 157
Conversão de florestas em 245, 246, 247, 248, 249, 250, 251, 252, 253, 254
Fatores de colonização 145
Florestas secundárias e 350
Intensificação de uso 354
Regeneração florestal após 143, 144, 145, 146, 147, 148, 149, 150, 151, 152, 153, 154, 155, 156, 157, 158, 159, 160, 161, 162
Transformação florestal 42, 43
Área agrícola abandonada
Árvores remanescentes em 154, 155, 156
Nucleação de 154, 155, 156
Áreas de pousio enriquecidas no 316
Áreas naturais protegidas 337, 356, 357
Áreas úmidas, agricultura maia e 53
Areia, sedimentos em bancos de 141
Argila, conteúdo de
Retenção de nutrientes e 248, 249, 251
Substratos vulcânicos e 134
Ar, qualidade do 379
Arquitetura da terra, definição da 343
Arroz (*Oryza sativa*), domesticação do 40, 41

Arroz, regeneração em plantios de 147
Artibeus
   jamaicensis 173
   watsonii 293
Artocarpus 32, 33, 40, 41
Artrópodes, regeneração florestal e 280
Árvores especialistas, interações entre espécies e 272
Árvores generalistas
   Interações entre espécies de 271
   Que precisa de luz 347
   Trajetórias sucessionais de 113
Árvores juvenis
   Atributos foliares de 226
   Atributos funcionais de 224, 225, 226, 227, 228, 229, 230
   Regeneração de 107
Árvores remanescentes
   Áreas agrícolas abandonadas 154
   Regeneração florestal por meio das 156, 374
Ásia
   Espécies arbóreas pioneiras 105, 198
   Floresta primária 23
   Florestas regeneradas naturalmente 23
Atewa, Reserva Florestal, Gana 160, 161
Atividades humanas. *Ver também* distúrbios antrópicos
   Classificação de florestas degradadas e 22
   Densidade populacional 344
   Distúrbios antrópicos e 77
   Extinções e 38
   Legados antigos 28
   Modificações antigas do solo 63
   Períodos de distúrbios 143
   Pré-históricas 29
   Tendências das 373
   Transformação da paisagem por 29
   Usos agrícolas 142, 143, 340

Attalea oleifera 217
Aubréville, André Marie Al. 82, 83, 84
Austrália
   Introdução do dingo na 38
   Ocupação das florestas pelos aborígenes 35
   Sistemas de pousio enriquecidos 316
Austroeupatorium inulifolium 153
Austronésia, povos da 41
Avaliação dos Recursos Florestais (FRA)
   Definição de floresta utilizada pela 20, 117
   Estatísticas de reflorestamento 24, 26, 306
   Organização das Nações Unidas para a Alimentação e a Agricultura 115
Avena sp. domesticação da 40
Aves
   Dependentes de florestas pluviais 328, 329
   Dispersão de sementes por 104, 107, 128, 134, 156
   Em áreas com exploração madeireira 198, 199, 201, 202
   Extinção em ilhas 37, 38
   Floresta madura 279
   Impacto da caça nas 204
   Impacto da exploração madeireira nas 198, 200, 201, 202, 203, 205
   Migratórias 279, 280
   Noturnas 280
   Poleiros 154, 155
   Riqueza de espécies em florestas secundárias 279
Aves marinhas, extinções de 37

B

Babaçu (*Attalea phalerata*) 34, 66, 81, 316
Bacias hidrográficas, proteção de 363, 379, 380
Bagong Pagasa, Fundação 319, 321

Balsa, árvore (*Ochroma pyramidale*) 317, 318, 325
Bambu (*Guadua* spp.)
    Dominância após incêndio 208
    Mortalidade 81
    Sucessão estagnada e 153
Bananas
    Eumusa 40
    Musa sp. 40
Bananas (*Musa* sp.) 157
Banco Mundial, Fundo Global para o Meio Ambiente (GEF) 360
Barragens hidrelétricas 323
Barringtonia
    asiatica 127
    spp. 40
Barro Colorado, ilha (IBC), Panamá 83, 92, 117, 147, 212, 213, 219, 221, 260
Batata, domesticação da 39
Bathin Sembilan, famílias indígenas 383
Bauxita, mineração de 111, 160, 326
Beija-flores
    Rede de polinização de bromélias por 298
Beleza, serviços ecossistêmicos e 359, 364, 365, 373, 374, 375, 376, 377, 378, 379, 380, 381
Belize, cultivo de milho em 46
Benuaq Dayak 15, 17
Besouros
    Coprófagos 201, 202, 278, 282, 283, 284, 289, 294
    Da serapilheira 282
Betsimisaraka, povo 152
Bicho-mineiro 288
Bidens sp. (Asteraceae) 157
Biodiversidade
    Conservação da 25, 116, 177, 284, 304, 305, 331, 347, 359, 363, 374, 378, 381
    Dispersão de sementes e 108
    Escada da restauração 304
    Manutenção da 365, 366
    Recuperação da 108, 284, 304, 328, 330, 376, 377, 378
    Reflorestamento e 305
    Regeneração florestal e 245
Biológicos, corredores 351, 370
Biológicos, legados
    Disponibilidade de propágulos e 145
    Disponibilidade de recursos e 129
    Uso agrícola e 143
    Uso intensivo do solo e 151
Biomassa
    Acima do solo 91, 92, 93, 94, 147, 159, 166, 171, 179, 182, 184, 193, 228, 243, 244, 247, 251, 252, 254, 255, 256, 257, 258, 259, 260, 261, 263, 331, 332, 379
    Acúmulo de 244, 247, 251, 255, 256, 257, 258, 259, 260, 263, 331, 332
    Alterações na 93
    Concentrações de nutrientes 258
    Estimativa de 258
    Foliar 255
    Lagarto 278
    Queima de 29, 45, 54, 55, 61, 62
    Raiz fina 255, 267
    Recuperação após agricultura itinerante e 249, 250, 251
    Recuperação após exploração madeireira 193
    Recuperação após furacões 166, 167
    Recuperação após incêndios 180, 181, 182, 183
    Substrato vulcânico e 134
Bloomberg, Michael 364
Blue and John Crow Mountains, Parque Nacional, Jamaica 357
Blue e Port Royal, montanhas, Jamaica 234
Bocaiúva (*Acrocomia aculeata*) 34
Bombardeio, campanhas de 337
Bonn, desafio de 375

Borda, efeitos de 207, 285, 347, 377
Bornéu
    Dayak, povo 15
    Imperata, campos de 152
    Incêndios 152
Brasil
    Mortalidade de bambus 81
    Região da Mata Atlântica 35, 217, 236, 281, 285, 290, 291, 294, 297, 298, 322, 323, 324, 333, 342, 347, 363, 364, 365
Briófitas 218
Brosimum alicastrum 33
Brunei, Bornéu 213
Budongo, floresta de, Uganda 84, 197
Bugios
    Alouatta palliata 282
    Alouatta pigra 173
Bukit Soeharto, floresta de, Indonésia 182

C
Cabo Blanco, Reserva Natural, Costa Rica 356
Cabras, domesticação das 42
Caça
    Ameaças da 88
    De dispersores 180
    De predadores de sementes 204, 296
    Distúrbios por 81, 88, 118
    Exploração madeireira e 22, 77, 162, 204, 208, 301
Caçadores-coletores, sociedades de
    Áreas de forrageio no Brasil 32
    Dieta das 44
    Extinções e 29
    Hoabinhianas 32
    Impactos das 32
    Índia 33
Cacau
    Agrofloresta de 294, 362, 363, 364
    Plantações de 362
Caesalpinioideae 265

Café, áreas de cultivo de
    Cobertura florestal e 355, 362
    Reflorestamento 338
Caiaué (*Elaeis oleifera*) 34, 66
Calabaça (*Lagenaria siceraria*) 40
Calathea altissima 184
Calau 293
Calophyllum inophyllum 127
Camarões
    Dados de pólen do Holoceno tardio 43
    Espécies endêmicas em 235
    Extensão florestal máxima 30
    Padrões de cultivo 28
    Regeneração em áreas de pousio 156
Camarões Ocidental, mudanças climáticas em 45
Campos elevados 55, 56, 57
Cana-de-açúcar (*Saccharum* spp.)
    Campos abandonados de 338, 339, 340
    Domesticação de 40
    Plantios de café e 355
    Sucessão após 157
Cana-do-rio (*Gynerium sagittatum*) 140
Canarium, árvore 34, 40
Cancún-Tulum, corredor 354
Cape York, região de, Austrália 35
Caquetá, rio, Colômbia 35, 40
Carboidratos, dieta de caçadores-coletores 32
Carbono
    Certificados de 364
    Créditos de 360, 363
    Emissões de 193, 243, 366, 379, 382
    Emissões do solo 248
    Esgotamento do solo 253, 254
    Na biomassa 193, 249
    Programas de mitigação de 366
Carbono, armazenamento de
    Acúmulo de biomassa e 249
    Serviços ecossistêmicos e 380

Índice remissivo | 405

Carbono, ciclagem de
  Dinâmica de biomassa 252
  Ecossistemas florestais 255
  Florestas velhas e 249
Carbono, dióxido de
  Clima e 93
  Emissão antrópica 54
  Tendências de biomassa e 93
Carbono, estoques de
  Árvores muito grandes e 257
  Solo 244, 248, 249, 254, 256, 257, 260, 262, 331, 332
  Trópicos úmidos, Austrália 332
Carbono, sequestro de
  Em florestas tropicais secundárias 249, 250
  Estimativas de 92
Carbono, sumidouros de
  Estimativas com LiDAR 94
Caribe
  Cobertura de floresta tropical úmida 23
  Floresta primária 24
  Florestas regeneradas naturalmente 25
  Transição florestal 77, 353
Carvão, datação de carbono 62
Caryota 33, 41
Casca, espessura da 178, 179, 180
Casita, deslizamento de terra do vulcão 134, 135
Castanha-do-pará (*Bertholletia excelsa*) 34, 66, 316
Castanopsis spp., cultivo de 40
Casuarina equisetifolia 127
Cecropia spp.
  C. latiloba 141
  C. membranacea 140
  C. schreberiana 133, 171
  C. sciadophylla 99
  Estimativas de idade 120
  Florestas que não foram queimadas 184
  Frutos de 292
  Plântulas 140
Cedrela odorata (Meliaceae) 140
Ceiba pentandra 33, 45, 103, 105
Chá, plantações de 152, 153, 315, 316
Chiapas, México
  Plantio experimental de balsa 318, 325
  Sistemas de pousio enriquecidos 280
  Sucessão estagnada 144
  Tendências de cronossequência 120, 237
Chinampas, sistema de 56
Chorotega, região de, Costa Rica 345
Chromolaena odorata 153, 206
Cianobactérias, colonização por 127
Ciclone
  Larry 174
  Waka 101, 172
Ciclones. *Ver* furacões
  Caminhos dos 168
Cinnamomum camphora 333
Clareira, dinâmicas de 82, 115
Clark, D. A. 76, 94
Clark, D. B. 76
Clidemia hirta 205
Climática, modulação 379, 380
Climáticas, mudanças
  Emissões de dióxido de carbono e 54, 93
  Emissões de metano e 54
  Expansão agrícola 46
  Exploração madeireira 185
  Exploração madeireira e 206
  Holoceno 38
  Incêndios e 45, 177
  Regeneração florestal e 25, 26, 374, 380
  Seca e 206

Clímax florestal, conceito de 107
Cobertura florestal
    Complexidade da 342
    Definições de 25
    Distribuição geográfica da 149, 342
    Interrupção da continuidade da 116
    Restauração da 162, 302, 320, 362
    Tendências da 338, 339
Cocha Cashu, Estação Biológica, Peru 139, 140
Coco (*Cocos nucifera*) 34, 40
Colocasia
    Cultivo de 40, 52
    Domesticação de 40
    Terraços irrigados 52
Colômbia
    Projetos de PSE 360, 363
    Sistemas silvipastoris 360, 363
Colonização
    Alterações microclimáticas 282
    Barreiras à 308
    Corredores biológicos e 365, 366
    Disponibilidade de recursos e 133
    Em deslizamentos de terra 132
    Facilitação da 131, 132, 141
    Gargalos genéticos e 276
    Por especialistas de florestas 328, 329
    Por humanos pré-históricos 29, 37
    Produção de frutos e 274
    Recolonização e 68, 136, 271, 346
    Solos vulcânicos 134
    Usos agrícolas do solo e 143
Colorada, Fazenda, Brasil 58
Comerciais, relações 348
Comunidade, montagem da
    Durante a sucessão 233, 238, 239, 286
    Sucessão secundária e 238
Concessão, políticas de 382
Conchas, pilhas de 35
Condutividade hidráulica 225, 228, 229, 268

Congo, bacia do
    Desmatamento 23
    Mudanças climáticas históricas 45
Congo, concessões de exploração madeireira na República do 204
Coníferas, monoculturas de 332
Conquista espanhola 54, 60, 61, 72
Conservação
    Concessões de 382
    Valor de 199, 200, 201, 209, 234, 284, 365, 377, 378
Convenção-Quadro das Nações Unidas sobre Mudança do Clima (UNFCC) 366
Copa das árvores, dano por furacões na 163
Copán, vale do rio, Honduras 68
Corrupção, reflorestamento e 375
Cortés, Hernán 71
Costa do Marfim, composição de espécies arbóreas na 82
Costa Rica
    Carvão no solo 62, 80
    Dados de cronossequência 120, 239, 260
    Grupos arbóreos funcionais 113
    Pagamentos por serviços ecossistêmicos (PSE) 360, 361
    Sistemas silvipastoris 360
Cotilédone
    Armazenamento hipógeo 222
    Fotossintético 220, 221
    Massa de sementes e 221
Coto Brus, vale, Costa Rica 72
Crescimento, taxas de sobrevivência e taxas de 211, 214, 222
Cripto-hipógeo-armazenador (CHA), plântulas do tipo 222
Cronossequências
    Após cultivo 289
    Costa Rica 120, 218, 236, 239, 260, 267

Definição de 118
Estrato do dossel e 232
Monoculturas 137
Riqueza de espécies e 218, 219, 236
Usos para 119
Validade das conclusões 120
Croton
    billbergianus 147
    killipianus 166
Cucurbita sp. 39, 40
Culturais, serviços
    Cutumayo, bacia do, El Salvador 337
Cyathea arborea 133

D

Dacryodes excelsa 171
Darién, florestas de, Panamá 46, 71
Dayak, povos
    Benuaq Dayak 15, 17
    Visões da floresta 15, 16, 17, 18
Declínios populacionais após a conquista 72
Degradação florestal
    Definições de 20, 118
    Incentivos para reduzir 192
    Medições de 118
    Produtividade e 21
Demografia
    Declínios populacionais 54, 61, 70, 72, 83
    Reflorestamento e 347
Demônio-da-tasmânia (*Sarcophilus harrisii*) 38
Denevan, William 28
Departamento de Meio Ambiente e dos Recursos Naturais das Fili 321
Derrubada da floresta
    Colonizadores pioneiros 146
    Incêndios e 126
    Perda de espécies e 38
    Pré-histórica 69
    Regeneração inicial após 29
Derrubadas de árvores pelo vento, impactos espaciais das 84
Desbaste natural 102, 105, 108, 109, 166, 214
Desenvolvimento florestal, modelo conceitual do 109
Deslizamentos de terra
    Colonização em 126, 132
    Condições da superfície do solo 132
    Extensão espacial 80
    Idade *versus* densidade de indivíduos em 133
    Recuperação 132
    Série temporal 133
    Sucessão em 132
Desmatamento
    Causadores do 29, 337
    Deslocado 357
    Dinâmica do 356
    Dinâmica do carbono 252
    Dinâmica do nitrogênio 252
    Erosão do solo e 68, 352
    Escalas temporais 341
    Extensão geográfica 22, 24
    Florestas secundárias após o 20, 21, 116
    Hotspots de 22, 23
    Maia 68
    Perda de diversidade das características reprodutivas 298
    Taxas de 22, 23, 242, 250, 251, 337, 341, 347, 355, 357, 358, 361, 368
    Transições florestais e 48
Detecção de luz e extensão (*light detection and ranging*) (LiDAR)
    Detecção de clareiras por 78, 79
    Escala espacial fina 89
    Resolução média 94
Dialium guianense 33
Dicranopteris pectinata 153

Dieta
- Paleoindígenas neotropicais 35
- Sociedades de caçadores-coletores 35, 44

Dilema entre crescimento e sobrevivência 212, 213, 214

Dingo, introdução do 38

Dipterocarpaceae
- Associações ectomicorrízicas 265
- *Dipterocarpus obtusifolius* 206
- Indicadores da qualidade do solo e 16
- Mortalidade após fogo 308
- Restauração de 308

Diques marginais, assoreamento de 139

Direitos sobre a terra 352, 361, 362, 367

Distúrbios
- Alogênicos 76, 108, 116
- Antrópicos 71, 73, 77, 81, 82, 88, 91, 94, 116, 118, 122, 143, 162, 171, 250, 372. *Ver também* atividades humanas
- Autogênicos 76, 77, 78
- Características de 78, 89
- Cortes sucessionais 110
- Definições de 76
- Detecção de 86, 89, 91
- Espécies resilientes a 164
- Espécies resistentes a 86, 164
- Espécies sensíveis a 86
- Históricos 87
- Intensidade de colheita e 189
- Múltiplos 90, 151, 153, 207
- Naturais 19, 66, 77, 80, 81, 82, 91, 94, 95, 98, 100, 101, 116, 143, 162, 163, 244, 249, 250, 276, 340, 342, 372, 380
- No subdossel 89
- Periódicos 76, 86
- Regeneração florestal e 77, 94
- Subdossel 89
- Tendências qualitativas 78

Distúrbios intermediários, hipótese dos 171

Diversidade alfa, exploração madeireira e 196

Diversidade beta, exploração madeireira e 196

Diversidade funcional, sucessão e 230, 237, 238, 373

Dossel, altura do
- Estado de equilíbrio estável 75
- Mapeamento de 89

Dossel, árvores de
- Dano por herbívoros 287
- Idade das 27

Dossel, clareiras de
- Distribuição das classes de tamanho 79
- Exploração madeireira e 88
- Formação 109, 187

Dossel, palmeiras do 217, 218

Drenagem, canais de 55, 138

Ducula
- *bicolor* 128
- *pacifica* 275

Dunas, formação de 139

E

Ecológica, memória 143, 146, 149, 163, 359

Ecossistemas
- Concessões para a restauração de 382
- Distúrbios naturais 22, 76, 163
- Recuperação durante a restauração 331, 332, 333, 334
- Reflorestamento e 305, 306

Ecossistêmicos, serviços
- Florestas em regeneração 304, 379
- Manutenção dos 364, 365

Ecoturismo 331, 340, 351, 354, 365

Educacional, valor 380

Elaeis
- *guineensis* 45
- *oleifera* 34, 66

Elasticidade, módulo de 174, 228
Eleocarpus, floresta de 51
El Niño/La Niña Oscilação Sul (Enos)
    Colonização inicial e 35
    Incêndios e 61, 177, 181
    Mudanças climáticas e 177
    Secas e 165, 177, 181, 183
El Reventador, vulcão, Equador 125
El Salvador
    Guerra civil 337
    REDD+ 367
    Remessas 337, 351, 354
Enchentes
    Extensão espacial 80
    Sucessão em beiras de rios 137, 138
Endêmicas, espécies arbóreas 234, 235
Endozoocoria 289
Enxofre, biomassa 258
Epífitas
    Densidade de 219
    Sucessão e 107, 294
    Vasculares 218, 219, 268, 297
Epígea, germinação 220, 221
Epígeos, orgãos de armazenamento 286
Equador
    Agricultura costeira no 40, 363
    Pagamentos por serviços ecossistêmicos (PSE) 360, 361
Era do Gelo, pontes terrestres na 31
Erosão
    Áreas arenosas 135
    Bacia do canal do Panamá 132
    Desmatamento e 69
    Serviços ecossistêmicos e 380
    Suscetibilidade à 87, 138, 344
    Uso da terra e 215, 301
Erva-mate (*Ilex paraguariensis*) 157
Espécies
    Abundância de 34, 75, 98, 101, 107, 111, 149, 156, 159, 194, 198, 201, 235, 280, 289, 293, 313, 324, 329, 379

Facilitadoras 326
Introdução de 203, 307
Espécies, densidade de
    Riqueza de espécies e 195, 218, 219
Espécies, disponibilidade de
    Recursos e 129, 130, 131, 154
    Regeneração e 129
    Usos do solo e 157, 158, 159, 160
Espécies, diversidade de
    Animais 277, 278, 279, 280, 281, 282, 283, 284
    Atividades humanas e 81
    Ciclagem de nutrientes e 263
    Corredores biológicos e 364
    Exploração madeireira e 197, 198, 199
    Reflorestamento e 323, 324
    Riqueza funcional e 234, 235, 236
    Uso da terra e 149, 150
    Usos agrícolas do solo e 143
Espécies invasoras
    Barreiras para a regeneração 18, 308, 373
    Competição com 324
    Reflorestamento nas Filipinas 320, 321
    Regeneração florestal e 18
    Sucessão estagnada 142, 143, 144, 151
    Usos agrícolas do solo e 143
Espécies lenhosas
    Atributos das plântulas de 220
    Atributos das sementes de 220
Espécies nômades, sucessão e 104
Espécies pioneiras
    Após furacões 170
    Crescimento das 137, 167, 171, 193, 211, 212, 213, 215, 230, 231, 266, 287
    De elevada estatura 213
    De vida curta 105, 108, 110, 111, 208, 213, 214, 228, 302
    De vida longa 83, 105, 106, 107, 108, 109, 110, 213, 232, 302, 372

Dinâmica do reflorestamento e 327
Dispersão de sementes das 104, 272
Diversificação das 129
Estágios pós-sementes das 224, 225
Estradas para a exploração madeireira de 190, 191
Gradiente de histórias de vida das 211
Idades das 119, 120
Introdução das 72
Massa de sementes e 104, 220, 221, 222, 223, 240
Sucessão e 105, 106, 108, 128, 213, 214, 226, 240, 303
Tempo de vida das 137, 182, 219
Tendências na riqueza de 111, 112
Trilhas de arraste das 190, 191, 196
Espécies, riqueza de
    Cronossequências e 237
    De anfíbios 365
    De herbívoros 286
    De mamíferos 278, 357, 363, 365
    De morcegos 280, 365
    Densidade de espécies e 219
    Exploração madeireira e 197, 201
    Impacto dos bambus na 153
    Métodos de cultivo e 150
    Riqueza funcional e 235, 236
    Teoria dos distúrbios intermediários 171
Espirituais, serviços ecossistêmicos e experiências 380
Estradas para a exploração madeireira 189, 190, 191, 203, 204, 206, 331
Estradas, regeneração florestal e 190, 191, 203
Eucalyptus spp.
    E. exserta 310
    E. robusta 205
    E. saligna 314
    E. urophylla 263
    Plantios de 307, 311, 312, 321, 323

Eugeissona spp. 32, 41
Euterpe edulis 59
Evapotranspiração 243, 267
Êxodo, florestas em regeneração e 351
Exploração de impacto reduzido (EIR) 189, 190, 192, 197, 199, 202, 204
Extensão global das florestas em regeneração, discrepâncias dos dados coletados da 25
Extinções, ocupações humanas e 37

F
Fanero-epígeo-foliáceo (FEF), plântulas do tipo 222
Fazendas, abandono de 353
Feijões, domesticação de 39
Fernow, Bernard 117
Fertilização, regeneração florestal e 264
Ficus spp.
    Dispersão de 128, 155
    Em cinzas vulcânicas 127
    F. boliviana 191
    F. insipida 140
    Produção de frutos 128, 274
Filipinas
    Colonização das 41, 136, 320
    Regeneração assistida nas 319, 320
Filtros ambientais 230, 231, 233, 237, 239
Floresta alagada, regeneração de 165
Florestamento, definição de 306
Florestas
    Antigas 91, 257. *Ver* Florestas maduras
    Antrópicas 33, 34
    Climácicas 98, 115. *Ver* Florestas maduras
    Defaunadas 295
    Definições de 20, 114, 115, 341
    De fronteira 115. *Ver* Florestas maduras
    De neblina de terras altas 79

Em regeneração 20, 21, 24, 25, 26, 27, 39, 47, 52, 70, 87, 88, 112, 113, 115, 117, 121, 122, 123, 127, 145, 154, 156, 157, 158, 215, 217, 218, 233, 234, 235, 236, 237, 238, 240, 251, 252, 255, 256, 257, 259, 260, 261, 262, 263, 264, 265, 267, 268, 271, 272, 274, 276, 277, 278, 279, 280, 282, 284, 285, 286, 287, 288, 293, 294, 295, 296, 298, 299, 311, 330, 332, 368, 369, 371, 377, 378, 379. Ver florestas secundárias

Exploração seletiva de 95, 203, 207, 383

Não perturbadas 115, 176. Ver Florestas maduras

Oligárquicas 68, 72

Primárias 20, 24, 25, 26, 27, 91, 116, 117, 150, 151, 181, 182, 184, 209, 372, 376, 377, 378. Ver Florestas maduras

Primordiais 115. Ver Florestas maduras

Pristinas 115. Ver Florestas maduras

Virgens 28, 73, 115, 125. Ver Florestas maduras

Floresta secundárias
Definições de 116

Florestas estacionais
Acúmulo de biomassa em 259
Cultivos antigos em 39
Desmatamento em 22
Estoque de carbono em 249
Fogo em 164, 175, 178
Lianas em 196
Micorrizas em 265
Potencial de regeneração de 307
Povoados antigos em 67
Sucessão de 108, 116, 119, 216

Florestas maduras
Definição de 76, 96, 117
Desenvolvimento das 118
Distribuição geográfica das 25
Estabilidade das 91, 92
Estágios das 110, 111, 117
Florestas secundárias comparadas a 24
Polinização em 296, 297
Variações em 117

Florestas maduras, especialistas de
Estabelecimento de 234, 235, 236
Plântulas de 235
Trajetórias sucessionais de 114, 236

Florestas manejadas por comunidades
Taxa de desmatamento 358
Transições florestais 355, 356

Florestas pluviais
Colonização humana antiga em 32, 35
Cultivos antigos em 42

Florestas secundárias
Árvores especialistas de 105
Causas socioeconômicas de 351
Classes de idade das 236
Classes de reflectância espectral em 117
Classificação das 116
Comunidades de árvores juvenis em 230
Comunidades de plântulas lenhosas em 66
Corredores biológicos e 364
Definições de 21, 116, 189
Desenvolvimento das 106, 115
Em paisagens tropicais 49
Estrutura de idade das 117
Extensão das 23
Florestas maduras comparadas com 279, 285
Polinização em 297
Valor das 370, 377

Florestas tropicais pluviais
Colonização inicial das 31, 32
Detecção de clareiras em 78

Florestas tropicais úmidas, sucessão em 24

Floresta tropical
    Desmatamento da 21, 22, 24
    Dinâmica da 28, 44, 48
    Distúrbios históricos na 86
    Estudos de sucessão da 239
    Legados humanos antigos na 27, 29, 31, 36, 48, 75, 302
    Movimento da água na 268
    Ocupação da 337
    Percepções de 15
    Regeneração da 19, 23, 24, 26, 51, 73, 75, 145, 164, 175, 188, 258, 259, 262, 268, 271, 272, 286, 313, 333, 340, 366, 374, 376
    Regime de distúrbios na 76, 77
    Resiliência da 18, 19, 73, 175, 185, 371, 372
    Sucessão da 114, 117, 121, 125, 211, 218, 239, 244, 287
    Taxas de crescimento arbóreo na 24
    Tendências da 368
    Tendências de biomassa da 161, 243, 258, 259
    Trajetórias da 301
Floresta tropical úmida, distribuição da 23
Folha
    Teor de nitrogênio na 220, 224, 226, 244, 255, 268
    Tolerância à sombra e tamanho da 224, 225
Folhas, quantidade de combustível e queda de 175
Foliares, características 225, 226, 227, 229, 288
Foliar, espectro da economia 225
Formiga-cortadeira (*Atta laevigata*) 287
Formiga-pixixica (*Wasmannia auropunctata*) 206
Formigas
    Arbóreas 281
    Cortadeiras 287

Dispersão de sementes 294, 295
Formiga-de-fogo 206
Que forrageiam o chão 281
Ranking de abundância 280, 281
Fosfatos disponíveis para as plantas 333
Fósforo
    Ciclagem de 60, 159, 264
    Conteúdo foliar de 226, 264, 268
    Fertilização com 263, 264
    Mineralização do 254
    Na biomassa 246, 258
Fotografia hemisférica do dossel 89
Fotografias aéreas, sequência de 87, 88
Fótons da radiação fotossinteticamente ativa, densidade de fluxo de 215
Fotossíntese, taxas de 226
Fragmentação
    Perda de espécies e 373
    Recolonização e 346
    Risco de incêndio e 208
    Sinergia com a exploração seletiva madeireira 207
Fragmentação florestal
    Corredores biológicos e 365
    Efeitos sinérgicos e 203
Fragmentos florestais
    Densidade de 346
    Regeneração florestal e 343
Fratura, resistência a 222
Fraxinus chinensis 330
Freycinetia reineckei 274
Frugívoros
    Dispersão de sementes por 128, 172, 271, 275, 288, 292, 293, 294
    Efeitos da exploração seletiva de 205
    Empoleiramento por 155
    Extinções de 37
    Porte de 278, 293
    Primatas 195
    Reflorestamento e 289
Fruta-pão (*Artocarpus altilis*) 32, 40

Frutos
    Dispersão de sementes e 272, 276, 288, 289
    Diversidade arbórea 183
    Taxas de produção de 289
Fundo Global para o Meio Ambiente (GEF) 360
Fungos ectomicorrízicos 265
Fungos micorrízicos
    Absorção de nutrientes por 245
    Árvores que requerem 157, 265
    Colonização durante a regeneração 266
    Inoculação com 266
Furacão
    Elisenda 165
    Georges 101, 170, 171, 172
    Gilbert 169, 172, 174
    Hugo 101, 166, 169, 170, 171, 173
    Iniki 174
    Iris 172
    Joan 107, 165, 166, 167, 171, 173
    Mitch 134, 135
Furacões
    Distribuição espacial dos distúrbios 100
    Distúrbios causados por 76, 77, 79, 163, 165
    Frequência de 168, 170, 171
    Intensidade de 79
    Legados biológicos de 129
    Níveis de danos de 170, 172
    Persistência da floresta 174
    Regeneração após 164, 167, 170
    Regeneração florestal após 163, 168, 171, 172

G
Gabão, mudanças climáticas no 45
Gado (Bos primigenius)
    Áreas de pastagem 70, 157
    Domesticação do 42
    Preço 343, 354
Gana
    Estágios iniciais da regeneração florestal em 111, 160, 161
    Exploração seletiva da madeira em 191, 201
Garcinia 33
Garua, ilha, Papua-Nova Guiné 77
Geoglifos brasileiros 57, 58
Geonoma cuneata 370
Germinação
    Após incêndio 180
    Dispersão de sementes e 154, 272, 276, 294
    Fotoblástica 147, 221
    Impactos sobre 157
    Requerimentos para a 104, 221
    Tamanho de sementes e 104
Girassol, domesticação do 39
Glaciação, gases do efeito estufa e 54
Globalização 337, 368
Gmelina arborea 103, 310, 321
Gramíneas
    Invasoras 206, 308, 323
    Phalanger orientalis 38
    Regeneração de campos de 320, 321
    Resistentes ao fogo 320
    Tyrannus dominicensis 274
Grupo Nacional de Florestas Maduras do Serviço Florestal dos Estados Unidos 117
Grupos florísticos 131
Guabo, vale, Costa Rica 354
Guadua paniculata 208
Guánica, floresta de, Porto Rico 170, 171
Guarea (Meliaceae) 140
Guatemala, diagrama das porcentagens de pólen na 47
Guatteria (Annonaceae) 140

Guiana Francesa, carvão no solo da 62
Guimarães, Giuliano 85
Guiné, República da 66
Gynerium sagittatum 140

H
Habitantes da floresta, impactos dos 32, 36
Haematoxylon campechianum 33
Hainan, ilha, sul da China 158, 190, 233
Hani, povo 317
Harapan, floresta, Sumatra 382
Ha Tinh, província, Vietnã 307
Havaí, ilhas
    Extinções nas 37
    Sucessão primária nas 132
Hedyosmum arborescens 173
Heliconia spp.
    H. acuminata 184
Heliocarpus donnell-smithii 147
Hemiepífitas 218, 219
Herbívoros
    Abundância de 286, 288
    Danos causados por 230, 287
    Interações planta-herbívoro 271, 286
Hibiscus tiliaceus 127
Hidrologia 60, 267
Hipógeos, órgãos de armazenamento 286
História da floresta, lições da 372
Hoabinhianos, caçadores-coletores 32
Holoceno
    Clima durante o 30, 43, 45, 69
    Dinâmica de florestas e savanas no 44
    Expansão agrícola no 29, 46
    Incêndios no 44, 62, 175
Holoceno inicial, período do 30, 32, 37, 38, 39, 40, 41, 42, 43, 44, 45, 46, 61, 62, 69, 74
Holoceno médio 30, 36, 46, 47, 48, 52, 61, 70, 72
Holoceno tardio
    Dados de pólen do 43
    Período do 29, 30, 37, 38, 44, 51, 53, 60, 62
Hopea odorata 81
Hordeum sp., domesticação do 40
Hylobates lar 198

I
Idade do Ferro, África Central e Ocidental 28
Idade do Ferro tardia 27
Igapó 139, 183, 184
Igualdade social, reflorestamento e 350
Ilha Grande, Brasil 112, 255
Imagens
    De satélite de alta resolução 24, 88
    Hiperespectrais de alta resolução 88, 269
Imperata cylindrica
    Dispersão de sementes de 185
    Sobre cinzas vulcânicas 127
    Sucessão estagnada e 152
Imperata, regeneração assistida de campos de 319
Incêndios
    Adaptação a 152, 164, 177
    Ameaças de 204
    Efeito no banco de plântulas 153
    Efeito no banco de sementes 147, 153
    Efeitos na vida selvagem 177
    Espécies resistentes ao fogo 151, 164, 165
    Estoques de carbono 244
    Extensão espacial de 80
    Frequência de 18, 35, 44, 57, 61, 62, 107, 145, 146, 147, 152, 153, 163, 175, 177, 185, 203, 207, 244, 344
    Histórico de 54, 175, 176, 178
    Kalimantan Oriental 62, 179, 180, 181, 183

Legados biológicos 129
Mortalidade de árvores e 177, 178, 179, 180, 185, 207
Mudanças climáticas e 45, 177, 185, 206
Parcela de corte e queima experimental 247, 248
Perda de carbono 118
Pré-históricos 60, 175, 181
Regeneração e 143, 146, 164, 177, 180, 184, 185
Regeneração florestal após 54, 55, 70, 175, 177, 182
Regime de 44, 54, 61, 76, 164, 175, 177, 185, 208
Secas severas e 80, 164, 175, 177, 178, 181, 183
Volatilização do nitrogênio 243

Índia, sociedades de caçadores-coletores da 33

Índice
De área foliar (IAF) 255, 256
Sucessional, espécies iniciais 227

Índice de Desenvolvimento Humano 355

Indonésia
Registro de carvão microscópico na 62
Sistemas de pousio enriquecidos na 315

Inga sp.
I. vera 141

Inhame (*Dioscorea*) 32, 40, 41, 52

Insetos
Herbivoria por 287, 288
Impacto da exploração da madeira em 201
Polinização por 296, 298

Interações
Entre plantas e animais 276, 286, 298, 299
Entre plantas e herbívoros 286
Rede de 19, 273

Intervales, Parque Estadual, Brasil 273

Introdução à restauração ecológica 303

Ipomoea pes-caprae 127

Iriartea deltoidea 370

Ituri, floresta, República Democrática do Congo 48, 62, 196

Iucateques, maias 16

Ivane, vale, Nova Guiné 31, 35

J

Jaca (*Artocarpus heterophyllus*) 32

Japurá, rio, Brasil 139

Jardins florestais 33, 72, 315, 362

Jones, Eustace W. 27

K

Ka'apor, manejo de pousio dos índios 34

Kakamega, floresta de, Quênia 274, 329

Kalimantan, Indonésia 149, 151, 179, 195, 325

Kalimantan Oriental
Árvores com frutos secos 183
Floresta queimada 179, 181, 183
Incêndios 179, 180, 181, 183
Incêndios em áreas de turfa 62, 181
Seca 179, 181, 183

Kasenda, lago, Uganda 70

Khmer, império, Camboja 51, 60

Kibale, Parque Nacional, Uganda
Árvores plantadas no 322
Avifauna no 199
Espécies lenhosas no 221
Extração de madeira no 153, 194, 199
Fundação do 357
Sucessão estagnada no 153
Tratamentos para a restauração do 331

Kolombangara, ilhas Salomão
Atividade de ciclones em 77, 171, 172

Espécies arbóreas 171
Estágios sucessionais em 77
Korup, Camarões, diâmetro das árvores em 83
Krakatau, ilhas, Indonésia 127, 128, 130, 136, 142
Kuk, pântano, Nova Guiné
    Diagrama de pólen do 41
    Ocupação humana no 29
    Terraplanagem do 29

L
Lagartas, danos causados pelas 288
Lagartos 278, 285
Lago
    Kasenda 70. Ver Kasenda, lago, Uganda
    La Yeguada 70. Ver La Yeguada, lago, Panamá
    Nong Hang Kumphawapi 70. Ver Nong Hang Kumphawapi, lago, Tailândia
    Petén Itzá 47, 68, 71. Ver Petén Itzá, lago, Guatemala
    Verde, México, registro de pólen do 71
    Wandakara 60. Ver Wandakara, lago, Uganda
    Yeguada 35, 39. Ver Yeguada, lago, Panamá
    Zoncho 60. Ver Zoncho, lago, Costa Rica
Laguna Negra, Nicarágua 165
Lamington, monte, Papua-Nova Guiné 130, 131, 136
Lantana camara 205, 206
Laos
    Áreas de pousio enriquecidas no 315
    Áreas de pousio no 146, 150, 151, 235
    Efeito da agricultura itinerante no 146, 150
Las Cruces, Estação Biológica, Costa Rica 327
La Selva, Estação Biológica, Costa Rica
    Cultivo de milho na 72
    Distribuição dos tamanhos de clareiras na 79
    Estoques de carbono na 95
    Estudos de LiDAR na 94
    Polinização na 298
    Sensor a *laser* de imagem de vegetação na 256
Las Vegas, povo, cultivo pelo 40
Lava, impactos dos fluxos de 80
Lawa, povo, Tailândia 317
La Yeguada, lago, Panamá 70
Lenha 159, 307, 310, 352, 355, 362, 363, 379
Lenhoso, decomposição de resíduo 332
Leontopithecus chrysomelas 294, 363
Leontopithecus rosalia 324
Lianas
    Adaptadas ao fogo 81
    Área basal de 218
    Colonização por 196
    Dispersão de sementes de 296
    Estágios iniciais de sucessão e 217
    História de vida de 223
    Sucessão e 107, 223
    Tamanho de sementes de 223
    Tendências de biomassa de 93, 218
Liquidambar em florestas secundárias 71
Llanos de Mojos, Bolívia 56, 57
Lophira alata 27, 43, 103
Los Tuxtlas, México
    Acúmulo de biomassa em 257, 260
    Besouros coprófagos em 282
    Dispersão de sementes em 222
    Fragmentos florestais em 90
    Perdas de carbono em 251
    Regeneração de pastagens em 261
Luquillo, Floresta Experimental de, Porto Rico
    Biomassa acima do solo na 332
    Danos pelo furacão George na 170

Danos pelo furacão Hugo na 171
Fatores socioeconômicos 339
Riqueza de espécies na 330
Série temporal de deslizamentos de terra na 133
Sucessão após deslizamentos de terra na 135
Luz vermelha, germinação e 147, 220, 221
Lycianthes, frutos 292

M

Macacos-aranha 197, 198
Macaranga spp.
    Crescimento de 182, 213, 225
    Regeneração florestal e 70, 127, 182
    Savanas e 45
Madagascar, técnicas de preparo do solo em 158
Madeira
    Densidade da 92, 101, 102, 174, 175, 179, 182, 213, 228, 229, 230, 240
    Espectro de economia da 228
    Taxas de crescimento e atributos da 220, 228, 229
Madeireira, exploração. *Ver também* madeireira, produção
    Abundância animal e 197, 198, 199, 200, 201, 202, 203
    Ameaças da 353
    Banimento da 351
    Clareiras e 191, 196, 203
    De alta intensidade 194
    De baixa intensidade 194, 195
    Diversidade de espécies e 195, 202
    Em Guangdong, na China 310
    Florestas após a 198
    Florestas secundárias e 275
    Hipóteses dos distúrbios intermediários e 86, 87
    Incêndios após a exploração e 188
    Incêndios e 203, 207
    Intensidade de colheita 189
    Mudanças climáticas e 206
    Remoção da cobertura do dossel 187
    Seletiva 95, 203, 204, 205, 207, 208, 305, 383
Madeireira, produção. *Ver também* madeireira, exploração
    Manejo silvicultural 191, 192
    Reflorestamento e 305, 350
Madeireira seletiva, exploração
    Descrição da 188
    Florestas com 20, 25
Madidi, Parque Nacional, Bolívia 75
Maia, povo
    Colapso do 54, 55, 61, 69, 71, 72
    Desmatamento pelo 68
    Jardins florestais 33
    Modificação da paisagem pelo 52
    Período Pré-Clássico maia 33
    Práticas silviculturais do 33
    Queima de biomassa pelo 61
    Sistemas agrícolas do 68, 318
    Terraplanagens do 53
    Visões sobre a regeneração florestal do 16, 18
Maias de Lacandonia 317
Malásia peninsular 32, 167, 199
Mamíferos
    Impacto da caça nos 204, 285, 295
    Impacto da exploração madeireira nos 199, 200, 203
    Papel na dispersão de sementes dos 107, 128, 282, 296, 357, 380
    Polinização por 296, 380
    Predação de sementes por 295, 296
    Riqueza de espécies de 199, 201, 280
Mamoré, rio, Bolívia 138
Manaus, região de, Amazônia
    Área derrubada por ventos na 79, 85
    Florestas secundárias na 346

Mandioca (*Manihot esculenta*)
　Cultivo da 56, 68, 246
　Domesticação da 39
Manejo adaptativo 17, 18
Manilkara
　bidentata 171
　zapota 33
Manú
　Inundações do rio 139
　Parque Nacional, Peru 139
Mapeador Temático Landsat (TM) 138
Maracá, Estação Ecológica, Brasil 176
Mariposas
　Impactos da exploração madeireira nas 198, 200
　Polinização por 296, 298
Marketing, restauração e 350
Mata Atlântica, Brasil
　Caça e coleta pré-histórica 35
　Dispersão de sementes por vertebrados 291
　Fragmentação florestal na 285, 347, 364
　Restauração 323, 324, 333
Matéria orgânica, substratos vulcânicos e 134
Matiguás-Rio Blanco, região de, Nicarágua 360
Mato Grosso, Brasil 59, 149, 150, 203, 207
Mauritia flexuosa 56
Maximiliana maripa 34
Megafauna, extinções da 34, 37
Megaphrynium macrostachyum 45
Mekong, bacia, Sudeste Asiático 347
Melanésia
　Colonização da 41, 42
　Espécies arbóreas pioneiras na 103, 105
　Introdução de espécies na 38
　Populações de subsistência na 34
　Sistemas de pousio enriquecidos na 316
Mesoamérica, terraplanagens na 53

Metano, clima e 54
Metrosideros polymorpha 137
Metroxylon sagu 40, 316
México
　Domesticação das plantas no 39
　Projetos de PSE no 363
　Remessas no 354
Mi Bosque, programa 361
Miconia spp., sementes de 293, 295
Microbiana, disponibilidade de recursos no solo e atividade 129
Microcarvão, acumulação de 51
Microclimas, regeneração e 308
Micronésia, sistemas de pousio na 316
Migrações
　De aves 279, 280
　Reflorestamento e 348
Milho (*Zea mays*)
　Cultivo na Amazônia 46, 68
　Dispersão de 39
　Domesticação de 39
　Mudanças climáticas e 46
Mineração
　Distúrbios por 159
　Impactos da 81
Missão Nacional para uma Índia Verde 375
Modis (espectrorradiômetro de imageamento de resolução moderada) 355
Mogno-africano (*Khaya anthoteca*, *Entandrophragma angolense*, *E. cylindricum*, *E. utile*) 196
Mogno (*Swietenia macrophylla*)
　Crescimento de florestas de 28
　Neotropical 196
Molibdênio, fixação de nitrogênio e 265
Monitoramento
　Da cobertura florestal 359
　Da regeneração florestal 182, 241
　Da regeneração natural 328, 382
　De projetos de reflorestamento 307
Monophyllus redmani 173

Monte
- Lamington 130, 131, 136. Ver Lamington, monte, Papua-Nova Guiné
- Pinatubo 136, 142. Ver Pinatubo, monte, Luzon, Filipinas
- Vitória 136. Ver Vitória, monte, Papua-Nova Guiné

Monte Pascoal-Pau-Brasil, Projeto de Restauração do Corredor Ecológico 365

Monte Verde, Chile 32

Morcegos. Ver também morcegos frutíferos
- Poleiros 154
- Respostas a furacões 172, 173
- Riqueza de espécies 280
- Sementes depositadas por 292

Morcegos frugívoros
- Dieta de 273, 292
- Dispersão de sementes por 128, 292, 293, 370
- Extinções de 37
- Poleiros de 289, 293
- Raposas-voadoras 275

Mosaico de paisagens 40, 84, 298, 340, 341, 359, 362, 363, 365, 370

Mosaicos de regeneração florestal, teoria de 82, 83, 364

Muntingia calabura 103, 135

Musanga cecropioides 103, 161

Mutualismo 100, 275, 298

N

Neotrópicos
- Espécies arbóreas pioneiras nos 103
- Impactos antrópicos antigos nos 67

Niah, caverna, Sarawak, Malásia 32

Nicarágua
- Furacão Joan na 107, 165, 166, 167, 171, 173
- Recuperação de deslizamentos de terra na 77, 134
- Sistemas silvipastoris na 360

Nitratos disponíveis para as plantas 333

Nitrogênio
- Conteúdo foliar de 220, 224, 226, 244
- Crescimento vegetal e 132
- Dinâmica na biomassa 252
- Fertilização com 263
- Fixação de 137, 141, 264, 265, 310
- Mineralização de 254
- Na biomassa 132, 258
- Nas folhas 246, 255
- Recuperação dos estoques de 246
- Substratos vulcânicos e 132
- Volatilização pela queima de 243

Nizanda, México
- Cronossequência de floresta seca de 119, 233
- Espécies pioneiras em 104
- Sucessão florestal em 234

Nong Hang Kumphawapi, lago, Tailândia 70

Nong Thalee Song Hong, testemunho sedimentar de 32

Nothofagus, floresta de 51

Nova Bretanha Ocidental, Papua-Nova Guiné 80

Nova Guiné, terras altas da
- Agricultura antiga nas 40
- Colonizadores do Pleistoceno tardio nas 35
- Extinções nas 37

Nucleação
- Áreas agrícolas abandonadas 154
- Sucessão e 156, 326

Nutrientes
- Agricultura itinerante e 158, 159, 243, 246
- Ciclagem de 60, 175, 243, 244, 255, 263, 265, 268, 269, 310, 311, 331, 332, 333, 379, 380
- Solos pobres em 141, 158, 183, 193, 245

Nutrientes acima do solo, reservatórios de 251, 261
Nyabessan
    Dados de pólen do Holoceno tardio em 43
    Dados de pólen em 42

O

Oceania
    Colonização da 34, 38
    Colonização humana da 41, 52
    Florestas primárias na 25
    Florestas secundárias na 25
Ochroma lagopus 147
Ocupações humanas, extinções e 37
Oenocarpus batua 34
Okomu, Reserva Florestal 27
Organização das Nações Unidas para a Alimentação e a Agricultura (FAO)
    Definições de floresta pela 115
    Nações Unidas 306, 321
Organização Internacional de Madeiras Tropicais (ITTO)
    Definição de florestas secundárias pela 115
Ovelhas, domesticação de 42
Oxissolos
    Amazônicos 64
    Lixiviados 246

P

Paca (*Agouti paca*) 34, 271, 296
Pacífico, ilhas do, desmatamento das 42
Pacto pela Restauração da Mata Atlântica 324
Pagamentos por serviços ecossistêmicos (PSE) 359, 360, 361, 363, 366
Paisagem
    Características da 129, 145, 285, 346
    Matriz da 299, 303, 346, 358, 359, 365, 377, 378
    Meios de vida na 359
    Mosaicos da 40, 84, 298, 340, 341, 359, 362, 363, 365, 370
    Transformação da 29, 37, 43, 48, 51, 52, 60, 69, 73, 284
Palau, República do 345
Paleoindígenas, dieta dos 35
Palmeira
    Com raízes escoras (*Iriartea deltoidea* e *Socratea exorrhiza*) 370
    Da noz-de-areca (*Areca*) 33
Palmeiras-de-óleo
    Diversidade de 362
    Plantios de 188, 209
Palmeiras, mortalidade devido à seca de 180
Panamá
    Bacia hidrográfica do canal do 132
    Cobertura florestal do 354, 355
    Cultivo de milho no 39, 46
    Projetos de PSE no 363
    Tendência na biomassa de lianas do 93
Pandanus spp. 40, 316
Papagaios, extinções de 37
Papoula, regeneração em plantios de 147
Papua-Nova Guiné, registros de microcarvão da 51. *Ver também* Nova Guiné, terras altas da
Pará, Brasil 44, 148, 192, 195, 207, 257, 267
Paracou, Guiana Francesa 93, 222
Paraserianthes falcataria 325
Parasponia rugosa 137
Parceria Global para a Restauração de Paisagem Florestal (GPFLR) 21
Parkia panurensis 284
Parque das Neblinas, Brasil 314
Partes envolvidas, reflorestamento e 366
Partículas, substratos vulcânicos e tamanho de 134
Paschalococcus disperta 38

Páscoa, extinções na ilha de 37, 38
Pastagem
  Dispersão de sementes em 295
  Manejo de 148
  Reflorestamento em 327
  Regeneração de 157, 256, 344
  Reservatório de carbono em 254
Pastoralismo, impactos do 70
Pennisetum glaucum 42
Pequena Idade do Gelo, regeneração florestal e 54, 55
Peru
  Domesticação de plantas no 39
  Sistemas de pousio enriquecidos no 316
Petén, Guatemala
  Derrubada da floresta por humanos em 71
  Desmatamento em 87
  Florestas em 30, 33, 71, 355
  Regeneração florestal em 157
  Sistemas de pousio enriquecidos em 316
Petén Itzá, lago, Guatemala 47, 71
Petréis 37
Pheidole, formigas 295
Phyllostominae, morcegos 276
Pinatubo, monte, Luzon, Filipinas 136, 142
Pinus spp.
  P. caribaea 330
  Plantios de 157
  P. massoniana 310
  P. occidentalis 176
Piper (Piperaceae) 225, 292
Pittosporum undulatum 174
Planejamento de meios de vida 361
Planícies alagáveis, sucessão em 139, 183
Plano Estratégico da Convenção sobre Diversidade Biológica 375

Plantas
  Domesticação das 39, 373
  Interações entre espécies de 271
Plantas daninhas, supressão de 16, 145, 318
Plantas medicinais, serviços ecossistêmicos e 379
Plantios
  Manejados por comunidades 352
  Reflorestamento e 341
Plântulas
  Colonização micorrízica de 265
  Do tipo cripto-hipógeo-armazenador (CHA) 222
  Do tipo fanero-epígeo-foliáceo (FEF) 222
  Estabelecimento de 89, 102, 104, 106, 109, 111, 122, 131, 134, 141, 153, 154, 157, 184, 185, 211, 223, 233, 272, 276, 283, 294, 308
  Germinadas 272
  Lenhosas 157, 185, 220, 221
  Mortalidade dependente da densidade de 276
  Sobrevivência de 173, 211, 213, 214, 221, 222, 288
  Solos vulcânicos 132
  Sucessão e 172
  Taxas de crescimento de 212, 220, 221
  Tipos de 221
Plântulas, recrutamento de
  Após furacões 171
  Após incêndios 178
  Em florestas exploradas e não exploradas 205
  Filtros para o 293
  Mortalidades e 217
Plan Vivo 364
Pleistoceno 30, 31, 34, 36, 38, 44, 51, 200
Pleistoceno tardio
  Colonizadores do vale Ivane no 35

Extinções na Austrália no 36
Período do 29, 30, 36, 38, 40, 48, 51, 62, 74
Pleistoceno terminal
  Período do 30, 37, 69
  Sociedades de humanos coletores do 32
Polinização
  Agentes de 271
  Em florestas em regeneração 296
  Por bromélias e beija-flores 298
  Realizada por animais 296
  Realizada por insetos 296, 298
  Redes de 273, 298
  Serviços ecossistêmicos e 380
Pomares 53, 315, 348, 362
Pombos, extinções de 37
Pometia pinnata 34
Porco-do-mato (*Pecari tajacu*) 296
Porto Rico
  Causas da regeneração florestal em 339
  Fatores socioeconômicos 338, 351
  Transição florestal em 353
Pousio, áreas de
  De agricultura itinerante 34, 111, 115, 146, 149, 150, 152, 157, 158, 184, 206, 218, 255, 256, 264, 279. Ver também pousio, áreas de > de roçado
  De roçado 24, 34. Ver também pousio, áreas de > de agricultura itinerante
  Dominadas por *Imperata* 319
  Enriquecidas 315, 316, 341
  Na floresta 314, 315
  Períodos de 158
  Restauração por meio de 314, 315
  Sucessão 209, 215, 346
Pousio enriquecidas, áreas de
  Espécies arbóreas plantadas 315, 316
  Reflorestamento e 340, 341
Pragas, serviços ecossistêmicos e regulação de 379

Precipitação
  Acúmulo de biomassa e 259
  Fluxo de seiva e 229
Preguiça-de-coleira (*Bradypus torquatus*) 363
Presbytis melalophos 198
Primatas
  Dispersão de sementes por 284, 294
  Plantios arbóreos e 330
Pritchardia, extinção de 38
Programa Colaborativo das Nações Unidas sobre Redução de Emissões por Desmatamento e Degradação Florestal em Países em Desenvolvimento (REDD+) 251, 366, 367, 379
Projéteis, pontas de, bacia amazônica 36
Propágulos, disponibilidade de 129, 144, 145, 154, 160, 161
Propágulos, fontes de
  Perda de 144, 145, 146, 147, 148, 149, 150, 151, 152, 153, 154
  Uso da terra e 143
Proprietários, pequenos 303, 304, 305, 322, 324, 339, 343, 348, 361, 362, 363
Protium copal 33
Pseudobombax munguba 141
Pteridium caudatum 185, 318
Pteropodidae, morcegos 128
Pteropus samoensis 274
Pycnonotus 293

Q

Qualea paraensis 173
Quantum, sensores de 89
Queda de árvores
  Clareiras formadas pela 78, 86, 89
  Clareiras pequenas 86
  Recrutamento de árvores em clareiras 84
Queda de galhos, clareiras formadas pela 78

Queensland, Austrália 174, 212, 326, 328, 329, 332
Quintana Roo, México 55, 159, 354

R
Radar de abertura sintética (SAR) 89
Radicular, fontes de água e sistema 146, 151, 175, 265, 266
Raízes
    Absorção de nutrientes pelas 261
    Características das 265, 266, 267
Rakata, ilha de, Indonésia 22, 127, 128, 142. Ver também Krakatau, ilhas, Indonésia
Raposas-voadoras 34, 172, 275. Ver também morcegos frugívoros
Rattus
    exulans 38
    mordax 38
    praetor 38
Rebrotas
    Após furacões 79, 129, 146, 163, 166, 169, 170, 171, 172, 173, 185
    Após incêndios 129, 146, 163, 177, 180, 185
    Como legados ecológicos 143
    Órgãos de armazenamento hipógeos 286
    Regeneração e 129, 146, 147, 148, 166, 171, 197, 317
Recreação, serviços ecossistêmicos e 331, 380
Recursos, disponibilidade de
    Definição de 129
    Em áreas de erupção vulcânica 131
    Usos do solo e 130, 154
Redução de Emissões por Desmatamento e Degradação Florestal (REDD+) 251, 366, 367, 379
Refletância espectral, classes de 117
Reflorestamento
    Ativo 153

Ativo *versus* passivo 306, 335
Causas socioecológicas do 348, 349, 350, 351
Causas socioeconômicas do 350
Diretrizes de manejo do 371
Estatísticas sobre o 24
Florestamento e 305, 306
Formas de 343
Incentivos para o 375
Objetivos do 303, 304, 305, 306, 375
Passivo 302, 306, 313, 333
Processos de 302
Reflorestamento ativo, descrição de 302
Reflorestamento ecológico
    Abordagens de 322
    Descrição de 302
    Manutenção de 328
    Métodos para 327
    Programas de monitoramento de 328, 329
Regeneração
    Condições que favorecem a 16
    Critérios de análise rápida da 313
    Definições de 20
    Em clareiras 20
    Fases da 15, 17
    Natural 15, 16, 17, 18, 19, 20, 22, 24, 25, 26, 54, 55, 69, 104, 156, 188, 200, 202, 211, 215, 232, 242, 249, 265, 298, 301, 302, 303, 304, 305, 306, 307, 308, 310, 311, 313, 314, 319, 320, 321, 322, 323, 324, 325, 328, 329, 330, 331, 332, 333, 334, 338, 339, 341, 343, 347, 352, 354, 359, 366, 367, 368, 371, 374, 375, 376, 379, 380, 381, 382
    Natural assistida 162, 319, 320, 321
    Obstáculos para a 19
Regeneração florestal
    Árvores remanescentes e 82, 116, 156, 272, 315, 374
    As variadas dinâmicas da 116

Barreiras ecológicas à 308
Causas socioecológicas da 348
Contexto de paisagem 378
Direta 107
Diretrizes de manejo 371
Em Kalimantan Oriental 15
Em substratos vulcânicos 125, 126
Extensão geográfica da 22, 24
Fase de reinício do sub-bosque 108
Fatores causais da 342, 349
Fomento da 191
Interações planta-animal e 271
Nas Américas 70
Partes interessadas na 303
Poder da 369, 370
Recuperação ecossistêmica e 243
Teoria dos mosaicos de 82, 83
Regeneração natural
Barreiras para a 26, 302, 308, 324
Definição da 20
Distribuição geográfica da 25
Escada da restauração 304
Espontânea 215, 338, 341, 343
Levantamento ecológico rápido da 313
Potencial para a 301, 307
Valor da 375, 376, 377, 378, 379, 380
Remanescentes florestais, perímetros de 149
Remessas 337, 351, 354
Resiliência
Auto-organização e 18, 19
Mudanças na floresta e 371, 372
Tipos de distúrbios 372
Resolução SMA 21 324
Restauração da paisagem florestal (RPF) 302, 365, 366
Restauração, escada da 303, 304
Retroescavadeira 160, 261
Richards, Paul 369
Rio, margem de
Reflorestada 360

Sucessão em 137, 138, 139, 140, 141
Rio Negro, região de, Venezuela
Parcela com corte e queima experimental em 247
Rizomas aéreos (*Colocasia, Alocasia, Cyrtosperma*) 32
Rocha exposta, sucessão em 135
Roedores
Consumo de sementes por 282, 294, 295
Dispersão de sementes por 68, 289, 293, 294, 295
Que dispersam e enterram sementes 294
Ruddiman, William 54

S
Sabah, Malásia 181, 184, 188, 189, 195, 196, 200, 202, 280
Saccharum spontaneum
Sucessão estagnada e 144
Saguinus
fuscicollis 284, 294
mystax 284, 294
Sahul, continente de 30
Salix
humboldtiana 141
martiana 141
Salomão, ilhas 34, 77, 89, 171, 172, 237
Samambaia-das-taperas 153
Samambaiais arborescentes 218
Sambaqui 35, 64
San Carlos de Río Negro, Venezuela 112, 146, 215
Sapium (Euphorbiaceae) 140
Saracuras, extinções de 37
Sarawak, Malásia 32, 204, 213, 225, 255, 298
Savanas
Espécies arbóreas de 177
Mudanças climáticas e 43

Schizolobium amazonicum 191
Scolel Té, projeto 360, 363
Secas
    Extremas 177, 178, 179
    Fogo e 175, 207, 208
    Kalimantan Oriental 179, 181, 182, 183
    Mortalidade de árvores e 178, 183
    Mudanças climáticas e 206
Seiva, fluxo de 229
Sementes
    De espécies lenhosas 220, 275
    Destino pós-dispersão de 134
    Dormência de 220, 221, 288
    Predação de 109, 148, 208, 288, 295, 326
    Predação de sementes e 326
    Requerimentos de germinação de 104
    Reservas de 221
    Tamanhos de 101, 104, 220, 221, 222, 223, 240, 283, 288, 290, 291, 295, 326
Sementes, banco de
    Espécies pioneiras 223
    Regeneração e 129
Sementes, chuva de
    Abaixo das árvores remanescentes 155
    Regeneração e 129, 148
Sementes, dispersão de
    Após furacões 172
    Caça e 285, 295
    Durante a regeneração florestal 145, 286, 288
    Em florestas antrópicas 34
    Frugivoria e 275, 286, 289
    Germinação e 154, 294
    Por vertebrados 208, 234
    Regeneração florestal e 19, 184, 237, 276, 282, 284, 374
    Secundária 282, 283, 284, 288, 289, 294, 295
    Serviços ecossistêmicos e 380
    Vento e 180, 235
    Zoocórica 155
Sementes, tamanho de
    Quantidade de sementes e 223
    Sobrevivência da plântula e 223
    Tamanho da plântula e 222
Sensor a *laser* de imagem de vegetação 256
Sensoriamento remoto, estudos de regeneração 368
Serapilheira foliar
    Decomposição da 244, 255, 332
    Produção da 246, 255, 264
Serviço Florestal dos Estados Unidos, Grupo Nacional de Florestas Maduras 117
Setaria sphacelata 157
Shannon, índice de 195
Sierra de Los Tuxtlas, México 71
Silvicultura
    Maia 33
    Manejo 33, 34, 192, 306, 331, 371
Silvipastoris, sistemas
    Restauração da cobertura arbórea 361
    Transição para 360
Soberania, Parque Nacional, Panamá, sucessão estagnada no 144
Sociedade para a Restauração Ecológica 303
Sociedades de subsistência dependentes da floresta 32
Socioecológicos, processos 60
Socioeconomia
    Reflorestamento e 350, 354, 355
    Regeneração florestal e 26, 162, 338, 339, 351
Socratea exorrhiza 370
Solanum
    crinitum, arvoretas 155
    sp., frutos 292
Soligas, povo 16
Solimões, rio, Brasil 139

Solo
  Compactação do 160, 189
  Disponibilidade de recursos no 144
Solo, erosão do
  Derrubada da floresta e 87
  Desmatamento e 69, 352
  Esgotamento dos nutrientes e 254
  Projetos de restauração 312
  Usos da terra e 301
Solos
  Ácidos 245
  Amazônicos 64
  Antrópicos 63, 64, 66, 130
  Arenosos 125, 175, 183, 193, 254, 308
  Carbono orgânico dos 249, 253, 263, 332, 333
  Causas da degradação dos 308
  Conteúdo de argila dos 253, 254
  Densidade de sementes dos 181
  Estoques de carbono dos 244, 248, 249, 250, 251, 254, 256, 257, 260, 262, 331, 333, 376
  Estoques minerais dos 252
  Fertilidade dos 51, 60, 66, 133, 135, 150, 158, 191, 193, 243, 244, 262, 267, 304, 308, 310, 311, 315, 331, 340, 344
  Melhoramento dos 51, 373
  Perda de nutrientes dos 131, 159, 260
  Pobres em nutrientes 158, 183, 193, 245, 256
  Potencial agrícola dos 56, 339
  Propriedades dos 63, 95, 263, 333
  Qualidade dos 16, 17, 159, 162, 325
Sombra, arbustos tolerantes à 107
Sombra, tolerância à
  Abundância de sub-bosque e 217
  Colonização e 237, 240
  Espécies arbóreas 16, 102, 107, 108, 109, 111, 122, 137, 211, 212, 213, 214, 221, 224, 225, 226, 229, 231, 232, 237, 287, 290, 324, 347

Estágios pós-plântula 224, 225
Gradiente de histórias de vida 211, 225
Plântulas 106, 220, 222
Trajetórias sucessionais e 122
Sørensen, índice de 278
Spondias mombin 34
Sri Lanka
  Caçadores e coletores do 31
  Plantios de chá no 152, 153
Status de apropriação da terra 348
Stenoderma rufum 173
Sterculia apetala 271
Stereocaulon virgatum 132
Sub-bosque
  Dano em palmeiras do 90
  Fase de reinício do 105, 108, 109
Sub-bosque, regeneração do
  Carbono do solo e 331
  Riqueza de espécies e 330
Substratos, sucessão florestal e 125
Sucessão
  Classificação de espécies e 91, 101
  Composição das formas de vida da 216, 217, 218, 219
  Definições de 20, 97
  Desviada 151
  Em zonas arenosas vulneráveis à erosão 135
  Enriquecimento de espécies 218
  Espécies iniciais da 219, 220, 295
  Espécies pioneiras e 87, 97, 104, 105, 106, 108, 111, 214, 219, 226, 228, 240, 303
  Espécies tardias da 97, 108, 219, 229, 330
  Estágios iniciais da 20, 46, 53, 83, 86, 101, 102, 105, 112, 121, 128, 139, 145, 146, 147, 149, 154, 156, 159, 165, 172, 174, 182, 197, 212, 214, 217, 224, 237, 241, 255, 264, 287, 289, 292, 293, 295, 299, 322, 326, 341

Estagnada 19, 26, 144, 151, 153, 184, 185, 315, 318, 347
Estrutura hierárquica para a 129
Estudos de 97, 107, 112, 118, 122, 123, 141
Fase inicial da 42, 76, 87, 98, 105, 107, 111, 166, 214, 287, 303
Gradientes ambientais durante a 215
Hídrica 141
Mudanças autogênicas e 131
Recrutas tardios da 313
Regeneração florestal e 20, 131
Substituição de espécies 211, 214, 231, 239
Teorias de equilíbrio da 97
Teorias de não equilíbrio 97
Trajetórias da 98, 116, 309, 334, 376, 378

Sucessão primária
Facilitação da colonização 131
Início da 126, 128, 130, 138
Trajetórias da 130, 140

Sucessão secundária
Atributos funcionais de 211
Comunidade em 211, 230, 238
Disponibilidade de recursos e 130
Início da 125, 129, 130, 131, 152, 160, 161, 166, 213, 216, 292, 293, 376
Limitação de nutrientes e 264
Taxas de 158

Sucessionais, estágios
Abordagens conceituais 102
Características das florestas 113
Dinâmica da vegetação e 111
Esquemas de classificação 101

Sucessionais, trajetórias
Árvores especialistas de sucessão 113
Árvores generalistas 113
Atributos funcionais das árvores 113
Condições abióticas e 145
Especialistas de crescimento lento 113
Florestas tropicais secas 110

Manipulações experimentais 122
Tolerância à sombra e 122
Transformações da floresta e 97
Variabilidade em 98
Sudeste Asiático 40, 60, 69, 80, 176, 183, 200
Sul do Pacífico, ilhas do 37
Sungai Wain, floresta protegida, Kalimantan Oriental 179, 180, 183
Sustentabilidade 159, 350, 362, 366
Swietenia macrophylla 33, 103, 196, 321, 330

T
Tailândia
Sistemas de pousio enriquecidos na 315
Testemunhos sedimentares de Nong Thalee Song Hong 32
Taungya, sistema de 315, 362
Teca (*Tectona grandis*) 316
Tefé, região de, Brasil 81
Terminalia spp.
Domesticação de 40
T. brassii 34
T. catappa sobre cinzas vulcânicas 127
T. oblonga 191
Terraceamento, alterações na paisagem 56
Terra mulata, formação de 63
Terraplanagens 57, 59, 60, 67
Terra preta amazônica 59, 61, 63, 64, 65, 66, 68
Terra preta de índio (TPI)
Amazônia 63
Composição da 63
Povoados e 63, 64
Terra, uso da
Acúmulo de carbono e 258
Direitos ao 367
Disponibilidade de recursos e 154, 381

Erosão e 215, 301
Espécies arbóreas endêmicas e 235
Estatísticas de alterações do 338
Legados biológicos e 145
Qualidade do local e 154
Reflorestamento e 338
Sinergismos do 187, 203
Transições do 340, 344
Tessaria integrifolia 140
Thylacinus cynocephalus 38
Thylogale browni 38
Tocos, rebrota de 16, 317
Topografia, regeneração florestal e 340, 341, 342, 343
Transições florestais
    Em áreas protegidas 356
    Florestas manejadas por comunidades 356
    Na Ásia 352
    Nível de municipalidade 356
    Transições do uso do solo e 340
Transpiração na floresta, taxas de 228
Trema sp. 136
Trilhas de arraste, sucessão da vegetação em 190
Tucano-toco (*Ramphastos toco*) 271
Tucumã, palmeira (*Astrocaryum vulgare*) 34, 66
Tufão 163, 167. Ver também furacões
Turismo
    Florestas em regeneração e 351
    Trabalhos gerados pelo 354

U
Uganda
    Derrubada da floresta em 60
    Recuperação florestal em 70
Una, Reserva Biológica de, Brasil 294, 365
União Internacional para a Conservação da Natureza (IUCN)
    Sobre degradação florestal 21

Urochloa maxima 206, 207
Urticales em florestas secundárias 71

V
Várzea 139, 141
Vava'u, grupo de ilhas, Tonga 101
Vegetação, ganhos e perdas de 357
Vendavais, distúrbios causados por 79
Vento, polinização pelo 296
Vermelho próximo/vermelho distante, medições de 89
Vertebrados, diversidade animal de 145
Vida
    Composição de formas de 197, 216
    Teoria da história de 211
Vietnã
    Aumento da área florestal do 338
    Programas de reflorestamento no 352
    Sistemas de pousio enriquecidos no 316
Vinhas, emaranhados de 174
Vismia spp.
    Brotamento de 146
    Densidade de lianas 218
    Florestas queimadas de 184
    Florestas secundárias de 99
    Frutos de 292
Vitória, monte, Papua-Nova Guiné 136
Vochysia ferruginea 107, 173, 370
Volatilização do nitrogênio 243
Vulcânicas, erupções
    Camadas de cinzas 136
    Esterilização do solo por 127, 128
    Extensão espacial de 80
    Recuperação após 77
    Regeneração da vegetação em 80
    Sucessão após 135
Vulcânicos, substratos
    Composição dos 134
    Nitrogênio em 132
    Regeneração florestal em 125, 126
Vulcões de lama 80

W

Wahgi superior, vale do, Papua-Nova Guiné 40, 41, 52, 53
Wandakara, lago, Uganda 60
Whittaker, R. H. 97

X

Xiaoliang
    Projeto de reflorestamento em, erosão do solo 312
    Unidade de conservação de água de, China 310
Xilema, cavitação do 230
Xishuangbanna, China, sistemas de pousio em 316, 317

Y

Yeguada, lago, Panamá 35, 39, 70
Yucatán, península de, México 53, 68, 159, 249, 262, 264, 316, 346

Z

Zaïre, rio, bacia do Congo 141
Zanthoxylum ekmanii (Rutaceae) 147
Zoncho, lago, Costa Rica 60